Messen, Steuern und Regeln in der Chemischen Technik

Herausgegeben von
J. Hengstenberg · K. H. Schmitt · B. Sturm
O. Winkler

Dritte, neubearbeitete Auflage

Band V Projektieren und Betreiben von Meß-, Steuer- und Regelsystemen

Mit 170 Abbildungen

Springer-Verlag Berlin Heidelberg GmbH

Herausgeber

Dr. phil. nat. JOSEF HENGSTENBERG
Limburgerhof/Pfalz, ehem. BASF AG, Ludwigshafen

Dr. rer. nat. KARLHEINZ SCHMITT
Bayer AG, Krefeld

Dr. phil. Dr. sc. techn. h. c. BERTHOLD STURM
Görwihl, ehem. Bayer AG, Leverkusen

Dr. phil. OTTO WINKLER †
ehem. Chemische Werke Hüls AG, Marl

CIP-Kurztitelaufnahme der Deutschen Bibliothek

Messen, Steuern und Regeln in der Chemischen Technik/hrsg. von J. Hengstenberg – Berlin, Heidelberg, New York, Tokyo: Springer.
Teilw. mit d. Erscheinungsorten Berlin, Heidelberg, New York
1. u. 2. Aufl. u. d. T.: Messen und Regeln in der Chemischen Technik.
NE: Hengstenberg, Josef [Hrsg.]
Bd. 5. Projektieren und Betreiben von Meß-, Steuer- und Regelsystemen.
3., neubearb. Auflage. – 1985

ISBN 978-3-642-47533-7 ISBN 978-3-642-47531-3 (eBook)
DOI 10.1007/ 978-3-642-47531-3

Ursprünglich erschienen bei Springer-Verlag Berlin Heidelberg New York Tokyo 1985
Softcover reprint of the hardcover 1st edition 1985

Bindearbeiten: Lüderitz & Bauer, Berlin
2060/3020-543210

Autoren

Bartels, Gerhard, Ing., Bayer AG, Leverkusen

Beuchelt, Rudolf, Dr. rer. nat., Bayer AG, Leverkusen

Eppler, Kurt, Dr. rer. nat., EC Erdölchemie GmbH, Köln-Worringen

Germar, Herbert, Dr. rer. nat., Bayer AG, Krefeld

Hennecke, Hans, Ing., Bayer AG, Leverkusen

Reerink, Wilm, Dr. rer. nat., Bayer AG, Krefeld

Strohrmann, Günther, Dr. rer. nat., ehem. Chemische Werke Hüls AG, Marl

Willems, Erwin, Dr.-Ing., Bayer AG, Leverkusen

Vorwort zur dritten Auflage

Die 2. Auflage hat 20 Jahre als Standardwerk des Fachgebiets Meßtechnik, Steuerungstechnik und Regelungstechnik gedient. In der 3. Auflage, die wegen technischer und struktureller Neuerungen notwendig geworden ist, wird im Titel der Begriff „Steuern" mit aufgenommen und das gesamte Werk in folgende 5 Bände unterteilt:

Band I	Betriebsmeßtechnik I Messung von Zustandsgrößen, Stoffmengen und Hilfsgrößen
Band II	Betriebsmeßtechnik II Messung von Stoffeigenschaften und Konzentrationen (Physikalische Analytik)
Band III	Meßwertverarbeitung zur Prozeßführung I (Analoge und binäre Verfahren)
Band IV	Meßwertverarbeitung zur Prozeßführung II (Digitale Verfahren)
Band V	Projektieren und Betreiben von Meß-, Steuer- und Regelsystemen

In dem vorliegenden Band V werden die Methoden des Projektierens und Betreibens von chemischen Produktionsanlagen mit Meß-, Steuer- und Regeleinrichtungen behandelt. Darüber hinaus werden die Gebiete des Ex-Schutzes und der Anlagensicherung mit ihren Vorschriften dargestellt. Sämtliche Kapitel sind gegenüber der 2. Auflage neu bearbeitet worden.

Ihrer wachsenden Bedeutung entsprechend werden erstmals rechnerunterstützte Methoden des Projektierens und Betreibens beschrieben. Beim Projektieren sind dies „computer aided design" (CAD) bzw. „computer aided engineering" (CAE), im Werkstättenbereich sind es rechnerunterstützte Methoden zur Auftragsplanung und -verwaltung, zur Materialwirtschaft und Kostenkontrolle und schließlich zur Schwachstellenanalyse und -beseitigung.

In allen Beiträgen sind die wichtigsten Normen, Richtlinien und Vorschriften für die einzelnen Fachgebiete aufgeführt. Es werden ausschließlich die SI-Einheiten benutzt.

Dr. Th. Ankel, Dr. W. Breuer† und Dr. B. Will haben das Werk nachdrücklich gefördert. Das Sachverzeichnis wurde von Dr. K. Eppler, Dormagen, aufgestellt. Unser besonderer Dank gilt den zahlreichen Fachgenossen aus dem Kreise der NAMUR, die die Beiträge verfaßt haben und während der Vorbereitungszeit mehrfach auf den neuesten Stand bringen mußten.

Dem Verlag danken wir für die gute Zusammenarbeit und die hervorragende Ausstattung des Werkes.

Januar 1985

J. Hengstenberg, Limburgerhof/Pfalz
K. H. Schmitt, Krefeld
B. Sturm, Görwihl

Vorwort zur ersten Auflage

Für den Betrieb chemischer Anlagen sind genau und zuverlässig arbeitende Meß- und Regeleinrichtungen eine unerläßliche Voraussetzung. So müssen für den Ablauf der Verfahren wichtige Energie- und Massenströme, Zustandsgrößen und Stoffeigenschaften laufend gemessen oder geregelt werden. Solche Messungen sind auch zur Beurteilung der Wirtschaftlichkeit, insbesondere für Ausbeutebestimmungen chemischer Prozesse erforderlich.

In neuerer Zeit ist durch die gesteigerten Anforderungen an Menge und Qualität der chemischen Produkte die Regelung vieler Meßgrößen besonders bedeutungsvoll geworden. Damit werden an die Zuverlässigkeit und Betriebssicherheit der Meß- und Regeleinrichtungen erhöhte Anforderungen gestellt, weil der Ausfall einer Regelung den gesamten Fabrikationsablauf stören kann. Auch die Zahl der Regelaufgaben ist im Zusammenhang mit Rationalisierungsbestrebungen stark angestiegen. Aus diesen Gründen hat sich der Arbeitsumfang und Verantwortungsbereich der mit der Planung, dem Betrieb und der Wartung von Meß- und Regelanlagen betrauten Physiker und Ingenieure in der chemischen Industrie wesentlich erweitert. Viele Chemiewerke haben daher für dieses Arbeitsgebiet eine eigene Abteilung, die ,,Betriebskontrolle", geschaffen.

Die Ausbildungsmöglichkeiten für Meß- und Regeltechniker sind vielfach beschränkt. Es gibt auch nur wenige zusammenfassende Darstellungen, die dem Neuling eine Einarbeitung in die Betriebskontrolltechnik ermöglichen. Dieser Umstand führte zu dem Plan, eine zusammenfassende Darstellung dieses wichtigen Sachgebietes als Gemeinschaftswerk der NAMUR (Normenarbeitsgemeinschaft für Meß- und Regeltechnik in der chemischen Industrie) herauszugeben. Daher ist das vorliegende Werk vorwiegend auf die Verhältnisse in der chemischen Industrie im weitesten Sinne abgestimmt. Die Vielgestaltigkeit des Arbeitsgebietes hat es notwendig gemacht, eine große Anzahl von Mitarbeitern heranzuziehen. Da sich das Werk in erster Linie nicht an den Konstrukteur und Hersteller, sondern an den Benutzer von Meß- und Regelgeräten wendet, wurde besonderer Wert auf die Mitarbeit von Physikern und Ingenieuren gelegt, die eigene Erfahrungen in der Praxis der chemischen Industrie gesammelt haben. Die Herausgeber haben sich bemüht, dem gesamten Werk eine einheitliche Linie zu geben, ohne die Eigenart der Darstellung der einzelnen Mitarbeiter allzusehr einzuschränken. Die Darstellungsweise ist bewußt einfach gehalten, da das NAMUR-Gemeinschaftswerk sowohl als Nachschlagewerk für den Fachmann zur Orientierung in ihm ferner liegenden Sachgebieten, wie auch als Einführungsbuch für den Lernenden gedacht ist.

Allen Verfassern der Einzelbeiträge gebührt unser besonderer Dank, daß sie sich trotz starker beruflicher Beanspruchung zur Mitarbeit an dem Gemeinschaftswerk bereit gefunden haben. Dem Springer-Verlag danken wir für seine großzügige Unterstützung.

März 1957	J. Hengstenberg Ludwigshafen/Rh.	B. Sturm Leverkusen	O. Winkler Marl

Aus dem Vorwort zur zweiten Auflage

Die erste Auflage hat in Fachkreisen einen solchen Anklang gefunden, daß schon 3 Jahre nach ihrem Erscheinen ein unveränderter Neudruck herausgegeben werden mußte, der inzwischen ebenfalls vergriffen ist. Für die nunmehr notwendig gewordene Neuauflage war im Hinblick auf die schnell fortschreitende Entwicklung der Meß- und Regelungstechnik eine gründliche Neubearbeitung erforderlich.

In der vorliegenden 2. Auflage sind alle Kapitel überarbeitet und teilweise neu gefaßt worden. Das Kapitel „Physikalische Analysenverfahren" wurde durch neue Beiträge über die Gaschromatographie und die Massenspektroskopie ergänzt. Das Kapitel „Regelungs- und Steuerungstechnik" wurde von Grund auf umgestaltet und in enger Verflechtung von Theorie und Praxis systematisch aufgebaut. Im Hinblick auf die wachsende Bedeutung der Datenerfassungs- und -verarbeitungsmethoden für die Betriebskontrolle erschien es zweckmäßig, das 9. Kapitel „Zur Organisation der Betriebskontrolle" aufzuteilen: die erweiterten Abschnitte über Erfassung und Auswertung der Meßergebnisse sind jetzt zu einem selbständigen 10. Kapitel zusammengefaßt. Obwohl durch die Neubearbeitung der Umfang des Werkes nicht unwesentlich zugenommen hat, erscheint die 2. Auflage weiterhin als ein Band.

Alle Beiträge der 2. Auflage — auch die neu hinzugekommenen — stammen wiederum von Fachleuten aus dem Mitgliederkreis der NAMUR (Normenarbeitsgemeinschaft für Meß- und Regeltechnik in der chemischen Industrie).

Besonders wichtig schien es uns, eine einheitliche Schreibweise für die in den einzelnen Beiträgen verwendeten Größen und Gleichungen anzustreben. Es wurden daher nach Möglichkeit alle theoretischen und empirischen Gleichungen als Größengleichungen geschrieben und nur in einigen Fällen zugeschnittene Gleichungen als Auswerteformeln angegeben. Die Größendefinitionen entsprechen der Deutschen Norm und den ISO-Empfehlungen R 31. Für die Maßeinheiten wurde das internationale Einheitensystem bevorzugt verwendet. Alle anderen Maßeinheiten völlig zu vermeiden, schien uns nicht empfehlenswert, da einige von ihnen sehr gebräuchlich sind und als anschaulich empfunden werden. Dies trifft insbesondere für die Krafteinheit kp und die Druckeinheiten at, Torr und mm WS zu.

November 1963

J. Hengstenberg	B. Sturm	O. Winkler
Ludwigshafen/Rh.	Leverkusen	Marl

Inhaltsverzeichnis

1. Planung, Montage, Inbetriebnahme und Ingenieur-Betreuung von Einrichtungen zum Messen, Steuern, Regeln

Von **E. Willems u. H. Hennecke**, Leverkusen

1.1. Einleitung

Das Ziel dieses Kapitels ist die Darstellung der zum Errichten und Betreiben von Meß-, Steuer- und Regeleinrichtungen (MSR-Einrichtungen) notwendigen Festlegungen und Maßnahmen. Da die MSR-Einrichtungen nur einen Teilbereich einer technischen Anlage umfassen, ist das zweckmäßige Zusammenspiel dieser Einrichtungen mit der Gesamtanlage für den technischen und wirtschaftlichen Erfolg des in der Anlage durchgeführten technischen Prozesses von wesentlicher Bedeutung.

Unter einem technischen Prozeß versteht man den Transport, die Speicherung und die Umformung von Stoff, Energie und Information. In diesem Kapitel ist der Einsatz der MSR-Technik beschränkt auf die technischen Prozesse der Produktion, der Energieumformung, des Materialflusses und der Forschung, sowie auf die mit diesen in Verbindung stehenden Aufgaben des Umwelt- und Arbeitsschutzes. Der technische Prozeß läuft in einer oder auch in mehreren zusammenhängenden technischen Anlagen ab.

Hauptaufgabe der MSR-Technik ist die Verbesserung der technischen Prozesse hinsichtlich ihrer Funktion, Wirtschaftlichkeit und Sicherheit durch die Schaffung von Entscheidungshilfen für die Führung der Prozesse und durch den Einsatz automatisierungstechnischer Einrichtungen.

Die angestrebte Lösung dieser MSR-Hauptaufgabe soll die Gesamtheit aller Prozeßvorgänge und ihr Zusammenwirken so analysieren, organisieren und steuern, daß eine optimale Nutzung der Produktions-, Stoff-, Energie- und menschlichen Ressourcen ermöglicht wird.

Die MSR-Technik umfaßt

— die Prozeß-Meßtechnik,
  d. h. die Messung und Darstellung der physikalischen und verfahrenstechnischen Zustandsgrößen und Abläufe technischer Prozesse,
— die Prozeß-Überwachung,
  d. h. den automatischen Vergleich von Prozeßzuständen mit vorgegebenen Sollzuständen und die Meldung unzulässiger Abweichungen,
— die Prozeßdatenverarbeitung,
  d. h. die Informationsaufbereitung und -darstellung, die Auswertung und Dokumentation der Prozeßdaten,
— die Steuerungs- und Regelungstechnik,
  d. h. die zur Steuerung und Regelung der Prozeßabläufe notwendigen Eingriffe anhand vorgegebener oder meßtechnisch gewonnener Kriterien.

Unter MSR-Einrichtungen sei die Gesamtheit aller in einer Anlage eingesetzten MSR-Geräte, Verbindungsglieder, Hilfsvorrichtungen, Programme und Algorithmen verstanden.

In der Planungsphase werden für die MSR-Aufgaben im technischen Prozeß Lösungen gesucht und festgelegt, die sich des gesamten Spektrums der in den fünf Bänden dieses Buches beschriebenen Techniken und Methoden bedienen. Es gibt deshalb unvermeidbare Berührungspunkte und auch Überschneidungen mit anderen Kapiteln.

Die zum Errichten und Betreiben der MSR-Einrichtungen notwendigen Festlegungen und Maßnahmen werden hier vorzugsweise in ihrer zeitlichen Reihenfolge dargestellt. Dabei wird die in der Praxis durch die Unternehmensorganisation oder andere Umstände (z. B. Mitarbeit von Ingenieurfirmen) sehr häufig aufgezwungene Aufteilung der MSR-Aktivitäten auf mehrere, parallel arbeitende MSR-Gruppen wenig berücksichtigt.

Da die MSR-Einrichtungen Teil der Gesamtanlage sind, ist eine sinnvolle Abgrenzung des MSR-Aufgabenbereiches gegenüber den anderen beteiligten Gruppen wie z. B. Bau-Abteilung, Apparate- und Rohrleitungsplanung, Elektrotechnik, Werkstätten und Betreiber notwendig. Von der für dieses Kapitel zugrunde gelegten fachlichen Abgrenzung gibt es je nach Art eines Projektes oder der Unternehmensorganisation häufig Abweichungen. Dies gilt in erster Linie für die fachlich ähnlichen oder auch gleichen Aufgaben im Bereich der Elektrotechnik. Nicht selten werden in der chemischen Technik die Arbeitsgebiete der MSR-Technik und der Elektrotechnik, z. B. unter dem Begriff Prozeßleittechnik, organisatorisch zusammengefaßt.

Die in einem Unternehmen mit dem Einsatz und der Betreuung der MSR-Einrichtungen betraute Gruppe wird im folgenden kurz MSR genannt.

Grundlage der Darstellung sind die im Bereich der NAMUR vorherrschenden Denkweisen und Methoden und die im deutschen und auch europäischen Raum verbreitete MSR-Technik. Die im technischen Bereich zunehmende Internationalisierung erfordert jedoch auch eine Berücksichtigung von ausländischen Denkweisen, Methoden und technischen Lösungen. Dies gilt vor allem für den Einflußbereich der USA.

Die dargestellten Zeichnungen und Datenblätter können nur beispielhaft sein und auf unterschiedliche Organisationsformen und Abgrenzungen keine Rücksicht nehmen. Anstelle der dargestellten Datenblätter können auch andere Datenblätter mit gleichartigem Gesamtinhalt aber ganz anderer Gliederung treten.

Planung, Montage, Inbetriebnahme und Ingenieurbetreuung von MSR-Einrichtungen sind nur dann in wirtschaftlicher Weise möglich, wenn die technische und personelle Basis ständig den Anforderungen angepaßt wird. Deshalb sollten in mit obigen Hauptaufgaben betrauten MSR-Gruppen auch weitere Aufgaben wie Trendbeobachtung, Geräteprüfung, Standardisierung, Entwicklung von speziellen Einrichtungen und Weiterbildung verfolgt werden.

1.2. Planung

1.2.1. Allgemeines

Die Planung dient der Durchführung eines technischen Projektes. Unter einem Projekt versteht man ein endliches und komplexes Vorhaben zum Zwecke der Realisierung einer bestimmten technischen Zielvorstellung. Ein Projekt ist endlich, denn es hat einen definierbaren Anfang und ist dann beendet, wenn das vorgegebene Ziel erreicht ist und die wesentlichen Leistungserwartungen erfüllt sind. Ein Projekt ist komplex wegen der Vielfalt der Teilvorgänge, die zum Erreichen des Zieles erforderlich sind, und wegen der Notwendigkeit, die MSR-Technik mit verschiedenartigen anderen Techniken zu verknüpfen. Bei Beteiligung vieler Stellen an einem Projekt kann es auch organisatorisch komplex sein.

Der MSR-Anteil am Gesamtprojekt läßt sich als MSR-Teilprojekt oder auch kurz als MSR-Projekt bezeichnen. Technische Projekte mit einem MSR-Anteil können z. B. zum Ziel haben:

- Planung, Bau und Inbetriebnahme einer Neuanlage,
- Erweiterung oder Umbau einer bestehenden Anlage,
- Einführung einer Prozeßdatenverarbeitung in eine bestehende Anlage,
- Umrüstung eines Tanklagers zur Erfüllung neuer gesetzlicher Auflagen,
- Umstellung eines diskontinuierlichen Teilprozesses von Hand- auf Automatikfahrweise.

Die erste wesentliche Phase eines Projektes ist die Planung, in der die MSR-Planung wieder einen Teilbereich bildet. MSR-Planung heißt die endgültige Formulierung der MSR-Aufgaben im Prozeß gemeinsam mit den Auftraggebern und anderen Planungsgruppen sowie die funktionelle, prozeßgerechte und vollständige Beschreibung der MSR-Lösungen zum Beschaffen, Errichten, Betreiben und Instandhalten der MSR-Einrichtungen.

Die MSR-Planung ist zweckmäßig in folgende Phasen zu unterteilen:

- Vorplanung,
- Basisplanung,
- Detailplanung.

Die *Vorplanung* dient dem Ziel, zusammen mit den Auftraggebern ein verbindliches MSR-Konzept für die weitere technische und organisatorische Abwicklung des Projektes aufzustellen.

In der *Basisplanung* werden im Kontakt mit den Auftraggebern die Einzelaufgaben endgültig formuliert und die funktions- und prozeßgerechte MSR-Lösung beschrieben.

Die *Detailplanung* ist die Arbeitsphase der detaillierten und vollständigen Beschreibung der MSR-Lösungen zum Beschaffen, Errichten, Betreiben und Instandhalten der MSR-Einrichtungen.

Die Grenzen zwischen den drei Phasen sind zum Teil fließend und können von Projekt zu Projekt verschieden sein.

Neben der Planung der MSR-Einrichtungen ist es auch erforderlich, das MSR-Projekt selbst zu planen. Ausgehend von Art, Umfang, Standort und Terminen ist die bereitzustellende Planungskapazität zu ermitteln. Eventuell sind Fremdfirmen für die Bewältigung der Aufgaben heranzuziehen. Häufig ist eine Übertragung von Teilaufgaben, wie z. B. auf den Gebieten Prozeßrechentechnik und Prozeßanalysentechnik, an Spezialisten notwendig.

Für die Dauer des Projektes sollte ein MSR-Projektleiter bestimmt werden, dessen Zusammenarbeit mit dem Leiter des Gesamtprojektes festzulegen ist. Von großem Vorteil ist es, die MSR-Aktivitäten bei der Planung, Montage und Inbetriebnahme sowie auch bei der späteren Ingenieurbetreuung der Anlage in einer Hand zu belassen. Unter anderem lassen sich viele Probleme, die bei einer Arbeitsteilung an den Nahtstellen auftreten, dann vermeiden.

Vielfach gibt es für die aufeinanderfolgenden Phasen Planung, Montage und Inbetriebnahme je einen eigenen Leiter im Gesamtprojekt. Der MSR-Projektleiter muß sich dann in das jeweilige Team einfügen. Die personelle Kontinuität bei

MSR ist dabei von unschätzbarem Vorteil. Da die MSR-Einrichtungen in starkem Maße mit den dynamischen Vorgängen des technischen Prozesses verknüpft sind, ist die Mitwirkung in der sehr bewegten Inbetriebnahme-Phase außerordentlich lehrreich. Die dabei gesammelten Kenntnisse kommen neuen Projekten sehr zugute.

Zu Beginn eines Projektes ist die Festlegung des angestrebten Leistungsniveaus der Planung von Nutzen. Erfolgt die Planung am Standort der Anlage und ist das Vorhaben nicht besonders komplex, so reichen häufig die wesentlichen Grundpläne und einfache Skizzen für die Montage aus. Übersichtliche Pläne für die Instandhaltung sind jedoch unabdingbar. Je weiter Planungsort und Anlagenstandort voneinander entfernt sind, desto ausführlicher müssen die Pläne sein. Ein hohes Niveau der bei der Planung erstellten Unterlagen ist für eine fehlerfreie Montage und problemlose Instandhaltung vorteilhaft, jedoch sind damit auch hohe Planungskosten und ein beträchtlicher Aufwand bei Änderungen verbunden.

Umfang und Art der in diesem Kapitel erläuterten Pläne sind auf einem hohen Leistungsniveau. Sinnvolle Vereinfachungen und der Verzicht auf einige Pläne sind sicherlich von Fall zu Fall möglich.

1.2.2. Vorplanung

1.2.2.1. Verfahrensbeschreibung

Der Weg von einer erfolgversprechenden Idee bis zur präzisen Formulierung eines Projektes und der Entscheidung, dieses auch durchzuführen, wird begleitet von der Diskussion und Klärung vieler Einzelfragen. In diesem Vorfeld eines Projektes sollte auch schon die MSR-Technik berücksichtigt werden.

Die Phase der Vorplanung beginnt in der Regel mit der Vorstellung des Projektes durch den Auftraggeber. Zum einen macht er Angaben über den Prozeß, wie z. B. die Art des Prozesses, ob kontinuierliche oder diskontinuierliche Produktion, den Reifegrad des Verfahrens, die Explosions- und Korrosionsprobleme, die Handhabung gefährlicher Stoffe, die behördlichen Auflagen, aber auch Angaben über das Projekt, wie z. B. Neubau, Umbau, die Termin- und Kosten-Vorstellungen.

Zum anderen nennt er seine Vorstellungen hinsichtlich der MSR-Aufgaben, wie z. B. den Automatisierungsgrad (Bedienungsweise, Datenerfassung, Datenverarbeitung), die Anlagensicherheit, die Art und Lage von Warten und Leitständen, die besonderen verfahrenskritischen und sicherheitstechnischen MSR-Aufgaben.

Der Auftraggeber bedient sich zur Darstellung des Prozesses und zur Erläuterung seiner Anforderungen an die MSR-Technik neben einer mündlichen und schriftlichen Verfahrensbeschreibung zweckmäßig der in DIN 28004 festgelegten Grund- und Verfahrensfließbilder.

1.2.2.2. MSR-Konzept

Die MSR entwickelt aufgrund der Darstellung durch den Auftraggeber, der technischen Möglichkeiten, der Erfahrung mit gleichen oder ähnlichen Projekten bzw. Prozessen und der MSR-Strategie einen ersten allgemeinen Entwurf für die Lösung der Aufgaben.

In diesem Entwurf werden die vom Auftraggeber genannten projektspezifischen Bedingungen und, soweit es wirtschaftlich sinnvoll ist, seine Vorstellungen hinsichtlich Automatisierungsgrad, Anlagensicherheit, usw. berücksichtigt. Darüber hinaus enthält der Entwurf die Vorstellungen der MSR über den Systemaufbau, wie z. B. Art und Struktur der Instrumentierung, Einsatz und Aufgabe von Prozeßrechnern oder Prozeßleitsystemen, Geräteprogramm, Steuerungssysteme, und über die anzuwendenden technischen und organisatorischen Leitlinien.

Es beginnt nun ein Dialog zwischen dem Auftraggeber und MSR, indem schrittweise der Lösungsentwurf unter Berücksichtigung der projektspezifischen technischen, personellen, lokalen, finanziellen und sonstigen Randbedingungen vertieft und festgelegt wird.

Ein zentrales Thema in diesem Dialog ist der *Automatisierungsgrad*, der hier definiert wird als der Anteil der automatisierten Operationen an der Gesamtzahl der in einem Prozeß notwendigen Operationen. Solche Operationen sind zum Beispiel Öffnen oder Schließen eines Ventils, Ein- oder Ausschalten eines Motors, Einfüllen von Einsatzstoff, Wiegen des Fertigproduktes, Entleeren oder Füllen von Behältern, Fördern von Stückgütern, Ablesen eines Meßwertes, Aufzeichnen von Meßwerten, Konstanthalten oder gezieltes Ändern einer physikalischen Größe, usw.

Der Automatisierungsgrad ist sehr niedrig, wenn vor Ort die Meßwerte abgelesen und die Stellgeräte über örtliche Bedienungselemente betätigt werden. Die Fernübertragung von Meßwerten zu und die manuelle Stellgerätebetätigung von einem zentralen Ort ist bereits ein erster Schritt der Automatisierung. Über die Stufen automatische Überwachung mit Fernauslösung, selbsttätige Regelung von einzelnen Prozeßgrößen, Steuerung von Teilschritten im Prozeß und Prozeßführung mit Rechenoperationen nimmt der Automatisierungsgrad schrittweise zu. Die höchste Stufe ist erreicht bei Verwendung eines mathematischen Prozeßmodells, welches sich selbst laufend verbessert. Mit zunehmendem Automatisierungsgrad verfeinern sich in der Regel auch die Methoden zur Aufzeichnung der Prozeßdaten.

Den Vorteilen der Automatisierung, wie z. B. bessere Qualität, höhere Ausbeute, niedrigere Personalkosten, mehr Komfort, stehen auch Nachteile gegenüber, wie z. B. höhere Investitions- und Instandhaltungskosten längere Bau- und Inbetriebnahmezeit. Vor allem der Planungsaufwand nimmt überproportional zu. Die Festlegung des Automatisierungsgrades für einen Prozeß muß deshalb außerordentlich sorgfältig erfolgen.

Die *MSR-Strategie* definiert und verfolgt bestimmte Ziele bei der Anwendung der MSR-Technik und beim Einsatz von MSR-Personal. Die MSR-Abteilung eines Unternehmens muß ihren eigenen Weg innerhalb der zukünftigen Entwicklung der MSR-Technik festlegen, z. B. Ersatz der pneumatischen durch elektronische Technik, Einsatz und Aufgaben von Prozeßleitsystemen, Aufstellen bzw. Einhalten von Geräte- und Montagestandards, Methoden des Explosionsschutzes, Einsatz des kompletten Systems eines Herstellers oder Aufbau eines gemischten Systems aus den jeweils günstigsten Komponenten verschiedener Hersteller. Die Fragen nach der zukünftigen MSR-Technik sind dabei immer gekoppelt mit der zukünftigen Entwicklung von Zahl und Qualifikation des MSR-Personals.

Der Dialog zwischen Auftraggeber und MSR führt schließlich als Ergebnis der Vorplanung zu einem verbindlichen *MSR-Konzept*, welches als die Gesamtheit der Festlegungen und Leitlinien zur zweckmäßigen Lösung von MSR-Aufgaben in einem bestimmten Prozeß verstanden wird. Das verbindliche MSR-Konzept enthält unter anderem die erarbeiteten Festlegungen und Leitlinien hinsichtlich:

— Automatisierungsgrad,
— Anlagensicherheit,
— Art und Lage von Warten und Leitständen,

— verfahrenskritischer und sicherheitstechnischer MSR-Aufgaben,
— Systemaufbau
(z. B. Art und Struktur der Instrumentierung, Einsatz und Aufgabe von Prozeßrechnern oder Prozeßleitsystemen, Geräteprogramm, Steuerungssysteme),
— technischer Leitlinien
(z. B. Aufbau von Warten, Schalträumen und anderen Räumen, Anlagensicherheit, Explosions- und Korrosionsschutz, Planungsrichtlinien),
— organisatorischer Leitlinien
(z. B. Arbeitsteilung innerhalb MSR, Einsatz von Fremdfirmen),
— Kosten und Terminen,
— notwendiger MSR-Entwicklungen,
— Abgrenzung der Aufgaben zu anderen Abteilungen,
— Personalbedarf (Betreiber und MSR),
— Ausbildung und Schulung.

Die *Planungsrichtlinien* bilden einen Rahmen für die Basis- und Detailplanung und machen Angaben z. B. zu:

— Beschaffungs- und Lieferrichtlinien,
— Anteil Reservegeräte und Ersatzteile,
— Platzreserven für Änderungen und Erweiterungen,
— Hilfsenergieversorgung, -verteilung und -absicherung,
— Meldesystem (Motor-, Neuwert-, Erstwert-, Gruppenmeldung),
— Prozeßrechner-Aufgaben,
— Schnittstellen bei Übergaben zur E-Technik und speziellen MSR-Technik (Prozeßanalysen- u. Rechentechnik),
— Ruhe- oder Arbeitsstromprinzip,
— Vorzugsmeßbereiche, physikalische Einheiten, Skalen,
— Farben für Meldeleuchten und Bedienungselemente,
— anzuwendende Verordnungen und behördliche Vorschriften,
— Einsatz von rechnergestützten Planungsmitteln,
— Numerierung und Zählweise von MSR-Stellen, Tafeln, Gestellen, Baugruppen, Zeichnungen,
— zu verwendende Vordrucke und Planungshilfsmittel.

Die *MSR-Kosten* können in der Phase der Vorplanung nur geschätzt werden, da die für eine genaue Kalkulation erforderliche Formulierung der Einzelaufgaben im Prozeß noch fehlt. Andererseits ist eine gute Kostenschätzung für die Wirtschaftlichkeitsbetrachtung des Projekts von großer Bedeutung. Die Kostenschätzung muß deshalb von Erfahrungswerten ausgehen. So kann man zum Beispiel für die Kosten der MSR-Einrichtungen einen bestimmten Prozentsatz der Maschinen- und Apparatekosten ansetzen. Die MSR-Planungskosten hängen nicht nur von den Kosten der MSR-Einrichtungen ab, sondern unter anderem auch vom Reifegrad des vorgesehenen Prozesses und dem Umfang an komplexen Steuerungen.

Das als Ergebnis der Vorplanung vorliegende MSR-Konzept ist verbindlich für die weitere Projektabwicklung (Basis- und Detailplanung) und kann auch als Grundlage für Verfahrensoptimierungen, Kostenschätzungen, Wirtschaftlichkeitsbetrachtungen, Genehmigungsverfahren, usw. dienen.

Im amerikanischen Sprachgebrauch wird das MSR-Konzept häufig als "scope of work" bezeichnet. Die darin enthaltenen prinzipiellen Festlegungen und Leitlinien werden als ,,MSR-Philosophie" verstanden.

Alle grundsätzlichen und wesentlichen Entscheidungen über die MSR-Technik werden in der Phase der Vorplanung getroffen. Sie sind von starkem Einfluß auf die weitere Planung, die Montage und die Inbetriebnahme, aber auch auf die spätere Instandhaltung. Mit der Aufgabe der Vorplanung sind deshalb besonders erfahrene und hochqualifizierte Mitarbeiter zu betrauen.

1.2.3. Basisplanung

Die MSR-Basisplanung ist die Arbeitsphase, in der anhand des in der Vorplanung erarbeiteten MSR-Konzeptes im Kontakt mit den Auftraggebern die Einzelaufgaben endgültig formuliert und die funktionsgerechten und prozeßgerechten MSR-Lösungen beschrieben werden.

Während bei der Vorplanung die MSR-Gesamtaufgabe im Mittelpunkt stand, werden in der Basisplanung die aus der Gesamtaufgabe abzuleitenden Einzelaufgaben behandelt. Dazu gehören z. B. Aufgaben wie Messen und Fernanzeigen der Temperatur eines bestimmten Kolonnenbodens, Regeln des Luftzuflusses zu einem Brenner, Grenzwertüberwachung eines Flüssigkeitsstandes, Dosierung von Menge und Reihenfolge der Einlaufkomponenten eines Rührkesselreaktors, Auflisten der von einer Prozeßdatenerfassung regelmäßig zu registrierenden Meßstellen, Festlegen der Ein- und Ausgänge und der Schritte einer Steuerung.

Bei der endgültigen Formulierung der Einzelaufgabe oder auch gleich danach wird in der Regel die Lösung dieser Aufgabe im Rahmen des verbindlichen MSR-Konzeptes und der allgemeinen MSR-Erfahrungen festgelegt. Die Lösung der Einzelaufgabe wird dabei soweit beschrieben, wie es zur Erfüllung der vorgesehenen Funktion (z. B. Meßbereich einer Temperaturmessung und ihre Registrierung auf einem Punktschreiber, Schrittfolge und Hand/Automatik-Betriebsarten einer Steuerung) notwendig ist. Außerdem muß die Beschreibung erkennen lassen, daß die Lösung den Prozeßbedingungen wie z. B. Korrosionsverhalten, Temperatur, Druck, mechanische und elektrische Störeinflüsse, usw. gerecht wird.

Die Basisplanung umfaßt und schließt zum Beispiel ein:

- Präzisieren und Detaillieren des im MSR-Konzept vorgesehenen Systemaufbaus und der technischen und organisatorischen Leitlinien,
- Dimensionieren von Warten und anderen MSR-Räumen,
- Abgrenzen und Klären der Übergabe von Signalen und Meßwerten an Elektro-Einrichtungen,
- Erstellen von MSR-Stellenblättern und anderen Datenblättern, funktionellen Beschreibungen der Steuerungen und Verriegelungen, Lastenheften, Belegungsplänen der Tafeln,
- Entwerfen der wichtigsten MSR-Stellenpläne,
- Aufstellen eines Terminplanes und einer genauen Kostenschätzung,
- Mitarbeiten an den Rohrleitungs- und Instrumenten-Fließbildern.

Bei der MSR-Basisplanung steht das Verfahren im Mittelpunkt. Sie schafft aus der genauen Kenntnis von Verfahren und Einzelaufgaben die Voraussetzungen für die spätere Detailplanung.

1.2.3.1. Rohrleitungs- und Instrumentenfließbild

In der Phase der Basisplanung muß der Auftraggeber den schon bei der Vorplanung grob erläuterten Prozeß genauer beschreiben. Dazu dient die Verfahrensbeschreibung, in der wesentliche Details für das Gesamtverfahren, die Verfahrensabschnitte und die Durchführung der einfachen Grundoperationen festgelegt sind. Die Beschreibung erfolgt häufig in Form von Texten und Fließbildern. Eine ausschließlich mündliche Beschreibung sollte nach Möglichkeit vermieden werden.

Die Verfahrensbeschreibung sollte aus der Sicht der MSR im wesentlichen umfassen:

— Ein- und Ausgangsstoffe,
— Erläuterung der Verfahrensabschnitte,
— Erläuterung der Grundoperationen,
— Detailbeschreibung der Verfahrensabschnitte,
— Funktionsweise der Apparate,
— Drücke, Temperaturen, Durchflüsse,
— Dampfdruckkurven,
— Betriebsarten (Teillast, Vollast, Hand/Automatik),
— Korrosionsprobleme,
— Handhabung gefährlicher Stoffe.

Die Verfahrensbeschreibung ist im Laufe der Planung zu überarbeiten und wird nach Abschluß der Planung zu einem wichtigen Bestandteil des Anlagenhandbuches.

Schwerpunkt der Verfahrensbeschreibung sind die Fließbilder der verfahrenstechnischen Anlagen. Ein Fließbild ist die mit Hilfe von Bild- und Schriftzeichen vereinfachte zeichnerische Darstellung von Aufbau und Funktion verfahrenstechnischer Anlagen. Die Darstellung und die zugehörigen Begriffe sind in DIN 28004 festgelegt. Je nach Informationsinhalt und Darstellung sind drei Arten von Fließbildern, geordnet nach zunehmender Detaillierung, zu unterscheiden:

— Grundfließbild,
— Verfahrensfließbild,
— Rohrleitungs- und Instrumentenfließbild (RI-Fließbild).

Jeder Fließbildart ist ein Mindest-Informationsinhalt (Grundinformation) zugeordnet. Darüber hinaus können weitergehende Informationen (Zusatzinformationen) gegeben werden.

Das *Grundfließbild* beschreibt das Verfahren in sehr einfacher Form und ist deshalb für die MSR nur bei der Vorplanung von Bedeutung.

Das *Verfahrensfließbild* nach DIN 28004, Teil 1, enthält schon wesentlich mehr Informationen und sollte als Hauptbestandteil der Verfahrensbeschreibung zu Beginn der Basisplanung vorliegen.

Das Verfahrensfließbild muß als Grundinformationen enthalten:

— Alle für das Verfahren erforderlichen Apparate und Maschinen und die Hauptfließlinien (Hauptrohrleitungen, Haupttransportwege),
— Durchflüsse der Ein- und Ausgangsstoffe und ihre Benennung,
— Benennung von Energie bzw. Energieträgern,
— charakteristische Betriebsbedingungen (z. B. Druck- und Temperatur).

Das Verfahrensfließbild kann als Zusatzinformationen enthalten:

— Durchflüsse der Stoffe innerhalb des Verfahrens und ihre Benennung,
— Durchflüsse bzw. Mengen von Energien bzw. Energieträgern,
— wesentliche Armaturen,
— Aufgabenstellung für Messen, Steuern, Regeln,

— ergänzende Betriebsbedingungen,
— kennzeichnende Größen von Apparaten und Maschinen,
— kennzeichnende Daten von Antriebsmaschinen,
— Höhenlage von Apparaten und Maschinen innerhalb des Gebäudes.

Die Auflistung zeigt, daß das Verfahrensfließbild, zumal wenn ein Teil der Zusatzinformationen eingetragen ist, eine gute Grundlage für die Basisplanung bildet. Die zeichnerische Darstellung und die Bezeichnung erfolgt nach DIN 28004, Teil 2, 3 und 4, und nach den dort angegebenen Normen. Die Aufgabenstellung für Messen, Steuern, Regeln wird nach DIN 19227, Teil 1, dargestellt. Diese Norm benutzt ein System von Kennbuchstaben und Kennzeichen und einigen Bildzeichen zur Darstellung der vorgesehenen funktionellen Arbeitsweise der MSR-Einrichtungen. Im Unterabschnitt 1.2.3.2. folgen nähere Erläuterungen dazu. (Siehe auch Kapitel 3.1. dieses Bandes.)

Das Rohrleitungs- und Instrumentenfließbild (RI-Fließbild) stellt die technische Ausrüstung einer Anlage dar. Es wird in gemeinsamer Arbeit unter Beteiligung des Auftraggebers von den Planungsgruppen für Apparate und Rohrleitungen, Elektrotechnik und MSR-Technik erstellt.

Da das RI-Fließbild die Anlage detailliert beschreibt und sowohl für die weitere Rohrleitungs- und MSR-Planung die Grundlage bildet als auch bei der Montage und dem späteren Betrieb von großer Bedeutung ist, kann man es als den wichtigsten Plan bezeichnen. Er ist für alle Beteiligten verbindlich.

Das RI-Fließbild muß als Grundinformationen enthalten:

— Alle Apparate und Maschinen einschließlich Antriebsmaschinen, Rohrleitungen bzw. Transportwege und Armaturen, einschließlich installierter Reserve,
— Nennweite, Druckstufe, Werkstoff und Ausführung der Rohrleitungen,
— Angaben zur Wärmedämmung von Apparaten, Maschinen und Rohrleitungen,
— Aufgabenstellung für Messen, Steuern, Regeln,
— kennzeichnende Größen von Apparaten und Maschinen (außer Antriebsmaschinen) gegebenenfalls in Form getrennter Listen,
— kennzeichnende Größen von Antriebsmaschinen, gegebenenfalls in Form getrennter Listen.

Das RI-Fließbild kann als Zusatzinformationen enthalten:

— Durchflüsse bzw. Mengen von Energie bzw. Energieträgern,
— wichtige Geräte für Messen, Steuern, Regeln,
— wichtige Werkstoffe von Apparaten und Maschinen,
— Höhenlage von Apparaten und Maschinen innerhalb des Gebäudes.

Das RI-Fließbild muß im Gegensatz zum Verfahrensfließbild die MSR-Aufgabenstellung enthalten und kann außerdem Informationen über wichtige MSR-Geräte tragen. Abbildung 1.1 stellt als Beispiel ein RI-Fließbild für eine Destillationskolonne dar.

Die MSR-Aufgabenstellung und die funktionelle Arbeitsweise der MSR-Einrichtungen ist in Form von Kennbuchstaben und Bildzeichen nach DIN 19227, Teil 1, 3 und 4 darzustellen (s. Unterabschn. 1.2.3.2. und Kapitel 3.1.).

Jede MSR-Stelle ist durch eine MSR-Stellen-Nummer eindeutig zu bezeichnen. Der Zusammenhang von Rohrleitungsführung und Apparateaufstellung mit den für die MSR-Lösung vorgesehenen prozeßnahen MSR-Geräten erfordert eine Darstellung von Stellgeräten, Meßblenden, Schwebekörperdurchflußmessern, pH-Meßfühlern, Volumenzählern, usw. im RI-Fließbild. Die gerätetechnischen Bildzeichen nach DIN 19228 oder DIN 19227, Teil 2, sind dafür leider wenig geeignet.

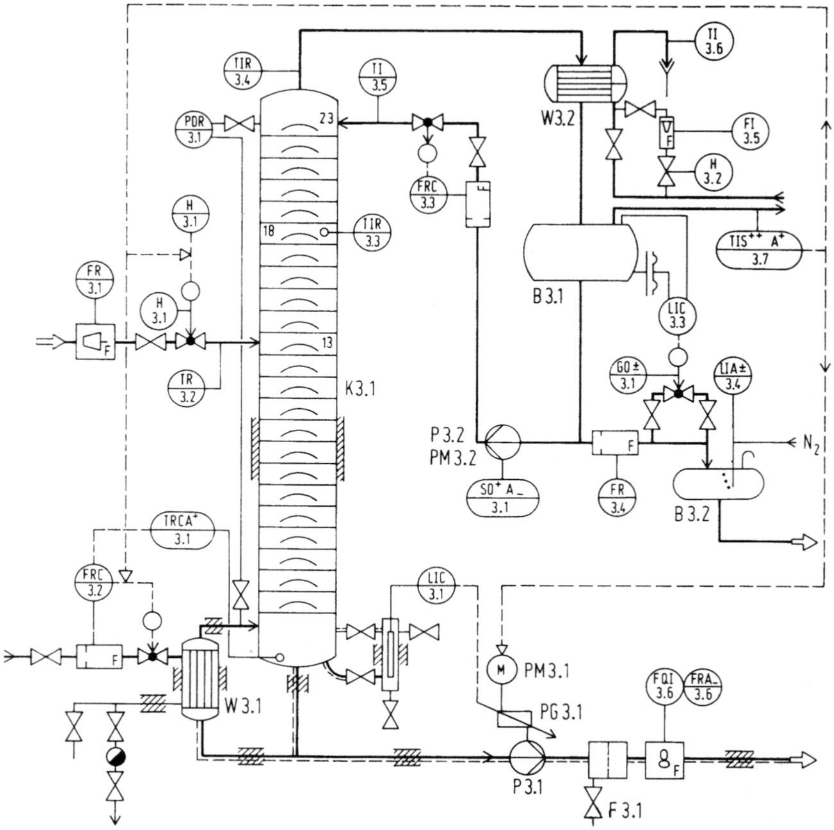

Abb. 1.1. Rohrleitungs- und Instrumentenfließbild einer Destillationskolonne

Zur Darstellung der interessierenden technischen Merkmale können jedoch Teile der Bildzeichen obiger Normen gut verwendet werden.

Das RI-Fließbild kann auch Informationen über Liefergrenzen enthalten. Zum Beispiel sollten die prozeßseitigen Absperrventile von Entnahmeleitungen der Meßfühler dargestellt werden, da sie in der Regel zum Lieferumfang der Rohrleitungen gehören. Andererseits werden Blockarmaturen an Meßblenden nicht dargestellt, da sie von MSR geliefert werden.

Die Apparate, Maschinen und Geräte (nicht die MSR-Geräte) erhalten ein Kennzeichen nach DIN 28004 Teil 4, bestehend aus einem oder zwei Kennbuchstaben, einer Zählnummer und erforderlichenfalls einem Anhängekennzeichen. Tabelle 1.1 stellt die festgelegten Kennbuchstaben dar.

Die Rohrleitungen werden durch Kennzeichen nach DIN 2406 bezeichnet. Es ist für die MSR-Planung vorteilhaft, wenn außerdem die Rohrleitungen im RI-Fließbild eine Stoffkennzahl tragen. Die Armaturen tragen ebenfalls ein Kurz zeichen nach DIN 28004, Teil 4, bestehend aus einem Kennbuchstaben nach Tabelle 1.2 und erforderlichenfalls der Nennweite, der Armaturenkennzahl, einem Kennbuchstaben für die Armaturenanschlüsse und einer Zählnummer. Die Bezeichnung von MSR-Armaturen kann, wie in Unterabschnitt 1.2.3.2. näher erläutert, in dieses System einbezogen werden.

Dem RI-Fließbild entspricht im amerikanischen Bereich das "piping and

Tabelle 1.1. Kennbuchstaben für Apparate, Maschinen, Geräte

Kennbuchstabe	Benennung
A	Apparat, Maschine, soweit nicht in eine der nachstehenden Gruppen einzuordnen
B	Behälter, Tank, Bunker, Silo
C	Chemischer Reaktor
D	Dampferzeuger, Gasgenerator, Ofen
F	Filterapparat, Flüssigkeitsfilter, Gasfilter, Siebapparat, Siebmaschine, Abscheider
G	Getriebe
H	Hebe-, Förder-, Transporteinrichtung
K	Kolonne
M	Elektromotor
P	Pumpe
R	Rührwerk, Rührbehälter mit Rührer, Mischer, Kneter
S	Schleudermaschine, Zentrifuge
T	Trockner
V	Verdichter, Vakuumpumpe, Ventilator
W	Wärmeaustauscher
X	Zuteil-, Zerteileinrichtung, sonstige Geräte
Y	Antriebsmaschine außer Elektromotor
Z	Zerkleinerungsmaschine

Tabelle 1.2. Kennbuchstaben für Armaturen

Kennbuchstabe	Benennung
A	Ableiter (Kondensatableiter)
F	Filter, Sieb, Schmutzfänger
G	Schauglas
H	Hahn
K	Klappe
R	Rückschlagarmatur
S	Schieber
V	Ventil
X	Sonstige Armatur
Y	Armatur mit Sicherheitsfunktion

instrument diagram" (PI'D). Die MSR-Aufgabenstellung wird darin nach oder in Anlehnung an ISA-Standard S 5.1[1] dargestellt (ISA = Instrument Society of America).

Oftmals sind die MSR-Aufgaben so komplex, daß eine verständliche Darstellung im RI-Fließbild nicht mehr möglich ist. Dies gilt zum Beispiel für Steuerungen oder Prozeßrechneraufgaben, bei denen mehrere Ein- und Ausgangsgrößen verknüpft sind oder einem bestimmten zeitlichen Ablauf unterliegen. Die MSR-Aufgaben sind dann in anderer Form zu beschreiben, wobei jedoch eine eindeutige Anbindung an das RI-Fließbild zu beachten ist.

Eine häufig benutzte Beschreibungsform stellt das *MSR-Fließbild* dar. Es handelt sich dabei um ein stark vereinfachtes RI-Fließbild, bei welchem alle die MSR nicht interessierenden Darstellungen, wie Probeentnahmestutzen, Spülleitungen, Heizungen, usw. weggelassen werden. Abbildung 1.2 zeigt das Beispiel

[1] Instrument Society of America: Standards and Practices for Instrumentation, 6th Edition. Durham N.C., USA (1980).

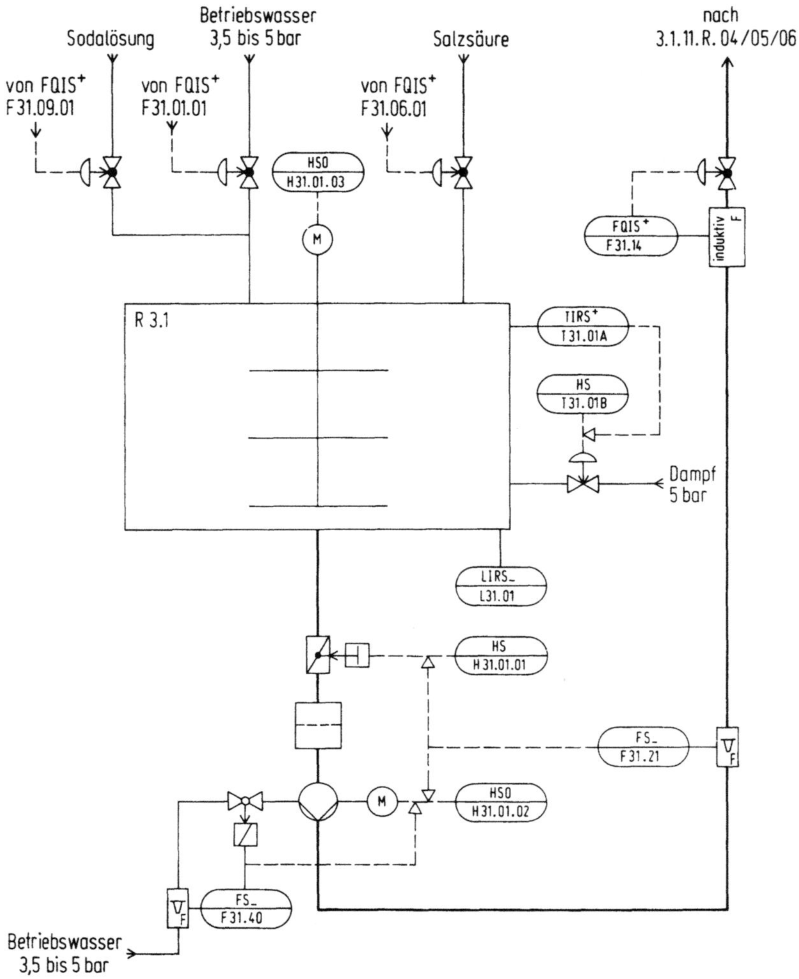

Abb. 1.2. MSR-Fließbild eines Rührbehälters

eines MSR-Fließbildes für einen Rührbehälter. Im MSR-Fließbild sind alle wichtigen Details der MSR-Aufgaben und insbesondere die Vermaschung der MSR-Stellen untereinander darzustellen.

Da auch im MSR-Stellenplan (s. Unterabschnitt 1.2.4.2.) die Darstellung der verfahrenstechnischen Zusammenhänge bei komplexen Vermaschungen kaum möglich ist, bildet das MSR-Fließbild ein für das Verständnis von Zusammenhängen wichtiges Bindeglied zwischen RI-Fließbild und MSR-Stellenplan.

Im MSR-Fließbild werden die Apparate nach DIN 28004 und die MSR-Aufgaben nach DIN 19227 gekennzeichnet. Es ist zweckmäßig, das MSR-Fließbild immer nur für einen Apparat, eine Apparategruppe oder einen Verfahrensabschnitt anzulegen. Die Gliederung ist zur Vermeidung von Übertragungsfehlern an das als Vorlage dienende RI-Fließbild anzupassen. Die Nahtstellen zu anderen MSR-Fließbildern müssen klar gekennzeichnet werden. Zur leichten Handhabung werden die Zeichnungsformate DIN A4 und DIN A3 empfohlen.

1.2.3.2 Darstellung der MSR-Stellen

Die Bezeichnung einer MSR-Stelle und ihre funktionelle Darstellung im Fließbild spielen eine Schlüsselrolle bei der Planung.

DIN 19227 legt in den Teilen 1, 3 und 4 ein System von Kennbuchstaben, Kennzeichen und Bildzeichen zum Darstellen der funktionellen Arbeitsweise von MSR-Stellen fest. Aus der Darstellung sollen die Meßgröße oder eine andere Eingangsgröße, ihre Verarbeitung, die MSR-Stellen-Nummer, die Ortsangaben und der Signalflußweg hervorgehen.

1.2.3.2.1. Aufgaben der MSR-Stelle

Von besonderer Bedeutung sind die *Kennbuchstaben* zur Darstellung der Meßgrößen oder anderer Eingangsgrößen und ihrer Verarbeitung. Die Kennbuchstaben für die MSR-Technik sind in Tabelle 1.3 aufgeführt.

Tabelle 1.3. Kennbuchstaben für MSR-Technik

Kennbuchstabe	Gruppe 1: Meßgröße oder andere Eingangsgröße		Gruppe 2: Verarbeitung
	als Erstbuchstabe	als Ergänzungsbuchstabe	als Folgebuchstabe Reihenfolge: O, I, R, C, S, Z, A
A	—		Grenzwertmeldung, Alarm
B	—		
C	—		selbsttätige Regelung, selbsttätige fortlaufende Steuerung
D	Dichte	Differenz	—
E	elektrische Größen		
F	Durchfluß, Durchsatz	Verhältnis	—
G	Abstand, Länge, Stellung		
H	Handeingabe, Handeingriff		
I	—		Anzeige
J	—	—	—
K	Zeit		
L	Stand (auch von Trennschicht)		
M	Feuchte		
N	frei verfügbar		
O	frei verfügbar		Sichtzeichen, Ja/Nein-Aussage, (nicht Alarm)
P	Druck		
Q	Qualitätsgrößen (Analyse, Stoffeigenschaft) (außer D, M, V)	Integral, Summe	—
R	Strahlungsgrößen		Registrierung
S	Geschwindigkeit, Drehzahl, Frequenz		Schaltung, nicht fortlaufende Steuerung
T	Temperatur		—
U	zusammengesetzte Größen		
V	Viskosität		
W	Gewichtskraft, Masse		
X	sonstige Größen		
Y	frei verfügbar		
Z	—		Noteingriff, Sicherung durch Auslösung
+			oberer Grenzwert
/			Zwischenwert
—			unterer Grenzwert

Eine MSR-Stelle wird gekennzeichnet durch

— einen Erstbuchstaben,
— einen Ergänzungsbuchstaben (falls erforderlich),
— einen oder mehrere Folgebuchstaben.

Der Erstbuchstabe gibt Auskunft über die Art der Meßgröße oder einer anderen Eingangsgröße. Diese Aussage wird erforderlichenfalls durch einen Ergänzungsbuchstaben erweitert. Die Folgebuchstaben kennzeichnen die Art der Verarbeitung einer MSR-Stelle. Sie stehen immer in der Reihenfolge:

O, I, R, C, S, Z, A.

Die Folgebuchstaben E, N, T, V, X, Y dienen nach DIN 19227, Teil 3, der Kennzeichnung von Teilfunktionen in Verbindung mit den Kennbuchstaben der Meßgröße. Da sie nur eine Teilfunktion kennzeichnen, bilden sie stets den einzigen Folgebuchstaben.

Beispiele:

PDIC	Druckdifferenz-Messung mit Anzeige und Regelung;
FI	Durchflußmessung;
TIA$^{\pm}$	Temperaturmessung mit Meldung bei Überschreiten eines oberen Grenzwertes und bei Unterschreiten eines unteren Grenzwertes;
SO^{+}A$_{-}$	Laufmeldung eines Motors mit Sichtzeichen (z. B. Glühlampe). Bei Ausfall des Motors erlischt das Sichtzeichen und es erfolgt eine Meldung;
LT	Standmeßumformer;
PDY	Radizierung eines Druckdifferenzsignals.

Die Kennbuchstaben werden in den oberen Teil des unten erläuterten MSR-Stellen-Kreises eingetragen. Wenn am Meßort nur ein Meßstutzen oder ein nicht ständig angeschlossener Aufnehmer vorhanden ist, dann wird allein der Kennbuchstabe der Meßgröße eingetragen.

Der *Meßort* kann durch einen Kreis mit einem Durchmesser von vorzugsweise 2 mm dargestellt werden und ist durch eine Linie von vorzugsweise 0,25 mm Breite mit dem unten erläuterten MSR-Stellen-Kreis zu verbinden. Wenn keine Verwechslung möglich ist, darf der Kreis für den Meßort entfallen (Abb. 1.3). Der Meßort soll prozeßgerecht eingezeichnet werden.

Der *Stellort* kann durch die Spitze eines gleichseitigen Dreiecks von vorzugsweise 5 mm Seitenlänge dargestellt werden. Dieses Dreieck kennzeichnet gleichzeitig auch in allgemeiner Form ein *Stellglied* und wird dann angewendet, wenn über das Stellglied keine nähere Aussage gemacht werden kann oder soll.

Stellort und Stellglied in Rohrleitungen werden vorzugsweise durch spezielle Bildzeichen dargestellt. Der *Stellantrieb* wird in allgemeiner Form durch einen Kreis von vorzugsweise 5 mm Durchmesser gekennzeichnet. Das aus Stellglied und Stellantrieb bestehende *Stellgerät* wird dargestellt durch ein Bildzeichen, welches

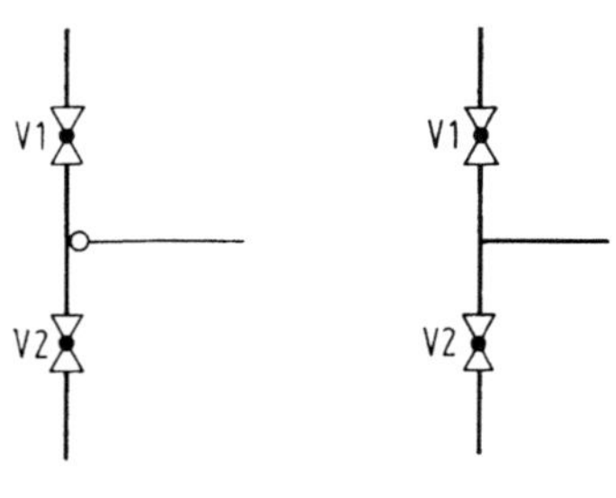

Abb. 1.3. Darstellung des Meßortes

die Bildzeichen von Stellglied und Stellgerät durch eine etwa 10 mm lange Linie zu einer Einheit verbindet. Das Verhalten des Stellgerätes bei Ausfall der Hilfsenergie wird durch zusätzliche Zeichen gekennzeichnet. Eine Zusammenstellung dieser Zeichen zeigt Tabelle 3 in Kapitel 3.1.

Die Funktionen einer MSR-Stelle werden mittels der Kennbuchstaben in einem Kreis von vorzugsweise 10 mm Durchmesser dargestellt, der bei größerem Platzbedarf zu einem Langrund gestreckt werden kann. Kreis und Langrund werden im folgenden *MSR-Stellen-Kreis* genannt (Abb. 1.4). In ihm werden zusätzlich zu den Kennbuchstaben die Ortskennzeichnung und die MSR-Stellen-Nummer angegeben. Die Schriftgröße beträgt vorzugsweise 2,5 mm. Wird eine Meßgröße durch getrennte Aufnehmer mehrfach erfaßt, dann sind auch getrennte MSR-Stellen-Kreise darzustellen. Werden mehrere Meßgrößen mit einem Ausgabegerät wiedergegeben, dann erhält jede einen eigenen MSR-Stellen-Kreis. Ist die Verarbeitung einer Meßgröße sehr komplex, dann wählt man zweckmäßig eine Darstellung mit mehreren MSR-Stellen-Kreisen (Abb. 1.5).

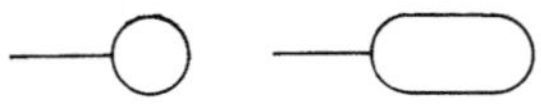

Abb. 1.4. MSR-Stellen-Kreis

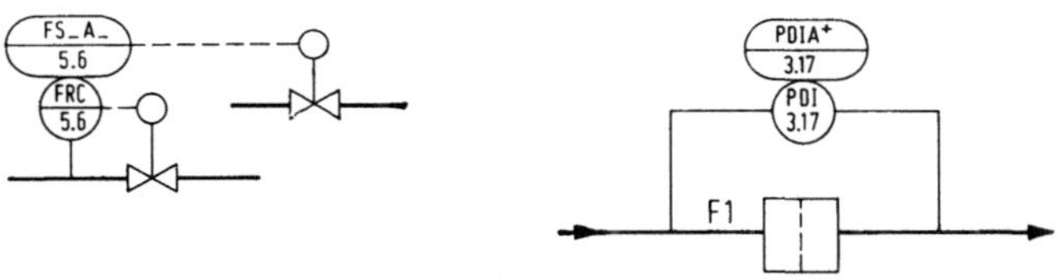

Abb. 1.5. MSR-Stellen-Kreise für komplexe Aufgaben

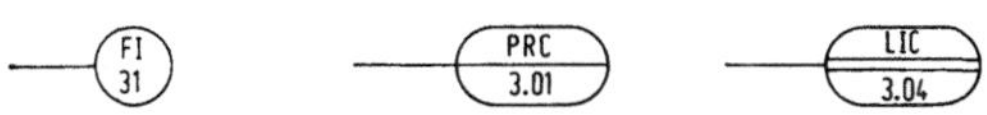

Abb. 1.6. Ausgabe- und Bedienungsort

Der *Ausgabe- und Bedienungsort* (Kommunikationsstelle zwischen Mensch und MSR-Einrichtung) werden nach folgender Regel gekennzeichnet (Beispiele zeigt Abb. 1.6.):

Ausgabe- und Bedienungsort	Kennzeichnung im MSR-Stellen-Kreis
Meß- oder Stellort	Kennbuchstaben ohne Unterstreichung
Zentrale Warte	Kennbuchstaben durchgehend unterstreichen
Örtliche Tafel, Unterwarte	Kennbuchstaben werden doppelt unterstrichen

Meßort, MSR-Stellenkreis und Stellgerät sind durch den *Signalflußweg* miteinander verbunden. Die Verbindung vom Meßort zum MSR-Stellenkreis wird mit einer kurzen schmalen Linie dargestellt. Der Signalflußweg vom MSR-Stellenkreis zum Stellgerät wird durch eine gestrichelte Linie von gleicher Breite dargestellt. Wenn keine Verwechslung möglich ist, darf auch eine Vollinie angewendet werden (Abb. 1.7). Wenn Kreuzungen nicht zu vermeiden sind, ist eine der beiden sich kreuzenden Linien, vorzugsweise die schmalere, zu unterbrechen.

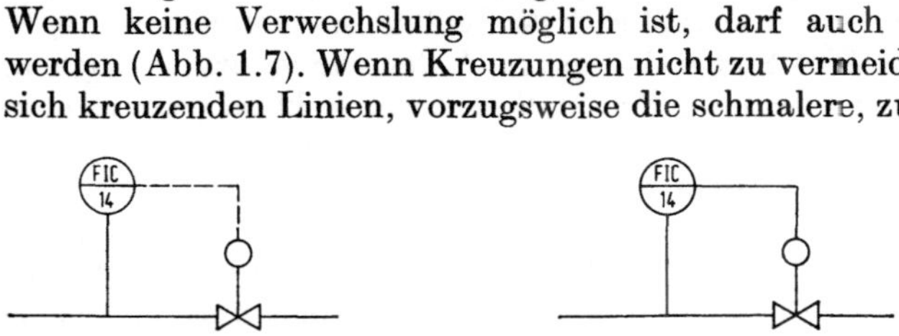

Abb. 1.7. Darstellung des Signalflußweges

Bei vermaschten Signalflußwegen, z. B. Kaskadenregelung, Verhältnisregelung, werden die entsprechenden MSR-Stellen-Kreise gemäß dem Wirkungszusammenhang miteinander verbunden. Die Signalflußrichtung kann durch Pfeile gekennzeichnet werden (Abb. 1.8).

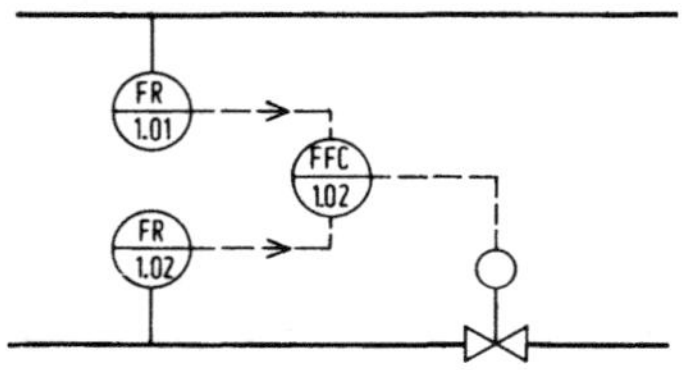

Abb. 1.8. Vermaschte Signalflußwege

1.2.3.2.2. MSR-Stellen-Nummer und -Stellenbezeichnung

Da sich in einer Anlage im allgemeinen mehrere MSR-Stellen mit gleichen Meßgrößen befinden, muß zusätzlich zu den Kennbuchstaben eine Unterscheidung durch Zählnummern erfolgen. Sie werden als sogenannte *MSR-Stellen-Nummer* in den unteren Teil des MSR-Stellen-Kreises eingetragen (Abb. 1.9). Die Art des

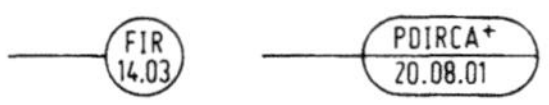

Abb. 1.9. Darstellung der MSR-Stellen-Nummer

Nummernsystems ist frei wählbar. Bei mehreren Meßstellen gleicher Meßgröße sollte jedoch eine MSR-Stellen-Nummer nur einmal vorkommen. Mit Rücksicht auf die Verwendung von Prozeßrechnern in großen Anlagen ist jedoch eine Gliederung in ein Nummernsystem sinnvoll. Hier ein Beispiel eines Nummernsystems, welches sich bei vielen Anwendern gut bewährt hat:

XX. XX. XX.

Zählnummer für Verfahrensabschnitt
Zählnummer für MSR-Stelle
Anhängezahl oder Anhängebuchstabe

Die Zählnummer für den Verfahrensabschnitt kann bei sehr kleinen Anlagen entfallen, z. B. bei weniger als 20 MSR-Stellen. Innerhalb eines Verfahrensabschnittes werden die MSR-Stellen gleicher Erstbuchstaben durchnumeriert. Eine bestimmte systematische Zählweise wird vielfach angestrebt. Durch eine Anhängezahl oder einen Anhängebuchstaben können MSR-Einrichtungen bei Mehrfachausrüstung und dergleichen nach Bedarf zusätzlich systematisch gekennzeichnet werden.

Zu Beginn eines Projektes besteht häufig die Neigung zu einer detailliert gegliederten Systematik der Numerierung. Dies empfiehlt sich jedoch nicht wegen der dann sehr umfangreichen und unhandlichen MSR-Stellen-Nummern.

Die weitere Planung der MSR-Stellen ist erst nach der Numerierung möglich. Gibt es danach noch zahlreiche Änderungen im Verfahren, so kann dies auch zu umständlichen Änderungen in den MSR-Plänen führen. Der Zeitpunkt der Numerierung ist deshalb sorgfältig abzuwägen.

Alle zu einer MSR-Stelle gehörenden Kennbuchstaben und die anhängende MSR-Stellen-Nummer werden zur *MSR-Stellenbezeichnung* zusammengefaßt. Damit erhält jede MSR-Stelle in Fließbildern und sonstigen Arbeitsunterlagen eine eindeutige Bezeichnung.

Die Anwendung von MSR-Stellenbezeichnungen sollte für jeden Planer zur Selbstverständlichkeit werden, da sie als „Name der MSR-Stelle" die Zugehörigkeit erkennen lassen und Mißverständnisse durch sie weitgehend vermieden werden.

Beispiel: PDIRCA+ 20.08.01

Diese MSR-Stellenbezeichnung wird meist von mehreren Planungsgruppen verwendet. Bei einer späteren Änderung muß die Bezeichnung ebenfalls geändert werden, was dann wieder zu vielen Änderungen in den Plänen führt. Daher wenden viele Anwender zwar diese ausführliche MSR-Stellenbezeichnung in den Fließbildern an, vereinfachen sie jedoch in den anderen Planungsunterlagen soweit, daß nur der Erstbuchstabe und, falls erforderlich, der Ergänzungsbuchstabe verwendet wird. Die abgekürzte MSR-Stellenbezeichnung hat dann die Form:

XX XX. XX. XX

Kennbuchstaben für Meßgröße oder andere Eingangsgröße (1. XX)
Zählnummer für Verfahrensabschnitt (2. XX)
Zählnummer für MSR-Stelle (3. XX)
Anhängezahl oder Anhängebuchstabe (4. XX)

Beispiel: PD 20.08.01

Verzichtet man auf den Ergänzungsbuchstaben, die Anhängezahl und die Null in der Zählnummer, so wird die Bezeichnung mit P 20.8 sehr handlich. Für den größten Teil der Anwendungsfälle sind solche Kurzbezeichnungen völlig ausreichend. Man kann sie sich nach einmaligem Lesen ausreichend lange merken, was für Planung, Montage und Störungssuche von großem Vorteil ist. Lediglich in MSR-Stellenblättern und -Stellenplänen, eventuell auch in Anordnungsplänen, ist die ausführliche Schreibweise zweckmäßig. Im Gegensatz zu DIN 19227 ist es häufig vorteilhaft, in den unteren Teil des MSR-Stellen-Kreises statt der reinen Zählnummer die abgekürzte MSR-Stellenbezeichnung einzutragen.

1.2.3.2.3. Anmerkungen und Beispiele

Wird für die Lösung der MSR-Aufgaben ein Prozeßrechner (PR) benutzt, so werden seine Aufgaben in den Fließbildern nach DIN 19227, Teil 4, dargestellt. Damit kann auf einfache Art und Weise das Zusammenwirken von Prozeßrechner und konventionellen MSR-Einrichtungen gekennzeichnet werden.

Für die Darstellung von Prozeßrechnerfunktionen kann der geschlossene Halbkreis (halber MSR-Stellen-Kreis) von vorzugsweise 10 mm Durchmesser verwendet werden, in den die Kennbuchstaben eingetragen sind. Bei größerem Platzbedarf darf der Halbkreis gestreckt werden. Beide Formen werden *PR-Stellen-Kreis* genannt (Abb. 1.10). Die Signalflußrichtung ist in Richtung des Kreisbogens zu denken. Im PR-Stellen-Kreis wird zusätzlich zu den Kennbuchstaben die *PR-Stellen-Nummer* angegeben. Normalerweise wird der PR-Stellen-Kreis in Zusammenhang mit einem MSR-Stellen-Kreis, einer Meßstelle oder einem Stellgerät verwendet. Wenn nur Prozeßrechner-Funktionen vorgesehen werden, kann auch der PR-Stellenkreis allein benutzt werden. Während der Basisplanung kann die Festlegung, ob eine MSR-Aufgabe konventionell oder mit einem Prozeßrechner zu lösen ist, häufigen Änderungen unterworfen sein. Dies führt bei gleich-

Abb. 1.10. Darstellung des PR-Stellen-Kreises

zeitiger Darstellung von MSR- und PR-Stellen-Kreis zu umständlichen Änderungen im RI-Fließbild. Man kann dann auf die Darstellung von PR-Stellen-Kreisen verzichten.

Beispiele für die Darstellung von MSR-Stellen sind in der Abb. 1.1 eines RI-Fließbildes zu finden. Einige zusätzliche Beispiele werden im folgenden anhand der Abbildungen 1.11 bis 1.26 erläutert.

Grundsätzlich müssen die in einer MSR-Stelle vorkommenden MSR-Geräte nicht speziell gekennzeichnet werden. Es reicht aus, jedem MSR-Gerät die MSR-Stellenbezeichnung zu geben. Verwechslungen sind dabei, auch bei Vorhandensein von zwei gleichartigen MSR-Geräten innerhalb einer MSR-Stelle, so gut wie ausgeschlossen, da die MSR-Stelle, ihre Funktion und ihr Eingriff in das Verfahren durch die vorliegenden technischen Unterlagen hinreichend genau festgelegt sind. Es ist deshalb üblich, auch dem Stellgerät als Kennzeichnung die MSR-Stellenbezeichnung zu geben.

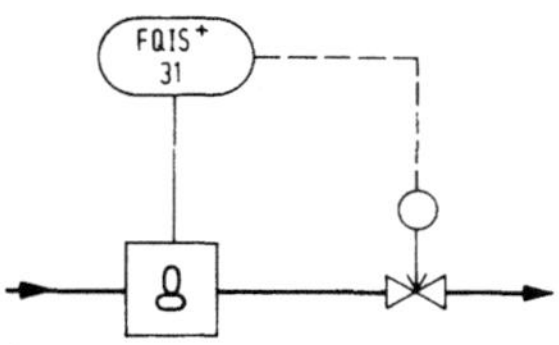

Abb. 1.11

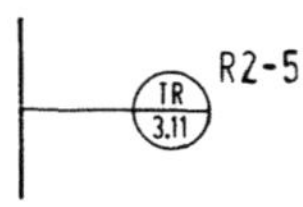

Abb. 1.12

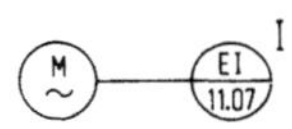

Abb. 1.13

Abb. 1.11. Mengenmessung mit Ovalradzähler, Anzeige vor Ort, Schließen eines Stellgerätes bei Erreichen einer vorgegebenen Menge

Abb. 1.12. Temperaturmessung, Registrierung in der Warte auf Sechsfarbenschreiber 2, Schreibstelle 5

Abb. 1.13. Messung der elektrischen Stromstärke, Anzeige in der Warte

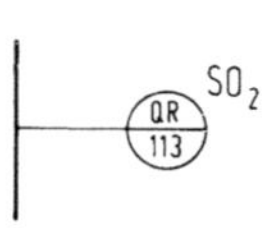

Abb. 1.14

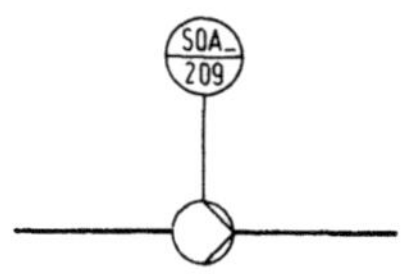

Abb.1.15

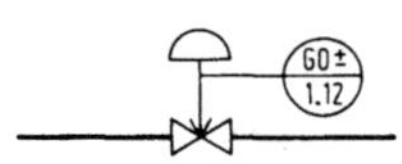

Abb. 1.16

Abb. 1.14. Messung der SO_2-Konzentration, Registrierung in der Warte

Abb. 1.15. Überwachung einer Pumpe, Sichtzeichen: Pumpe in Betrieb, Meldung: Pumpe ausgefallen

Abb. 1.16. Überwachung eines Stellgerätes mit Membranantrieb, Sichtzeichen für Auf- und Zu-Stellung, Stellgerät schließt bei Ausfall der Hilfsenergie

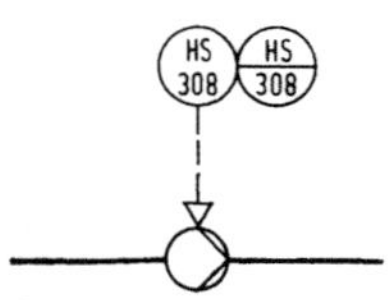

Abb. 1.17

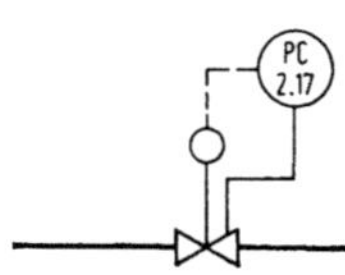

Abb. 1.18

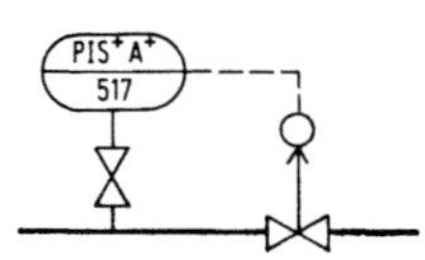

Abb. 1.19

Abb. 1.17. Hand-Schaltung einer Pumpe, örtlich und in der Warte

Abb. 1.18. Örtliche Druckregelung mit einer Reduzierstation ohne Hilfsenergie

Abb. 1.19. Druckmessung mit Anzeige in der Warte, Meldung in der Warte bei Erreichen eines oberen Grenzwertes. Öffnen des Stellgerätes bei Erreichen eines oberen Grenzwertes.

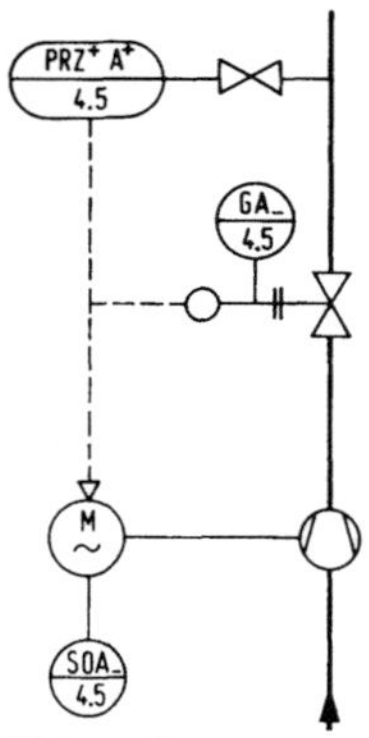

Abb. 1.20

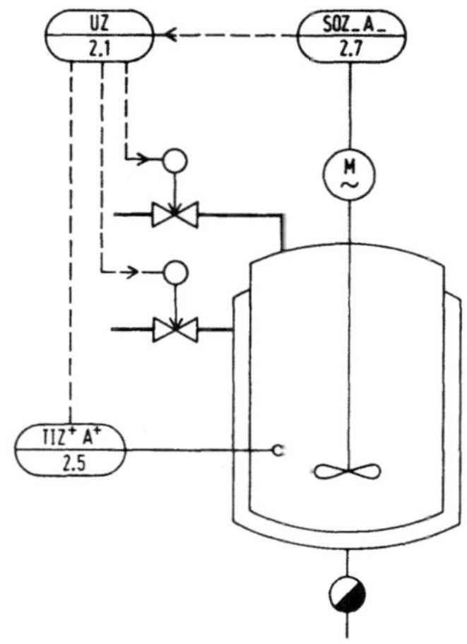

Abb. 1.21

Abb. 1.20. Druckmessung mit Registrierung. Meldung bei Erreichen eines oberen Grenzwertes. Notabschaltung des Verdichters und Schließen des Stellgerätes auf der Druckseite, Rückmeldung der erfolgten Noteingriffe (Meldung)

Abb. 1.21. Sicherheitsschaltung. Bei Rühreraus fall oder Erreichen eines oberen Temperaturgrenzwertes werden die Dampfbeheizung und der Produkteinlauf abgeschaltet.

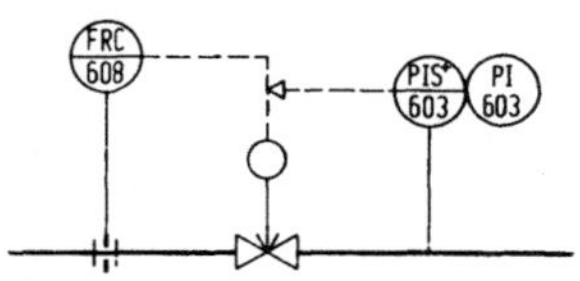

Abb. 1.22

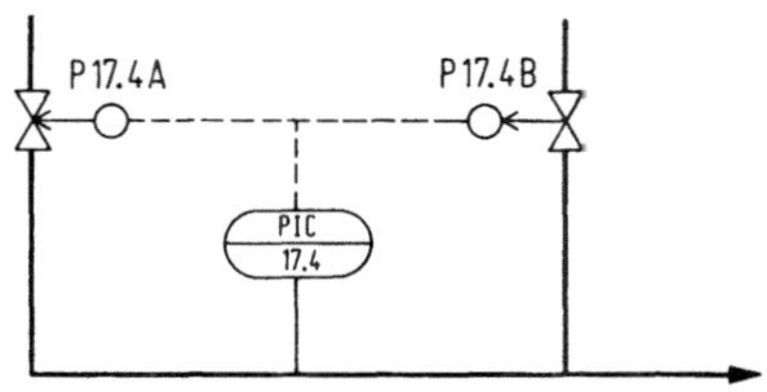

Abb. 1.23

Abb. 1.22. Durchflußregelkreis und Druckmessung mit Anzeige vor Ort und in der Warte. Bei Erreichen eines oberen Druckgrenzwertes wird das Stellgerät des Regelkreises über ein Stellglied (z. B. Magnetventil) in der Signalleitung geschlossen.

Abb. 1.23. Druckregelung mit zwei Stellgeräten (Split-Range), Anhängebuchstaben zur Unterscheidung der Stellgeräte

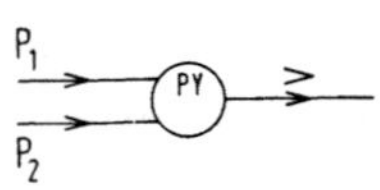

Abb. 1.24

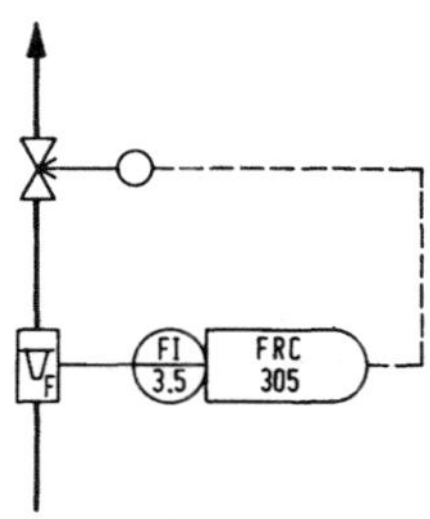

Abb. 1.25

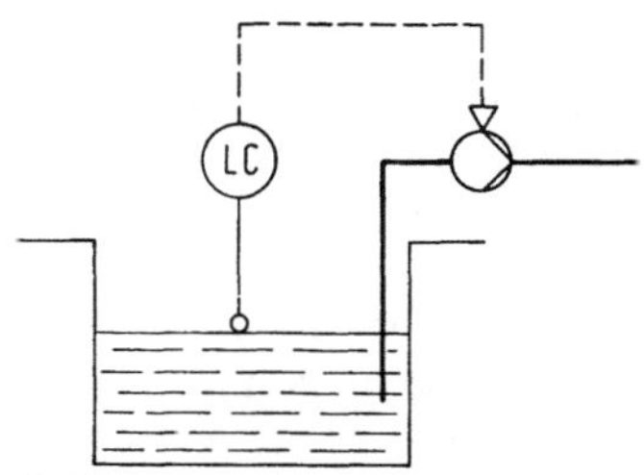

Abb. 1.26

Abb. 1.24. Größtwert-Auswahl von zwei Drucksignalen

Abb. 1.25. Durchflußmessung mittels Schwebekörpermesser mit Anzeige in der Warte, Durchflußmeßsignal zum Prozeßrechner mit Registrierung und Regelung durch Prozeßrechner

Abb. 1.26. Standregelung einer Abwassergrube, schaltender 2-Punkt-Regler oder Schwimmerschalter schaltet Pumpe selbsttätig und fortlaufend (LC, nicht LS).

Bei Steuerungen und auch beim Einsatz von Prozeßrechnern ist die Zuordnung von MSR-Stelle und Stellgerät jedoch nicht immer möglich. Die Stellgeräte erhalten dann nach ihrer Funktion oder ihrem Aufbau eine eigene Bezeichnung mit Zählnummern in Anlehnung an Tabelle 1.2, zum Beispiel:

V 20.03 Stellgerät mit kontinuierlicher Positionierung,
H 107 Auf/Zu-Hahn,
Y 35 Magnetventil (nach DIN 40719, Blatt 2).

Zu einer MSR-Aufgabe kann auch das selbsttätige Ein- und Ausschalten von Elektromotoren gehören. Der Motor ist dann als eine Stelleinrichtung zu betrachten. Zweckmäßig behält man dafür die in DIN 28004, Teil 4, festgelegte Kennzeichnung bei. PM 3.5 kennzeichnet dann den Motor der Pumpe 5 im Verfahrensabschnitt 3. Es kann jedoch auch eine Kennzeichnung nach DIN 19227 verwendet werden.

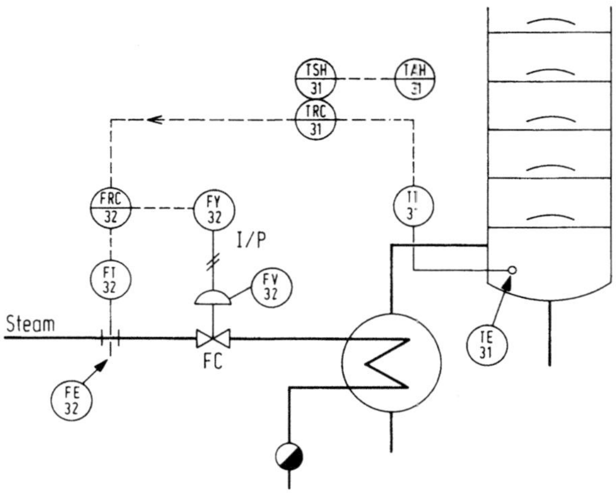

Abb. 1.27. Darstellung von MSR-Stellen nach ISA-Standard

Im amerikanischen Bereich erfolgt die Darstellung der MSR-Stellen häufig nach ISA-Standard S 5.1. Die dort festgelegten Kennbuchstaben stimmen überwiegend mit den Kennbuchstaben nach DIN 19227 überein. Die Kennzeichnung des oberen und unteren Grenzwertes erfolgt mit den Buchstaben H (high) und L (low). Das amerikanische „PI-Diagramm" stellt häufig auch alle zur Lösung einer bestimmten MSR-Aufgabe notwendigen MSR-Geräte dar. Die Temperatur-Durchflußkaskadenregelung aus Abb. 1.1 wird dann nach Abb. 1.27 darzustellen sein. Der elektrische Temperaturregler mit angeschlossenem Grenzwert- und Alarmgeber führt den elektrischen Dampfdurchfluß-Regelkreis, welcher über einen elektropneumatischen Umformer das Regelventil betätigt. Die Geräte erhalten eigene Kennzeichen, jedoch die gemeinsame MSR-Stellen-Nummer.

Eine exakte Anwendung von ISA S 5.1 führt leicht zur Überladung der „PI-Diagramme" mit MSR-Kennzeichen. Die genaue Darstellung aller an einer Aufgabe beteiligten MSR-Geräte und ihre Verknüpfung ist besser auf besonderen Plänen, wie z. B. dem MSR-Stellenplan, vorzunehmen.

Im Rahmen der ISO (International Organisation for Standardisation) wird eine internationale Norm zur Darstellung von MSR-Stellen vorbereitet. DIN 19227, Blatt 1, stimmt nach Umfang und Ausführung damit schon weitgehend überein.

1.2.3.3. MSR-Stellenblatt

Während der Planung eines Projektes sind zahlreiche Informationen (Daten) zu beschaffen, festzuhalten und zu verarbeiten. Ein Hilfsmittel dazu sind Datenblätter, die die Informationen in einer geordneten und übersichtlichen Form aufnehmen, so daß eine systematische Bearbeitung ermöglicht wird.

Das MSR-Stellenblatt ist der zentrale Datenträger für alle mit der verfahrenstechnischen MSR-Aufgabe zusammenhängenden Daten. Es enthält außerdem eine Auflistung der für eine MSR-Stelle vorgesehenen Geräte. Dabei genügt im Prinzip die Angabe der Geräteart. Teile von zentralen Einrichtungen, wie z. B. Steuerungen und Spannungsversorgung, brauchen in der Auflistung nicht enthalten zu sein. Die Daten eines MSR-Stellenblattes können unterteilt werden in die Gruppen

- allgemeine Daten,
- Meßstoff-Daten,
- Meßort-Daten,
- Stellstoff-Daten,
- Stellort-Daten,
- Geräte-Daten,
- Revisionsteil.

Zu Beginn der Bearbeitung einer MSR-Aufgabe ist nur ein kleiner Teil der Daten bekannt. Im Laufe der Planung werden ständig Daten ergänzt und korrigiert. Das MSR-Stellenblatt ist gut geeignet, Außenstehende zu informieren und eine eventuell erforderliche Arbeitsteilung zu erleichtern.

Je nach Projektgröße, Art der verfügbaren Hilfsmittel und Erfahrung des Personals mit Planung, Montage und Instandhaltung kann es zweckmäßig sein, verschiedene Formen von MSR-Stellenblättern zu verwenden. Deshalb werden hier drei im Rahmen der NAMUR erarbeitete Varianten vorgestellt.

1.2.3.3.1. Variante 1 des MSR-Stellenblattes

Als Variante 1 wird im folgenden ein MSR-Stellenblatt erläutert, das für jede einzelne MSR-Stelle auszufüllen ist (Abb. 1.28). Dabei wird wieder auf Abb. 1.1 Bezug genommen.

Allgemeine Daten

Der größte Teil der allgemeinen Daten ist bereits bei Beginn der Bearbeitung verfügbar. Allgemeine Daten sind:

- Die MSR-Stellenbezeichnung (z. B. in Kurzform: F 3.3),
- die Art der MSR-Stelle (z. B. FRC),
- eine prägnante Bezeichnung der MSR-Aufgabe,
- Hinweise auf das Werk, den Anlagenkomplex und das Gebäude, in dem sich die MSR-Stelle befindet,
- Zeichnungsnummer des RI-Fließbildes,
- der Montagestandard, d. h. ein Hinweis auf die vorgesehene Montageart der Geräte in der Anlage,
- Schaltungstyp des MSR-Stellenplanes,
- die Beschriftung von MSR-Geräten als Kurzform der „Bezeichnung",
- ein Hinweis auf eine Vermaschung mit anderen MSR-Stellen, z. B. bei Kaskaden- oder Verhältnisregelungen.

Meßstoff-Daten

Die überwiegende Mehrzahl der MSR-Aufgaben stützt sich auf die durch Messen gewonnenen Prozeß-Informationen. Die Zuverlässigkeit einer Messung hängt aber in hohem Maße von der genauen Kenntnis der Meßstoff-Daten ab. Dazu gehören zunächst:

— Die Bezeichnung des Meßstoffes und seine eventuelle Zusammensetzung aus verschiedenen Komponenten,
— Angaben über den Aggregatzustand, das korrosive Verhalten und Art und Anteil von Schwebestoffen,
— physikalische Kenngrößen, wie die Dichte im Betriebs- und Normzustand, die dynamische Viskosität und die elektrische Leitfähigkeit.

Weiterhin sind die Daten der eigentlichen Meßgröße von Interesse:

— Minimaler, normaler und maximaler Wert der Meßgröße und die Maßeinheit,
— minimale, normale und maximale Werte von Druck, Temperatur und Durchfluß der Meßgröße,
— Angabe von Grenzwerten der Meßgröße, die für die weitere Verarbeitung, z. B. Meldung und/oder Schaltfunktionen, von Bedeutung sind.

Außerdem interessieren Besonderheiten des Meßstoffes:

— Angaben über Meßstoff und Dichte der Minusseite, d. h. der leichten Phase bei Trennschicht- oder Druckdifferenzmessungen,
— Verhalten in Entnahmeleitungen, d. h. Angaben darüber, ob der Meßstoff dort bei Umgebungstemperatur erstarrt, kondensiert oder siedet.

Meßort-Daten

Die Meßort-Daten beschreiben den Einbau- oder auch Anbauort des Meßfühlers und seine Umgebungsbedingungen. Dazu gehören zum Beispiel:

— Bezeichnung des Einbauortes durch Benennung des Apparates oder der Rohrleitung,
— Angabe von Nenndruck des Apparates bzw. der Rohrleitung und Angabe der Rohrleitungsnennweite,
— Angabe des Apparate- bzw. Rohrleitungswerkstoffes,
— Stärke einer vorgesehenen Isolierung,
— Abstand zweier Meßstutzen für Stand- oder Druckmessungen und deren Nenndruck und Nennweite,
— Angabe abnormer Temperatureinflüsse der Umgebung, z. B. sehr tiefe Wintertemperaturen oder Einwirkung von Strahlungswärme,
— Hinweis auf Schutzmaßnahmen (s. Kap. 3.2) durch Angabe der Zone (0, 1, 2), der Temperaturklasse (T 1—T 6) oder Zündgruppe (G 1—G 5) und der Explosionsgruppe (A, B, C), der Explosionsklasse (1, 2, 3) und behördliche Auflagen, z. B. VbF, Eichpflicht, usw. Ebenso sind Angaben über eine eventuell erforderliche Beheizung zu machen.

Stellstoff-Daten

Der den Stellstoff beschreibende Datensatz ist von gleicher Art wie beim Meßstoff. Häufig ist der Stellstoff sogar mit dem Meßstoff identisch, jedoch können auch dann z. B. seine Zustandsgrößen Druck und Temperatur abweichen. Durch die Drosselwirkung von Stellgeräten kann es aufgrund der Stellstoffeigenschaften zu Ausdampfung, Kavitation und anderen Problemen kommen.

Firma	MSR-Stellenblatt	erstellt am: 8.2.84 Seite 1 Aend. - Index:

Werk Goldfinger	MSR-Stelle F 3.3
Anlagenkomplex Destillation 1	Art der MSR-Stelle FRC
Gebaeude 1101	Vermascht mit
Projektnummer 12345	RI-Fliessbild Nr. 2.3.1
MSR-Stellenbezeichnung Rücklauf K3.1	
MSR-Stellenbeschriftung Rückl. K3.1	
Schaltungstyp 12.22.47	
Montagestandard 32.10.22	

MESSSTOFF	R	STELLSTOFF wie Meßstoff	R
Stoffbezeichnung Chlorbenzol		Stoffbezeichnung	
Zusammensetzung 100 %		Zusammensetzung	
Aggregatzustand flüssig		Aggregatzustand	
Korrosive Bestandteile		Korrosive Bestandteile	
Schwebstoffe		Schwebstoffe	
Dichte im Betriebszustand 1100 kg/m³		Dichte im Betriebszustand kg/m³	
Dichte im Normzustand kg/m³		Dichte im Normzustand kg/m³	
Dynamische Viskositaet mPa s		Dynamische Viskositaet mPa s	
Elektrische Leitfaehigkeit µS/cm			

	MIN.	NORM.	MAX.	Einh.			MIN.	NORM.	MAX.	Einh.
Druck		1,5		bar		Druck				bar
Temperatur		80		°C		Temperatur				°C
Durchfluss		2000	2400	Kg/h		Durchfluss				
Grenzwerte										
Messstoff/Minusseite										
Dichte/Minusseite										
Verh. in Entnahmeleit.										

MESSORT	R	STELLORT/-GERAET	R
Einbauort 122		Einbauort 122	
Leitung/Apparat DN 50 PN 16		Rohrleitung DN 50 PN 16	
Werkstoff 1.4571		Werkstoff 1.4571	
Heizung		Isolierstaerke 50 mm	
Isolierstaerke 50 mm		Sicherheitsvorschr.	
Messspanne (M) mm			
Bodenfreiheit (H0) mm			
Einbaulae. Beh. (HE) mm		Stellgeraet Art Membranventil	
Flansch oben/unten DN / DN		Stellgeraet DN 25 PN 16	
Umgebungstemp. von bis °C		Einbaulaenge/Hoehe 160 mm 580 mm	
Einbaulaenge(Rohrleitg.) 40 mm		Arbeitsweise	
Druckabfall bar		Sitz/KVS 12 mm 2,5	
Sicherheitsvorschr.		Druckabfall 2,3 bar	

L. Nr.	Code	Text	Eingang	Ausgang	Einbauort	Bemerkung	R
1	02.00.17	Normblende	2,5 m³/h	100 mbar	Feld	Eigenbau	
2	03.42.22	Meßumformer	100 mbar	0,2 - 1 bar	Feld	Rosemount	
3	06.22.04	Schreiber	0,2 - 1 bar	2,5 m³/h	T 10	ICE	
4	04.02.01	Kompaktregler	0,2 - 1 bar	0,2 - 1 bar	T 10	ICE	
5	04.21.02	Stellungsregl.	0,2 - 1 bar	0,2 - 1 bar	Feld	Samson	
6	08.07.01	Membranvent.	0,2 - 1 bar		Feld	Samson	

Abb. 1.28. MSR-Stellenblatt (Variante 1)

Stellort-Daten

Der erste Teil des Stellort-Datensatzes beschreibt ähnlich wie bei den Meßort-Daten den Einbauort, die Nennweite und den Nenndruck der Rohrleitung, den Rohrleitungswerkstoff, die eventuell erforderliche Isolierstärke und die vorgeschriebenen Schutzmaßnahmen. Außerdem interessieren die Daten des Stellgerätes:

- Nennweite (DN) und Nenndruck (PN),
- Einbaulänge und Einbauhöhe,
- Angabe des aufgrund der vorgegebenen Daten ermittelten K_v-Wertes,
- Sitzdurchmesser des Stellgerätes,
- Verhalten des Stellgerätes bei Ausfall der Hilfsenergie.

Weitere Angaben sind eventuell einzutragen, z. B. Schallemission, Zusatzeinrichtungen, usw.

Geräte-Daten

Die Geräte einer MSR-Stelle, einschließlich der Vielfachgeräte wie Schreiber und Leuchttableaus, sind ihrer Art nach vollständig aufzulisten. Es werden die folgenden Daten eingetragen:

- Angabe der Spezifikationsblatt-Nummer für das Gerät oder der Hinweis auf eine Lager-Nummer,
- Bezeichnung der Art des Gerätes in Kurzform z. B. Druck-Meßumformer,
- Eingangsgröße des Gerätes mit Maßeinheit, z. B. bei Meßumformern die Meßspanne, bei Anzeigern, Schreibern, Reglern usw. das Einheitssignal,
- Ausgangsgröße des Gerätes mit Maßeinheit, z. B. bei Meßumformern das Einheitssignal, bei Anzeigern, Schreibern, Reglern usw. die Skale,
- Angabe des Einbauortes in Form eines vereinbarten Codes. Für das Spezifizieren der Geräte genügt in der Regel eine grobe Klassifikation des Einbauortes nach Feld, Tafel, Fließbildtafel, Pult, Schaltraum usw.
- Angabe der Lieferfirma.

Zur Dokumentation von Änderungen sind Revisionsspalten (R) den verschiedenen Datenfeldern zugeordnet. In der Revisionsspalte wird die geänderte Angabe durch Eintrag der zugehörigen Revisionsnummer kenntlich gemacht.

Im vorliegenden MSR-Stellenblatt sind an mehreren Stellen einzelne Zeilen frei für zusätzliche Angaben. Falls erforderlich, können weitere Detailangaben in ein Ergänzungsblatt eingetragen werden. Dieses Ergänzungsblatt enthält nur die allgemeinen Daten und einen Revisionsteil, ist aber sonst frei und erlaubt auch das Anfertigen von einfachen Anordnungsskizzen, sowie die Eintragung von Montagehinweisen.

1.2.3.3.2. Variante 2 des MSR-Stellenblattes

Die Variante 2 eines MSR-Stellenblattes (Abb. 1.29) ist stärker auf die Meßaufgabe zugeschnitten, stimmt jedoch teilweise mit der erläuterten Variante 1 überein. Die allgemeinen Daten sind ergänzt um die Nummer des zugehörigen Funktionsplans, in dem die MSR-Stelle eventuell vorkommt. Der Meßstoff-Datensatz enthält Angaben über das Verhalten in Entnahmeleitungen und bei Trennschichtmessungen über den Meßstoff der oberen leichten Phase. Die Meßort-Daten sind erweitert um Angaben zu:

- Rohrleitungs-Innendurchmesser bei genauen Wirkdruckmessungen oder bei ausgekleideten Leitungen,

Firma	MSR-STELLEN-BLATT	MSR-Stelle F 3.3
RI Fließbild für Meßort: Nr. 830822-0 Stellort Nr 830822-0 MSR-Stellen-Plan 840308 ja / nein	Bezeichnung Rücklauf K 3.1 Beschriftung R U E C K L . K 3 . 1	Projekt Dest. 1 Betrieb Gebäude 1101

Rev	Zug	Funktionsplan					
	1		Bezeichnung	Chlorbenzol			
	2		Meßstoff oben				
	3		Zusammensetzung	100 %			
	4		Korrosive Bestandteile				
	5		Schwebstoffe				
	6		Aggregatzustand	☐ fest	☒ flüssig	☐ gasf./dampff.	
	7		Verhalt. in Entnahmeleitung	☐ erstarren	☐ kondens.	☐ sieden	
	8			Einheit	min	norm	max
	9	Meßstoff	Arbeitstemperatur	°C		80	
	10	Meßstoff	Arbeitsdruck (absolut)	bar		2,5	
	11	Meßstoff	Meßgröße	kg/h		2000	2400
	12	Meßstoff	Meßbereich	m³/h		2,5	
	13		Grenzwerte				
	14		Dichte im Betriebszustand	kg/m³		1100	
	15		Dichte im Normzustand	kg/m³			
	16		Dichte oben	kg/m³			
	17		Dynam. Viskosität	mPa s			
	18		Realgasfakt./Isentropenexp.				
	19		Elektr. Leitf./pH-Wert	µS/cm			
	20						

Rev	Vermaschung mit MSR-Stelle			
	21		Einbauort	122
	22		Rohrltg. Nennweite	DN 50 mm
	23		Rohrltg. Innen-∅	mm
	24		Nenndruck/Dichtfl.	PN 16 /
	25		Werkstoff	1.4571
	26	Meßort	Isolierstärke	50 mm
	27	Meßort	Stutzenabstand	mm
	28	Meßort	Meßstutzen unten	DN PN
	29	Meßort	Meßstutzen oben	DN PN
	30		Ex-Bedingungen	
	31		Sonstige Auflagen	
	32		Besond. Umgebungstemp.	von bis °C
	33			
	34		Eingest. Meßspanne	0–2,5 m³/h
	35	Geräte Angaben	Skala / Skaleneinteilung	0–2,5 / quadr.
	36	Geräte Angaben	Skalenfaktor / Einheit	1 / m³/h
	37	Geräte Angaben	Reglerwirkungssinn	☒ steigend ☐ fallend
	38	Geräte Angaben	Regelverhalten	PI
	39	Geräte Angaben	Stellglied ohne Energie	☒ auf ☐ halt ☐ zu
	40			

Rev		41 Geräte: Kennzeichnung	42 Unterscheidung	43 Spezifikation	44 Art	45 Einbauort (1)	46 Fremd-Lieferg.	47 Signal und Energie-Anschluß	48 Vielfach-Empfänger oder Geber: Bezeichnung	48 MST Nr.	49 Bemerkungen
	1	FE	07	02.00.17	Normblende	F					
	2	FT	22	03.42.22	Meßumformer	F					
	3	FR	18	06.22.04	Schreiber	T10				2	
	4	FC	12	04.02.01	Kompaktregler	T10					
	5			04.21.02	Stellungsregler	F					
	6	FV	05	08.07.01	Membranventil	F					
	7										
	8										
	9										
	10										
	11										
	12										
	13										
	14										
	15										

Bemerkungen:

50		Anschluß	DN 25 PN 16
51		Einbaulänge	160 mm
52		Stutzen/Einbau	DN PN /
53	Montageausführung	An-/Einbau	AB 51 -
54	Montageausführung	Meßanordnung	AB 53 - 12.22.45
55	Montageausführung	Wirkdruckltg.	Werkst.
56	Montageausführung	Installationsart	
57	Montageausführung	Schutzkasten	☐
58	Montageausführung	Beheizung/Art	☐ /
59	Montageausführung	Kühlg./K.-mittel	☐ /
60		Perl-/Spülmed.	
61		Stellgerät	AB 53 - 12.22.47
62			

Rev	Datum	Name	gepr.	Änderung	Rev.	Datum	Name	gepr.	Änderung
4					5				
2					3				
0					1				

Abb. 1.29. MSR-Stellenblatt (Variante 2)

— Dichtfläche von Rohrleitungs- oder Meßstutzenflansch,
— besondere behördliche Auflagen.

Eine weitere Gruppe von Daten faßt die direkt aus der MSR-Aufgabe abgeleiteten Geräteangaben zusammen:

— Die eingestellte Meßspanne, d. h. der kleinste und der größte bei der vorgegebenen Einstellung erfaßbare Wert der Meßgröße,
— Anfangs- und Endwert der Skalen aller der Meßstelle zugeordneten Anzeiger, Schreiber und Regler,
— Skaleneinteilung, linear, quadratisch oder nach einer speziellen Funktion,
— Angabe des Skalenfaktors, mit dem die Skalenwerte multipliziert werden müssen, um die Meßgröße in der angegebenen Einheit zu erhalten,
— Reglerwirkungssinn, Regelverhalten und Lage des Stellgliedes ohne Stellenergie.

Die *Gerätedaten* einer MSR-Stelle sind ab Pos. 41 in Listenform einzutragen. Unter der Kennzeichnung wird die Angabe eines Kurzzeichens verstanden, mit dem das betreffende Gerät zusätzlich zur MSR-Stellenbezeichnung gekennzeichnet wird, um es auf der Baustelle von anderen Geräten derselben MSR-Stelle unterscheiden zu können, z. B. FC: Regler einer MSR-Stelle für Durchfluß. Die Angabe einer Ziffer erlaubt die Unterscheidung von zwei oder mehr Geräten gleicher Kennzeichnung, z. B. FT 1, FT 2: Zwei Meßumformer an einem Wirkdruckgeber. Unter der Rubrik Spezifikation kann die Nummer des Spezifikationsblattes für die betreffende Geräteart eingetragen werden. Die Spalte Art nimmt Textangaben zum Gerät, zum Lieferanten und zur Typbezeichnung auf.

Der Einbauort ist in Form eines vereinbarten Codes anzugeben. Für das Spezifizieren des Gerätes genügt in der Regel eine grobe Klassifikation des Einbauortes nach

— Feld/Anlage (F)
— Tafel in Warte (T)
— Pult in Warte (P)
— Schaltraum in Warte (S)
— Leitstand in Feld/Anlage (L)
— Analysengeräteraum (A)

Für den Eintrag ist der angegebene Buchstabencode ausreichend.

Auf Geräte, die z. B. als Bestandteil von Maschinen (package units) mitgeliefert werden, kann unter Fremdlieferung hingewiesen werden. In der Spalte Signal- und Energieanschluß ist der Hinweis auf die Nummer einer Zeichnung möglich, auf der die Ausführung des Signal- und Energieanschlusses dargestellt ist. Vielfach-Empfänger oder -Geber, die mehreren MSR-Stellen zugeordnet sind, erhalten zweckmäßig eine eigene Bezeichnung. Dabei wird die Meßstelle des Vielfachgerätes, die mit der MSR-Stelle des Blattes belegt ist, hier angegeben.

Das MSR-Blatt besitzt auch noch ab Pos. 50 einen besonderen Datensatz für die *Montageausführung* der zugehörigen Geräte im Feld:

— Anschluß, Einbaulänge, Stutzen/Einbau sind zum An- oder Einbau der Feldgeräte benötigte Daten. Die Angaben der Nummer einer standardisierten Vorschrift kann genügen. In dieser ist der Meßstutzen gegebenenfalls mit Absperrorgan dargestellt, oder es sind die Abmessungen eines „in-line"-Gerätes oder anderer Einbauten (z. B. Thermometerschutzrohr, Perlrohr) mit ihren Längen angegeben.

— Mit der Montageanordnung wird auf eine Zeichnung verwiesen, in der die Anordnungen der Geräte und ihr Anschluß an den Prozeß bis zu der mit „Stutzen/Einbau" charakterisierten Nahtstelle dargestellt sind. Zum Beispiel: Druckdifferenz-Meßumformer mit Blockventilen und Meßleitungen bis zu den Absperrventilen an einem Wirkdruckgeber. Die Montageanordnung kann auch den Anschluß der Signalweiterleitung und der Hilfsenergieversorgung enthalten.
— Installationsart, Werkstoff und Schutzkasten sind weitere Angaben zur Montageausführung und zum erforderlichen Montagematerial.
— Die Angaben über Beheizung bzw. Kühlung und Heiz- (z. B. Dampf, elektr. Strom) bzw. Kühlmedium (z. B. Wasser, Sole) sind dann notwendig, wenn der Meßstoff diese Maßnahmen erfordert.
— Art (z. B. Luft, Stickstoff) und eventuell Aufbereitung eines Einperlmediums sind in besonderen Fällen anzugeben.

1.2.3.3.3. Variante 3 des MRS-Stellenblattes

Die beiden bisher erläuterten Varianten 1 und 2 eines MSR-Stellenblattes nehmen pro Blatt nur eine MSR-Stelle auf. Vorteilhaft kann jedoch auch die Zusammenfassung von mehreren MSR-Stellen auf einem Blatt sein (Abb. 1.30). Man spricht bei dieser Variante 3 eines MSR-Stellenblattes von einem MSR-Stellenverzeichnis. Die Zusammenfassung kann dabei verfahrensorientiert (z. B. alle MSR-Stellen eines Hauptapparates) oder auch meßgrößenorientiert (z. B. alle Durchflußmessungen) sein. In einer Zeile sind dann unterzubringen:

— Allgemeine Daten,
— Meßstoff-Daten,
— Meßort-Daten,
— Geräte- und Montagedaten.

Dem Vorteil einer guten Übersicht steht als Hauptnachteil gegenüber, daß nur ein Teil der Datenfülle von Variante 1 und 2 eingetragen werden kann.

Allen drei Varianten eines MSR-Stellenblattes ist das Format DIN A 4 gemeinsam, da es sich zum Gebrauch am besten eignet. Mit ihm sind jedoch nicht immer alle notwendigen Daten auf einem einzigen Blatt erfaßbar, so daß gegebenenfalls auf Ergänzungsblätter auszuweichen ist. Sind für die Auslegung von Meßfühlern und Geräten Berechnungen erforderlich, so sollte im MSR-Stellenblatt ein Hinweis auf das entsprechende Berechnungsblatt erfolgen.

Die Planung von MSR-Einrichtungen wird sich in Zukunft stärker der elektronischen Datenverarbeitung bedienen. Das MSR-Stellenblatt ist dabei von großer Bedeutung. Sein Aufbau kann so bleiben wie oben erläutert wurde, wobei die Eingabe der Daten über ein Eingabeformular oder direkt im Dialog an einer Datenstation erfolgt. Einige für alle MSR-Stellen geltende Daten brauchen nur einmal eingegeben zu werden. Falls man sich für die Planung des Verfahrens, der Apparate und Rohrleitungen ebenfalls eines Rechners bedient, können viele Daten wie Bezeichnungen, physikalische Größen, Abmessungen, Werkstoffangaben usw. direkt ausgetauscht werden. Sind die Daten der MSR-Stellen einmal gespeichert, können aus ihnen auf einfache Weise mannigfaltige Listen für Beschaffung, Lagerung, Montage und andere Zwecke erstellt werden. Der Zeitaufwand für die Planung läßt sich durch diese Rechnerunterstützung reduzieren, allerdings muß der einfache und direkte Zugriff des MSR-Planers zu den Daten sichergestellt sein. Eine ausführliche Beschreibung bringt der Unterabschnitt 1.2.4.6.

1	2	3	4	5	6	7	8	9	10	11	12	13	14	15	16	17	18	19	20	21
Revision	MSR-Stelle	Stueck	Geraet	MSR-Aufgabe	Ort	Bereich	Durchfluss	Druck	ΔP	T °C	Stoff-wert	Rohrleitung- / Apparate-Stutzen		MSR-Geraet		Fabrikat	Techn.Bl	Install.-art	Mont.-anord-nung	Bemerkungen
												DN	R-KL	DN	Werkst.					
												PN	D-KL	PN	Kvs	Lieferant	Pos.-Nr.	Stutzen/ Einbau		
	F 3.3	1	Normblende	Rücklauf K3.1	F	100 mbar	2400 kg/h	1,5 bar		80		50	SL 2004		1.4571	Eigen-	02.00.17			
												16				bau				
		1	Meßumformer		F	100 mbar										Rose-	03.42.22			
																mount				
		1	Schreiber		T	2,5 m³/h										ICE	06.22.04			
		1	Kompaktregler		T	0,2-1 bar										ICE	04.02.01			
		1	Stellungsregl.		F	0,2-1 bar										Samson	04 21.02			
		1	Membranv.		F	0,2-1 bar	2400 kg/h	1,5 bar		80		50	SL 2004	25	1.4571	Samson	08.07.01			
												16								
	F 3.4	1	Normblende	Rücklauf K 3.1	F	100 mbar	2400 kg/h	1,5 bar		80		50	SL 2004		1.4571	Eigen-	02.00.17			
												16				bau				
		1	Meßumformer		F	100 mbar										Rose-	03.42.22			

MSR-Stellenverzeichnis	Zeichnungs-Nr. / Blatt:

Abb. 1.30. MSR-Stellenblatt (Variante 3) als MSR-Stellenverzeichnis (Originalgröße in DIN A 4)

1.2.3.4. MSR-Spezifikationsblatt

Das MSR-Spezifikationsblatt, auch „Technisches Blatt“ genannt, ist im Gegensatz zum MSR-Stellenblatt stark auf die Geräteauslegung und Bestellung zugeschnitten.

Auf diesem Blatt sind die technischen Auslegungsdaten von Geräten und sonstigen Ausrüstungen festgehalten. Das MSR-Spezifikationsblatt

— unterstützt die präzise und lückenlose Festlegung von Gerätedaten,
— fördert den Gebrauch einheitlicher Begriffe,
— erleichtert Anfrage, Bestellung, Auftragsbestätigung und Lieferkontrolle der Geräte,
— ist ein Hilfsmittel bei der Prüfung des fertig installierten Gerätes.

Da zur Spezifikation der verschiedenen Geräte und Ausrüstungen sehr unterschiedliche Angaben erforderlich sind, kann der Umfang der MSR-Spezikationsblätter mehr oder weniger groß sein. An einem Beispiel für Stellgeräte (Abb. 1.31) ist der Aufbau eines MSR-Spezifikationsblattes erkennbar. Im Kopf des Blattes ist wieder Raum für die Eintragung allgemeiner Daten. Im Spezifikationsteil sind Angaben zum Stellgerät geordnet nach Einbauort, Betriebsdaten, Stellarmatur, Antrieb, Stellungsregler, Endschalter und Magnetventil einzutragen. In vielen Zeilen ist diese Arbeit durch Ankreuzen des zutreffenden Kästchens erleichtert. Ein freies Feld ist für besondere Angaben und Skizzen vorgesehen. Die Numerierung der Zeilen und ein zugehöriges Feld für einen Revisionsindex ermöglichen eine korrekte Verwaltung von Revisionen. Bei der Bearbeitung werden zunächst für die Anfrage nur die lieferantenunabhängigen Daten eingetragen. Für die Bestellung sind dann die spezifischen Daten des Herstellers nachzutragen.

Im Beispiel ist das Stellgerät einer bestimmten MSR-Stelle spezifiziert. Das MSR-Spezifikationsblatt kann jedoch auch für eine Gruppe von Geräten mit deren gemeinsamen Daten ausgefüllt werden. Ein zugehöriges Listenblatt trägt dann hinter den einzelnen MSR-Stellen deren individuelle Daten. Diese Aufteilung in ein generelles MSR-Spezifikationsblatt und in Listenblätter ist um so leichter möglich, je weniger individuelle Eigenschaften ein Gerät aufweisen muß. So sind z. B. sowohl einfache Geräte wie Manometer und Thermometer, als auch mit Einheitssignalen operierende Wartengeräte für eine Spezifikation in Listenform gut geeignet.

Der amerikanische ISA-Standard S 20 enthält 40 verschiedene MSR-Spezifikationsblätter einschließlich Listenblätter. Abbildung 1.32 zeigt als Beispiel daraus ein Spezifikationsblatt mit Listenteil zur Beschreibung von Widerstandsthermometern.

1.2.3.5. MSR-Räume

Für den Aufbau, die Versorgung und vor allem für die Bedienung der MSR-Einrichtungen sind besondere Räume notwendig. Die Verfügbarkeit der MSR-Einrichtungen und der Instandhaltungsaufwand für sie lassen sich durch geeignete Räume erheblich verbessern. Abbildung 1.33 zeigt eine Anordnung von Warte, Schaltraum und Rechnerraum unmittelbar nebeneinander auf einer Ebene. Vielfach müssen bereits während der Vorplanung Angaben über die Art und Lage von Warten, Schalträumen und Rechnerräumen gemacht werden. Das ist für den Planer besonders schwierig, da zu diesem Zeitpunkt vielfach noch keine ausreichenden Informationen über den zu erwartenden Automatisierungsgrad, die einzusetzende Gerätetechnik, die vorgesehene Bedienungsweise usw. bestehen.

Firma	**MSR-Stellen-/Spezifikations-Blatt für Stellgeräte** **Spezifikations Nr.:**	MSR-Stelle F 3.3
RI Fließbild für Stellort: Nr. 830822 - 0	☒ Ventil ☐ Klappe ☐ ______ Hahn ☐ Schieber ☐ ______ ☐ Handeinstellventil	Stellgerät Nr. V 33
	Bezeichnung Rücklauf K 3.1	Projekt: 12345 Betrieb: Dest. 1 Gebäude: 1101

Rev	Nr.	Bereich	Feld			
	1	Einbauort	Pos.-Nr			
	2	Einbauort				
	3	Einbauort				
	4	Einbauort				
	5	Einbauort	Rohrleitungs-Nr	122		
	6	Einbauort	DN / PN / Werkstoff	50	16	1.4571
	7	Einbauort	Flansche / Dichtungsart			
	8					
	9	Betriebsdaten	Betriebsstoff			
	10	Betriebsdaten				
	11	Betriebsdaten	Zustand Eintritt	☒ flüssig	☐ gasf	☐ dampff
	12	Betriebsdaten				
	13	Betriebsdaten	Einheit	min	norm	max
	14	Betriebsdaten	Durchfluß kg/h		2000	2400
	15	Betriebsdaten	Δp bar			
	16	Betriebsdaten	P1 abs bar		2,5	
	17	Betriebsdaten	P2 abs bar		0,2	
	18	Betriebsdaten	Temp t_1	80 °C		
	19	Betriebsdaten	Dichte $\varrho 1$ / ϱN / $v 1$	1100 kg/m³		
	20	Betriebsdaten	Dampfdruck P_d abs	bar		
	21	Betriebsdaten	Dyn. Viskosität $\eta 1$	mPa · s		
	22	Betriebsdaten				
	23	Stellarmatur	Hersteller / Typ	Samson 241		
	24	Stellarmatur	Bauform	Durchgangsventil		
	25	Stellarmatur	X_T-Wert			
	26	Stellarmatur	z – / F_L – / K_C-Wert			
	27	Stellarmatur	K_V-berechn / K_{VS}	1,5	2,5	
	28	Stellarmatur	Leckmenge ______ % K_{VS}			
	29	Stellarmatur	Sitz Ø / Stellverh. $K_{VS} : K_{VR}$	mm		
	30	Stellarmatur				
	31	Stellarmatur	DN / PN / Werkstoff	25	16	1.4581
	32	Stellarmatur	Innenteile / Werkstoff		1.4571	
	33	Stellarmatur	Flansche / Dichtungsart	DIN	Arbeitsleis	
	34	Stellarmatur	Baulänge	160 mm		
	35	Stellarmatur	☐ beheizt			
	36	Stellarmatur				
	37	Stellarmatur	Kegelart / Kennlinie	☐ lin	☒ gl.	☐ az
	38	Stellarmatur	☒ Einsitz	☐ Doppelsitz	☐ Misch/Vert	
	39	Stellarmatur	Abdicht ☐ met ☒ weich	Werkstoff PTFE		
	40	Stellarmatur	☐ Panzerung	Werkstoff		
	41	Stellarmatur	Ausf. d. Panzerung ☐ Fase	☐ Oberfläche	☐ voll	
	42	Stellarmatur				
	43	Stellarmatur	Stopfbuchse	☒ selbstnachstellend	☐ nachstellbar	
	44	Stellarmatur	Stopfbuchspack.	☒ Dachman.	☐ Seidenschn	☐
	45	Stellarmatur	☐ Faltenbalg	☐ Verlängerung	☐	
	46	Stellarmatur				
	47	Antrieb	Hersteller / Typ	Samson 271		
	48	Antrieb	☒ pn. ☐ el. ☐ hydr.	wirks. Membranfl. 240 cm²		
	49	Antrieb	Zuluft 1,4 bar	Hub 15 mm		
	50	Antrieb	Armatur ohne Hilfsenergie	☒ auf	☐ halt	☐ zu
	51	Antrieb	Durchgang o. Hilfsen. bei 3-Wege von	nach		
	52	Antrieb	Federbereich ☒ 0,2 – 1	☐ 0,4 – 2	☐	bar
	53	Antrieb	Arm. dicht bei p1 max	und p2min	bar (abs.)	
	54	Antrieb	☐ Handbetätigung	☐ oben	☐ seitlich	
	55	Antrieb				

56	Stellregler ☐	Hersteller	Typ		
57	Stellregler	max zul Luftdruck			bar
58	Stellregler	Stellsignal	auf	mA	bar
59	Stellregler		zu	mA	bar
60	Stellregler	☐ Ex-Schutz ______	Bürde		Ω
61					
62	Endschalter ☐	Hersteller	Typ		
63	Endschalter	Armatur-Endstellung	☐ auf	☐ zu	
64	Endschalter	Art des Schalters	☐ el	☐ ind.	☐ pn.
65	Endschalter	Schaltzustand bei	☐ ☐ ☐ ☐ ☐ ☐		
66	Endschalter	Erreichen d Endst			
67					
68		☐ Magnetventil	☐ pn Schalter		
69		Hersteller / Typ			
70		Hilfsenergie	V	Hz	bar
71		ohne Hilfsenergie	☐ entlüftend	☐ belüftend	
72		☐ Ex-Schutz ______	Leistungsaufn		

73	Gas, Dampf: wenn $P_2 > \frac{P_1}{2}$	←	Zustand
74	Flüssigkeiten:	P_1	bar (abs.)
75		P_2	bar (abs.)
76	$\Delta P = P_1 - P_2$ = 2,5 - 0,2 = 2,3 bar	ΔP	bar
77	$P_m = \frac{P_1 + P_2}{2}$ = 1,15 bar	Y	Expans Fakt
78		P_d	bar (Dampfdr.)
79	Gas, Dampf wenn $P_2 \leq \frac{P_1}{2}$	t_1	°C
80		ϱ_n	kg/m³ (nz)
81	$\Delta P = \frac{P_1}{2}$ = ______ bar	ϱ_1	kg/m³
82			
83	$P_m = \frac{3}{4} \cdot P_1$ = ______ bar	G	kg/h
84	t_1 = ______ °C		
85		Kv -	Wert
86	$T_B = 273 + t_1$ = ______ K	dyn. Zähigk Pa s	
87	ϱ_n = ______ kg/m³	F_R	Korrektur Fakt
88		Kv -	Wert korr
89	$\varrho_1 = \varrho_n \frac{273}{T_B} \cdot P_m$ = ______ kg/m³		
90		Z_B -	Wert
91	ϱ_1 = ______ kg/m³	z -	Wert
92			
93	Berechnung	SDP	≙ k_v-Wert
94		SDP	≙ ΔP-Wert
95	$k_{V\,ber} = \frac{G_{max}}{31{,}6 \sqrt{\Delta P \cdot \varrho_1}}$	SDP	Konstante
96		SDP	≙ Kavitation
97		*) SDP	Σ dB (A)
98	$k_{V\,ber} = \frac{2400}{31{,}6 \cdot \sqrt{2{,}3 \cdot 1100}}$	F_L	Verdampf Fakt
99		G_{max}	kg/h bei k -W
100	$k_{V\,ber}$ = 1,5	< D	mm Auslaß
101			
102	☐ Geräuschgarantie	max.*) Schalldruckpegel	dB(A)
103			
104			
105			
106			
107			
108			
109			
110			

Bemerkungen	**BAF-Nr.** **Pos.**
Rev. / Datum / bearbeitet / Rev / Datum / bearbeitet	Sämtliche Angaben sind vom Lieferer zu überprüfen und ggf. zu berichtigen. Die Gewährleistungspflicht des Lieferers wird durch obige Angaben nicht eingeschränkt

Abb. 1.31. MSR-Spezifikationsblatt

LONE STAR CHEMICAL COMPANY ENGINEERING SPECIFICATION RESISTANCE TEMPERATURE DETELTORS MANUFACTURER: MARLIN MANUFACTURING CORP. MODEL: TC 385 S	RESISTANCE TEMPERATURE SENSORS	SHEET 1 OF 1

NO	BY	DATE	REVISION
4	EW	1.3.84	0
5	EW	4.20.84	1

SPEC. NO.	REV.
717.19	1
CONTRACT 999	DATE 4.20.84
REQ. 25	P.O. W-81013

BY	CHK'D	APPR.
E.W.	H.S.	V.T.

1. Complete Assembly Other
HEAD
2. Screwed Cover ☒ Other ______
3. Explosion Proof ☐ Class ______
4. Material Aluminum Cond. Conn. 3/4 NPT
5. Nipple Size 1/2 NPT Dim. "N" 6 Union ☐
ELEMENT
6. Platinum ☒ Nickel ☐ Other ______
7. Ice Point Resistance 100.0 Ω
8. Temperature Range See Notes
9. Leads: STD ☐ Potted ☒ Herm. Sealed ☐
10. Sheath Material 316 SS O.D. 0.250
11. Mounting Thread 1/2 NPT
12. Connection: 2-Wire ☐ 3-Wire ☒ 4-Wire ☐
Lead Wires ☒ Receptacle ☐ Bayonet Lock ☐
Other ______
WELL OR TUBE
13. Material 316 Stainless Steel
14. Construction: Tapered ☐ Straight ☒
Drilled ☒ Built-Up ☐ Closed-End Tube ☒
15. Dim: MFR STD ☐ O.D. 0.5 I.D. 0.260
16. Internal Thread 1/2 NPT
17. Process Connection 3/4 NPT

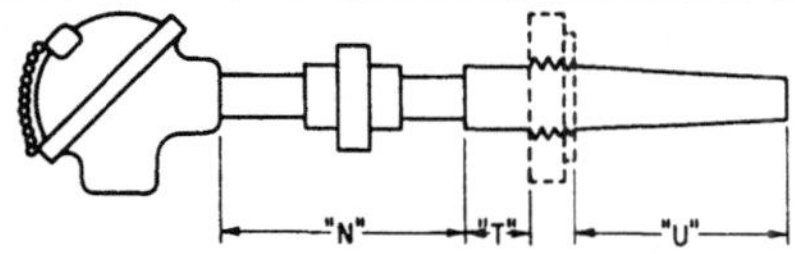

Rev.	Tag No.	Process Conn.	Well Dim.		Element Length	Single or Dual	Service	Notes
			U	T				
0	TE-040-31	3/4 NPT	7-1/2	1-3/4	16-1/2	Single	Scrubber Prehenter	0-100 °C
0	TE-040-13-1	3/4 NPT	13-1/2	1-3/4	22-1/2	Dual	Fuel Oil Tank 040-13-1	0-100 °C
0	TE-040-13-2	3/4 NPT	13-1/2	1-3/4	22-1/2	Dual	Fuel Oil Tank 040-13-2	0-100 °C
0	TE-041-15	3/4 NPT	10-1/2	1-3/4	19-1/2	Single	Steam to Column Reboiler	50-200 °C
1	TE-041-17A	3/4 NPT	4-1/2	1-3/4	13-1/2	Dual	Product Cooler	-25-50 °C

Notes:
Minimum Lead wire size shall be 24 AWG

Abb. 1.32. MSR-Spezifikationsblatt nach ISA-Standard

Der Planer muß sich daher meistens auf die Angabe von Erfahrungswerten beschränken. Dabei zeigt sich, daß vielfach ein zu kleiner Platzbedarf angenommen wird.

1.2.3.5.1. Warte

Bei der Festlegung der Art und Lage von Warten, Schalträumen und Rechnerräumen müssen viele Randbedingungen beachtet werden. Die Warte ist ein Raum, in welchem das Bedienungspersonal die zur Führung der Anlage notwendigen MSR-Einrichtungen wie Anzeiger, Schreiber, Leitgeräte, Bildschirme, Drucker, Meldeleuchten usw. beobachtet und bedient.

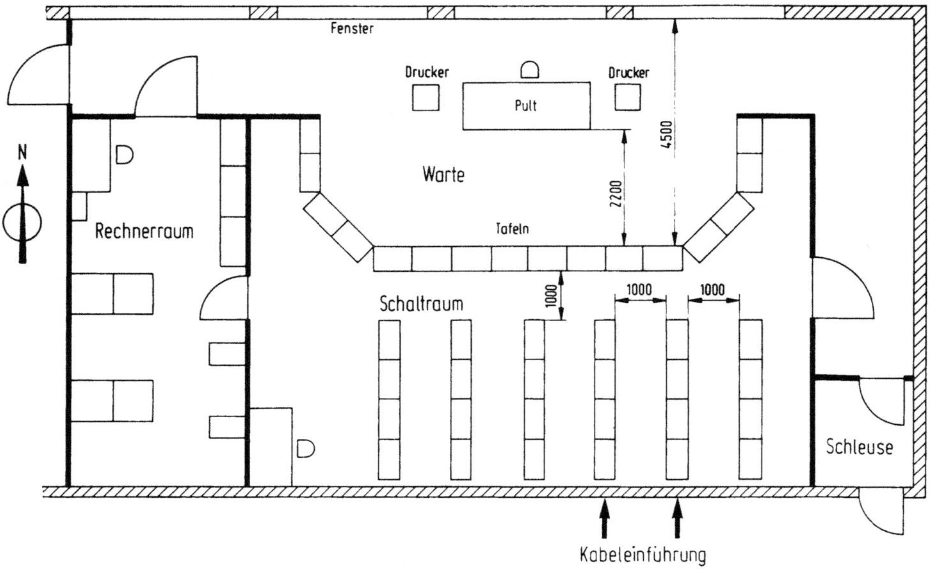

Abb. 1.33. Lageplan von Warte, Schaltraum und Rechnerraum

Bei der Warte ist deshalb, wegen ihrer Nutzung als dauernd besetzter Arbeitsplatz, die Arbeitsstättenverordnung[2] zu beachten. Weiterhin kommt eine Vielzahl von Vorschriften und Richtlinien für Warten und Schalträume hinzu, z. B.:

VDE 0100 5.73
Bestimmungen für das Errichten von Starkstromanlagen mit Nennspannungen bis 1000 V,

DIN 57105, Teil 1/VDE 0105, Teil 1 5.75
VDE-Bestimmung für den Betrieb von Starkstromanlagen,
Allgemeine Bestimmungen,

DIN 57165/VDE 0165 6.80
Errichten elektrischer Anlagen in explosionsgefährdeten Bereichen,

VDI/VDE 3546, Teil 1 12.81
Konstruktive Gestaltung von Prozeßleitwarten,

DIN 1946, Teil 2 1.83
Raumlufttechnik; Gesundheitstechnische Anforderungen (VDI-Lüftungsregeln).

Die *Lage der Warte* sollte nach Möglichkeit auf der am wenigsten gefährdeten Seite des Gebäudes und zur Erzielung von kurzen Wegen auf der Höhe und in der Nähe der wichtigsten Anlagenteile vorgesehen werden. Eine eventuelle Erweiterungsmöglichkeit ist zu berücksichtigen. Es sind die folgenden Punkte besonders zu beachten:

— Gesicherter Zugang zur Warte und gesicherter Fluchtweg,
— Montageerleichterungen durch Lastenaufzug und Montageöffnungen zum Transport der Wartenteile,
— gute Möglichkeit der Kabelführung zwischen Warte, Schaltraum und Anlage.

[2] Bundesanstalt für Arbeitsschutz und Unfallforschung: Arbeitsstätten, Vorschriften und Richtlinien Wirtschaftsverlag NW, Bremerhaven 1981

Bei Anlagen mit explosionsgefährdeten Bereichen kann es notwendig werden, Warten in gesonderten Gebäudeteilen unterzubringen. Diese sollen in einem nicht explosionsgefährdeten Bereich liegen und eine ausreichende Sicherheit gegenüber Druckwellen besitzen.

Der Schaltraum sollte bei kleineren Warten hinter den Tafeln vorgesehen werden. Bei größeren Warten kann es notwendig werden, den Schaltraum unter oder über der Warte anzuordnen; aus Gründen der Brandsicherheit sollte eine Unterbringung im Erdgeschoß bevorzugt werden. Dabei ist insbesondere auf die Möglichkeit einer sinnvollen Leitungsführung und einer einfachen Montage zu achten.

Die *Bauform der Warte* kann unterschiedlich sein. Üblich sind bei der Tafelaufstellung die gerade Form, die L-Form und die U-Form. Um den aus anthropotechnischen Gründen gewünschten gleichmäßigen Überblick über alle MSR-Einrichtungen in der Warte zu gewährleisten, werden die L-Form und U-Form empfohlen. Dabei sollen sich die Längen der Tafelschenkel nur unwesentlich unterscheiden. Schenkellängen von mehr als 15 m sollen vermieden werden. In Ausnahmefällen können die Schenkel bei der U-Form auch in einem Winkel von größer 90° zu den anderen Tafeln gestellt werden.

Die gerade Form der Tafelaufstellung ist insbesondere für sehr kleine Warten gut geeignet. Dabei ist darauf zu achten, daß der vor den Tafeln verbleibende freie Abstand mindestens der Hälfte der Tafellänge entspricht. Werden in einer Warte MSR-Einrichtungen nicht ständig beobachtet, z. B. wenn diese nur Kontroll- oder Speicherfunktionen haben, so kann die Tafellänge im Verhältnis zum davor befindlichen freien Abstand auch ausnahmsweise länger sein. Es soll jedoch mindestens ein 2 m freier Abstand zur Tafel vorhanden sein.

Bei der *Raumaufteilung der Warte* sind anthropotechnische und sicherheitstechnische Gesichtspunkte, die vorgesehene Bedienungsweise und die baulichen Gegebenheiten zu berücksichtigen. Dadurch ergeben sich vielfach recht unterschiedliche Konstruktionen. Die Thematik ist sehr vielschichtig und kann daher an dieser Stelle nicht erschöpfend behandelt werden. Es können nur einige wesentliche Faktoren als Richtmaße aufgezeigt werden:

— Abstand der Tafel von der Rückwand	
ohne Schaltraum	2,0 m
mit Schaltraum	4,5 m
— Mindestabstand der Tafeln zur Vorderwand	2,0 m
— Wartenhöhe bis zur Rohdecke (Unterkante Unterzug)	4,0 m
— Schaltraumhöhe (Unterkante Beleuchtung und Luftkanäle)	3,0 m

Der Raum zwischen der Zwischendecke und der Rohdecke muß den problemlosen Einbau von Leuchten und Be- bzw. Entlüftungskanälen gewährleisten.

Die Tafeln stehen meistens senkrecht und haben vielfach eine Gesamthöhe von 2000 mm und eine Breite von ca. 700—900 mm. Die MSR-Geräte sollen in den Tafeln mit Rücksicht auf die Forderungen der Anthropotechnik zu prozeßbezogenen Funktionsgruppen zusammengefaßt werden.

Je nach Art der verfahrenstechnischen Anlage und der gewählten Bedienungsweise kann es zweckmäßig sein, in den Tafeln im mittleren und oberen Bereich die verschiedenen Geräte zur Kontrolle und Überwachung und in einem vorgebauten Pult (Konsole) alle zur Bedienung erforderlichen Teile einzubauen.

Frei aufgestellte Pulte müssen zu den Tafeln hin einen Mindestabstand besitzen, damit vom Bedienenden am Pult die Tafel überschaut werden kann. Dabei richtet sich der Abstand nach dem zu überschauenden Tafelteil und der Bauhöhe des Pultes. Abbildung 1.34 zeigt diesen Zusammenhang.

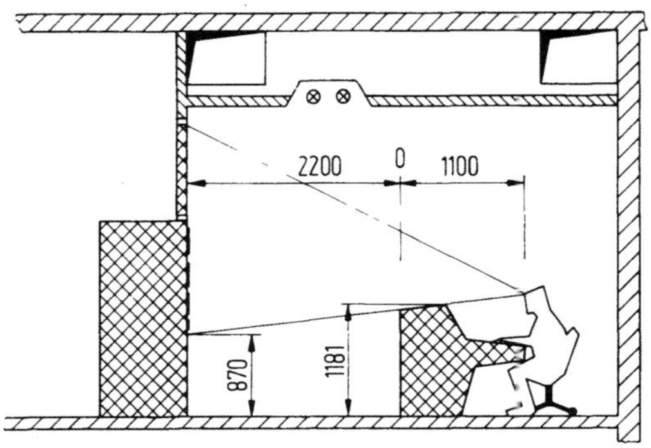

Abb. 1.34. Optimale Pultanordnung in einer Warte

Einen Abstand von weniger als 1 m zwischen Tafel und Pult muß vermieden werden, da sonst ein problemloser Durchgang und die ungestörte Bedienung der in den Tafeln eingebauten Geräte nicht mehr möglich ist. Abstände zwischen Pult und Tafeln von mehr als 4 m erlauben keine direkte Ablesung der Geräte mehr.

Die Pultform richtet sich nach der Aufgabe des Pultes sowie nach der Anzahl der Bedienungspersonen. Grundsätzlich können zwei wesentliche Aufgaben unterschieden werden:

- Das Pult erfüllt nur Überwachungs- und Kontrollfunktionen,
- das Pult erfüllt neben Überwachungs- und Kontrollfunktionen auch Bedienungsfunktionen.

Hat das Pult Bedienungsfunktionen zu übernehmen, so müssen sich die Bedienungselemente im Greifbereich des Bedienungsmannes befinden. Hierzu sind wesentliche Detailangaben in DIN 33402 aufgeführt.

Aus den erwähnten Gesichtspunkten ergeben sich unter Umständen unterschiedliche Pultformen. Überwachungsgeräte dürfen auch außerhalb des direkt greifbaren Bereiches liegen, sofern sie ausreichend groß beschriftet und somit über diese größere Entfernung noch lesbar sind. Bildschirmgeräte sollen wegen der erforderlichen Blendfreiheit und des kleinen Schriftbildes im Greifbereich des Bedienungsmannes liegen.

Beim Anstrich von Tafeln, Schaufließbildtafeln und Pulten ist zu vermeiden, daß einerseits im Greifbereich ein starker Verschleiß entsteht und andererseits insbesondere im oberen Bereich durch die eingesetzten Leuchten Blendwirkungen auftreten. Gut bewährt haben sich matte Lackierungen mit zusätzlichem DD-Lack-Überzug im Greifbereich.

Die Fenster sollten zur Nordseite angeordnet werden. Ist das nicht möglich, so muß in jedem Fall eine Abschirmung der einfallenden Sonnenstrahlen z. B. durch Jalousien erfolgen können.

Gemäß Richtlinie VDI/VDE 2180 sollen nach außen zu öffnende Fenster vorgesehen werden, wenn keine schädlichen oder gefährlichen Stoffe im Bereich der Fensteröffnung zu erwarten sind. Eine Sichtverbindung nach außen wird in der Arbeitsstättenverordnung[2] (Arbeitsstätten-Richtlinie ASR 7/1) gefordert. Bei Warten in explosionsgefährdeten Bereichen (Zone 1, Zone 2) sind Fenster möglichst zu vermeiden (nach VDI/VDE 3546). Falls diese jedoch unbedingt erforderlich sind, z. B. durch Forderung der Gewerbeaufsicht unter Bezugnahme auf die Arbeitsstättenverordnung, so sollten diese so klein wie möglich gehalten werden und auf der Seite liegen, die der Anlage abgewandt ist. Dabei ist die maximale Fenstergröße von 1 m² zu beachten. In jedem Fall ist bei der Konzipierung von

Warten in explosionsgefährdeten Bereichen wegen der gegensätzlichen Forderungen nach VDI/VDE 3546 oder nach ASR 7/1 eine Absprache mit der Gewerbeaufsicht erforderlich.

In der Warte oder in unmittelbarer Nähe, möglichst auf dem Weg zwischen Warte und Anlage, sind Ablagen für Schutzkleidung, Helme, Handlampen, Gasmasken usw. vorzusehen.

Für die Montage ist in der Warte und im Schaltraum eine Tür von mindestens 1,20 m × 2,40 m vorzusehen. Weitere Türen sollten in den Mindestmaßen 0,90 m × 2,10 m ausgeführt werden. Besondere betriebspezifische Umstände sind nach[2], ASR 10/1 „Türen, Tore" zu berücksichtigen und danach die Mindestabstände zu den Türen zu bemessen. Im Normalfall sind 20 m Abstand von der entferntesten Ecke bis zur Tür ausreichend. Türen zur Außenseite sollen feuerhemmend, Türen zur Treppe und Türen in andere Brandabschnitte hinein müssen feuerbeständig und bauaufsichtlich zugelassen sein.

Befinden sich Warten und Schalträume in explosionsgefährdeten Bereichen, so sind zur Aufrechterhaltung des Überdruckes in diesen Räumen die Eingänge durch Schleusen zu sichern. Die Schleusen sollen eine Grundfläche von mindestens 2 m^2 besitzen. Die hierbei verwendeten Türen müssen sich in Fluchtrichtung öffnen lassen und feuerhemmend, selbstschließend und mit Dichtungen versehen sein.

Separates Öffnen und Schließen der einzelnen Türen von Schleusen ohne gegenseitige Behinderung muß bei der Bemessung der Schleusengrundfläche sichergestellt sein. Durch Betriebsanweisungen ist das Betriebspersonal darauf hinzuweisen, daß die Selbstschließung der Türen nicht durch Unterlegen von Keilen außer Kraft gesetzt werden darf.

Die Warte soll mindestens einen, möglichst jedoch zwei als Rettungswege benutzbare und entsprechend gekennzeichnete Ausgänge haben. Außerdem werden Feuermelder und Feuerlöscher empfohlen.

Es ist zu beachten, daß Abwasser-, Wasser-, Dampf- und Produktleitungen nicht durch oder unmittelbar über Warten und Schalträume geführt werden dürfen. Ebenso dürfen diese Räume keinen Bodenablauf besitzen.

In der Warte sollte der Fußboden vor der Tafel in Estrich ausgeführt und mit einem leitenden Belag versehen werden, um statische Aufladungen zu vermeiden (Oberflächenwiderstand kleiner 10^9 Ohm bei 23°C und 50% relativer Feuchte). Hierzu sind verschiedene Kunststoffbeläge geeignet. In sehr stark schmutzenden Anlagen kann zum Zweck der besseren Reinhaltung auch ein Bodenbelag mit Steinfliesen ausgeführt werden.

Gemäß[2] ASR 8/1 ist für eine ausreichende Wärmedämmung zu sorgen. Die Bodenbelastbarkeit soll mindestens 10 kN/m^2 betragen.

1.2.3.5.2. Schaltraum

Der Schaltraum dient der Aufnahme aller zentralen MSR-Einrichtungen wie Kabelablage, Signalumformer, Speisegeräte, Grenzwertgeber, Meldesystem, Steuerungen, Sicherungen, Verteiler und ähnlicher Einrichtungen. Es empfiehlt sich, möglichst viele der MSR-Funktionen aus der rauhen Umgebung der Anlage in den zentralen Schaltraum zu verlegen.

Wenn es möglich ist, den Schaltraum, wie Abb. 1.33 zeigt, unmittelbar an die Warte anzuschließen, so ist der rückseitige Teil der Tafelinstrumente bereits im Bereich des Schaltraumes. Alle „intelligenten" Funktionen der MSR-Einrichtungen sind dann im Schaltraum als dem „Gehirn" der Anlage zusammengefaßt.

Der Schaltraum ist eine elektrische Betriebsstätte nach VDE 0100. Er muß deshalb entsprechend abgegrenzt und gekennzeichnet werden. Starke elektromagnetische Störfelder sind von ihm fernzuhalten. Der Aufnahme der MSR-Einrichtungen dienen Schränke oder offene Gestelle. Diese werden meist in Reihen parallel oder quer zur Längswand aufgestellt. Bei der Anordnung und Bemessung der Bedienungs- und Instandhaltungsgänge gelten die Bestimmungen nach VDE 0100. Sie besagen, daß für Bedienungsgänge über 6 m Länge beidseitiger Zugang empfohlen wird und die Gangbreite zur Wand mindestens 70 cm betragen muß. Für die Instandhaltung ist zwischen den Gestellen ein Gang von mindestens 1 m Breite erforderlich.

Abbildung 1.35 zeigt einen Schnitt durch Schaltraum und Warte mit einigen wichtigen Maßen. Teil a der Abbildung zeigt eine eingeschossige Anordnung mit einem Zwischenboden zur Aufnahme der Kabel. Im Teil b ist eine zweigeschossige Anordnung von Warte, Rechnerraum und Schaltraum mit Kabelbahnen dargestellt.

Im Schaltraum sollte ein Zwischenboden vorgesehen werden, damit die Leitungen von unten zu den Gestellen bzw. Tafeln geführt werden können. Im Bedarfsfall kann dieser Zwischenboden auch im Bereich der Warte vorgesehen werden. Zu beachten ist, daß Zwischenböden eine lichte Höhe von größer 0,2 m besitzen sollen, wobei die Krümmungsradien der verwendeten Leitungen zu berücksichtigen sind. Empfehlenswert ist eine Höhe von 0,5 m. Die schwer entflammbaren Abdeckplatten des Zwischenbodens sollen eine Größe von 1 m² nicht überschreiten und einen Oberflächenwiderstand von kleiner 10^9 Ohm bei 23 °C und 50% relativer Feuchte besitzen und besonders abriebfest sein. Aus Gründen der elektrotechnischen Sicherheit (Standortisolierung) soll der Zwischenboden aus elektrisch schlecht leitenden Platten bestehen.

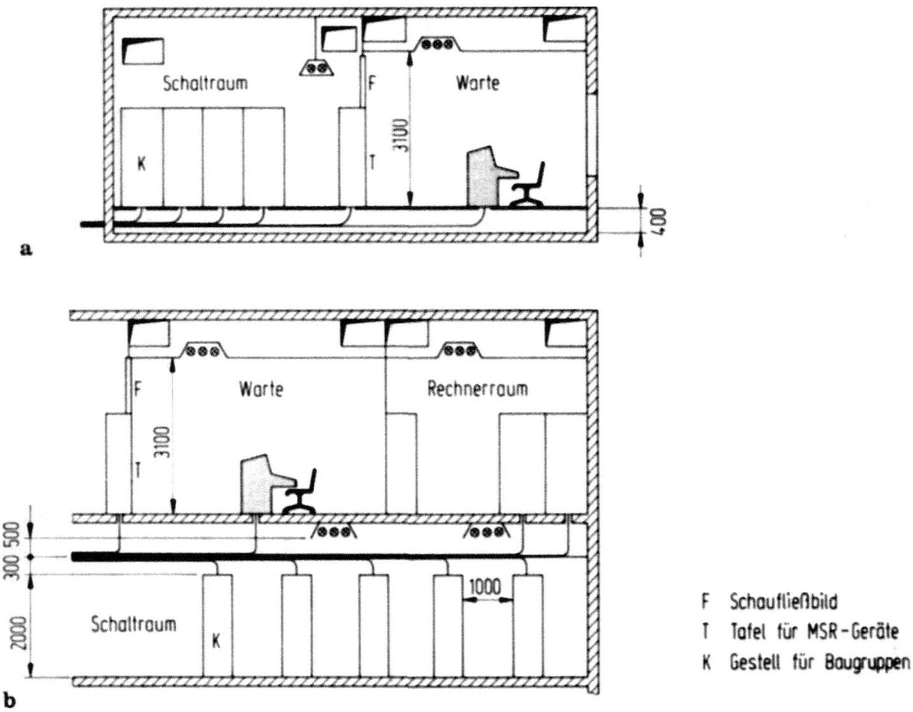

Abb. 1.35a. Eingeschossige Anordnung von Warte und Schaltraum
Abb. 1.35b. Zweigeschossige Anordnung von Warte, Rechnerraum und Schaltraum

Die Deckenbelastung ist mit 10 kN/m² zu veranschlagen, Verkehrslast und Kabelgewicht sind darin berücksichtigt. Der Zwischenboden muß für 6 kN/m² ausgelegt sein. Wände, Decken und Boden des Schaltraumes sind mit abriebfestem, staubbindendem Anstrich zu versehen.

Der *Kabel- und Leitungseinführung* in den Schaltraum muß im Chemiebereich besondere Bedeutung zugemessen werden (VDI/VDE 3546). Es ist darauf zu achten, daß das Eindringen von Gasen, Dämpfen oder Flüssigkeiten von der Anlage in Schaltraum und Warte verhindert wird. Daher müssen Leitungseinführungen verwendet werden, die weitgehend gasdicht und möglichst feuerhemmend sind. Bewährt haben sich Einführungen durch einen mit Sand gefüllten Kasten, ausgeschäumte Kabeleinführungen und elastische Dichtungselemente. Eine Brandschutzmauer sollte nicht durch die Kabeleinführung durchbrochen werden. Ist das nicht vermeidbar, so müssen die Kabeldurchführungen den hohen Anforderungen an eine Brandschutzmauer entsprechen.

Die erforderliche Grundfläche ergibt sich nicht nur aus der Anzahl der benötigten Gestelle und Gänge einschließlich Reserveplätze, sondern auch unter Berücksichtigung eines Arbeitsplatzes für gelegentliche Instandhaltungsarbeiten und eines kleinen Lagerplatzes für häufig benötigte Ersatzteile.

1.2.3.5.3. Beleuchtung und Belüftung

Bei der Beleuchtung wird die Beleuchtungsart und die Beleuchtungsstärke von den zu beleuchtenden Objekten bestimmt. Die besonderen Bedingungen bei der Wartenbeleuchtung ergeben sich aus der Notwendigkeit, MSR-Geräte mit feinen Skalen, Leuchtsymbole auf Tafeln und Schriften auf Bildschirmen einwandfrei ablesen zu können. Dazu ist einerseits eine ausreichende Beleuchtungsstärke notwendig (s. DIN 5035), andererseits sind Spiegelungen und Blendungen auf Instrumentengläsern, Projektionsflächen und Bildschirmen zu vermeiden.

Weiterhin ist eine gleichmäßige Ausleuchtung der Tafeln über ihre ganze Höhe und ihre ganze Länge zu erreichen, z. B. durch Lichtbänder längs der Tafel in ca. 0,8 bis 1,0 m Abstand von der Tafelebene und von ca. 0,7 bis 1,2 m Breite. Die zulässigen Unterschiede in der Beleuchtungsstärke sollen 50 Lux möglichst nicht überschreiten. Da die Warten heute meistens Tag und Nacht durch das Bedienungspersonal besetzt sind, ist die Farbe des künstlichen Lichts möglichst an das Tageslicht anzupassen. Empfohlene Beleuchtungsarten und -stärken sind-

— Warte allgemein	Lichtband oder Deckeneinbauleuchten mit Spezialabdeckung	800 Lux
— Warte, über Sichtgeräten	einstellbare Beleuchtungsstärke	200—500 Lux
— Rechnerraum	Deckeneinbauleuchten	1000 Lux
— Schaltraum	Deckenleuchten	500 Lux

In der Warte sind nach der Arbeitsstättenverordnung Sicherheitsbeleuchtungen vorzusehen. Die Wartenbeleuchtung ist deshalb auf mehrere Stromkreise aufzuteilen und getrennt schaltbar auszuführen.

Im Schaltraum sind die Leuchten im Hauptgang in einer Höhe von etwa 2,50 m und zwischen den Gestellen oder Schränken um etwa 0,20 m über der Oberkante der Gestelle oder Schränke anzuordnen. Für Schalträume wird eine Sicherheitsbeleuchtung empfohlen. Erforderlichenfalls ist hierüber mit der Gewerbeaufsicht zu sprechen. Die Nennbeleuchtungsstärke sollte mindestens 1% der Allgemeinbeleuchtung sein, jedoch nicht unter 1 Lux liegen.

Der *Be- und Entlüftung* bzw. der Klimatisierung der Warte kommt besondere

Bedeutung zu. Das Raumklima in Warten, Schalt- und Rechnerräumen ist entscheidend für die betriebliche Sicherheit der Anlagen und für das Wohlbefinden und die Leistungsfähigkeit der dort tätigen Menschen. Bei der Auslegung der Be- und Entlüftung bzw. der Klimatisierung der Warten- und Schalträume sind folgende Gesichtspunkte zu beachten:

— Schutz der eingesetzten MSR-Geräte vor Korrosion, Staubangriff, zu starker Erwärmung, usw.,
— allgemeine lüftungstechnische Regeln,
— Anforderung durch die Arbeitsstättenverordnung.

Zur Vermeidung des Eindringens von staubhaltiger, korrosiver, explosiver oder giftiger Luft in gefahrdrohender Menge durch Türen und Fenster in Warte oder Schaltraum, sollen die Räume stets unter einem geringen Überdruck gehalten werden. Hierzu muß Frischluft aus der Außenluft (u. U. über einen längeren Luftkanal bzw. über ein Aktivkohlefilter) angesaugt und herangeführt werden. Wegen des Daueraufenthalts von Wartenpersonal ist die geforderte Menge an Frischluft ständig sicherzustellen. Es ist ein 5—10facher Luftwechsel vorzusehen, wobei jedoch auch ein Umluftsystem mit nur geringer Frischluftzudosierung möglich ist. Auf Zugfreiheit ist zu achten.

Geforderte Werte:

— Überdruck	ca. 0,1 bis 0,2 mbar,
— Luftgeschwindigkeit	ca. 0,2 bis 0,25 m/s,
— min. Frischluftmenge	30 m^3/h und Person.

Die Frischluftzufuhr muß bei Gasausbruch in der näheren Umgebung der Ansaugstelle durch eine vom Bedienungspersonal gut bedienbare Klappe abschaltbar sein. Nach der Arbeitsstättenverordnung müssen Lüftungs- und Klimaanlagen jederzeit funktionsfähig sein. Eine Störung muß der für den Betrieb der Anlage zuständigen Person durch eine selbsttätig wirkende Warneinrichtung angezeigt werden.

Um den gewünschten Überdruck einhalten zu können, kann wie folgt verfahren werden:

— Die Zufuhr der Frischluft erfolgt bei kleineren Warten hinter den Tafeln von oben, während die Abluft vor den Tafeln ebenfalls nach oben entweichen kann. Der Luftübergang erfolgt durch Luftgitter im unteren Teil der Tafeln. Auf die Verwendung eines Abluftventilators sollte verzichtet werden. Der Grund für diese Maßnahme liegt darin begründet, daß bereits bei geringster Verstopfung der Zuluftfilter oder Ausfall des Zuluftventilators sich ein Unterdruck in der Warte ergeben und dadurch Fremdluft ungefiltert durch Tür- und Fensterspalte eingesaugt würde.
— Bei großen Warten soll das Zuluft- und Abluftsystem vor den Tafeln und hinter den Tafeln getrennt ausgeführt werden, da die Forderung der Wärmeabfuhr von den Geräten eine tiefere Zulufttemperatur wünschenswert machen kann, als sie für das Bedienungspersonal angenehm ist.

Die für die Belüftung und Entlüftung bzw. Klimatisierung gewünschten Werte sind folgende:

— Schaltraum

Raumtemperatur	10—35 °C
relative Feuchte	35—90%,

— Rechnerraum

Raumtemperatur	max. 30 °C
relative Feuchte	35—60%
Staubfreiheit	90% bei Korngrößen von 3 μm (Güteklasse Feinstaubfilter nach DIN 1946, Teil 2),

— Warte

Raumtemperatur	20—25 °C
Grenzwerte	15 °C, 30 °C
relative Feuchte	50—60%
Grenzwert	35%.

Um diese Bedingungen zu erfüllen ist eine Vollklimatisierung in den meisten Fällen nicht erforderlich[2], ASR 6/1,3. Eine Vollklimatisierung sollte jedoch in besonders begründeten Fällen (hohe Verlustleistung der installierten MSR-Einrichtungen) vorgesehen werden. Falls erforderlich, sind zusätzlich Heizkörper anzubringen, die vorzugsweise unter den Fenstern montiert werden.

1.2.3.5.4. Sonderräume

Der *Rechnerraum* dient der Aufnahme aller zentralen und peripheren Einrichtungen des Prozeßrechners. Er sollte sich in unmittelbarer Nähe von Warte und Schaltraum befinden, von diesen jedoch möglichst getrennt sein, wegen der vielfach noch erforderlichen besonderen Anforderungen an das Raumklima. Zur besseren Durchführung von Prüf- und Instandhaltungsarbeiten sollte die Grundfläche nicht zu klein bemessen sein. Außerdem ist ein Teil des Rechnerraumes als Arbeitsraum für die Programmüberarbeitung und die weitere Programmentwicklung vorzusehen. Eine Bedienkonsole und Schränke für Datenträger, Programmdokumentation und Rechnerunterlagen sind ebenfalls hier unterzubringen.

Falls für die MSR-Einrichtungen eine eigene unterbrechungsfreie Stromversorgung aufzubauen ist, sind für die übliche 24-Volt-Gleichstromversorgung ein *Gleichrichterraum* und ein *Batterieraum* zu gestalten. Die Batterien benötigen einen eigenen kleinen Raum, dessen Spezifikation durch VDE 0510 festgelegt ist. Danach ist vor allem auf eine ausreichende Belüftung zu achten.

Die Messung von Stoffeigenschaften und Konzentration (Band II) erfolgt durch in der Regel aufwendige Analysengeräte. Der Aufbau dieser Geräte und ihrer Hilfseinrichtungen erfordert ihre geschützte Unterbringung in einem eigenen *Analysengeräteraum* (AGR). Im Gegensatz zu Warte und Schaltraum wird in diesen, meist zentral in der Anlage gelegenen Raum das Meßgut hineingeführt. Durch die Lage oder die Einführung von Meßgut und notwendigen Hilfsstoffen können im AGR toxische Gefahren und Explosionsgefahren auftreten. Zur Abwendung dieser Gefahren sind besondere Maßnahmen notwendig. Man unterscheidet z. B. die innere und die äußere Explosionsgefahr. Eine innere Explosionsgefahr besteht, wenn sich im AGR durch brennbare Meß- und Hilfsstoffe eine explosible Atmosphäre in gefahrdrohender Menge ausbilden kann. Äußere Explosionsgefahr besteht, wenn der AGR an einer Stelle errichtet wird, an der brennbare Stoffe von außen her eindringen können, so daß im AGR eine explosible Atmosphäre entstehen kann.

Eine NAMUR-Empfehlung[3] beschreibt die erforderlichen Maßnahmen. Im wesentlichen ist dabei für Räume mit Gasanalysengeräten eine ausreichende Be-

---

[3] Explosionsschutz von Analysengeräteräumen. Empfehlung der Normengemeinschaft für Meß- und Regeltechnik der chemischen Industrie, Leverkusen, Bayerwerk. (1983).

lüftung mit Frischluft sicherzustellen. Räume mit innerer *und* äußerer Explosionsgefahr erfordern u. a. eine Schleuse im Zugang, feuerhemmende Türen, von außen bedienbare Absperrorgane, Druck- und Mengenreduzierung außerhalb des AGR, jedoch keine explosionsgeschützten Geräte. Für Räume mit Geräten zur Analyse brennbarer Flüssigkeiten ist über die Belüftung hinausgehend eine Überwachung mit Gaswarngeräten erforderlich. Es werden in der Empfehlung weitergehende Maßnahmen beschrieben, mit denen wichtige nicht exgeschützte Geräte auch bei Ausfall der Belüftung betrieben werden können.

1.2.3.6. Funktionsbeschreibung der Steuerungen

Ein außerordentlich wichtiger Schritt während der Basisplanung ist die Erarbeitung der Aufgabenstellung von Steuerungen und deren funktionsorientierte Beschreibung. Unter einer Steuerung sei hier eine Einrichtung verstanden, in der Eingangsgrößen nach einer vorgegebenen Gesetzmäßigkeit Ausgangsgrößen beeinflussen. In der Entwicklung der chemischen Technik haben einfache Steuerungen in Form von Verriegelungen schon frühzeitig wichtige Sicherheitsaufgaben übernommen. In zunehmendem Maße übernehmen Steuerungen die Prozeßführung von diskontinuierlichen Produktionsschritten, wobei die Anforderungen an Verarbeitungstiefe und Flexibilität der Steuerungen laufend zunehmen.

Im RI-Fließbild läßt sich die funktionelle Arbeitsweise der analogen MSR-Einrichtungen in Form des MSR-Stellen-Kreises noch gut darstellen, die Darstellung von Steuerungsaufgaben ist jedoch dort kaum möglich. Deshalb sind andere Formen der Funktionsbeschreibung unbedingt notwendig. Allerdings sollten Ein- und Ausgänge zwischen Prozeß und Steuerung im RI-Fließbild klar gekennzeichnet werden, so daß die Aufgabe einer Steuerung bei gleichzeitigem Betrachten von RI-Fließbild und Funktionsbeschreibung voll zu verstehen ist.

In diesem Abschnitt werden hauptsächlich die Funktionsbeschreibungen von Steuerungen behandelt. Strukturen und Technik von Steuerungen sind in Band III, Kapitel 8, ausführlich dargestellt.

Die Funktionsbeschreibung sollte unabhängig von der später zur Anwendung kommenden Steuereinrichtung sein. Trotzdem kann es hilfreich sein, bereits bei der Erarbeitung der genauen Aufgabenstellung die Art der einzusetzenden Steuerung festzulegen. Nur der intensive Dialog zwischen dem Betreiber der Anlage und dem MSR-Ingenieur führt zu einer optimalen Übereinstimmung von Aufgabenstellung und Steuereinrichtung. Im folgenden werden deshalb einige Begriffe der Steuerungstechnik erläutert.

In *binären Steuerungen* werden einfache binäre Eingangssignale zu binären Ausgangssignalen verarbeitet, während *digitale Steuerungen* auch zahlenmäßig dargestellte Informationen verarbeiten. Digitale Steuerungen enthalten deshalb meistens Speicher, Zähler, Vergleicher, Register und Rechenwerke.

Unterschieden werden nach DIN 19237: Die *Verknüpfungssteuerung* ordnet bestimmten Signalzuständen der Eingangssignale bestimmte Signalzustände der Ausgangssignale im Sinne von Verknüpfungsfunktionen zu. Die *Ablaufsteuerung* ist eine Steuerung mit zwangsläufig schrittweisem Ablauf, bei der das Weiterschalten von einem Schritt auf den programmgemäß folgenden abhängig von Weiterschaltbedingungen erfolgt, entweder als *zeitgeführte Ablaufsteuerung*, bei der die Weiterschaltbedingungen nur von der Zeit abhängig sind, oder als *prozeßabhängige Ablaufsteuerung*, bei der die Weiterschaltbedingungen nur von Signalen der gesteuerten Anlage abhängig sind. In der chemischen Technik dominiert die prozeßabhängige Ablaufsteuerung mit zusätzlichen Zeitgliedern. Das Programm einer Steuerung, als die Gesamtheit aller Anweisungen und Vereinbarungen für die Signalverarbeitung zur Erzielung der vorgegebenen Gesetzmäßigkeit, kann die Form einer festen oder umsteckbaren Verbindung zwischen den Funktionsgliedern haben (VPS: verbindungsprogrammierte Steuerung). Es kann auch in frei- oder austauschprogrammierbaren Speichern hinterlegt sein (SPS: speicherprogrammierte Steuerung).

Beim Erarbeiten der Aufgabenstellung sind die notwendigen Betriebsarten, wie z. B. Automatik, Teilautomatik, Hand, Not-Aus und Fragen der Sicherheit zu klären. Anforderungen an die Kommunikation mit der Steuereinrichtung beim Parametrieren, beim Bedienen und bei der Darstellung des Steuerablaufes sind ebenfalls festzulegen.

Später mögliche Änderungen oder auch Unsicherheiten des zukünftigen Betreibers bei der Formulierung der Steueraufgaben müssen bei der Beurteilung der Aufgabenstellung beachtet werden. Unterschiedliche Rezepturen oder ein umfangreicher Datenverkehr können die Verbindung der Steuereinrichtung mit einem Prozeßrechner erforderlich machen.

Die Funktionsbeschreibung einer Steuerung muß sowohl dem Nichtfachmann verständlich sein, als auch dem Fachmann alle notwendigen Details vermitteln. Da der Bereich der Steuerungsaufgaben außerordentlich vielfältig ist, gibt es leider keine Form einer Funktionsbeschreibung, die für alle Anforderungen gleich gut geeignet ist. Für den Nichtfachmann ist der *Klartext* immer noch am leichtesten zu verstehen. Am Beispiel der Aufgabe von Abb. 1.36 werden mögliche Formen der Funktionsbeschreibung erläutert. In einer einfachen Klartextbeschreibung lautet die Aufgabenstellung:

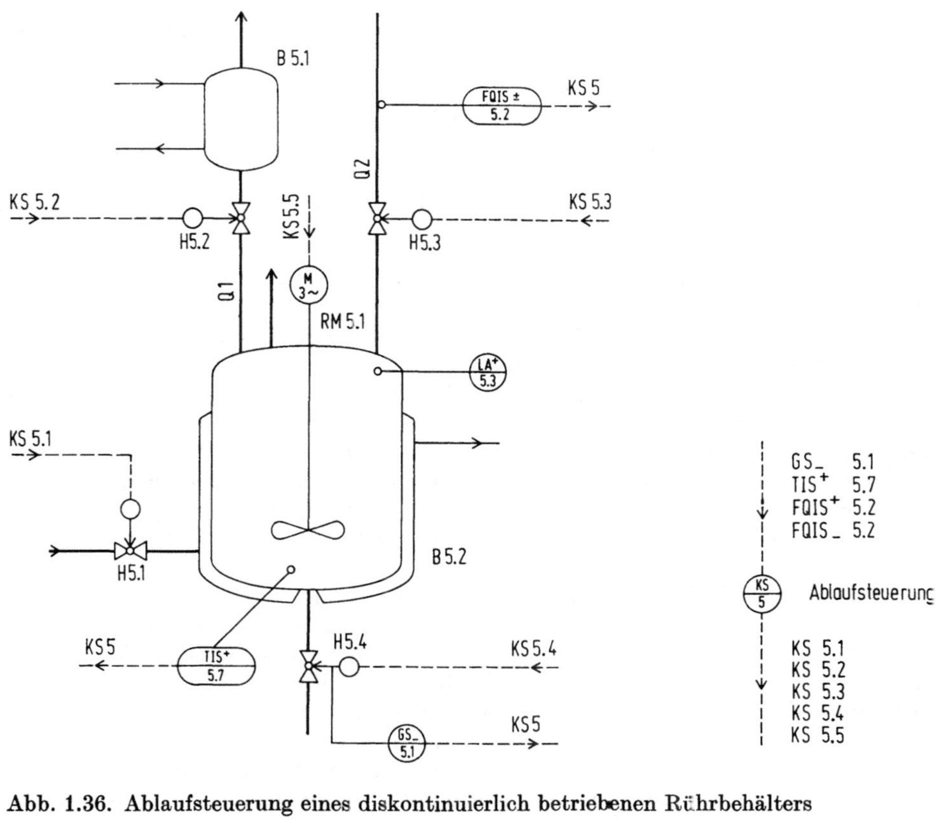

Abb. 1.36. Ablaufsteuerung eines diskontinuierlich betriebenen Rührbehälters

In den Rührbehälter B 5.2 soll der Inhalt von ca. 600 l der Flüssigkeitsvorlage B 5.1 eingefüllt werden. Danach ist unter Rühren auf 55 °C aufzuheizen. Anschließend werden etwa 800 bis 1000 l Wasser langsam zudosiert. Danach wird B 5.2 entleert.

Eine solche Beschreibung ist für den planenden MSR-Ingenieur nicht befriedigend, sie läßt noch viele Fragen offen. Der Planer ist deshalb gezwungen den Text zu präzisieren:

- Der Betrieb des Rührbehälters B 5.2 ist mit Hilfe einer Ablaufsteuerung (KS 5) zu automatisieren. In B 5.2 wird über den Hahn H 5.2 durch einen manuellen Startbefehl die in der Vorlage B 5.1 befindliche Flüssigkeitsmenge Q 1 von ca. 600 l eingefüllt.
- Voraussetzung für den Start ist die „Zu"-Meldung des Stellungsschalters G 5.1 am Hahn H 5.4. Nach einer Wartezeit t_1 (noch unbekannt) wird der Hahn H 5.2 geschlossen und der Rührermotor RM 5.1 eingeschaltet. Gleichzeitig wird die Beheizung mit Warmwasser durch Öffnen von Hahn H 5.1 in Betrieb genommen. Ebenso wird zu diesem Zeitpunkt das Mengenzählwerk FQIS+ 5.2 von Hand auf Null gesetzt und der Sollwert für die Wassermenge Q 2 eingestellt (im allgemeinen ein Wert zwischen 800 und 1000 l).
- Wenn das Mengenzählwerk auf Null steht und die Temperatur T 5.7 beim Überschreiten von 55°C den Grenzwertgeber schalten läßt, beginnt mittels Öffnen von Hahn H 5.3 das Dosieren von Q 2. Durch die Auslegung von H 5.3 ist sicherzustellen, daß der Dosiervorgang mindestens 40 Minuten dauert. Wenn der eingestellte Mengensollwert an F 5.2 erreicht ist, wird der Hahn H 5.3 geschlossen, der Rührermotor RM 5.1 ausgeschaltet, der Hahn H 5.1 geschlossen und der Hahn H 5.4 des Bodenablasses geöffnet. Der Inhalt von B 5.2 entleert sich in einen nachgeschalteten Behälter. Nach einer Wartezeit t_2 von 1 h wird H 5.4 geschlossen.
- Falls der Hahn H 5.4 beim Start nicht geschlossen ist, erfolgt eine Störmeldung. Sollte das Mengenzählwerk zu Beginn des Dosierens von Q 2 nicht auf Null stehen, erfolgt ebenfalls eine Störmeldung. Unabhängig von der Steuerung meldet der Standgrenzwertmelder LA+ 5.3 die Gefahr einer Überfüllung von B 5.2.

Die präzisere Fassung des Klartextes ist zwar auch dem Nichtfachmann noch verständlich, sie ist aber umständlich und schwer zu lesen. Eine übersichtliche Form der Funktionsbeschreibung stellt das Balkendiagramm in Abb. 1.37 dar. Die nacheinander vom Ruhezustand ausgehenden 4 Schritte der Ablaufsteuerung sind hier klar zu erkennen. Im oberen Teil sind die Ausgänge der Steuerung dargestellt, wobei die Balken die Aktivierung des einzelnen Ausganges, d. h. Hahn auf, Rührer ein, anzeigen. Die Weiterschaltbedingungen sind im unteren Teil aufgeführt. Die Kreuze in einem Schritt bedeuten, daß diese Bedingungen automatisch den nächsten Schritt einleiten. Bei Verzweigungen und Varianten im Programmablauf ist das Balkendiagramm wenig geeignet. Die Störmeldungen des Beispiels lassen sich damit kaum darstellen.

Eine weitere Form der Funktionsbeschreibung ist der *Programmablaufplan* nach DIN 66001. In Abb. 1.38 ist das Beispiel des Rührbehälters in dieser Form dargestellt. Ein wesentliches Element darin ist der Entscheidungsrhombus, der durch seine Fragestellung in Klartext leicht verständlich ist. Die jeweils gesetzten Ausgänge sind in den Rechtecken durch Klartext eindeutig zu erkennen. Der Programmablaufplan läßt sich freier als das Balkendiagramm gestalten und erlaubt auch ohne Schwierigkeiten die Darstellung der Störungsmeldungen. Er ist vor allem für digitale Steuerungen gut geeignet. Bei einer hohen Zahl von Weiter-

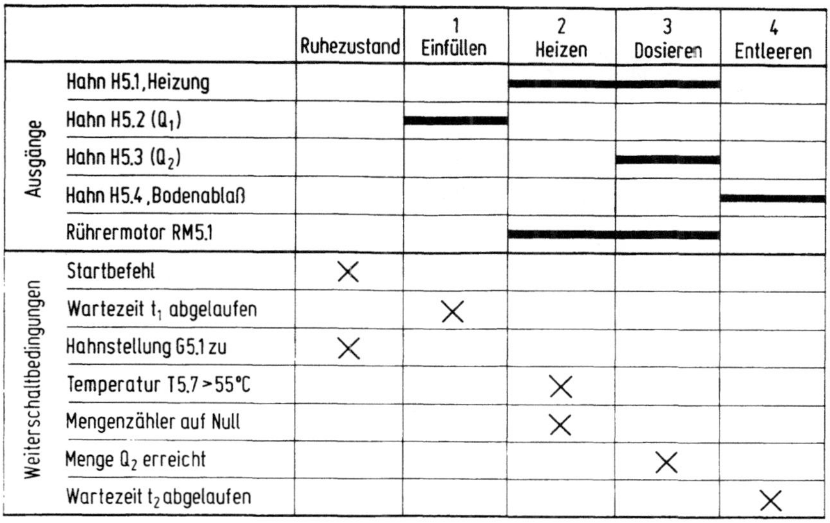

Abb. 1.37. Funktionsbeschreibung einer Ablaufsteuerung mittels Balkendiagramm

schaltbedingungen kann der Programmablaufplan allerdings leicht sehr umfangreich werden. Auch sind die Schritte nicht so klar zu erkennen wie im Balkendiagramm.

Eine vorteilhafte Form der Funktionsbeschreibung ist der *Funktionsplan.* Er ergänzt oder ersetzt sogar die Klartext-Beschreibung der Steuerungsaufgabe. Der Funktionsplan stellt die Steuerungsaufgaben mit ihren wesentlichen Eigenschaften (Grobstruktur) oder mit den für die jeweilige Anwendung erforderlichen Details (Feinstruktur) übersichtlich und eindeutig dar.

In Abb. 1.39 ist die Ablaufsteuerung des Rührbehälters B 5.2 als Funktionsplan dargestellt. Zum Verständnis ist die Kenntnis einiger weniger Symbole ausreichend. Es sind dies die Schaltzeichen der binären Funktionsglieder nach DIN 40700, Teil 14 (IEC-Publikation 117-15) und die Regeln für Funktionspläne nach DIN 40719, Teil 6.

Die Grundform der Symbole ist ein Viereck beliebiger Seitenlänge. Wirkungslinien oben und links bedeuten Eingänge, unten und rechts Ausgänge. Ein UND-Glied wird mit & bezeichnet und ein ODER-Glied mit ≥ 1. Die Darstellung erlaubt eine Grobstruktur, die zum Beispiel die logischen Funktionen eines Schrittes zu einem Makrosymbol zusammenfaßt. Der Schritt 4 (Entleeren) im Beispiel verknüpft die 2 Eingänge ,,Schritt 3 gesetzt" und ,,Mengensollwert erreicht" in einer UND-Funktion und setzt die Ausgangsbefehle „Rührermotor RM 5.1 aus", ,,Hahn H 5.1 zu" und ,,Hahn H 5.4 auf". Außerdem wird eine Wartezeit gestartet. Nach deren Ablauf gibt der Schritt 4 einen erneuten Start frei. Die Befehle sind von 1 bis 4 durchnumeriert, um sie eventuell als Eingangsgrößen anderer Schritte zu benutzen. Dies ist zum Beispiel in Schritt 2 mit der Wartezeit von Schritt 1 der Fall (1.2).

Die Bezeichnung S bedeutet gespeichert und NS nicht gespeichert, wobei letzteres zum Setzen dieses Ausganges (z. B. Hahn H 5.4 auf) ausschließlich für den vorliegenden Schritt führt. Das Schrittsymbol und das Befehlssymbol dominieren als die beiden wichtigsten Makrosymbole den gesamten Funktionsplan. Soll vor einem Schritt beim Ausbleiben eines Signals eine Störmeldung generiert werden, so setzt der Schritteingang und das fehlende Signal mittels einer Negation

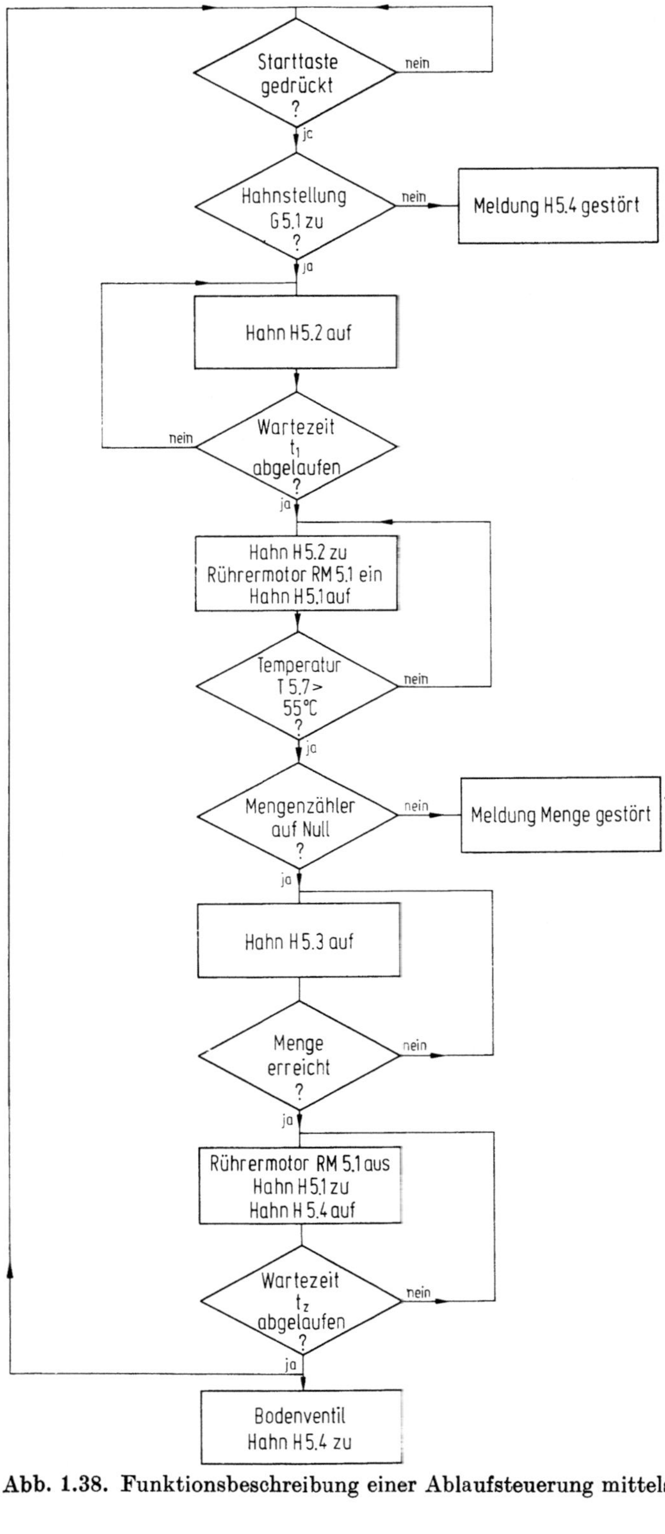

Abb. 1.38. Funktionsbeschreibung einer Ablaufsteuerung mittels Programmablaufplan

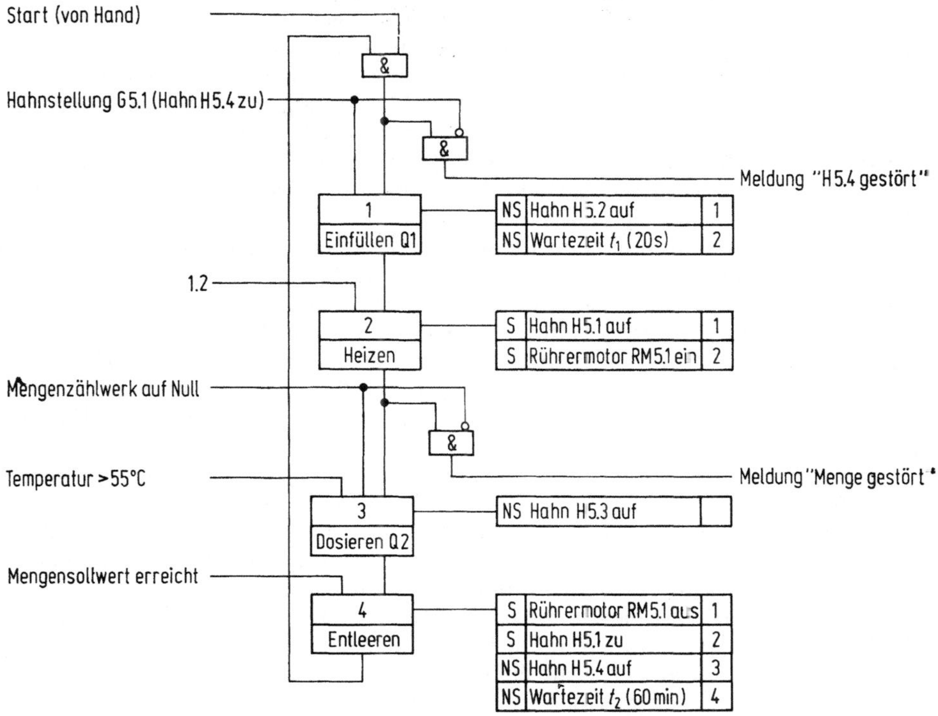

Abb. 1.39. Funktionsbeschreibung einer Ablaufsteuerung mittels Funktionsplan

(kleiner Kreis) über ein UND-Glied eine Störmeldung, wie vor Schritt 1 und 3 zu erkennen ist.

Die Symbolmenge, zumindestens für die Grobstruktur, ist so klein und die freie Verwendbarkeit von verbalen Erläuterungen so vielfältig, daß auch der Nichtfachmann einen leichten Zugang zu dieser Form einer Funktionsbeschreibung findet. Auf die eingangs vorgestellte Klartextbeschreibung läßt sich dann verzichten. Formalisiert man den Funktionsplan ohne jeden Verlust an Übersichtlichkeit in der Weise, daß alle externen Eingänge (Bedingungen) in einer linken Spalte und alle externen Ausgänge (Befehle) in einer rechten Spalte angeordnet werden, so hat man auch noch eine gute Vorlage für die Verdrahtungsplanung und vor allem ein gutes Dokument für die spätere Instandhaltung. Dieser formalisierte Funktionsplan kann von der Basisplanung über die Fertigung und die Montage bis zur Instandhaltung das Hauptdokument der Steuerung bleiben. Der Planungsaufwand läßt sich dadurch reduzieren. Es gibt bereits speicherprogrammierbare Steuerungen, deren Programmiergerät die direkte Eingabe und auch Ausgabe der Funktionsplan-Darstellung erlaubt.

Am Beispiel einer Gasbrennersteuerung sind auch in Band III, Kapitel 8, Programmablaufplan und Funktionsplan erläutert. Neben den erwähnten DIN-Normen bieten auch Druckschriften[4] eine gute Einführung in die Thematik.

Außer den vorgestellten Formen von Funktionsbeschreibungen gibt es auch noch andere Formen. Die *ÜBZ-Methode* (Ü = Übergangsliste, BZ = Befehls-Zustands-Matrix) ist eine aus dem Balkenplan entwickelte, stark schematisierte

[4] Beschreibung von Steuerungsaufgaben mit Funktionsplänen, Teil 1 und 2, Siemens AG (ISBN 3-8009-6116/4 bzw. -6617/2).

Funktionsbeschreibung mit den drei miteinander korrespondierenden Darstellungen Befehls-Zustands-Matrix, Übergangsliste und Kreisdiagramm.

Die *Boolsche Algebra* beschreibt mit ihren Gleichungen die logischen Zusammenhänge in mathematischer Form. Sie ist für den allgemeinen Schaltungsentwurf gut geeignet, nicht jedoch für Funktionsbeschreibungen.

Eine Abwandlung des Balkendiagramms stellt das *Funktionsdiagramm* nach VDI 3260 dar. Es ist für die zeitliche Darstellung verwickelter Abläufe eine gute Hilfe.

Neben diesen mehr funktionsorientierten Beschreibungsformen gibt es auch eine Anzahl lösungswegorientierter Darstellungen. Bei diesen lehnt sich die Darstellung der Steuerungsaufgabe eng an die vorgesehene technische Ausführung der Steuerungseinrichtung an. Ihre Anwendung für die Basisplanung wird nicht empfohlen, sie haben ihre Bedeutung in der Detailplanung als Schaltpläne. Erwähnt seien hier der Stromlaufplan und der Signalflußplan mit den Schaltzeichen nach DIN 40700. Dem Stromlaufplan entspricht im amerikanischen Einflußbereich der Kontaktplan (ladder-diagram).

Im Zusammenhang mit den Steuerungen sind die Meldesysteme zu sehen. Sie greifen zwar nicht in den Prozeß ein, liefern aber für die Beurteilung des Betriebszustandes wichtige Informationen. Im Rahmen der Basisplanung sind bei der Festlegung der MSR-Einzelaufgaben auch die Einzelaufgaben des bereits bei der Vorplanung gewählten Meldesystems jeweils festzulegen.

Funktionen und Aufbau von Meldesystemen sind in Band III, Kapitel 8, erläutert. So sind unter anderem die Farben und Blinkfrequenzen von Sichtmeldern, die Orte von Quittier-Tastschaltern, die Zusammenfassung von Erstwertmeldegruppen, die Registrierung von Meldungen, die Ausgabeorte von Sammelmeldungen und die Aufteilung von Gruppenmeldungen festzulegen. Aus der Palette der Möglichkeiten des gewählten Meldesystems ist für jede einzelne Meldeaufgabe zusammen mit den zukünftigen Betreibern die jeweilige Lösung festzuschreiben.

1.2.3.7. Prozeßrechner-Aufgaben

Der Prozeßrechner ist ein sehr universelles Hilfsmittel der MSR-Technik. Seine vielseitigen Eigenschaften haben die Leistungsfähigkeit der MSR-Technik außerordentlich erweitert. Im Band IV ist deshalb die Prozeßrechentechnik ausführlich behandelt. Die Aufgaben der Rechentechnik in einem Unternehmen lassen sich in vier Ebenen hierarchisch gliedern:

Ebene 1 Zentrale Aufgaben der kaufmännischen EDV,

Ebene 2 Betriebliche Verwaltungsaufgaben,
- Auftragsdisposition,
- Auftragsterminverfolgung,
- Fertigungsprodukt-Bestandsführung,

Ebene 3 Leitaufgaben (Prozeß- und Betriebsleitung),
- Prozeßleitung nach optimalen Strategien für Energie, Ausbeute, Qualität u. a.,
- Betriebsleitung: Apparatedisposition, Flußverfolgung, Rezeptbearbeitung, Bestand- und Platz-Verwaltung u. a.,

Ebene 4 Prozeßaufgaben,
- Meßwerterfassung und -verarbeitung,
- Überwachung und Protokollierung,
- Regelung,
- Steuerung.

Der Ebene 4 werden die prozeßnahen Aufgaben zugeordnet. Eine große Fülle von Prozeßdaten ist ständig zu erfassen und zu verarbeiten. Viele Aufgaben erfordern keinen Eingriff in den Prozeß (on line, open loop). In dieser Ebene findet man aber auch Aufgaben, deren Lösung intelligente Abläufe mit Eingriff in den Prozeß erfordern (on line, closed loop).

Die Leitaufgaben der Ebene 3 gewinnen zunehmend an Bedeutung. Während die unteren Ebenen viele Daten kurzfristig verarbeiten müssen, sind die verdichteten Daten der oberen Ebenen langfristig von Bedeutung. Hier interessieren in erster Linie die Aufgaben der beiden unteren Ebenen 3 und 4.

In der Phase der Vorplanung ist die Klärung der Fragen, ob ein Prozeßrechner eingesetzt werden soll und welche grundsätzlichen Aufgaben er übernehmen soll bereits erfolgt. Das verbindliche MSR-Konzept enthält dazu Angaben und legt auch die Hardware-Struktur (zentraler Prozeßrechner, dezentrales Prozeßleit-System, back-up, Kommunikationsmittel, usw.) fest.

Die Basisplanung der Prozeßrechner-Aufgaben hat zum Ziel, die Einzelaufgaben zu formulieren und eine prozeß- und funktionsgerechte Lösung dieser Einzelaufgaben festzulegen. Alle vom Prozeßrechner zu erfassenden Meßgrößen und alle anzusteuernden Stellglieder sind zum Beispiel aufzulisten und näher zu beschreiben. Die Regelkreise, die Regelaufgaben, die Steuersequenzen und die Kommunikation zwischen Bediener und Prozeßrechner bedürfen ebenfalls einer Festlegung. Eine geeignete anwendungsorientierte Programmiersprache und die eventuell zu benutzenden Programmodule sind auszuwählen.

Dieses ganze, während der Basisplanung zu beschreibende Paket von Festlegungen kann man als das *Lastenheft* des Prozeßrechners bezeichnen.

Das Lastenheft soll alle Prozeßrechner-Aufgaben präzise beschreiben, ohne jedoch bereits die Entscheidung für ein bestimmtes Prozeßrechner-Fabrikat vorwegzunehmen. Es muß so abgefaßt sein, daß die Einholung von gut vergleichbaren Angeboten mehrerer Hersteller leicht möglich ist.

Nach der Entscheidung für ein bestimmtes Fabrikat wird zu Beginn der Detailplanungsphase das Pflichtenheft ausgearbeitet. Hierin sind alle verbindlichen Aussagen zur Aufgabenstellung für den Prozeßrechner und zur gewählten Lösung, sowie die vom Hersteller übernommenen Pflichten zusammengestellt. Es stellt ein zentrales, für alle Beteiligten verbindliches Dokument dar, das bei möglichen Unstimmigkeiten zu Rate gezogen wird.

Die Abwicklung von MSR-Projekten mit Prozeßrechnern oder mit verteilten Prozeßleitsystemen erfordert in der Regel die Mitarbeit von Prozeßrechner-Fachleuten. Dabei ist es zweckmäßig, die Abwicklung von Planung, Aufbau und Inbetriebnahme der Prozeßrechner als ein Teilprojekt in Verantwortung dieser Fachleute zu betrachten. Während der Basisplanung sollte eine solche Aufgabenteilung mit allen Schnittstellen präzise definiert werden.

Inhalt und Umfang des Lastenheftes werden im folgenden näher umrissen:

Bei der *Meßwerterfassung* werden dem Prozeßrechner die Meßwerte in Form elektrischer Analog-, Impuls- oder Binärsignale angeboten. Alle aus dem Prozeß zu übernehmenden Meßwerte sind mit ihrer MSR-Stellenbezeichnung aufzulisten. Über die Bezeichnungen ist eine Verknüpfung zwischen der Liste und den MSR-/PR-Stellenkreisen im RI-Fließbild leicht möglich. In diese Liste sind bei Analogsignalen unter anderem aufzunehmen: Die Form des an der Prozeßrechnerperipherie anstehenden elektrischen Signals, Meßbereichsanfang und -ende und die physikalische Einheit der Prozeßgröße.

Drehzahlgeber und Mengenzähler geben meist Impulssignale ab. Für diese ist die Form, der Frequenzbereich und die Einheit pro Impuls anzugeben. Für die von Ventilstellungsmeldern, Relaiskontakten, Grenzwertgebern, Schaltern und ähnlichen Gebern übernommenen Binärsignale muß im Lastenheft die Zuordnung des „1"-Wertes zum Geberzustand (z. B. „1"-Signal bedeutet Ventil V 107 geschlossen) festgelegt werden.

Die Meßwerterfassung soll unter anderem ein brauchbares Bild des Prozeßzustandes liefern. Die zeitliche Abfolge der Erfassung ist deshalb sinnvoll an die unterschiedliche Änderungsgeschwindigkeit der Prozeßzustandsgrößen anzupassen. Die üblichen Zykluszeiten der Meßwerterfassung liegen zwischen 1 bis 100 Sekunden. Ausgehend von den Prozeßanforderungen ist in der Liste jedem Meßwert eine Zykluszeit zuzuordnen. Bei einer ereignisgesteuerten azyklischen Meßwerterfassung ist die zum auslösenden Ereignis jeweils gehörende Gruppe von interessierenden Meßwerten festzulegen.

Bei der *Meßwertverarbeitung* bietet der Prozeßrechner bereits eine Fülle von Möglichkeiten. Die Rohwerte der Meßgrößen werden auf ihre Plausibilität geprüft. Ungültige Meßwerte müssen eventuell für nachfolgende Verarbeitungs-Prozeduren durch einen anzugebenden Ersatzwert ersetzt werden. Durch eine zu wählende Anpassungs-Prozedur wird aus dem Rohwert ein Fertigwert errechnet. Erforderlichenfalls wird durch Radizieren oder über eine andere nichtlineare Beziehung die eigentliche Prozeßgröße als Fertigwert ermittelt. Bei unruhigen Meßsignalen ist eine Glättung im Rechner vorzusehen. Häufig interessieren bestimmte Grenzwerte des Meßwertes, z. B. die Toleranz-, Meldungs- und Sicherheitsgrenzen.

Aus den Fertigwerten können mittels Rechenprozeduren für den Prozeß wichtige Sekundärwerte errechnet werden. Dazu gehören unter anderem die zeitliche Mittelwertbildung, die Bildung eines Mittelwertes aus mehreren Meßgrößen (z. B. die mittlere Temperatur in einem Reaktor), die Bildung von zeitlichen oder auch räumlichen Gradienten, die Absolutwertbildung, der Vergleich von Meßwerten, die Grundrechenoperationen, die Erfassung von maximalen oder minimalen Werten und die Auswahl (z. B. 2 aus 3) von Meßwerten.

Höherwertige Prozeßgrößen wie Wirkungsgrade, Verweilzeiten, spezifische Verbrauchszahlen, Energiebilanzen und Materialflüsse können ebenfalls als Sekundärwerte errechnet werden.

Die Binärwerte werden in der Meßwertverarbeitung häufig miteinander logisch verknüpft. Die Verknüpfungsbeziehungen sind in geeigneter Form (z. B. DIN 40700, Teil 14) anzugeben. Nicht selten ist zwischen den Grenzwerten von Analogwerten und einzelnen Binärwerten eine Zuordnung zu schaffen.

Aus dem Spektrum der aufgezeigten Verarbeitungsprozeduren sind die für jeden Meßwert vom Prozeß her notwendigen Prozeduren auszuwählen und im Lastenheft anzugeben.

Die *Überwachung* des Prozesses hat über die einfache Grenzwertüberwachung hinaus die Aufgabe, Störungen und gefährliche Zustände im Prozeßablauf zu erkennen und zu analysieren. Besonders wichtige Prozeßsignale und Kriterien zu ihrer Überwachung sind im Lastenheft aufzulisten. Ebenso sind zum Erkennen von kritischen Prozeßzuständen die Beziehungen zwischen den in Wechselwirkung stehenden Meßwerten aufzuzeigen.

Die *Protokollierung* des Prozeßablaufes muß ebenfalls im Lastenheft genau beschrieben werden. Zunächst gilt es, die Form des Protokollausdrucks festzulegen. Neben Datum, Uhrzeit und einer Überschrift, sind die MSR-Stellennummer, eine Klartextbezeichnung, der aktuelle Meßwert und die physikalische Einheit bei jedem Meßwert auszudrucken. Zusätzliche Erläuterungen können die Information ergänzen.

Im Vordergrund stehen zyklische Betriebsprotokolle, die in regelmäßigen Zeitabständen gedruckt werden. Für diese sind im Lastenheft die ausgewählten

Meßwerte und die Zeitabstände aufzulisten. Bei diskontinuierlichen Produktionsstufen ist der Umfang des Chargenprotokolls zu beschreiben. Neben diesen regelmäßigen Protokollen gibt es auch die vom Bediener aufrufbaren Prozeßzustandsprotokolle, die sinnvollerweise in übersichtliche Abschnitte aufzuteilen sind.

Das Störprotokoll faßt laufend alle eintreffenden Störmeldungen zusammen. Es enthält neben Daten, Uhrzeit, MSR-Stellennummer den aktuellen Meßwert und vor allem die Richtung der Meßwertabweichung (zu hoch, zu tief). Außerdem muß man erkennen können, ob die Störung kommt oder geht.

Das Störablaufprotokoll erfaßt nach Anstoß durch das Störereignis alle für eine nachträgliche Störungsanalyse interessierenden analogen Meßwerte und binären Zustandsgrößen. Da Störungen meist zu einem Eingriff des Bedienungspersonals führen, ist es für die spätere Analyse zweckmäßig, auch diese Aktionen in einem Bedienprotokoll festzuhalten.

Sind dem Prozeßrechner Aufgaben der Regelung und Steuerung gestellt, so ist deren Formulierung ebenfalls Gegenstand des Lastenheftes. Bei diesen Aufgaben greift der Prozeßrechner über Stellglieder in den Prozeß ein. Alle diese Ausgänge sind mit ihrer MSR-Stellenbezeichnung aufzulisten, so daß auch hier die Verknüpfung zum RI-Fließbild deutlich wird. Die Stellsignale sind binär oder analog, wobei letztere als Dauersignal oder auch in inkrementeller Form ausgegeben werden.

Die *Regelung* mit Hilfe eines Prozeßrechners wird digitale Regelung genannt und ist eine Abtastregelung mit Meßwerterfassung und Stellsignalausgabe zu diskreten Zeitpunkten. Man unterscheidet zwei wesentliche Varianten, die direkte Vielfachregelung (DDC) und die Sollwertführung (SPC) eines konventionellen analogen Reglers. Das Lastenheft muß für jeden Regelkreis Angaben über das von den Prozeßanforderungen bestimmte Abtastintervall machen.

Daneben sind die Regelalgorithmen auszuwählen. Meist wird man sich auf den klassischen PID-Algorithmus beschränken, jedoch bietet der Prozeßrechner ohne besonderen Aufwand eine Fülle interessanter Möglichkeiten wie modifizierte PID-Algorithmen, Zweipunkt- und Dreipunktregelung, Feed-Forward-Regelung, Totzeit-, Lead-lag- und Bang-Bang-Algorithmus. Bei schwierigen Regelaufgaben sollte davon Gebrauch gemacht werden. Verträgt der Prozeß in einigen Bereichen keine harten Stelleingriffe, so sind Begrenzungen der Stellgeschwindigkeit und eventuell auch des Stellsignals vorzugeben. Genauso kann es erforderlich sein, die Änderungsgeschwindigkeit von Istwerten oder Sollwerten zu überwachen bzw. zu begrenzen.

Mit nur geringem Programmieraufwand erlaubt der Prozeßrechner eine weitgehende Vermaschung von Regelkreisen in Form von Kaskaden- und Verhältnisregelung, Störgrößenaufschaltung, Istwert- und Sollwertumschaltung. Auch besondere An- und Abfahrschaltungen stehen zur Verfügung. Die Lösung schwieriger Regelaufgaben kann meist erst bei der Inbetriebnahme erprobt werden. Im Lastenheft sind deshalb dafür verschiedene Lösungswege offen zu halten.

Anforderungen an die Betriebsarten Hand, Automatik, Sollwertführung von Hand und Sollwertführung durch den Rechner sind im Lastenheft niederzulegen. Dabei muß für den SPC-Betrieb die Kommunikation mit den vorgesehenen Analogreglern präzise festgelegt werden.

Da die *Steuerungsaufgaben* für Prozeßrechner besonders vielfältig und auch sehr komplex sein können, muß das Lastenheft für diese Aufgaben sehr sorgfältig aufgestellt werden. In der chemischen Technik dominiert die Automatisierung von Chargenprozessen, für die Ablaufsteuerungen zu entwerfen sind. Häufig gilt es, eine Apparatur für mehrere Produkte mit unterschiedlichen Rezepten auszurüsten. Die Funktionsbeschreibung von Steuerungen, vor allem von Ablaufsteuerungen ist bereits im Unterabschnitt 1.2.3.6 erläutert worden. Diese Arten der Beschreibung sind auch für ein Lastenheft geeignet.

Gilt es verschiedene Rezepturen zu speichern und zu aktivieren, so sind im Lastenheft genaue Angaben zu machen. Ein Rezept ist eine produktabhängige Fahranweisung, die aus relativen Variablen (z. B. Mengen, Zeiten, Temperaturen) verschiedener Einsatzstoffe und Apparate-Parameter (z. B. Flußwege, Zeiten, Temperaturen, Drehzahlen) besteht. Die Rezepte sind so aufzubauen, daß ein Produkt mit der Anwahl des Rezeptes bestimmt ist und ohne weitere Eingaben hergestellt werden kann. Zum Rezept können neben den stoffbezogenen Parametern auch Schrittfolgen und Reglersollwerte gehören. Wichtig ist eine gute Darstellung des aktuellen Prozeßzustandes und ein den Steuerungsablauf begleitendes Protokoll.

Sowohl bei der Programmierung als auch beim Betrieb eines Prozeßrechners ist die *Kommunikation* mit ihm von großer Bedeutung. Um hier Enttäuschungen zu vermeiden, muß das Lastenheft auch für den Bereich der Kommunikation die wesentlichen Anforderungen festlegen. Für eine zügige Programmierung sind Umfang und Aufbau der Anwendersoftware, die begleitende Dokumentation und die Art der Sprachmittel zu umreißen. Die Kommunikation Mensch—Prozeßrechner beim Betrieb des Prozeßrechners umfaßt die Eingabe von Daten zum Betreiben des Prozesses und die Ausgabe von Informationen über den Prozeß. Im einzelnen sollte das Lastenheft unter anderem festlegen:

- Zahl und Art der Sichtgeräte,
- Zahl, Ort und Aufbau der Bedienpulte und Drucker,
- simultane Bedienung gleichartiger oder unterschiedlicher Geräte,
- Eingabe und Änderung von Parametern direkt oder im Dialogverkehr,
- Verriegelungen durch Codewörter oder Schlüsselschalter,
- Zu- und Abschalten von Meßwerten,
- Vorgabe von Ersatzwerten,
- Bedienung der Analogwert-Parameter wie Zykluszeit, Kennlinien, Grenzwert, Hysterese, Glättung,
- Aufbau von Verriegelungen,
- Bedienung der Reglerparameter,
- Aufruf von Protokollen,
- Aufbau und Änderung von Protokollen,
- Programmänderungen on-line oder off-line,
- Umschaltung von Ausgabegeräten,
- Ausgabe von Meßwert-Historien,
- Wahl von Betriebsarten,
- Rezeptverwaltung.

Von großem praktischen Vorteil für den Programmierer ist die dialoggeführte Programmierung und Parametrierung. Eine Dialog-Führung ist aber auch für das Bedienungspersonal von Nutzen, vor allem wenn viele Rezepturen zu fahren sind.

Die *Leitaufgaben* der Ebene 3 haben noch keine breite Anwendung gefunden, obwohl hierbei der Prozeßrechner auch bei kontinuierlichen Produktionsprozessen wichtige Aufgaben übernehmen kann. Anhand der Betriebsvorschriften für das Bedienungspersonal lassen sich die Aufgaben des Prozeßrechners beschreiben. Der Prozeß ist zweckmäßig in mehrere voneinander weitgehend unabhängige Bereiche aufzuteilen. Ein Bereich kann eine Zeit lang ohne seine Nachbarbereiche betrieben werden. In ihm herrscht ein einheitlicher Arbeitszustand, Betriebsart genannt, und eine einheitliche Arbeitshöhe, Fahrwert genannt. Der Fahrwert kann in Prozent der Nennleistung ausgedrückt werden. Bei der Prozeßführung hat der Prozeßrechner die Aufgabe, für jeden Bereich die gewünschte Betriebsart einzustellen und zu halten. Zum Beispiel sind im Bereich einer kontinuierlichen Produktion die folgenden Betriebsarten festzulegen:

— Inbetriebnahme der Apparatur,
— Anfahren mit Produkt,
— stationärer Normalberieb mit bestimmtem Fahrwert,
— Laständerung (Fahrwert-Änderung),
— Abfahren,
— Unterbrechung (Kreislauf-Betrieb),
— Weiterlauf nach Unterbrechung,
— Abbruch des Ablaufes.

Sowohl die Aufgaben des Prozeßrechners in jeder dieser Betriebsarten als auch der rechnergeführte Übergang von einer Betriebsart auf eine andere sind in der Basisplanung zu beschreiben. Dabei ist die Verknüpfung mit den Regelungs- und Steuerungsaufgaben der Ebene 4 zu beachten.

Aufgaben der *betrieblichen Verwaltung* (Ebene 2) stehen zum Beispiel im Vordergrund, wenn eine große Zahl von Produkten durch Mischen von Stoffen hergestellt wird. Die Verknüpfung von kaufmännischer Auftragsabwicklung und Produktionssteuerung dominiert dann so stark, daß bei der Aufgabenstellung für den Prozeßrechner beide Aspekte gleichgewichtig zu berücksichtigen sind.

1.2.3.8. Hilfsenergieversorgung

Alle MSR-Einrichtungen benötigen für ihre Funktion die Zufuhr von Energie. Diese Energie wird entweder direkt dem Prozeß entnommen oder aber als Hilfsenergie den MSR-Einrichtungen zugeführt. Da die weitaus größte Zahl von MSR-Geräten Hilfsenergie benötigt, bedarf die Hilfsenergieversorgung besonderer Aufmerksamkeit. In der chemischen Technik wird elektrische, pneumatische und in Sonderfällen hydraulische Hilfsenergie verwendet. Beim Ausfall der Hilfsenergie ist der Prozeß von der Warte aus weder beobachtbar noch steuerbar. Aus Sicherheitsgründen muß deshalb für diesen Fall bereits bei der Basisplanung festgelegt werden, daß die Stellgeräte bei Ausfall der Hilfsenergie einer Stellung zustreben, die den Prozeß in den sicheren Zustand überführt. Gleiche Überlegungen sind für die übrigen MSR-Einrichtungen anzustellen.

Da jeder Ausfall der Hilfsenergie, auch in Teilbereichen, den Prozeß außerordentlich stört, muß die Hilfsenergieversorgung die benötigten Hilfsenergien ständig und ohne Unterbrechungen in ausreichender Qualität und Menge bereitstellen.

Spannung bzw. Druck der Hilfsenergie müssen gemessen werden, und eine unerwünschte Abweichung ist automatisch in der Warte zu melden.

Die Versorgung mit *elektrischer Hilfsenergie* wird meist einem 50 Hz-Drehstromnetz von 380 V oder auch 660 V entnommen. Die Anforderungen der MSR-Einrichtungen an dieses Netz bezüglich Spannungsschwankungen und höherfrequentem Anteil sind zu prüfen. Das Drehstromnetz ist gegen Ausfall sorgfältig abzusichern. Sind zwei Einspeisungen verfügbar, so kann mit Hilfe von Umschalteinrichtungen bei Ausfall einer Einspeisung auf die andere umgeschaltet werden. In größeren Werken betreibt der Energieversorgungsbetrieb häufig eine eigene Stromversorgung für das Kraftwerk und besonders kritische Verbraucher wie MSR-Einrichtungen, Kühlwasserpumpen, Sicherheitsbeleuchtung u. a. Die Umschaltung auf Reservetransformatoren stützt ebenfalls dieses Netz. Die MSR-

Einrichtungen sollten immer über dieses besonders gesicherte Netz versorgt werden.

Steht ein solches Netz nicht zur Verfügung, so kann nach Stromausfall mit Hilfe von Notstromaggregaten die Versorgung sehr schnell wieder aufgebaut werden. Mit sehr aufwendigen Sofortbereitschaftsaggregaten kann dies auch ohne Unterbrechung erfolgen. Elektronische MSR-Einrichtungen sind bereits empfindlich gegen sehr kurzzeitige Unterbrechungen der elektrischen Versorgung. Da sie andererseits nur einen geringen Leistungsbedarf haben, läßt sich ihre Versorgung ohne Unterbrechungen leicht über Batterien aufrechterhalten.

Zur internen elektrischen Versorgung der MSR-Einrichtungen reichen meist 3 Netze aus. Das Netz mit 220 V, 50 Hz versorgt zum Beispiel induktive Durchflußmesser, den Prozeßrechner (falls intern gegen Spannungseinbrüche abgesichert), die Prozeßrechner-Peripheriegeräte und ähnliche Verbraucher. Ein Netz mit 24 V, 50 Hz versorgt Linien- und Punktschreiber und andere Verbraucher. Beide Netze sind gegen einen kurzzeitigen Ausfall nicht abgesichert.

Sehr wichtig ist das 24 V-Gleichspannungsnetz. Wie in vereinfachter Form die Abb. 1.40 zeigt, erfolgt die Versorgung über 3 parallel geschaltete Gleichrichter ($3 \times 50\%$ Leistung) mit Ladeautomaten, die im Normalfall die Versorgung der Gleichstromverbraucher und der Batterien übernehmen. Die Batterien sind so dimensioniert, daß sie bei Ausfall des speisenden Netzes den Gesamtbedarf aller Verbraucher für z. B. 20 Minuten übernehmen können. Gibt es 220 V oder 24 V, 50 Hz-Verbraucher, bei denen ein kurzer Spannungseinbruch aus Sicherheits- oder Verfahrensgründen nicht auftreten darf, so sind diese über Wechselrichter ebenfalls aus dem 24 V-Gleichspannungsnetz zu versorgen.

Die Sicherungen sind in 2 Ebenen zur Absicherung von Gruppen und von Einzelverbrauchern unterteilt. Schmelzsicherungen sichern dabei die Gruppen ab, während Sicherungsautomaten oder auch Schmelzsicherungen die Einzelverbraucher absichern.

Die *pneumatische Hilfsenergie* hat auch heute noch große Bedeutung für die MSR-Einrichtungen von Chemieanlagen. Vor allem als Antriebsenergie für Regelventile und Auf/Zu-Stellglieder bietet sie große Vorteile. Aber auch bei zahlreichen Meßaufgaben kommt die pneumatische Hilfsenergie noch zur Anwendung. Träger

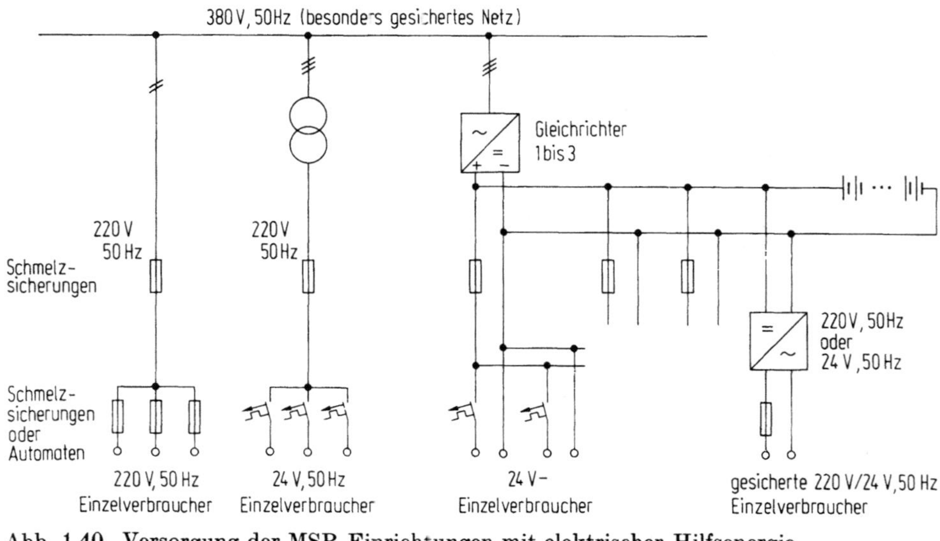

Abb. 1.40. Versorgung der MSR-Einrichtungen mit elektrischer Hilfsenergie

der pneumatischen Hilfsenergie ist meist Luft, gelegentlich werden aber auch andere Gase wie Stickstoff oder Erdgas verwendet.

Da Druckluft in Chemieanlagen auch für andere Zwecke (Betriebsluft) benötigt wird, steht sie fast immer in ausreichender Menge zur Verfügung.

Ein größeres Chemiewerk hat meist eine zentrale Drucklufterzeugung mit 2 oder mehr Kompressoren. Die von diesen komprimierte Luft dient sowohl der Betriebsluftversorgung als auch der Versorgung mit MSR-Luft. Die feinen Düsen der pneumatischen Geräte stellen hohe Anforderungen an die Reinheit der MSR-Luft. Diese muß staub-, öl- und wasserfrei sein. Die MSR-Luft wird deshalb in der Zentrale auf einen Taupunkt von etwa −25 °C getrocknet. Um eine sichere Versorgung zu erreichen, sollte mindestens einer der Kompressoren über einen Dieselmotor oder eine Dampfturbine angetrieben werden.

Chemiewerke haben fast immer eine Stickstoffversorgung und nicht selten einen Kugelbehälter als Stickstoffspeicher von z. B 20 bar. Bei Ausfall der Luftversorgung kann das MSR-Luftnetz kurzzeitig aus dieser Kugel mit Stickstoff gespeist werden. Diese Methode ist jedoch für die Versorgung geschlossener Räume (z. B. Warten) wegen der Erstickungsgefahr nicht möglich. Kurzfristige Ausfälle der Versorgung machen sich wegen der Speicherkapazität des Netzes kaum bemerkbar. Ausfällen in einem einzelnen Betrieb kann man durch kurzzeitige manuelle oder automatische Umschaltung auf die Betriebsluft begegnen.

Die MSR-Luft wird an der Anlagengrenze mit einem Druck von 5 bar oder mehr angeliefert. Die Verbraucher kleiner Leistung wie Regler und Meßumformer benötigen einen Versorgungsdruck von 1,4 bar, während Stellgeräte häufig mit 2 bar oder auch mit dem vollen Netzdruck von 5 bar versorgt werden müssen. Die Druckreduzierung auf 1,4 bar kann zentral in einer Station für die gesamte Anlage erfolgen oder auch mit Einzelreduzierstationen an jedem Verbraucher. Eine Warte wird man immer über eine zentrale Reduzierung versorgen. Die zentrale Reduziersation kann redundant mit Umschaltung auf Betriebsluft, mit Filtern und Überwachungseinrichtungen ausgestattet sein. Die Verteilung der 1,4 bar in der Anlage erfolgt über ein Ringnetz mit mindestens DN 50 mit zwei räumlich getrennten Einspeisungen und mehreren einzeln absperrbaren Leitungs-Abschnitten. Da pneumatische Geräte empfindlich gegen Schmutz- und Rostpartikel in der MSR-Luft sind, sollte die Verteilung hinter der Filterstation mittels Leitungen aus Kupfer oder nichtrostendem Stahl sein. Es empfiehlt sich außerdem, am Eingang der Geräte zusätzlich eine kleine Filterverschraubung vorzusehen.

Statt einer zentralen Reduzierung kann man die in der Anlage verteilten Verbraucher auch über ein Ringnetz mit 5 bar versorgen. Filterreduzierstationen direkt an jedem einzelnen Verbraucher versorgen diesen dann mit dem erforderlichen Druck. Eine Zwischenlösung besteht aus einer Anzahl über die Anlage verteilter Reduzierstationen in der Nähe der pneumatischen Signalverteilerkästen zur Versorgung einer Gruppe von Verbrauchern.

Viele Meßaufgaben lassen sich gut mittels Einperlung eines Hilfsstoffes lösen. Am besten ist dazu Stickstoff geeignet. MSR-Luft sollte für diese Aufgaben nicht benutzt werden, da dann gelegentlich unerwünschte Stoffe aus der Anlage unbeabsichtigt in das MSR-Luftnetz gelangen können.

1.2.3.9. Kostenschätzung

Die MSR-Einrichtungen als Teil einer technischen Anlage verursachen einerseits Kosten und beeinflussen andererseits wiederum Kosten dieser Anlage. Die optimale Kapitalverwendung in einem Unternehmen erfordert bereits ganz am Anfang eines Projektes den Wirtschaftlichkeitsvergleich mit anderen in Frage kommenden Projekten. Deshalb muß schon in der Vorplanung die Rentabilität des einzusetzenden Kapitals ermittelt werden[5,6]. Eine möglichst gute Kenntnis der Kosten der MSR-Einrichtungen und der von ihnen abhängigen Kosten zu einem sehr frühen Zeitpunkt trägt zur Beurteilung einer Investition mit bei. Die noch ungenaue Kostenschätzung in der Vorplanungsphase wird nach Klärung der Aufgabenstellung bei der Basisplanung verfeinert.

Investitionen können unterschiedlichen Zwecken dienen. Die Art der Investition kann deshalb auch zu unterschiedlichen Randbedingungen für die MSR-Einrichtungen und deren Kosten führen. Neuinvestitionen haben die Fabrikation eines neuen Produktes oder nach einem neuen Verfahren oder an einem neuen Standort zum Ziel. Nicht selten treten alle drei Faktoren gemeinsam auf.

Eine Erweiterungsinvestition dient der Kapazitätsvergrößerung einer bestehenden Anlage. Die Rationalisierungsinvestition soll die Kosten senken oder das Produkt verbessern. Investitionen zur Erhaltung einer bestehenden Anlage in betriebsfähigem Zustand bzw. zur Erfüllung sicherheitstechnischer Auflagen bezeichnet man als Erhaltungsinvestition. Umweltschutzinvestitionen dienen der Abluft- und Abwasserreinigung, dem Lärmschutz, der Abfallbeseitigung und dem Landschaftsschutz.

Die MSR-Kosten und die mit ihnen zusammenhängenden Kosten werden zweckmäßig in verschiedene *Kostenarten* unterteilt. Die Kosten für die Beschaffung der MSR-Geräte bezeichnet man als Gerätekosten. Sie bilden zusammen mit den Kosten für Montagematerial und Montage die MSR-Anschaffungskosten. Ergänzt um die Ingenieur-, Prüf- und Inbetriebnahmekosten erhält man schließlich die MSR-Gesamtkosten. Sie stellen den MSR-Anteil der Kapitalkosten der Produktionsanlage dar.

Die Energiekosten der MSR-Einrichtungen sind gering, lediglich die laufenden Kosten für die MSR-Luft sind zu betrachten. Allerdings ist bei sehr großem Durchfluß der Energieverlust in Durchflußmessern und Stellorganen zu beachten. Bei geschickter Auswahl dieser Geräte kann man deren Energiekosten niedrig halten.

Die Personalkosten für den Betrieb der geplanten Anlage hängen unter anderem stark vom Automatisierungsgrad und einer guten Bedienbarkeit der MSR-Einrichtungen ab. Der von einer detaillierten Kenntnis des Verfahrens und der verschiedenen Betriebsweisen ausgehende optimale Einsatz von Automatisierungsmitteln erlaubt dem Betreiber einen niedrigen Ansatz seiner Personalkosten.

Zu den das Produkt belastenden Gemeinkosten zählen unter anderen die Instandhaltungskosten und die Kosten der Ingenieurbetreuung. Die Instandhaltungskosten für die MSR-Einrichtungen bestehen wiederum aus den Teilen Personalkosten der Instandhaltungs-Handwerker und Reparatur- bzw. Ersatzteilkosten.

Die Aufstellung der geschätzten Kapital-, Energie-, Personal- und Gemeinkosten für die gesamte Anlage erlauben eine erste Betriebskostenrechnung. Zusammen mit den geschätzten Materialkosten und den erwarteten Verkaufserlösen erhält man erste Angaben über die Rentabilität. Das Ergebnis dieser Schätzungen kann zur Abänderung der Aufgabenstellung führen. Häufig stehen am Anfang eines Projektes die Kapitalkosten für die MSR-Einrichtungen zu sehr im Vordergrund, obwohl der wirtschaftliche Erfolg eines Projektes stark von anderen Faktoren, vor allem von den richtigen Verkaufsprognosen abhängt.

---

[5] Stehle-Sanwald: Grundriß der industriellen Kosten- und Leistungsrechnung. Rinteln: Merkur-Verlag (1978).

[6] Bernecker, G.: Planung und Bau verfahrenstechnischer Anlagen. Düsseldorf: VDI-Verlag (1977).

Die eigentliche *Kostenschätzung* beruht auf den vorhandenen Projektdaten, der Erfahrung des MSR-Planers und den Randbedingungen des Projektes. Je besser diese Basis ist, desto genauer wird auch die Kostenschätzung. Von der ersten groben Schätzung in der Vorplanungsphase bis zur endgültigen Kostenabrechnung werden ständig Kosten von der Projektleitung abgefragt. Die Kostenschätzung unmittelbar vor der Beantragung der Projektmittel ist dabei am wichtigsten. In Abhängigkeit vom jeweiligen Reifegrad des Projektes bedient man sich unterschiedlicher Methoden der Kostenschätzung.

Die durch das Verfahren benötigten Apparate und Maschinen und deren Schätzkosten sind sehr früh bekannt. Aus der Erfahrung bereits abgewickelter Projekte kann man die *MSR-Anschaffungskosten* als Prozentsatz dieser Apparate- und Maschinenkosten schätzen. Zum Beispiel lag der Durchschnittswert von 16 Chemieanlagen bei 44%.

Der kleinste Wert betrug für eine Anlage mit überwiegender Vorort-Fahrweise 12,6% und der größte Wert für eine hochautomatisierte Batchanlage 97%. Die sehr große Streuung dieser Werte zeigt deutlich die Schwäche der Schätzmethode. Da alle Erfahrungswerte natürlich aus der Vergangenheit stammen, bleibt bei dieser Methode sowohl der mit der Zeit stark angewachsene Aufgabenumfang der MSR-Technik, als auch der rasch fortschreitende technologische Wandel unberücksichtigt. Wenn dann auch noch ohne Rücksprache mit den MSR-Fachleuten von der Projektleitung mit der Prozentmethode gearbeitet wird, dann ist ein Kostenproblem schon vorherzusehen. Andererseits ist eine frühe Schätzung der MSR-Anschaffungskosten kaum anders möglich. Bei der Festlegung des Prozentsatzes muß die MSR-Abteilung ihren gesamten Erfahrungsschatz einbringen.

Hier spielen die Art und die Reife des Verfahrens, die Art der Investition, Apparategröße und Werkstoffe, Explosions- und Korrosionsprobleme, der Standort, der vorgesehene Automatisierungsgrad und viele andere Faktoren eine wichtige Rolle. Für hochautomatisierte diskontinuierliche Anlagen mit einer Vielzahl von Auf/Zu-Stellgliedern und zugehörigen Stellungsrückmeldungen können die MSR-Anschaffungskosten 70% und mehr der Apparate- und Maschinenkosten betragen. Für konventionell ausgerüstete Kontianlagen können Werte von 35 bis 45% ausreichend sein.

Häufig werden auch die anderen Gewerke in der Vorplanungsphase mit Prozentsätzen geschätzt. Es entstehen so die Gesamt-Anschaffungskosten der Anlage. Zur Kontrolle kann man auch hiervon die MSR-Anschaffungskosten in Prozent ausdrücken. Zum Beispiel lag der Durchschnittswert der MSR-Anschaffungskosten von 19 Chemieanlagen bei 10,8% der Anschaffungskosten dieser Anlagen. Der kleinste Wert betrug 4,4% und der größte 17%. Kleine Werte gelten für Anlagen mit sehr hohem Bauvolumen wie z. B. anorganische Großanlagen. Diskontinuierliche Anlagen mit hohem Stellgliederaufwand, aber auch Erweiterungsinvestitionen können hohe MSR-Anteile aufweisen.

Da Apparate meist als Einzelstücke nach intensiven Preisverhandlungen eingekauft werden, hängen die Apparatekosten wesentlich stärker von der Konjunkturlage und Marktsituation ab als die Kosten der MSR-Geräte. Trotz dieser und aller anderen Schwächen ist die Methode der Prozentsätze in der Vorplanungsphase kaum zu ersetzen.

Eine wesentlich bessere Grundlage für die Kostenschätzung stellen die mit Hilfe des verbindlichen MSR-Konzeptes erarbeiteten RI-Fließbilder dar. Mit den in ihnen nach Art und Zahl festgelegten MSR-Einrichtungen ist eine befriedigende Vorausberechnung der *MSR-Gerätekosten* möglich. Der erfahrene MSR-Planer wird auch hierbei den Reifegrad der RI-Fließbilder bewerten und gegebenenfalls Zuschläge machen. Vor allem die Nebensysteme wie zum Beispiel Dampf- und Kondensatverteilung, Abwasserbehandlung, Tanklager usw. erhalten häufig erst spät ihre endgültige Form. Die zum Zeitpunkt der Kostenschätzung vorliegenden RI-Fließbilder können bei einem Vergleich mit den späteren endgültigen, in der Regel umfangreicheren RI-Fließbildern eine gute Erklärung für Kostensteigerungen liefern.

Die MSR-Gerätekosten werden auf der Basis der aktuellen Listenpreise abzüglich bekannter oder erwarteter Rabatte errechnet. Bei der Gerätezahl sind hier und da Zuschläge für bei Montage oder Inbetriebnahme erfahrungsgemäß leicht defekt werdende Geräte zu machen. Auf der Grundlage der gut zu ermittelnden Gerätekosten werden die anderen MSR-Anschaffungskosten wieder mit Hilfe einer auf Erfahrung beruhenden Prozentmethode geschätzt.

Zwei andere wichtige Kostenanteile sind die *Montagematerialkosten* und die *Montagekosten*, wobei unter letzteren die Kosten der handwerklichen Montageleistung verstanden werden. Wichtig ist eine im Unternehmen immer gleich gehandhabte Abgrenzung dieser Kostenbereiche. Kann man sich auf eine eigene MSR-Montageabteilung abstützen, so ist es zweckmäßig mit deren Hilfe, wie in Kapitel 2 ausgeführt, eine detaillierte Überprüfung aller kalkulierten MSR-Kosten vorzunehmen.

Zu den Geräten zählen alle den Signalfluß der Anlage unmittelbar tragenden MSR-Geräte. Zum Montagematerial gehören alle mechanischen oder der Hilfsenergieversorgung dienenden MSR-Einrichtungen wie zum Beispiel Tafeln, Gestelle, Sicherungen, Spannungsverteilungen, Luftreduzierstationen, Kabelbahnen, Verteilerkästen, Halterungen, Absperrhähne, Beheizungen, aber auch Meßleitungen und Kabel. Die Kosten der handwerklichen Montageleistung umfassen alle mit dem Lagern und Transportieren von Geräten und Material, der vorbereitenden Werkstattfertigung, dem Montieren, Verknüpfen und Verschalten, dem Prüfen auf richtige Verschaltung, usw. unmittelbar zusammenhängenden Stundenleistungen einschließlich der zugehörigen Montageaufsicht und Verwaltung. Häufig wird diese Montageleistung von einer Fremdfirma erbracht.

Während das Prüfen auf planungsgerechte Verschaltung („montiert wie geplant") den Abschluß der Montage bildet und damit noch zu den Montagekosten gehört, wird die reine Funktionsprüfung (mit Hilfsenergie, aber noch ohne Anfahren) meist von einer anderen Gruppe unter starker Beteiligung der zukünftigen Wartungsleute durchgeführt. Bei komplexen Steuerungen kann die Funktionsprüfung einen nicht geringen Aufwand bedeuten. Diese besonderen Prüfkosten sind dann getrennt von den Montagekosten auszuweisen.

Die Ingenieurkosten umfassen die Kosten der gesamten Planung einschließlich der bereits für die Vorplanung angefallenen Kosten. Außerdem sind darin die Kosten für den Anteil der Planungsgruppe an der Montageüberwachung und die Ingenieurunterstützung beim Prüfen enthalten.

Für das Verhältnis aller wesentlichen Kosten gibt es folgende Erfahrungswerte:

— Geräte	50% (48—60%)
— Montagematerial	20% (17—22%)
— Montage	30% (24—35%)
MSR-Einrichtungen	100% (Anschaffungskosten)
Ingenieurkosten	8—26%

Die Kosten der fertigmontierten und einer einfachen Prüfung unterzogenen MSR-Einrichtungen sind zu 100% gesetzt, weil gerade diese Kosten bei der Abrechnung der Anlage klar zu erkennen sind. Aus diesen Kosten werden die Prozentsätze für die einzelnen Anteile nachträglich ermittelt und bilden dann die Erfahrungswerte für das Kostenschätzverfahren.

Die Wahl der Prozentsätze wird stark vom Charakter der Anlage bestimmt. Bei teuren Werkstoffen oder auch bei Prozeßanalysengeräten kann der Geräteanteil sehr hoch sein. Alle Kosten beziehen sich auf den Zeitpunkt der Schätzung. Die Gerätepreise und auch die anderen Kosten stiegen in den Jahren 1975 bis 1982 um 7 bis 8% pro Jahr. Häufig werden statt der Montagekosten auch die geschätzten Montagestunden angegeben.

Die Ermittlung von Montagestunden aber auch von Ingenieurstunden hat den großen Vorteil, den von Preisen und Inflation unabhängigen Aufwand darzustellen. Die als Zeitaufwand ausgedrückte Erfahrung bleibt sehr lange aktuell. Sie ist allerdings vom Standort abhängig und kann nicht ohne weiteres auf das Ausland übertragen werden.

Die *Ingenieurkosten* zeigen die stärkste Streuung. Der gesamte Engineering-Aufwand kann sehr unterschiedlich sein. Die niedrigen Prozentsätze gelten für Erweiterungsinvestitionen und die hohen für Neuanlagen auf der „grünen Wiese“ im Ausland. Außerdem erfolgt bei den Ingenieurkosten nicht immer eine saubere Abgrenzung zwischen der MSR und den anderen Gewerken, bzw. zwischen dem eigentlichen Engineering und der anschließenden Ingenieurbetreuung der MSR-Einrichtungen.

Die Ingenieurkosten lassen sich auch ausdrücken durch die in einem Mannjahr zu verarbeitenden MSR-Anschaffungskosten. Diese Werte liegen zwischen DM 350000,—/Mannjahr für Batchanlagen und DM 1000000,—/Mannjahr für leicht zu planende Erweiterungen. Statt in Mannjahren gibt man den Engineeringaufwand häufig in Stunden an. Beim Einsatz von Prozeßrechnern und dezentralen Automatisierungssystemen kann unter Umständen ein hoher Aufwand für die Software erforderlich sein. Beschränkt man sich auf vorbereitete Standardmodule und hat man Erfahrung mit dem einzusetzenden System, so sind die Ingenieurkosten dafür nicht höher als bei der konventionellen MSR-Technik.

Zur Verdeutlichung der Kostenschätzung sei hier das Beispiel einer neuen Konti-Anlage mit 2 Batch-Stufen sowie Explosions- und Korrosionsschutz dargestellt:

— Gerätekosten	DM 2420000,—	(55%)
— Montagematerial-Kosten	DM 792000,—	(18%)
— Montagekosten	DM 1188000,—	(27%)
MSR-Anschaffungskosten	DM 4400000,—	(100%)
— Ingenieurkosten	DM 748000,—	(17%)
— Prüfkosten	DM 44000,—	(1%)
— Inbetriebnahmekosten	DM 66000,—	(1,5%)
MSR-Gesamtkosten	DM 5258000,—	(119,5%)
MSR-Gemeinkosten	DM 220000,—/Jahr	(5%)

Die Inbetriebnahme von der Wasserfahrt bis zur vollen Produktionsleistung verlangt von den MSR-Planern und der Prüfmannschaft meist einen sehr intensiven Einsatz, dessen Kosten zweckmäßig mit zu schätzen sind. Die Höhe dieser Inbetriebnahmekosten wird stark vom mehr oder weniger erfolgreichen Verlauf der Inbetriebnahme bestimmt, wobei Kenntnisstand und Erfahrung der Betriebsmannschaft einen großen Einfluß haben.

Die jährlichen MSR-Gemeinkosten lassen sich mit 3,5—6% der MSR-Anschaffungskosten ansetzen. Im ersten Betriebsjahr werden diese Kosten etwas höher sein. Mit zunehmendem Alter der Anlage bilden nicht mehr die Anschaffungskosten die Basis für die MSR-Gemeinkosten, sondern die Wiederbeschaffungskosten.

Der unterschiedliche Aufwand der beiden Schätzmethoden führt auch zu einer unterschiedlichen Genauigkeit der Kostenschätzung[7,8]. Mit der Zuschlagmethode zu den Apparate- und Maschinenkosten läßt sich eine Genauigkeit von 15—25% erzielen, mit der Kalkulation auf Basis der Gerätekosten kann man die Kosten auf 5—10% genau vorhersagen.

1.2.4. Detailplanung

Die MSR-Detailplanung ist die Arbeitsphase einer detaillierten und vollständigen Beschreibung der in der Basisplanung erarbeiteten MSR-Lösungen zum Beschaffen, Errichten, Betreiben und Instandhalten der MSR-Einrichtungen.

Das Ergebnis der Detailplanung ist eine große Zahl von schriftlichen Unterlagen, deren Gesamtumfang als Dokumentation bezeichnet wird. Der Aufbau und die Gliederung einer guten Dokumentation ist für den Bereich der MSR von großer Bedeutung. Schon bei mittleren Projekten werden mehrere tausend Pläne benötigt.

Die Unterlagen dienen den unterschiedlichen Empfängern, wie Lieferanten, Werkstätten, Montagefirmen, Betreibern und Instandhaltungs-Handwerkern für ihre Tätigkeit. Der Aufbau einer für alle Anwender optimalen Dokumentation ist nur mit sehr viel Aufwand und vielfach redundanten Informationen möglich. Soll der Aufwand begrenzt werden, so kann die Dokumentation nicht für jeden Anwender optimal ausgeführt werden. Die gebräuchliche MSR-Dokumentation nimmt auf die unterschiedlichen Belange der Planung, Beschaffung, Fertigung, Montage, Inbetriebnahme und Instandhaltung besondere Rücksicht, wobei vor allem die über viele Jahre laufende Instandhaltung gut bedient werden muß.

In Abb. 1.41 sind Informationsfluß und zugehörige MSR-Dokumentation stark vereinfacht dargestellt. Das Ergebnis der MSR-Basisplanung ist im wesentlichen in den Dokumenten RI-Fließbilder, MSR-Stellenblätter und Funktionsbeschreibungen niedergelegt. In der Detailplanung entstehen die vier Hauptgruppen Datenblätter, Funktionsdarstellungen, Schaltpläne und Anordnungspläne.

Die klare Abgrenzung von Basis- und Detailplanung ist nicht immer einfach, eine Zuordnung der Dokumente oder auch deren Inhalte zu einer der beiden Planungsphasen ist dabei hilfreich. Da die Detailplanung sehr arbeitsintensiv ist, stoßen zu Beginn dieser Phase häufig zusätzliche Mitarbeiter zum Projekt. Für diese müssen die Dokumente der Basisplanung so klar und eindeutig sein, daß die Detailplanung ohne viele Rückfragen ablaufen kann.

Im Zuge der Detailplanung entstehen immer neue Dokumente, die jeweils auf den Daten ihrer Vorläufer aufbauen. Die vielfältige und komplexe Verflechtung der Dokumente untereinander erschwert die Übersicht bei der Detailplanung. Nicht selten behindern Änderungen den Überblick noch zusätzlich.

Deshalb ist eine einheitliche Dokumentation nach festgelegten Planungsstandards unabdingbar. Zum leichten Auffinden empfiehlt sich die Ablage der Dokumente nach einem einheitlichen Registratursystem.

---

[7] Wagener, D.: Kostenermittlung im Anlagenbau für die chemische Industrie, Technische Mitteilungen 65 (1972) 542—547.

[8] Desai, M. B.: Preliminary cost estimating of process plants, Chemical Engineering (1981) 65—70.

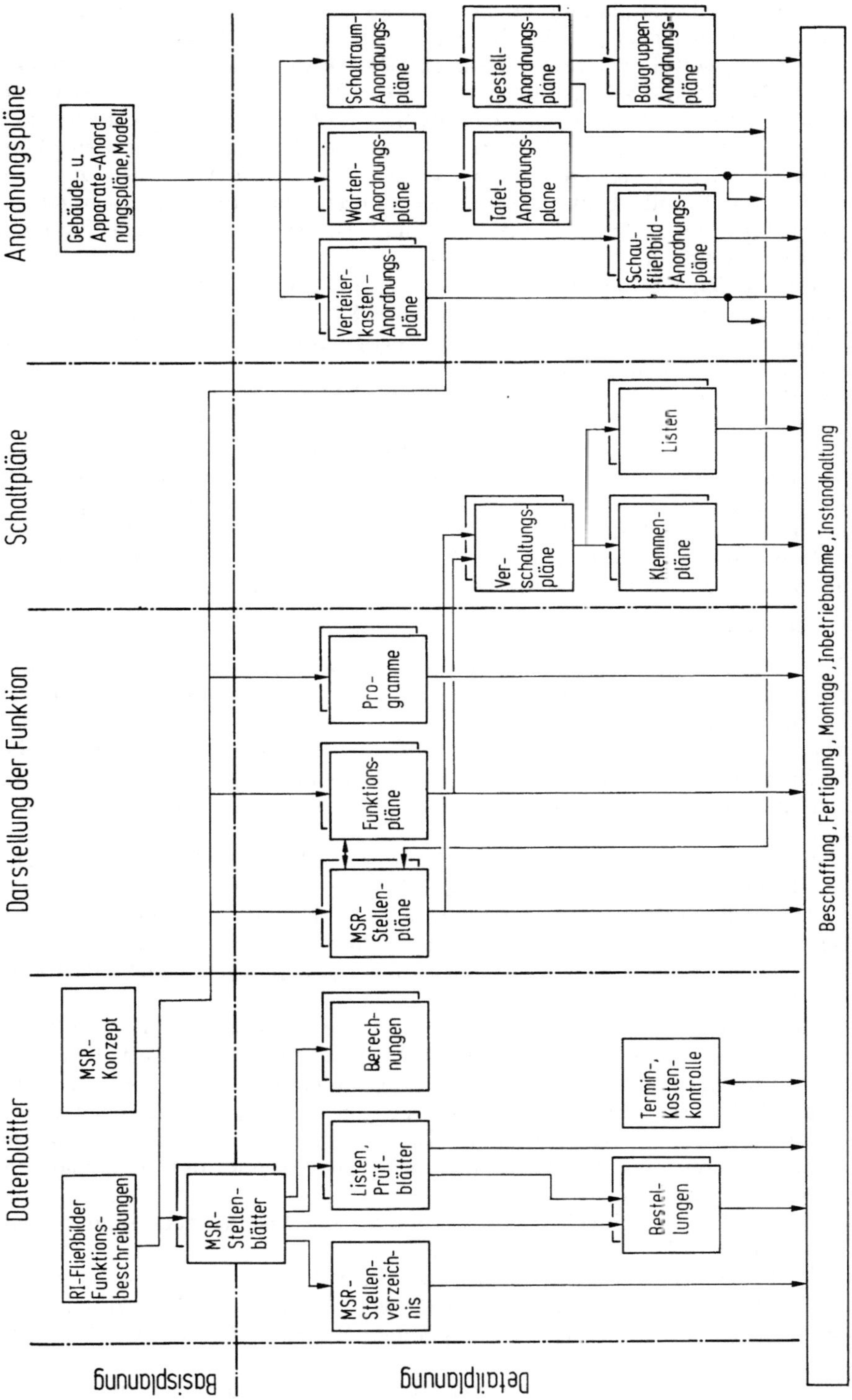

Abb. 1.41. Informationsfluß und MSR-Dokumentation bei Basis- und Detailplanung

Während der Detailplanung können sich an zahlreichen Stellen Fehler in die Dokumente einschleichen. Es ist deshalb durch geeignete Maßnahmen für eine ausreichende Qualitätssicherung zu sorgen. Die Dokumente sollten Datum und Name des Erstellers tragen, durch eine andere Person genehmigt werden und deutliche Hinweise auf Revisionen enthalten. Sowohl der Auftraggeber wie auch die später aktiv werdende MSR-Werkstatt sind regelmäßig um eine Gegenkontrolle der sie interessierenden Dokumente zu bitten, selbst wenn diese noch im Entwurfsstadium sind. Fehler lassen sich während der Planung noch relativ leicht beseitigen, in der fertig montierten Anlage ist ihre Behebung jedoch um ein Vielfaches aufwendiger.

Häufig werden von den Planern Dokumente als schon fertig bezeichnet, die diese Bezeichnung noch keineswegs verdienen. Der Begriff „fertig" darf nur sehr zurückhaltend verwandt werden. Wirklich fertige Dokumente sollten mit einem Freigabestempel gekennzeichnet werden.

Falls die Montage der MSR-Einrichtungen nicht durch eine Fremdfirma sondern durch eine eigene MSR-Werkstatt erfolgt, sind mit dieser bereits in der Phase der Detailplanung zahlreiche Absprachen erforderlich. Neben einer allgemeinen Information der Werkstatt über Art, Umfang und Termine des Projektes empfiehlt sich die gemeinsame Erledigung von Teilaufgaben wie Aufstellen eines projektgebundenen Montagestandards, Ermitteln von Materialbedarf und voraussichtlichen Montagekosten, Festlegen bzw. Konstruieren von mechanischen Einrichtungen, örtliche Festlegung von Kästen und Kabelbahnen.

1.2.4.1. Datenblätter

Zur Gruppe der unter dem Begriff Datenblätter zusammengefaßten Dokumente gehören in erster Linie alle die MSR-Geräte und übrigen MSR-Einrichtungen exakt beschreibenden Unterlagen. In diesen Dokumenten ist ausgehend von der Aufgabenstellung die erarbeitete gerätetechnische Lösung bis in alle für die Beschaffung und die weitere Bearbeitung notwendigen Details festgehalten. Darüber hinaus zählen zur Gruppe der Datenblätter die zur Projektabwicklung benötigten Listen, Pläne und Verzeichnisse.

Im einzelnen werden hier behandelt: MSR-Stellenblatt, MSR-Stellenverzeichnis, MSR-Spezifikationsblatt, Berechnungsblätter, Gerätelisten, Bestellungen, Geräteblätter, Prüfblätter, Zeichnungsverzeichnis, „Instrument-Index".

Wesentliches Orientierungsmerkmal ist die MSR-Stellenbezeichnung in ihrer ausführlichen Form (z. B. PDIRCA+ 20.08) oder, soweit wie möglich, als Kurzbezeichnung (z. B. P 20.8).

Das *MSR-Stellenblatt* wird bereits während der Basisplanung angelegt, und deshalb sind zwei Varianten im Abschnitt 1.2.3.3. ausführlich erläutert. Es ist ein wichtiges Bindeglied zwischen Basis- und Detailplanung. In der Basisplanung nimmt das MSR-Stellenblatt die aus der Aufgabenstellung entstehenden funktions- und prozeßorientierten Daten auf. Die Detailplanung ergänzt schrittweise alle anderen interessierenden Daten. Erst mit dem Abschluß der Detailplanung ist auch das MSR-Stellenblatt fertig.

Das *MSR-Stellenverzeichnis* ist ein Datenblatt mit Listencharakter und auch schon im Abschnitt 1.2.3.3. erläutert worden.

Im *MSR-Spezifikationsblatt* sind hauptsächlich die zur Geräteauslegung und Bestellung notwendigen Gerätedaten eingetragen. Mit dem MSR-Spezifikationsblatt wird schon in der Basisplanung begonnen. Es ist im Abschnitt 1.2.3.4. erläutert.

Zur funktionsgerechten Lösung der Meß- und Stellaufgaben sind häufig Berechnungen für die Auslegung der Geräte notwendig. Die überwiegende Zahl der Berechnungen läuft nach einfachen Regeln ab, die in Form von *Berechnungsblättern* standardisierbar sind. Es gibt unter anderem Berechnungsblätter für:

— Ermittlung des K_v-Wertes von Stellgliedern,
— Auslegung von Meßblenden und anderen Drosselgeräten,
— Auslegung von Verdrängerkörpern,
— Berechnung von Behältervolumen.

Fast alle Stellglieder erfordern für ihre funktionsgerechte Auslegung die Berechnung des maximalen K_v-Wertes. Die dazu benötigten Größen sind den Stellstoff- und Stellort-Daten des MSR-Stellenblattes zu entnehmen. Die Auslegung von Ventilen ist eine schwierige Kunst, jedoch meist nicht wegen der Berechnung des K_v-Wertes, sondern wegen der Unsicherheiten bei den Durchfluß- und Druckangaben. Ohne ein tiefes Verständnis für die mit der Stellaufgabe verbundenen verfahrenstechnischen Zusammenhänge und eine sorgfältige Überprüfung der vom Auftraggeber genannten Daten kann es leicht zu einer falschen Auslegung kommen.

Für die Berechnung von Stellgeräten reicht in der Mehrzahl der Fälle das in Abb. 1.31 gezeigte Berechnungsfeld aus. Bei Vorliegen eines Gas-Flüssigkeits-Gemisches oder bei Verdampfung im Ventil ist die Berechnung schwieriger. Die dann möglichen Berechnungsmethoden sind in Band III, Kapitel 3, erläutert.

Die Geräuschentwicklung von Stellgliedern läßt sich mit Hilfe eines besonderen Berechnungsblattes[9] ermitteln. Bei größeren Stellgliedern erfolgt die Auswahl des Stellantriebes nach eingehender Berechnung von Kraft- bzw. Momentenverlauf.

Die für die Auslegung von Meßblenden und anderen Drosselgeräten angewandten Berechnungsmethoden sind im Band I, Kapitel 3, ausführlich erläutert. Sie basieren auf DIN 1952 bzw. der VDI/VDE-Richtlinie 2040. Um auch dem Ungeübten für die überwiegende Mehrzahl der Standardfälle die Berechnung zu ermöglichen, empfiehlt sich der Gebrauch von Berechnungsblättern. Die der Berechnung zugrunde liegenden Daten sind in ihrem verfahrenstechnischen Zusammenhang zu sehen und sehr sorgfältig zu prüfen. Das gilt sowohl für die angenommenen Durchflußwerte, als auch für Stoffdaten sowie Druck und Temperatur, insbesondere bei Gasen. Die Berechnung von Drosselgeräten erfolgt heute schon häufig mit entsprechend programmierten Rechnern. Daneben behalten die Berechnungsblätter jedoch ihren Wert, da sie dem planenden MSR-Ingenieur während der Inbetriebnahme auf der Baustelle bei Meßproblemen eine Beurteilung und eventuell eine Korrektur von Meßbereichen unmittelbar erlauben.

Häufig sind bei der Auslegung von Standmessungen die Eintauchtiefe von Schwimmern oder auch die Abmessungen von Verdrängerkörpern zu errechnen. zu Band I, Kapitel 7, sind die Einzelheiten dazu angegeben. Berechnungsblätter für Verdrängerkörper werden zweckmäßig als Nomogramm angelegt. Ein Beispiel zeigt Abb. 7.27 in Band I, Kapitel 7.

Interessiert der Zusammenhang zwischen der Standhöhe in einem Behälter und dem zugehörigen Füllvolumen bereits während der Planung, so kann man mit Hilfe von Berechnungsblättern aus der Behältergeometrie die gesuchte Beziehung errechnen.

Für die Berechnung von Schwebekörper-Durchflußmessern ist in der VDI/VDE-Richtlinie 3513 ein Berechnungsverfahren festgelegt worden. Auf den

---

[9] VDMA-Einheitsblatt 24422: Regel- und Absperrarmaturen, Richtlinien für die Geräuschberechnung. Verein Deutscher Maschinenbau-Anstalten e. V. (1978).

Einfluß von Dichte und Viskosität des Meßstoffes ist besonders zu achten. Berechnungsblätter in Form von Nomogrammen sind bei der Auslegung eine Hilfe.

Bei der pneumatischen Signalübertragung kann gelegentlich der Druckabfall in langen Leitungen interessieren. Hierbei können Nomogramme als Berechnungshilfe nützlich sein.

Zur eigenen Übersicht und zur Information für andere am Projekt Beteiligte sind *Gerätelisten* häufig sehr hilfreich. Das MSR-Stellenverzeichnis hat zwar schon Listencharakter, ist jedoch für die angesprochenen Aufgaben nicht detailliert genug.

Als Beispiel einer Geräte-Liste zeigt Abb. 1.42 eine Liste von Stellgeräten. Geordnet nach der MSR-Stellenbezeichnung in Kurzform sind die wesentlichen Merkmale aller in einer Anlage benötigten Stellgeräte angegeben. Neben der Art des Stellgerätes sind Angaben gemacht zum Gehäuse (DN, PN, Flansch, Werkstoff), zum Drosselorgan (Werkstoff, K_v-Wert, Sitzdurchmesser, Kennlinie, Art des Drosselkörpers) und zur Funktion (Hilfsenergie HE öffnet/schließt, Druckdifferenz öffnet/schließt, Ausrüstung mit Stellungsregler und/oder Endlage-Meldern).

Diese Stellgeräte-Liste dient der eigenen Beschaffungsübersicht, der Information von Modellbau und Rohrleitungsplanung über die Ventilabmessungen, dem Lageristen als Eingangskontrolle, der Werkstatt für Anpassungs- und Prüfarbeiten, der Montagefirma zur Entnahme aus dem Lager und bei Prüfarbeiten als Leitfaden.

In ähnlicher Form gibt es eine Liste der Meßblenden und anderer Drosselgeräte mit den wesentlichen Stoff- und Durchflußdaten, den Abmessungen und Einbaulagen.

Die benötigten Meßumformer werden geordnet nach Druck-, Differenzdruck-, Bodendruck- und Absolutdruck-Meßumformer aufgelistet. Wichtig sind dabei Angaben über Gehäuse- und Meßelement-Werkstoff, Meßspanne, Nullpunkt und Einbaulage. Diese Listen dienen unter anderem der Werkstatt beim Nachprüfen und Kalibrieren der Meßumformer. Falls Meßumformer beheizte Schutzkästen oder andere Besonderheiten benötigen, ist eine entsprechende Liste aufzustellen.

Manometer und Thermometer sind einfache und deshalb weitgehend genormte Meßgeräte. Alle ihre wesentlichen Daten sind in Listen darstellbar. Schon bei der Bestellung kann man mit Manometer- und Thermometerlisten gut arbeiten. Abbildung 1.43 zeigt als Beispiel eine Thermometerliste.

Die zahlreichen in Apparate und Rohrleitungen einzubauenden Meß- und Stellgeräte haben sehr unterschiedliche Formen und Einbaumaße. Modellbauer und Rohrleitungsplaner sind damit wenig vertraut. Sie sind deshalb in Form von Gerätelisten und zugehörigen Maßblättern frühzeitig und umfassend zu informieren. Bei sperrigen Geräten sind auch Angaben über den notwendigen Montagefreiraum zu machen.

Neben den erwähnten Gerätelisten werden häufig noch Listen über Motore, Hilfseinrichtungen, Meldeaufgaben und ähnliches angelegt. Schwillt die Zahl der Listen zu sehr an, so wird es mühsam, bei Änderungen alle vorhandenen Listen zu revidieren. Andererseits sind Listen ein einfaches und für jedermann leicht verständliches Ordnungsmittel. Von Listen wird deshalb besonders bei der Montage und dem Prüfen der fertig montierten MSR-Einrichtungen vielfältig Gebrauch gemacht.

Die Durchführung und Überwachung von *Bestellungen* wird recht unterschiedlich gehandhabt. Hierbei spielt der Automatisierungsgrad im kaufmännischen Bereich der beteiligten Unternehmen eine wesentliche Rolle. Es kann daher an

MSR-Stellen-Bezeichnung	Art	DN	PN	Flansch	Werkstoff		K_v	Sitz Ø	Kenn-linie	Drossel-koerper	HE oe/s	Δp oe/s	Stellungs-		Bemerkung
					Gehaeuse	Innenteile							regler	melder	
F 3.2	Ventil	50	16	DIN	1.4581	1.4571	16	31	gl	Kegel	s	2,4	/	/	
F 3.3	Ventil	25	16	DIN	1.4581	1.4571	2,5	12	gl	Kegel	oe	1,3	/	/	
H 3.1	Ventil	50	16	DIN	GS-C 25	1.4571	35	48	gl	Kegel	s	0,3	/	/	

Firma		Stellgeraete-Liste	Zeichnungs-Nr. Blatt:

Abb. 1.42. Stellgeräte-Liste (Originalgröße in DIN A4)

MSR-Stelle	Betriebs-temperatur (°C)	Messbereich (°C)	Schutzrohr			Widerstandsthermometer PT 100 DIN		Bimetallthermometer (Oertlich)		Thermoelement (Ni Cr-Ni)		Einbauhinweise			
			Flansch DN	Laenge (mm)	Werkstoff	Nennlaenge (mm)	Einsatz ⌀ (mm)	Nennlaenge (mm)	Mess-bereich (°C)	Nennlaenge (mm)	Einsatz ⌀ (mm)	Einbau Skizze	Apparate Behaelter	Flansch Stutzen	Rohrleitung DN
T 3.1	140	150	25	400	1.4571	500	6					3.7.2			
T 3.2	60	150	25	240	1.4571	350	6					3.7.2			
T 3.3	120	150	25	240	1.4571	350	6					3.7.2			
T 3.4	110	150	25	240	1.4571	350	6					3.7.2			
T 3.5	80	150	25	240	1.4571	350	6					3.7.2			
T 3.6	60	150	25	240	1.4571	350	6					3.7.2			

Firma		Thermometerliste	Zeichnungs-Nr. Blatt

Abb. 1.43. Thermometer-Liste (Originalgröße in DIN A 4)

dieser Stelle keine spezielle Lösung vorgeschlagen werden. In Abb. 1.44 sind die wichtigsten Stationen eines allgemein gültigen Ablaufschemas dargestellt.

Während der Basisplanung wurden durch Ausfüllen der MSR-Stellenblätter auch die Anzahl und die Typen der zu verwendenden MSR-Geräte festgelegt.

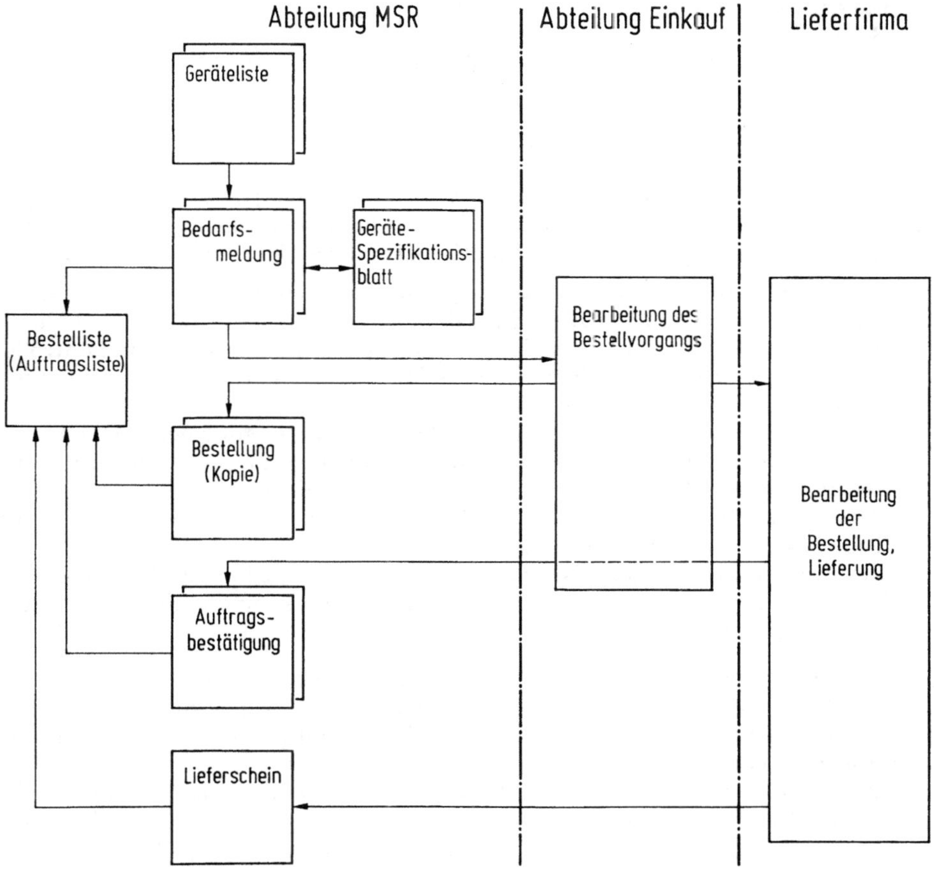

Abb. 1.44. Ablaufschema der Beschaffung von MSR-Einrichtungen

Durch manuelle oder maschinelle Sortierung lassen sich hieraus die Gerätelisten, sortiert nach den verschiedenen Herstellern und innerhalb der Hersteller nach Gerätetyp, erstellen. Aufgrund dieser Zusammenfassung können nun die sogenannten Bedarfsmeldungen geschrieben werden.

Dabei handelt es sich um eine Vorbereitung zur eigentlichen Bestellung. Die Bestellung selbst wird bei den meisten Unternehmen durch eine Einkaufs-Abteilung durchgeführt.

Es kann zweckmäßig sein, insbesondere bei Vorhandensein eines ausführlichen Gerätestandards, für jeden Gerätetyp ein eigenes Geräte-Spezifikations-Blatt auszufüllen und an die Bedarfsmeldung anzuhängen. Die eigentliche Bedarfsanmeldung erhält dann nur noch organisatorische Daten und verweist auf das beiliegende Geräte-Spezifikations-Blatt.

Als Mindestinformationsinhalt soll eine Bedarfsmeldung folgenden Inhalt haben:

— Aussteller der Bedarfsmeldung (Werk, Abteilung, Name, Telefon),
— Kontierung,
— Gebäude-Nr.,
— Lieferanten-Vorschlag,
— Bestell-Nr.,
— Versandanschrift (Werk, Gebäude, Tor, usw.),
— Bestelltext,
— Liefertermine,
— Unterschriften und Gegenzeichnungen.

Während viele der aufgeführten Angaben verrechnungsspezifische oder organisatorische Daten darstellen und diese für den Lieferanten nicht von Bedeutung sind, ist der Bestelltext besonders wichtig. Er soll soweit wie möglich enthalten:

— Wesentliche Angaben zur Kennzeichnung der Bestellung im Klartext. Dadurch wird eine Bearbeitung der Bedarfsmeldung (Gegenzeichnung, Preisfeststellung, usw.,), der späteren Lieferung (Eingangskontrolle, Verteilung, Lieferkontrolle, usw.) und der Rechnung (Kontrolle des Preises, Kontierung, usw.) wesentlich erleichtert.
— Typenbezeichnung zur ergänzenden und exakten Festlegung der Bestellung.
— Zusätze, die eventuell neben der Typenbezeichnung zur weiteren Festlegung der Bestellung notwendig sind, z. B. Werkstoff, Meßbereiche, usw.
— Bei Ersatzteilbestellung ist zusätzlich auch das komplette Gerät, für das die Teile bestellt werden, anzugeben.
— Bei Reparaturbestellung ist das Gerät ebenfalls genau zu kennzeichnen. Zusätzlich sollen soweit wie möglich Gerätenummer und Näheres über den Schaden mitgeteilt werden.

Die Bedarfsmeldung wird in die sogenannte *Bestelliste* eingetragen. In dieser Liste besteht die Möglichkeit, nicht nur den Inhalt der Bedarfsmeldung, sondern auch zum späteren Zeitpunkt die für die Überwachung des Bestellvorgangs erforderlichen Daten einzutragen.

Die in Abb. 1.45 gezeigte Bestelliste enthält von links nach rechts: Lfd.-Nummer, Bestell-Nr.; Angaben zur Bedarfsmeldung, zur Bestellung, Auftragsbestätigung, Lieferung und Rechnung. Zusätzlich zu diesen in die Spalten einzutragenden Daten enthält die Bestelliste wichtige projektspezifische Daten wie Sparte, Werk, Anlagenkomplex, Gebäude; Kommissions-, Auftrags- und Konto-Nummer; Projektnummer und Projektbezeichnung.

Während bei den Ingenieurfirmen, die ausschließlich Anlagenplanung betreiben, alles in der aufgeführten Form abgewickelt werden kann, ist es bei Chemiekonzernen mit ihren eigenen Fachwerkstätten üblich, viele Sonderanfertigungen, Baugruppen, usw. in diesen Werkstätten anfertigen zu lassen. In solchen Fällen wird gerne zusätzlich zur Bestelliste noch eine etwas abgeänderte Liste, die sogenannte *Auftragsliste*, angelegt. In diese Liste werden all jene Dinge eingetragen, die in den verschiedenen Werkstätten gefertigt werden müssen. Ihr Aufbau gleicht dem der Bestelliste. In die Spalten der Auftragsliste wird von links nach rechts eingetragen: Nummer, Kurztext, ausführende Werkstatt, Auftragsdatum, Auftragsnummer, Liefertermin, Schätzkosten, Abrechnungskosten, Bemerkungen. Zusätzlich werden wieder die projektspezifischen Daten eingetragen.

Unter *Geräteblättern* sind hier alle von den Herstellern herausgegebenen Dokumente zum Montieren, Anschließen, Bedienen und Instandhalten der MSR-Geräte

Sparte	Kommissions-Nummer 4243	Betrag 160000	Datum 5.11.83	Firma	Bestelliste	erstellt am 3.1.84 Seite 1
Werk Goldfinger	Auftrags-Nummer	Betrag	Datum			
Anlagenkomplex Destillation 1	Konto-Nummer	Betrag	Datum	Projektnummer 12345		
Gebaeude 1101		Betrag	Datum	Projektbezeichnung Dest. 1		
		Uebertrag 160 000			Uebertrag 160 000	

Lfd. Nr.	Bestell Nr.	Bedarfsmeldung Besteller	Datum	Firma	Bestelltext	Bestellwert	Bestell-Datum	Auftragsbestaetigung Datum	Nr.	Liefertermin	Lieferung/Teillieferung Datum	Lieferschein Nr.	Rechnung Datum	Nr.	Preis	Bemerkung (Restbetrag usw.)
1	84 0112	Müller	2.3.84	Samson	Membranventile	12500	14.3.84	20.3.84	4/2436	6.84	4.7.84	4/0368	12.7.84	4/2436-1	8222	147652
											18.7.84	4/0521	28.7.84	4/2436-2	4126	
2	84 0113	Meier	6.3.84	Foxboro	Meßumformer	8216	14.3.84	29.3.84	2284-1	8.84	20.8.84	14683	20.8.84	36840	8240	139 412
3	84 0148	Meier	7.3.84	Siemens	Ringkolbenzähler	6228	16.3.84	30.3.84	4-123	9.84	10.9.84	86-347	24.9.84	4-123/26	6150	133 263
						Betrag									Betrag	

Abb. 1.45. Beispiel einer Bestelliste (Originalgröße in DIN A4)

verstanden. Dazu gehören zum Beispiel:

— Zulassungsbescheinigungen,
— Montageanleitungen,
— Schalt- und Anschlußpläne,
— Funktionsbeschreibungen,
— Bedienungsanleitungen,
— Instandhaltungsvorschriften,
— Ersatzteillisten.

Diese Geräteunterlagen sind bereits mit der Bestellung in mehrfacher Ausfertigung anzufordern. Dabei sollten die Hersteller auch eine Empfehlung über die Beschaffung von Ersatzteilen aussprechen.

Aus verschiedenen Gründen werden zahlreiche MSR-Einrichtungen regelmäßig auf ihre ordnungsgemäße Funktion überprüft. Die Prüfvorgänge und die Prüfergebnisse werden dabei zweckmäßig auf *Prüfblättern* schematisch beschrieben und festgehalten. Besonders wichtig ist dies bei MSR-Sicherungseinrichtungen. Der Prüfvorgang wird während der Detailplanung gemeinsam mit dem zukünftigen Betreiber im Prüfblatt festgelegt. Ein Beispiel zeigt Tabelle 5 im Kapitel 4 dieses Bandes.

Für jede Anlage oder jedes Projekt ist ein *Zeichnungsverzeichnis* anzulegen. Es sollte nach den Zeichnungsnummern geordnet werden, kann aber auch nach den MSR-Stellenbezeichnungen gegliedert sein. Zeichnungsnummern sind zu vergeben für Zeichnungen und Pläne aller Art, jedoch nicht unbedingt für Datenblätter, Listen, Programmbeschreibungen und Terminpläne. Zeichnungsnummern sind auch zu vergeben für später noch benötigte Pläne von komplett fremdgelieferten Anlagenteilen.

Die Zeichnungsnummer kann bestehen aus:

MSR—XY 8403455 · 02 — 3

— Abteilungsbezeichnung
— Zeichnungsnummer bestehend aus Jahresangabe und laufender Nummer
— Untergruppennummer (bei Bedarf)
— Format (z. B. DIN A3)

Untergruppennummern sollten nur in besonderen Fällen verwendet werden, z. B. bei mehreren direkt zusammengehörenden Zeichnungen oder großen Schaltplänen, die auf mehrere Zeichnungsoriginale aufzuteilen sind.

Maßgebend für die Formatangabe ist immer die Länge des Zeichnungsoriginals und nicht die Höhe. Formate kleiner als DIN A4 und länger als DIN A0 sollten nicht verwendet werden.

Das Zeichnungsverzeichnis enthält neben der Zeichnungsnummer Angaben über den Ersteller, das Gebäude, die Anlage, den Inhalt und die eventuell erfolgten Revisionen. Die notwendige Zeichnungsverwaltung ist im Abschnitt 1.5. erläutert.

Im Einflußbereich der USA wird häufig mit einem als *Instrument Index* bezeichneten Zeichnungsverzeichnis gearbeitet. Für jedes MSR-Gerät sind dort die Nummern der wichtigsten zugehörigen Dokumente und Zeichnungen aufgeführt. Die Abb. 1.46 zeigt ein Beispiel für einen Instrument-Index. Ausgehend von der MSR-Stellenbezeichnung (Tag-No.) sind die Zeichnungsnummern des RI-Fließ-

TAG-NO.	PI'D	SPEC	LOOP-SHEET	PURCH ORDER	MFR	LOCATION DWGS			LINE OR EQUIPMENT NUMBER	PIPING ISO NO.	REMARKS
						PANEL	LAYOUT	INSTL			
TW-130-256	F 001	717.23	IT 256	W-81013	MarLin		G 008	IT 02	130-256		
TE-130-256	F 001	716.19	IT 256	W-81013	MarLin		G 008	IT 02			Dual Element
TI-130-256	F 001	711.15	IT 256	W-80988	Moore Ind.	1060					
TIC-130-256	F 001	701.03	IT 256	W-81000	Foxboro	1025					
TYX-130-256	F 001	763.02	IT 256	W-81001	Fisher Cont.		G 008	IG 05			
TV-130-256A	F 001	760.22	IT 256	W-81050	Fisher Cont.		G 008	IV 07	130-P1-2"	PSS-401	Split Range
TV-130-256B	F 001	760.23	IT 256	W-81050	Fisher Cont.		G 008	IV 08	130-P1-4"	PSS-402	Split Range

Revisions	References	Approvals	INSTRUMENT INDEX

Abb. 1.46. Beispiel eines „Instrument Index"

bildes (PI'D), des MSR-Stellenblattes (Spec) und des MSR-Stellenplanes (Loopsheet) angegeben.

Es folgen die Bestellnummer (Purchase-order) und der Gerätehersteller (MFR = Manufacturer). Die für die jeweilige Aufgabe in Frage kommenden Anordnungspläne (Location-drawings) wie Tafelanordnung (Panel), Anordnung der Feldgeräte in der Anlage (Layout) und Montageanordnung dieser Feldgeräte (Installation) sind dem Gerät zugeordnet aufgelistet.

Bei Feldgeräten wird noch die Nummer von zugehöriger Rohrleitung bzw. Apparat (Line or Equipment No.) angegeben, bei Einbau in eine Rohrleitung auch die Isometrie-Nummer (Piping-Iso-No.). Schließlich sind noch die Spalte für Bemerkungen und die Felder für Revisionen, weitere Referenz-Zeichnungen und Genehmigungsvermerke zu erwähnen.

1.2.4.2. Darstellung der Funktion

MSR-Geräte sind zur Erfüllung ihrer vom Prozeß hergeleiteten Aufgaben meist miteinander zu einer Wirkungskette verknüpft. Die Funktion dieser Wirkungskette von Geräten ist am besten durch eine geeignete zeichnerische Darstellung zu erläutern.

Im einzelnen werden hier behandelt: MSR-Stellenplan, Funktionsplan, Stromlaufplan und Programm.

Der *MSR-Stellenplan* ist in erster Linie ein Schaltplan für analog arbeitende Geräte, er wird jedoch in zunehmenden Maße auch für MSR-Stellen mit binären Aufgaben verwendet. Er gibt die Zusammenschaltung der zu einer MSR-Stelle gehörenden Geräte und ihre örtliche Lage an. Es kann sich dabei z. B. um eine Messung, eine Überwachung, eine einfache Steuerung oder eine Regelung handeln. Vermaschte MSR-Stellen, z. B. Kaskaden- oder Verhältnisregelungen können auf einem Plan zusammengefaßt werden.

Der MSR-Stellenplan stellt die gerätetechnische Lösung dar und dient zur Funktionsprüfung und zur Verfolgung des Signalweges bei der Störungssuche. Er stellt neben dem RI-Fließbild das wichtigste Dokument der MSR-Planung dar.

Für einfache MSR-Stellen ohne Wirkungskette (z. B. örtliche Meßgeräte) kann auf einen MSR-Stellenplan verzichtet werden. Ferner ist ein MSR-Stellenplan nicht erforderlich, wenn die Geräte der MSR-Stelle einschließlich der zugehörigen Verbindungen in einem anderen Schaltplan hinreichend genau dargestellt sind. Den prinzipiellen Aufbau eines MSR-Stellenplanes zeigt Abb. 1.47. Der geschlossene Wirkungsweg des dargestellten Regelkreises ist deutlich zu erkennen.

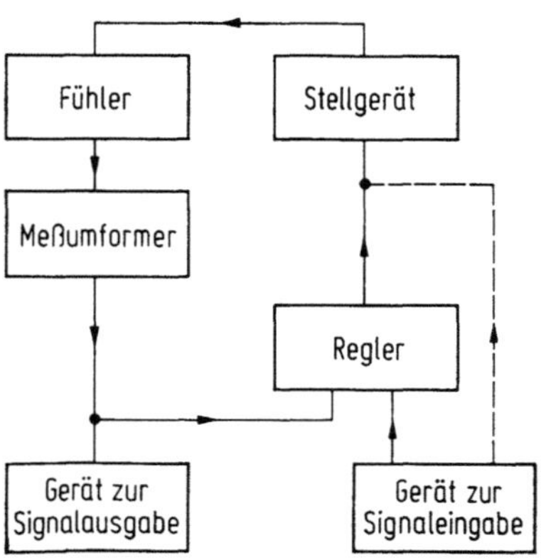

Abb. 1.47. Prinzipieller Aufbau eines MSR-Stellenplans

Es wird empfohlen, den MSR-Stellenplan mindestens in die Bereiche „Warte“ und „Anlage“ (Feld, örtlich) zu unterteilen. Nach Bedarf kann die Einteilung verfeinert werden, z. B. innerhalb der Anlage in die verschiedenen Verteilerkästen und innerhalb der Warte in Schaltraum, Tafel und Schaufließbild. Wo keine Rücksicht auf gebräuchliche Anordnungen zu nehmen ist, sollte man die Anlage oben und die Warte unten darstellen. Der Meßort wird vorzugsweise links, der Stellort rechts dargestellt. Zur Erleichterung der Handhabung und der Ablage wird empfohlen, möglichst das Format DIN A4 oder DIN A3, in Ausnahmefällen ein Bandformat mit der Höhe entsprechend DIN A4 zu verwenden.

Die Geräte sind gemäß DIN 19227, Teil 2, durch Rechtecke oder Quadrate oder durch andere genormte Zeichen darzustellen. Eine Auswahl ist in Kapitel 3.1, Abb. 3.6, aufgeführt. Die Bildzeichen sind mit den Anschlußbezeichnungen der Geräte zu versehen. In Ausnahmefällen, in denen keine Verwechslungsgefahr besteht, können die Anschlußbezeichnungen entfallen. Zusätzlich kann man die Bildzeichen durch Texte, Symbole oder vereinfachte Innenschaltbilder derart ergänzen, daß die Geräteart und der funktionelle Zusammenhang zwischen den Anschlüssen erkennbar ist.

Bei der Darstellung der Meßumformer kann man gemäß Abb. 1.48 das quadratische Grundbildzeichen um ein Bildzeichen des Meßfühlers erweitern. Die Darstellung der Stellgeräte erfolgt nach den einschlägigen Normen, eine Übersicht findet man in Kapitel 3.1, Abb. 3.7 und 3.8. Es ist zweckmäßig, in den MSR-Stellenplänen die speziellen Bildzeichen für den Stellantrieb, wie Motor-, Membran-, Kolben- oder Magnetantrieb zu verwenden. Bei Magnetventilen sollten zur besseren Kenntlichmachung der Funktion Bildzeichen nach DIN-ISO 1219 verwendet werden. Abbildung 1.49 zeigt einige Beispiele.

Die Darstellung des Verhaltens des Stellgliedes bei Ausfall der Hilfsenergie wurde schon beim RI-Fließbild erläutert. Diese Darstellung ist in den MSR-Stellenplan zu übernehmen.

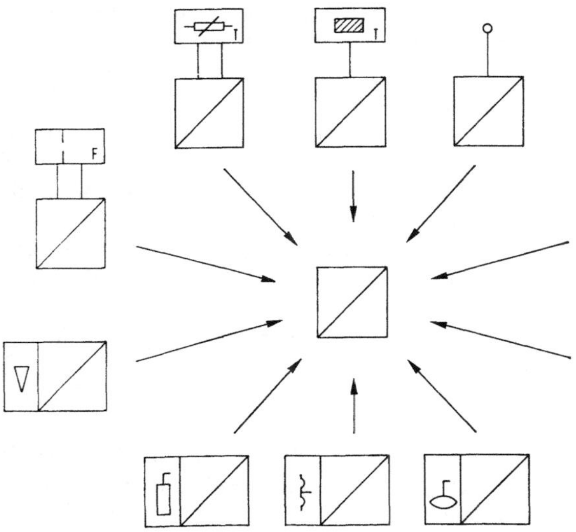

Abb. 1.48. Bildzeichen für die Darstellung von Meßumformern

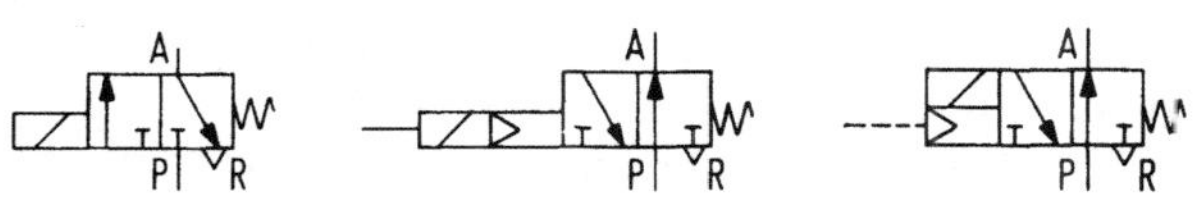

Abb. 1.49. Darstellung von Magnetventilen

Die pneumatische Hilfsenergiequelle, auch Zuluft genannt, wird durch das Bildzeichen der Druckquelle nach DIN-ISO 1219 dargestellt (Abb. 1.50a). Der Wert des Zuluftdruckes wird angeschrieben. Wenn keine Verwechslung möglich ist, z. B. wenn nur ein Zuluftdruckwert verwendet wird, darf auf die Angabe des Zuluftdruckes verzichtet werden.

Die elektrische Hilfsenergie muß am Gerät wegen der Anschlußklemmenzuordnung mehrpolig angebunden werden und kann zur Versorgungsstelle hin einpolig gezeichnet werden (Abb. 1.50b). Auf die Darstellung der elektrischen Hilfsenergie in MSR-Stellenplänen kann verzichtet werden, wenn die Eindeutigkeit durch allgemeine Festlegungen oder auf anderen Plänen klar erkennbar ist. Die Spannung wird angeschrieben. Wenn keine Verwechslung möglich ist, z. B. wenn nur eine Spannung verwendet wird, darf auf die Angabe verzichtet werden. Ferner empfiehlt sich die Angabe von Signalpegeln, wenn in einer MSR-Stelle unterschiedliche Einheitssignale verwendet werden, z. B. 0—20 mA, 4—20 mA, 0—10 V.

Abb. 1.50a. Bildzeichen für pneumatische Hilfsenergie
Abb. 1.50b. Darstellung der Versorgung mit elektrischer Hilfsenergie

Werden Signale einer MSR-Stelle von einem System (Prozeßrechner, Meldesystem, Steuerung, usw.) verarbeitet, so wird für das gesamte System nur ein Quadrat oder Rechteck gezeichnet, in welches in geeigneter Form eine Kurzbezeichnung eingetragen wird. Die Weiterverarbeitung des Signals innerhalb dieses Systems muß erforderlichenfalls aus anderen Schaltungsunterlagen entnommen werden.

Der MSR-Stellenplan muß auch genaue Angaben über Einbauorte und Klemmenbezeichnungen machen. Sie werden zweckmäßig nach DIN 40719, Teil 2, benannt. Die Benennung kann soweit entfallen, wie Blattaufteilung und Randbeschriftung schon Ortsangaben darstellen.

Der MSR-Stellenplan läßt sich nicht in einem Bearbeitungsgang fertigstellen. Man wird zunächst den Funktionszusammenhang der Geräte darstellen, danach die Hilfsenergieversorgung eintragen und erst gegen Ende der Detailplanung alle Einbauorte und Klemmenbezeichnungen angeben können.

Gelegentlich kann es hilfreich sein, auf dem MSR-Stellenplan den Meß- bzw. Stellort durch eine einfache Darstellung von Apparaten und Rohrleitungen genauer zu beschreiben.

In einer größeren Anlage, sicherlich aber in einem Werk, wiederholen sich die MSR-Aufgaben. Dann erstellt man zweckmäßig mit Hilfe der Standard-Bildzeichen Zeichnungsvordrucke für MSR-Stellenpläne, die dann für die spezielle Aufgabe lediglich zu ergänzen sind.

Bei der Darstellung von Nahtstellen zu anderen Schaltplänen, z. B. für Hilfsenergieversorgung, Melde-, Steuer- und Datenverarbeitungsanlagen sind Doppelinformationen soweit wie möglich zu vermeiden. In der Regel genügt ein Hinweis auf weiterführende Pläne an den Nahtstellen sowie gegebenenfalls eine einfache Zielbezeichnung z. B. in Form einer MSR-Stellenbezeichnung, einer Sicherungsnummer oder Strompfadnummer.

Die Verschaltung einer Nahtstelle sollte nur auf einem einzigen Plan, dann aber vollständig dargestellt sein. Bei Nahtstellen, die über Zuständigkeitsgrenzen hin-

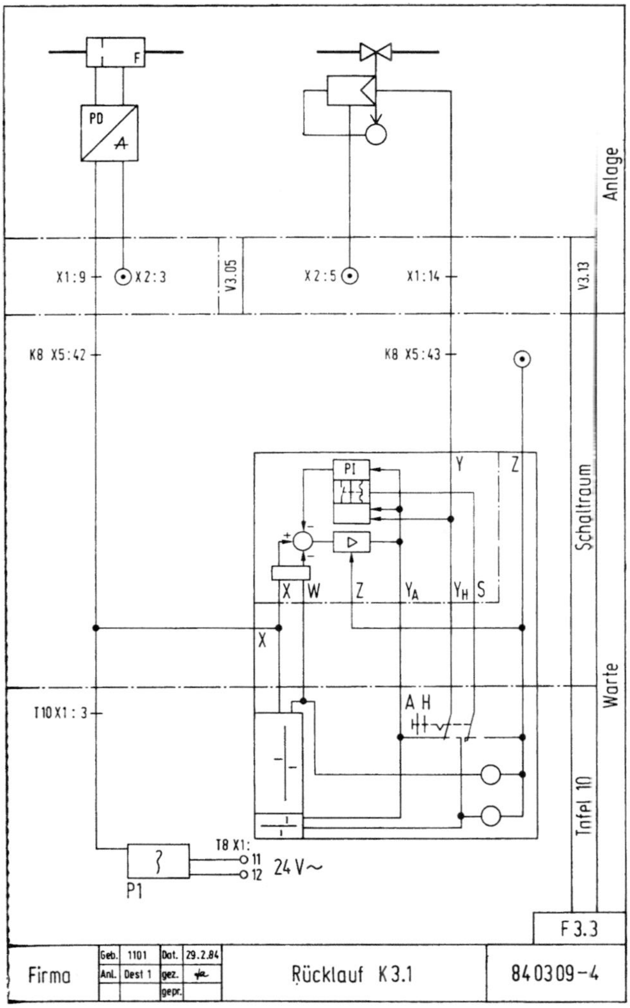

Abb. 1.51. MSR-Stellenplan einer Durchflußregelung in pneumatischer Technik

weggehen, kann die redundante Darstellung in beiden Plänen nützlich sein. Alternativ können die Nahtstellen auch in einer Schnittstellenliste zusammengefaßt dargestellt werden. Zur Erstellung von MSR-Stellenplänen finden sich viele Hinweise in der Literatur[10]. In Abb. 1.51 ist als einfaches Beispiel eines MSR-Stellenplanes die Durchflußregelung im Rücklauf einer Destillations-Kolonne (Abb. 1.1) dargestellt. Die Signalübertragung erfolgt hier pneumatisch. Das vereinfachte Innenschaltbild des in der Tafel montierten Kompaktreglers erlaubt es, dem Signalfluß zu folgen. In Abb. 1.52 ist das komplexere Beispiel einer Temperatur-Dampfdurchfluß-Kaskadenregelung (Abb. 1.1) dargestellt.

[10] Hennecke, H.: Fachzeichnen für Meß-, Steuerungs- und Regelungstechnik, Band 2. Köln-Porz: Verlag H. Stam GmbH (1977).

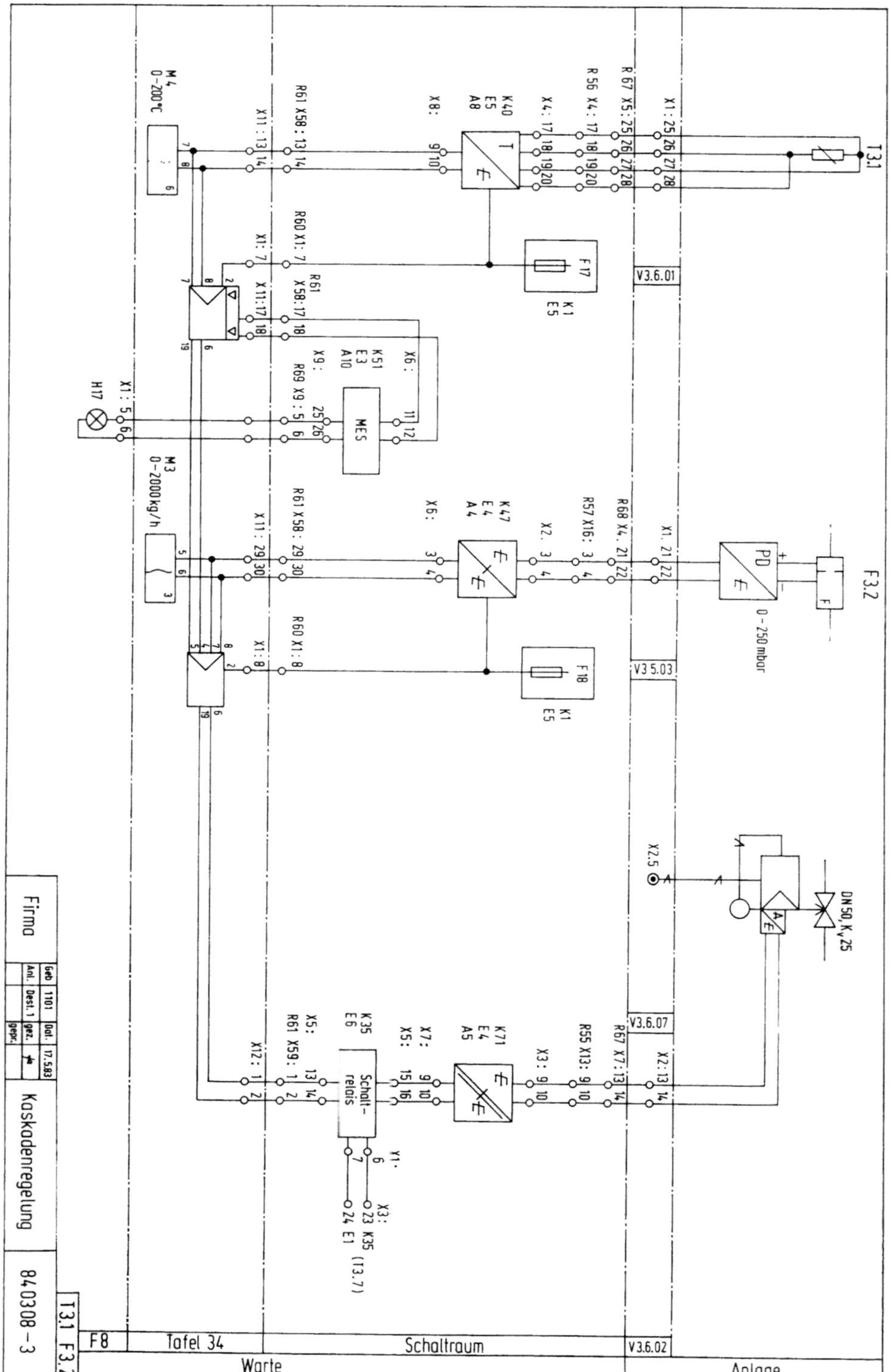
Firma
Kaskadenregelung
840308 - 3
T3.1 F3.2
F8
Tafel 34
Schaltraum
Warte
Anlage
V3.6.02

Das amerikanische Gegenstück zum MSR-Stellenplan ist das „Loop-sheet" oder „Loop-diagram". Abbildung 1.53 zeigt dazu das einfache Beispiel eines pneumatisch instrumentierten Durchfluß-Regelkreises. Im linken unteren Feld ist als Ausschnitt aus dem RI-Fließbild (PI'D) der interessierende Regelkreis (Loop) dargestellt. Der Begriff „Loop" wird nicht nur für geschlossene Regelkreise, sondern auch für alle anderen Signalverbindungen zwischen Anlage und Warte verwandt. Die Abbildung läßt erkennen, daß alle MSR-Geräte des Regelkreises zwar eigene Gerätekennzeichen (z. B. FT: Flow transmitter, FIC: Flow controller, FR: Flow recorder, FV: Flow control valve) aber eine gemeinsame MSR-Stellenbezeichnung F240 haben. Das „Loop-sheet" ist weiterhin unterteilt in die Felder Anlage (field), Schaltraum (rack) und Warte (graphic, control panel). Hinter der Abkürzung SID verbirgt sich ein Hinweis auf die für das gezeigte Gerät verbindliche Montagevorschrift.

Der *Funktionsplan* ist in erster Linie ein Schaltplan für binär arbeitende Steuer-Einrichtungen. Er kann schon in der Basisplanung (Abb. 1.39) zur Beschreibung der Steuerungsaufgabe angelegt werden. In seiner formalisierten Form nach Abb. 1.54 erlaubt er durch seine Spalten- und Zeileneinteilung die klare Darstellung auch sehr umfangreicher Steuerungen. Die Abbildung greift das Beispiel des Rührbehälters aus dem Abschnitt Basisplanung wieder auf. Die Darstellung funktioneller Zusammenhänge erfolgt einerseits nach DIN 40900, Teil 12, andererseits können auch Bildzeichen nach DIN 40719, Teil 6, verwendet werden, wobei komplexere Funktionen zu sogenannten Makros zusammengefaßt sind. Diese Makros müssen gegebenenfalls entsprechend dem gewählten Fabrikat durch eine Erläuterung auf dem Funktionsplan ergänzt werden. Auch die Schaffung eigener Makros (Darstellung vorzugsweise als Quadrat oder Rechteck, mit erläuterndem Text) ist möglich.

Die einzelnen Blätter eines Funktionsplanes werden durchnumeriert, und auf die Nahtstellen wird durch einen Kreis mit Blatt- und Zeilenangabe hingewiesen.

Die Richtung des Informationsflusses wird auf dem Formblatt vorzugsweise von links nach rechts oder von oben nach unten dargestellt. Wenn die Richtung des Informationsflusses nicht eindeutig zu erkennen ist, muß sie mit Pfeilen gekennzeichnet werden. Die von externen Stellen kommenden Eingänge werden vorzugsweise von links an die Bildzeichen herangeführt. Bei Einhaltung einer solchen Gliederung ist eine gute Übersichtlichkeit gegeben.

Zusätzlich können zu einem späteren Zeitpunkt auch die Klemmen der Eingänge eingezeichnet werden. In gleicher Weise besteht für die extern zu verarbeitenden Ausgänge die Möglichkeit, den rechten Teil des Formblattes zu benutzen. Es ist zweckmäßig, das Formblatt mit einem geeigneten Hilfsraster in blauer Einfärbung anzulegen. Dadurch wird dieses bei den üblichen Kopierverfahren nicht mehr erscheinen und die Zeichnung für den Anwender übersichtlicher.

Der *Stromlaufplan* gehört nach DIN 40719 neben dem Übersichtsschaltplan und dem Ersatzschaltplan zur Gruppe der die Arbeitsweise erläuternden Schaltpläne. Ein Stromlaufplan ist die ausführliche Darstellung einer Schaltung mit ihren Einzelteilen. Er zeigt die Arbeitsweise einer elektrischen Einrichtung. Dabei wird die Darstellung so gewählt, daß jeder Stromweg oder Signalweg möglichst geradlinig verläuft und somit leicht zu verstehen ist. Die räumliche Lage und der mechanische Zusammenhang der einzelnen Teile werden in der Darstellung nicht berücksichtigt. Die Zusammengehörigkeit verschiedener Einzelteile zu einem

←

Abb. 1.52. MSR-Stellenplan einer Temperatur/Durchfluß-Kaskadenregelung in elektrischer Technik

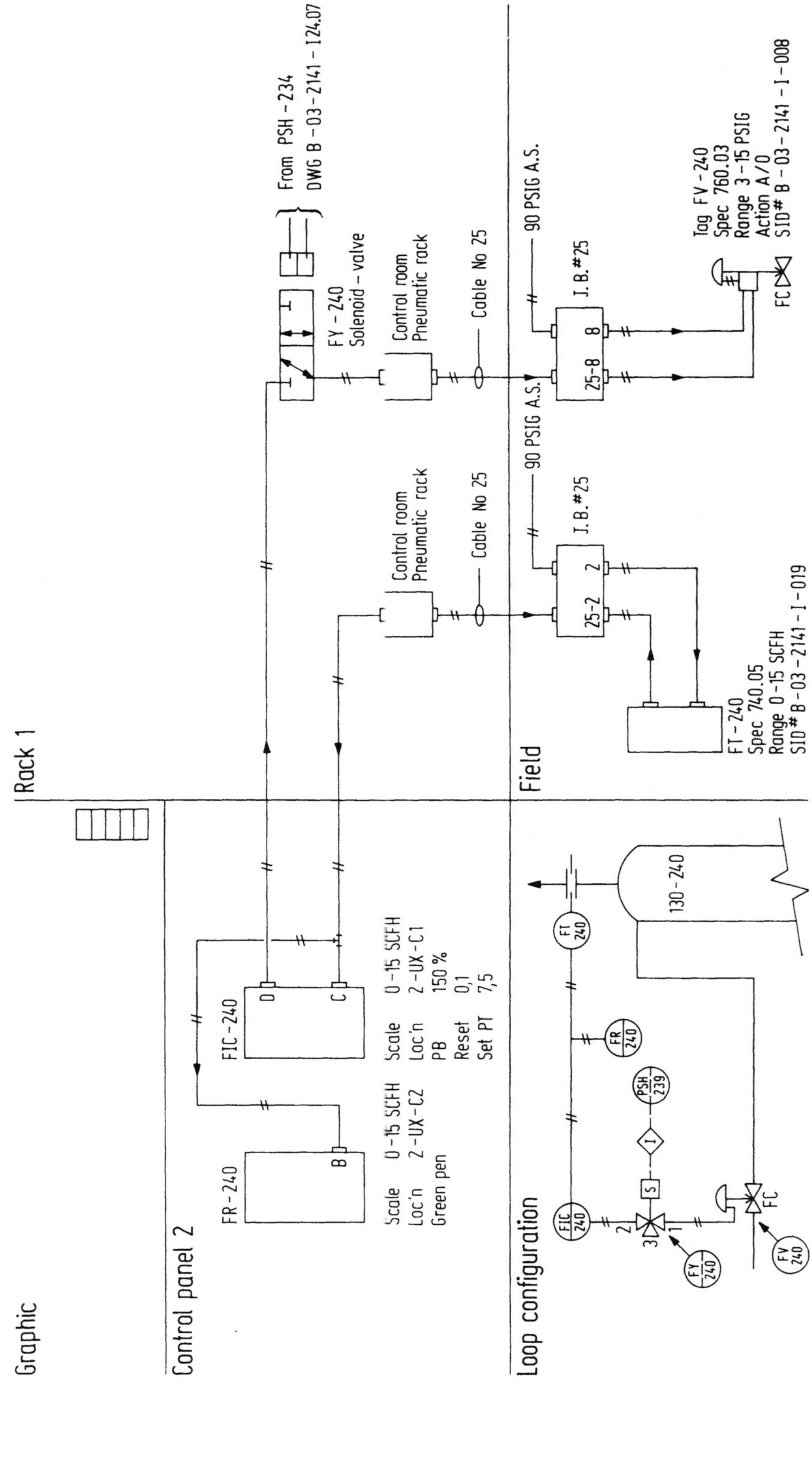

Abb. 1.53. Darstellung eines MSR-Stellenplans als „Loop-sheet“

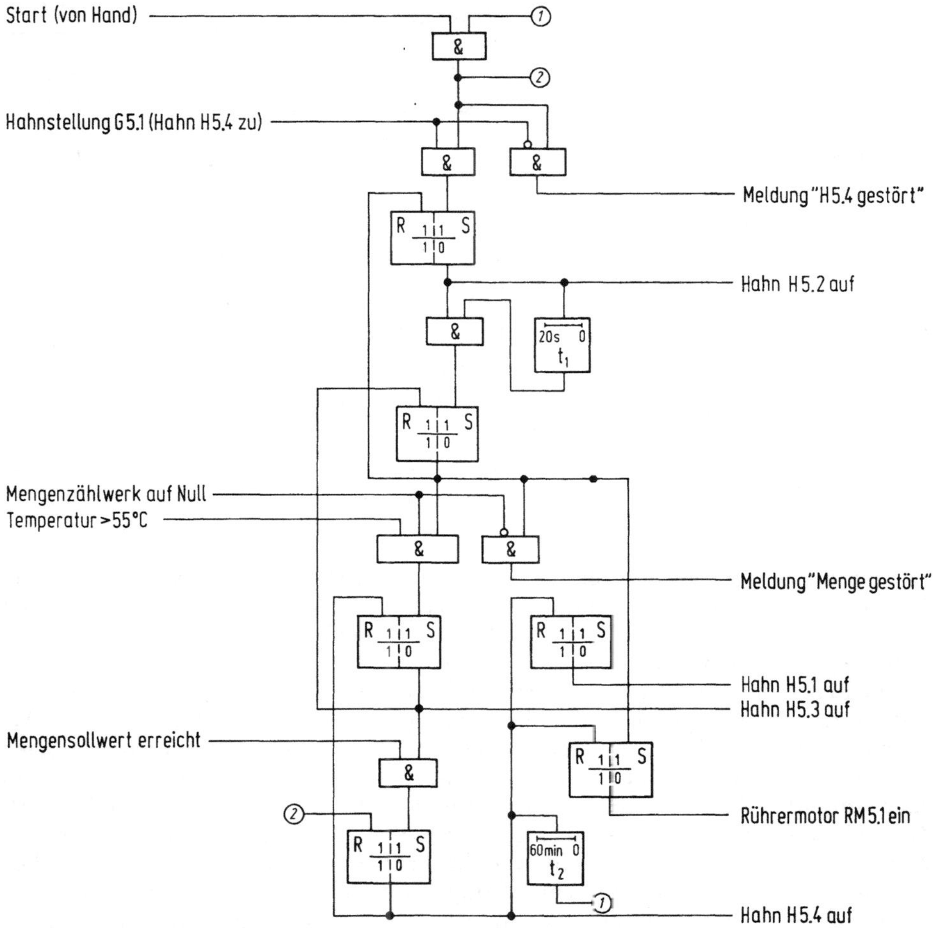

Abb. 1.54. Funktionsplan einer Ablaufsteuerung in formalisierter Form

Gerät wird durch einheitliche, festgelegte Bezeichnungen sichergestellt. Zur Darstellung werden Bild- und Schaltzeichen nach DIN und ergänzende Abkürzungen und Texte verwendet. Wichtige Hinweise sind in DIN 40719, Teil 3, aufgeführt.

Der Stromlaufplan für Steuerstromkreise besteht normalerweise aus Spannungsschienen, Stromwegen, Stromwegnumerierung, Schaltgliedzuordnung und Funktionskennzeichnung. Eine vollständige Schaltung enthält meist mehrere Funktionseinheiten, die sich gliedern lassen nach den verwendeten Baueinheiten, der schaltungstechnischen Funktion oder der verfahrenstechnischen Funktion.

Im Stromlaufplan werden diese Blöcke zusammenhängend dargestellt. Jeder Block kann aus einem oder mehreren Stromwegen bestehen. In Abb. 1.55 ist der schematische Aufbau eines Stromlaufplanes dargestellt.

Die Betriebsspannungen und andere in der Schaltung umgeformte, gleichgerichtete, stabilisierte oder anderweitig verarbeitete Spannungen werden als Spannungsschienen durch waagerechte Linien dargestellt. Der Abstand dieser Schienen ist so zu wählen, daß zwischen diesen Linien die vollständige Arbeitsweise in der dem Stromlaufplan eigenen Technik dargestellt werden kann. Bei zwei oder mehr Betriebsspannungen mit unterschiedlichem Spannungspotential

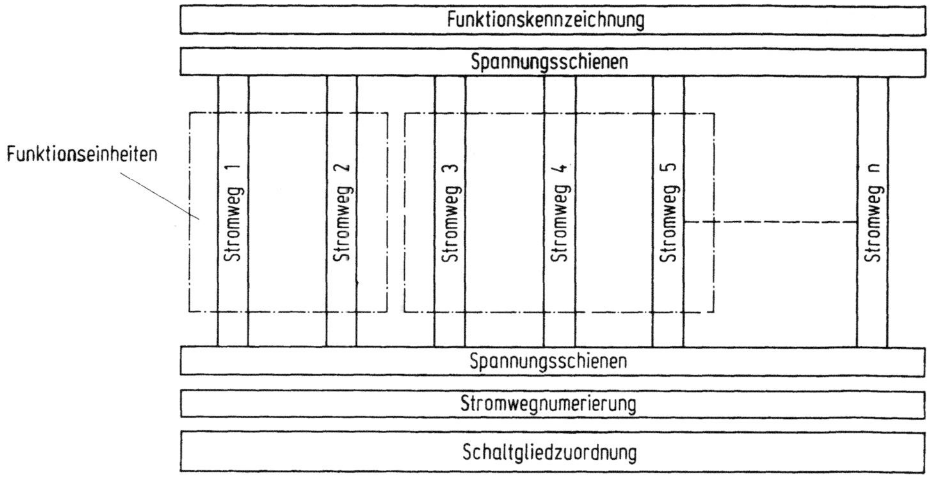

Abb. 1.55. Schematischer Aufbau eines Stromlaufplans

werden die Spannungsschienen mit dem kleineren Potential zur Zeichnungsmitte hin angeordnet. Sind größere Teile im Stromlaufplan gemeinsam zu schalten oder abzusichern, so können die Schaltglieder und Sicherungen in die Spannungsschienen eingezeichnet werden.

Zwischen den Spannungsschienen werden die Stromwege senkrecht eingezeichnet. In den Stromwegen befinden sich Schaltglieder, elektromechanische Antriebe, Glühlampen, usw. Die Stromwege sind möglichst geradlinig und ohne Kreuzungen darzustellen. Bei umfangreichen Steuerungen lassen sich die zu einem elektromechanischen Antrieb (Relais) gehörenden Schaltglieder schwer finden. Als Orientierungshilfe bedient man sich daher der Stromwegnumerierung, indem alle Stromwege von links nach rechts durchgehend numeriert werden. Eine andere Orientierungshilfe kann durch eine Planquadrateinteilung erreicht werden.

Die Schaltgliedzuordnung wird unterhalb des Stromweges, in dem z. B. der elektromechanische Antrieb eines Relais erscheint oder in dem ein Schalter erstmalig auftritt, durch eine Schaltgliedtabelle dargestellt. Abbildung 1.56 zeigt ein einfaches Beispiel eines Stromlaufplanes von Steuerstromkreisen. Die Abkürzungen in der Schaltgliedtabelle bedeuten: s = Schließer, ö = Öffner und w = Wechsler. Bei Stromlaufplänen mit gleichzeitiger Darstellung von Hauptstromkreisen, z. B. Motorsteuerungen und Magnetventilsteuerungen, wird zusätzlich in der Schaltgliedtabelle H = Hauptschaltglied verwendet.

Ein Übersichtsschaltplan ist nach DIN 40719 die vereinfachte Darstellung einer Schaltung, wobei nur die wesentlichen Teile berücksichtigt werden. Er zeigt die Arbeitsweise und die Gliederung einer elektrischen Einrichtung. Dabei werden Bildzeichen nach DIN 40700, Teil 10, verwendet.

Übersichtsschaltpläne können ein- oder mehrpolig gezeichnet werden, wobei die einpolige Darstellung zu bevorzugen ist. Weiterführende Hinweise auf Stromlaufpläne und Übersichtsschaltpläne findet man in der Literatur[11].

Zur Lösung der MSR-Aufgaben mittels moderner programmierbarer Systeme gehört in der Detailplanungsphase das Erstellen der *Programme*. Alle im Unter-

[11] Hennecke, H.: Fachzeichnen für Meß-, Steuerungs- und Regelungstechnik, Band 1. Köln-Porz: Verlag H. Stam GmbH (1973).

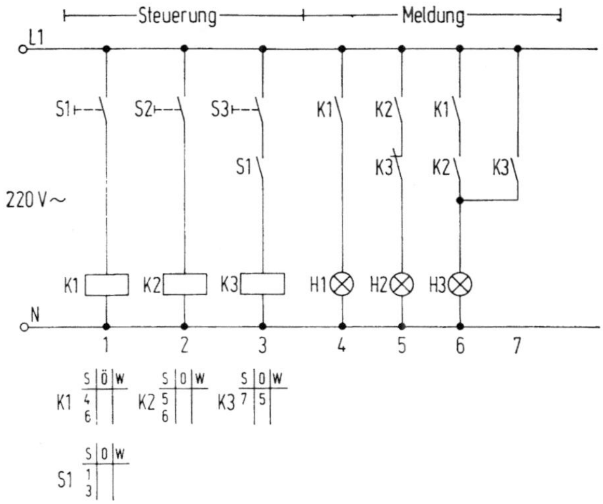

Abb. 1.56. Einfaches Beispiel eines Stromlaufplans mit Schaltgliedtabellen

abschnitt 1.2.3.7 beschriebenen Prozeß- und Leitaufgaben erfordern die Erarbeitung von sogenannter Software. Während die komplexeren Leitaufgaben meist von Spezialisten programmiert werden und im Band IV erläutert sind, werden die prozeßnahen Standardaufgaben in zunehmendem Maße vom planenden MSR-Ingenieur mit bearbeitet.

Besonderes Augenmerk ist dabei auf die Erstellung von Steuerungsprogrammen zu richten. Häufig werden auf Steuerungsaufgaben speziell zugeschnittene, speicherprogrammierbare Steuerungen eingesetzt, in die mit Hilfe von Programmiergeräten das vom Planer geschriebene Programm eingelesen wird. Der Weg führt dabei von der Funktionsbeschreibung aus der Basisplanung über ein handschriftliches Programmkonzept zum lauffähigen Programm, das nach dem Einlesen in die Steuerung durch Simulation des Prozeßablaufes geprüft wird. Alle dazu notwendigen Einrichtungen sollten sich zweckmäßig direkt am Arbeitsplatz des Planers befinden. Da die Programmiersprachen meist aus Kurzbezeichnungen bestehen und aus programmtechnischen Gründen interne Anweisungen notwendig sind, kann bei umfangreichen Programmen leicht die Übersicht verlorengehen. Deshalb ist bei jedem Schritt im Laufe der Programmierung eine detaillierte begleitende Dokumentation sehr hilfreich.

In Abb. 1.57 ist ein Programm für den Rührbehälter gemäß Abb. 1.36 dargestellt. Das Programm hat die Form einer Anweisungsliste und ist aus dem Funktionsplan Abb. 1.39 entwickelt worden. In der linken Spalte sind alle den Ablauf bewirkenden Anweisungen folgerichtig aufgelistet.

Zunächst sind dort die logischen Anweisungen (UND, ODER, ...), dann die Benennungen und schließlich die Funktionen (z. B. M, E, A, T) mit ihrer Zählnummer aufgeführt. Dahinter ist zum besseren Verständnis als begleitende Dokumentation im Klartext die jeweilige Aufgabe (z. B. Schritt 2) innerhalb der Ablaufsteuerung angegeben. In der rechten Spalte von Abb. 1.57 sind die internen Bezeichnungen für die Merker (M), die Eingänge (E), die Ausgänge (A), die Störmeldungen (A) und die internen Zeitglieder (T) gruppenweise dargestellt.

Die Anweisungsliste ist vor allem für einfache Programmiergeräte gut geeignet, jedoch geht bei ihr die Übersicht über den Ablauf leicht verloren. Die Struktur einer Steuerung ist mittels einer Darstellung als Kontaktplan besser zu übersehen. Der Kontaktplan ist im amerikanischen Einflußbereich sehr verbreitet. Abbildung

```
:UN   -HEIZEN     M 2.0
:UN   -DOSIERQ2   M 3.0                              MERKER (M):
:U    -ENTLEERE   M 4.0   STARTBEDINGUNGEN
:U    -T. START   E 1.0
:=    -START      M 0.1
:U    -START      M 0.1                              -HEIZEN     M 2.0
:U    -5.1 GS-    E 1.1                              -DOSIERQ2   M 3.0
:S    -EINFUEQ1   M 1.0   SCHRITT 1:                 -ENTLEERE   M 4.0
:O    -HEIZEN     M 2.0   EINFUELLEN Q 1             -START      M 0.1
:ON   -5.1 GS-    E 1.1                              -EINFUEQ1   M 1.0
:R    -EINFUEQ1   M 1.0                              -ENTL.AUS   M 0.2
:U    -EINFUEQ1   M 1.0   WARTEZEIT T 1
:SI   -T1 WARTE   T 1
:U    -EINFUEQ1   M 1.0
:UN   -T1 WARTE   T 1
:S    -HEIZEN     M 2.0   SCHRITT 2:                 EINGAENGE (E):
:O    -DOSIERQ2   M 3.0   HEIZEN
:ON   -5.1 GS-    E 1.1
:R    -HEIZEN     M 2.0
:U    -HEIZEN     M 2.0                              -T. START   E 1.0
:U    -5.7 TIS+   E 1.2                              -5.1 GS-    E 1.1
:U    -5.2FQIS-   E 1.3   SCHRITT 3:                 -5.7 TIS+   E 1.2
:S    -DOSIERQ2   M 3.0   DOSIEREN Q 2               -5.2FQIS-   E 1.3
:O    -ENTLEERE   M 4.0                              -5.2FQIS+   E 1.4
:ON   -5.1 GS-    E 1.1
:R    -DOSIERQ2   M 3.0
:U    -DOSIERQ2   M 3.0
:U    -5.2FQIS+   E 1.4
:S    -ENTLEERE   M 4.0   SCHRITT 4:                 AUSGAENGE (A):
:U    -ENTL.AUS   M 0.2   ENTLEEREN
:R    -ENTLEERE   M 4.0
:U    -ENTLEERE   M 4.0
:SI   -T2 WARTE   T 2     WARTEZEIT T 2              -H5.2 AUF   A 1.0
:U    -ENTLEERE   M 4.0                              -H5.1 AUF   A 2.0
:UN   -T2 WARTE   T 2     BEHAELTER B 5.2 LEER       -RM5.1EIN   A 2.1
:=    -ENTL.AUS   M 0.2                              -H5.3 AUF   A 3.0
:U    -EINFUEQ1   M 1.0                              -H5.4 AUF   A 4.0
:U    -T1 WARTE   T 1     HAHN H 5.2
:=    -H5.2 AUF   A 1.0
:U    -HEIZEN     M 2.0
:S    -H5.1 AUF   A 2.0
:U    -ENTLEERE   M 4.0   HAHN H 5.1                 STOERUNGEN(A):
:R    -H5.1 AUF   A 2.0
:U    -HEIZEN     M 2.0
:S    -RM5.1EIN   A 2.1
:U    -ENTLEERE   M 4.0   RUEHRERMOTOR RM 5.1        -STOEH5.4   A 5.0
:R    -RM5.1EIN   A 2.1                              -STOE MEN   A 5.1
:U    -DOSIERQ2   M 3.0
:U    -5.2FQIS+   E 1.4   HAHN H 5.3
:=    -H5.3 AUF   A 3.0
:U    -ENTLEERE   M 4.0
:U    -T2 WARTE   T 2     HAHN H 5.4                 ZEITGLIEDER (T):
:=    -H5.4 AUF   A 4.0
:U    -START      M 0.1
:UN   -5.1 GS-    E 1.1   STOERUNG HAHN H 5.4
:=    -STOEH5.4   A 5.0                              -T1 WARTE T 1
:U    -5.7 TIS+   E 1.2                              -T2 WARTE T 2
:UN   -5.2FQIS-   E 1.3   STOERUNG MENGE
:=    -STOE MEN   A 5.1
:BE
```

Abb. 1.57. Programm in Form einer Anweisungsliste für eine Ablaufsteuerung

1.58 zeigt als Ausschnitt eines Kontaktplans die Startbedingungen und den Schritt 1 des obigen Beispieles. Eine andere schon bekannte Form als Strukturdarstellung ist der Funktionsplan. Abbildung 1.59 zeigt den gleichen Ausschnitt aus obiger Ablaufsteuerung als Funktionsplan. Die Abbildungen 1.58 und 1.59 sind mittels eines komfortablen Programmiergerätes aus der Anweisungsliste nach Abb. 1.57 über einen angeschlossenen Drucker selbsttätig erstellt worden.

Bei der Programmierung einer Steuerung ist nicht nur der Normalfall eines geordneten Ablaufes festzulegen, sondern man muß auch Start, Störung, Stop, Wiederanlauf und Ende, sowie unterschiedliche Betriebsarten und Rezepturen im Programm miterfassen.

Viele neuartige zentrale und dezentrale Automatisierungssysteme haben eine auf die prozeßnahen Standardaufgaben der MSR-Technik zugeschnittene Software. Man spricht dabei nicht mehr von der Programmierung, sondern bei der aufgabengerechten Verknüpfung von Prozeßein- und -ausgängen von der Strukturierung und beim Anpassen der Funktionsmodule (z. B. Regler) an den Prozeß

```
                          STARTBEDINGUNGEN
                                                                      I
I HEIZEN-DOSIERQ2-ENTLEERE-T.START                              -START
+---]/[---+---]/[---+---] [---+---] [---+----------+----------+---------+---( )--I
I                                                                     I

                          SCHRITT1:EINFUELLEN Q1

I                       EINFUEQ1                                      I
I-START  -5.1 GS-       ______                                        I
+---] [---+---] [---+-!S    !                                         I
I                     !     !                                         I
I-HEIZEN              !     !                                         I
+---] [---+----------+-!R  Q !-                                       I
I         I           !_____!                                         I
I-5.1  GS-I                                                           I
+---]/[---+                                                           I
I                                                                     I
I                                                                     I
```

Abb. 1.58. Ausschnitt aus einem Kontaktplan für eine Ablaufsteuerung

```
                    STARTBEDINGUNGEN


-HEIZEN   --O!¯&¯!
-DOSIERQ2--O!    !
-ENTLEERE---!    !
-T. START---!    !-- - START
            !____!



                    SCHRITT1:EINFUELLEN Q1

                    -EINFUEQ1

 -START   ---!¯&¯!
 -5.1 GS- ---!   !----!S¯¯¯¯¯!
             !___!    !      !
                      !      !
 -HEIZEN  ---!>=1!    !      !
 -5.1 GS- --O!   !----!R   Q !-
             !___!    !______!
```

Abb. 1.59. Ausschnitt aus einem Funktionsplan für eine Ablaufsteuerung

von der Parametrierung des Systems. Strukturierung und Parametrierung sind Aufgaben der Detailplanung und sehr verwandt mit dem Erstellen der MSR-Stellenpläne. Außer den hier beschriebenen Formen zur Darstellung der Funktion werden gelegentlich für besondere Zwecke noch andere Darstellungsarten verwandt.

Der ausführliche MSR-Stellenplan stellt die wesentlichen Funktionen von MSR-Geräten mittels der Bildzeichen nach DIN 19227, Teil 2, dar. Ausführliche MSR-Stellenpläne dienen der Aus- und Weiterbildung, sowie der Erläuterung von komplexen Reglerschaltungen. Abbildung 1.60 zeigt den ausführlichen MSR-Stellenplan einer MSR-Einrichtung, bestehend aus Fühler, Meßumformer, Regler, Leitgerät und Stellgerät. Die Funktionsgruppen des Leitgerätes sind detailliert aufgeführt.

Ist das dynamische Verhalten von Regelstrecken zu untersuchen, so empfiehlt sich eine Darstellung mittels Signalflußplan. Beispiele sind in den Abbildungen 3.12 und 3.13 von Kapitel 3.1 gezeigt.

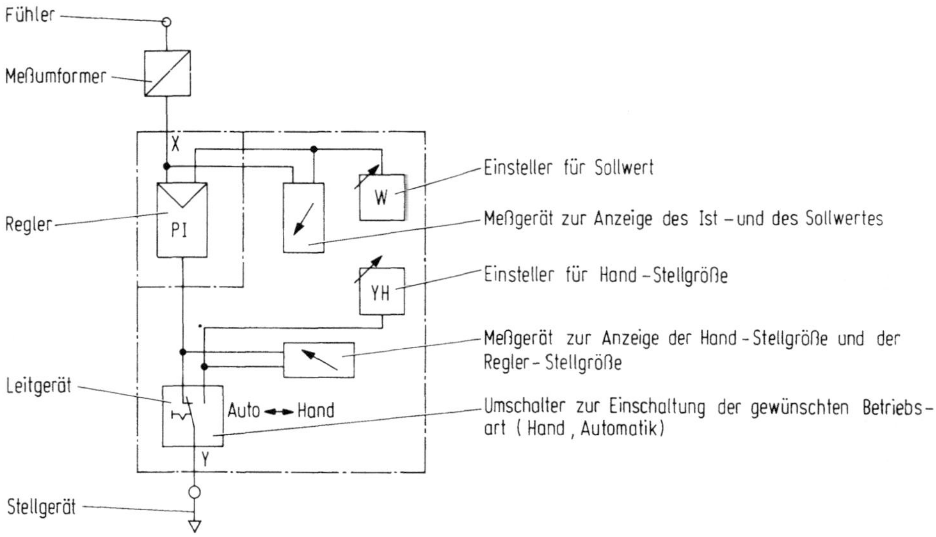

Abb. 1.60. Ausführlicher MSR-Stellenplan mit detaillierter Darstellung der Leitgerät-Funktionsgruppen

1.2.4.3. Verschaltungspläne

Ein Verschaltungsplan zeigt in Form einer zeichnerischen Darstellung die Art, in der die verschiedenen MSR-Einrichtungen zueinander in Beziehung stehen und miteinander verbunden sind. Die Verschaltungspläne sind eine wichtige Arbeitsunterlage für die Werkstatt bei der Fertigung von Baugruppen und für die Montage bei der Verschaltung der installierten MSR-Einrichtungen in und zwischen Anlage, Schaltraum und Warte. Die Verschaltungspläne sollen den Ort und die Verbindungen der MSR-Einrichtungen erläutern. Begriffe und Kennzeichnungsregeln sind in DIN 40719, Teil 1 und 2, sowie Teil 9 festgelegt.

Bei den hier behandelten Verschaltungsplänen steht nicht die Funktion, sondern die Verknüpfung im Vordergrund. Die zeichnerische Darstellung kann häufig zu einer tabellarischen Darstellung vereinfacht werden. Neben Fragen der Verschaltungsmethoden und der Kennzeichnung werden Geräteverdrahtungs-,

Verbindungs-, Anschluß- und Klemmenplan erläutert. Außerdem werden Rangier- und Leitungslisten vorgestellt.

Unter dem Begriff Verschaltung wird die Gesamtheit aller elektrischen und/oder pneumatischen (eventuell auch hydraulischen) Verbindungen zwischen Bauelementen, Geräten usw. verstanden. Dabei ist es zunächst uninteressant, ob diese Verbindungen durch Drähte, Schläuche oder Rohre erfolgen.

Es gibt unterschiedliche Verschaltungsmethoden. Je nach der Methode ergeben sich verschiedene Verschaltungstechniken, mit daraus resultierendem unterschiedlichem gerätetechnischen und wirtschaftlichen Aufwand. Prinzipiell kann man die Verschaltungsmethoden gemäß Abb. 1.61 in die folgenden Gruppen unterteilen:

- Ablagesystem,
- Teilrangierung,
- Vollrangierung.

Beim Ablagesystem werden die Signalleitungen an Verbindungsstellen angeschlossen und von dort aus geradlinig zu den weiteren Geräten durchgeschaltet. Das Ablagesystem ist nur bei sehr einfachen Anlagen üblich und auch nur dann, wenn eine direkte Zuordnung der Geräte, die durch die Verbindung miteinander verbunden sind, möglich ist.

Unter Rangierung versteht man allgemein die Verbindung von Geräten und Bauelementen unter Zuhilfenahme von Ablagesystemen, wobei jedoch die einzelnen Geräte und Bauelemente nicht immer geradlinig zugeordnet sind.

Bei der Teilrangierung erfolgt eine Ablage der Signalleitungen, die z. B. von den Geräten aus der Anlage kommen, genau wie beim Ablagesystem auf Verbindungsstellen (Klemmen, Steckverbindungen). Zusätzlich finden jedoch Querverbindungen zwischen den einzelnen Geräten statt, ohne daß diese Verbindungen über weitere Verbindungsstellen laufen.

Bei der Vollrangierung werden alle Signalleitungen der verschiedenen Geräte zunächst auf zentral angeordnete Verbindungsstellen abgelegt. Zwischen diesen Verbindungsstellen findet dann die eigentliche Verschaltung, die Rangierung, statt. In der Praxis bedeutet das, daß sowohl die Signalleitungen der in der Anlage eingebauten MSR-Geräte als auch die Signalleitungen der im Schaltraum und in der Warte eingebauten Geräte alle auf eine zentrale Ablage geführt und dort zwischen diesen Anschlüssen die gewünschte Verschaltung erfolgt.

Welcher der beschriebenen Verschaltungsmethoden man bei der Planung und Ausführung einer MSR-Anlage den Vorzug geben soll, kann nicht generell gesagt werden. Vielfach werden die erwähnten Methoden in gemischter Form angewendet.

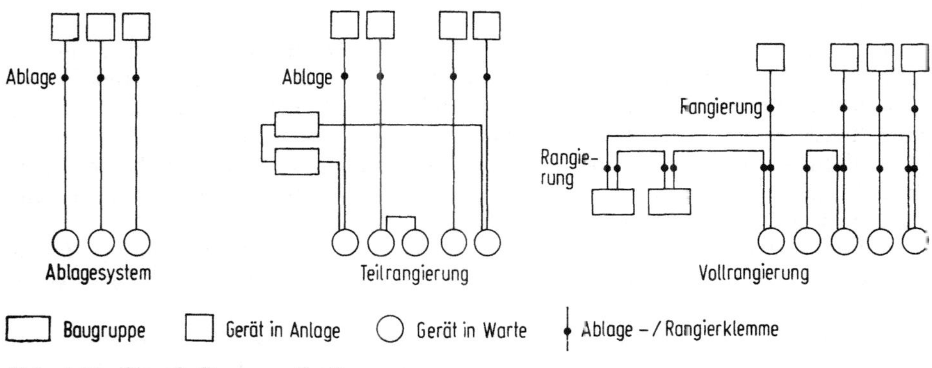

Abb. 1.61. Verschaltungsmethoden

In neuerer Zeit wird die wirtschaftlich aufwendige Vollrangierung häufiger angewendet als die anderen Methoden. Der Grund hierfür liegt darin, daß auch ohne Kenntnis der Detailverschaltung bereits alle mehradrigen Leitungen (Kabel zu den verschiedenen Geräten, Baugruppen, usw.) verschaltet werden können und erst zu einem sehr späten Zeitpunkt der Montagephase die endgültige Detailverschaltung an einer zentralen Stelle erfolgen kann. Bei sehr steuerungsintensiven Anlagen ist es jedoch zweckmäßig, nicht alle Funktionsgruppen auf eine Vollrangierung aufzulegen, sondern deren Gesamtheit zusammenzufassen, z. B.

— Spannungsverteilung,
— Koppelelemente,
— Hand-Steuerung,
— Automatik-Steuerung.

Dadurch können diese Funktionsgruppen vollständig untereinander beschaltet und auch weitgehend vorgeprüft werden. Lediglich die verschiedenen Ein- und Ausgänge werden noch zur Vollrangierung geführt.

Während bei einigen Plänen der MSR-Technik die verschiedenen Verbindungen zwischen den Geräten und Bauelementen durch die Art der Darstellung bereits eindeutig erkennbar sind (z. B. Stromlaufplan, MSR-Stellenplan) müssen bei anderen Plänen (z. B. Verdrahtungspläne) die Zielpunkte der Verbindungen durch Ziffern und Texte erläutert werden.

Die vollständige Beschreibung eines solchen Zielpunktes einer Verbindung nennt man Zielbezeichnung. Die Zielbezeichnung besteht im wesentlichen aus:

— Anschlußbezeichnung des Zielpunktes,
— Bezeichnung des Gerätes oder des Bauelementes des Zielpunktes,
— Anlagenbezeichnung,
— Ortsbezeichnung,
— zusätzlichen Texterläuterungen.

Zur detaillierten *Kennzeichnung* von Betriebsmitteln sind in DIN 40719, Blatt 2, Regeln aufgeführt. Dabei werden für verschiedenartige Angaben unterschiedliche Kennzeichnungsblöcke verwendet.

Diese Kennzeichnungsblöcke sind:

— Anlage (übergeordnete Zuordnung),
— Ort,
— Art, Zählnummer, Funktion,
— Anschluß.

Zur Identifizierung werden den einzelnen Kennzeichnungsblöcken gemäß Abb. 1.62 Vorzeichen vorangesetzt. Werden andere als die aufgeführten Vorzeichen verwendet, müssen diese erläutert werden. Das Vorzeichen kann weggelassen oder durch einen Vermerk auf dem Schaltplan ersetzt werden, wenn es dadurch keine Mehrdeutigkeit gibt. Wenn die Kennzeichnungen in Listen erscheinen (z. B. Anschlußtabellen, Stücklisten), können die Spalten der Listen so angeordnet werden, daß die Vorzeichen entfallen.

Grundsätzlich ist die Reihenfolge der Kennzeichnungsblöcke beliebig. Die in Abb. 1.63 dargestellte Reihenfolge der Kennzeichnungsblöcke wird jedoch bevorzugt.

Die Anlage wird durch Buchstaben und/oder Ziffern gekennzeichnet. Die Kennzeichnung ist in keiner Norm festgelegt und den jeweiligen Anwendern vor-

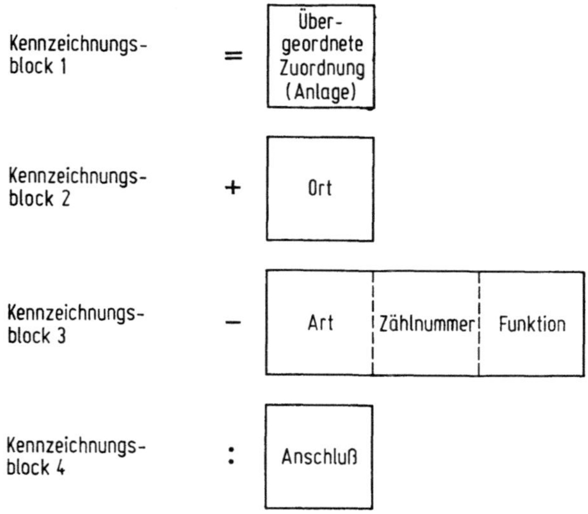

Abb. 1.62. Kennzeichnungsblöcke für den Aufbau von Zielbezeichnungen in Verdrahtungsplänen

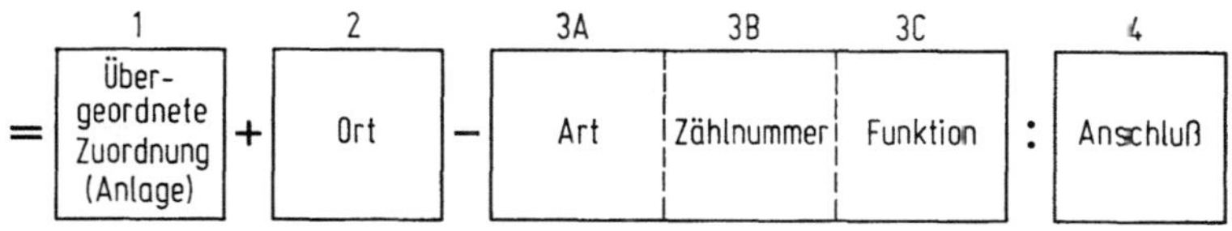

Abb. 1.63. Bevorzugte Reihenfolge von Kennzeichnungsblöcken

behalten. Meistens wird man hierzu eine auch in anderen Bereichen der Planung übliche abkürzende Bezeichnung der Anlage oder des Gebäudes verwenden.

Grundsätzlich sollte die Ortskennzeichnung aus einer Reihenfolge von Buchstaben und Ziffern bestehen. In DIN 40719, Teil 2, sind hierfür Kennbuchstaben aufgeführt. Im Bereich der MSR-Technik sind sehr unterschiedliche anwenderspezifische Ortskennzeichnungen üblich. Es können daher nur häufig verwendete Ortskennzeichnungen in Tabelle 1.4 beispielhaft gebracht werden.

Zur Kennzeichnung der Art eines Betriebsmittels sind in DIN 40719, Teil 2, Kennbuchstaben aufgeführt. Eine kurzgefaßte Auswahl zeigt Tabelle 1.5.

Jedem Kennbuchstaben werden entsprechend der vorkommenden Anzahl noch Zählnummern angehängt. Die Zählnummer sollte innerhalb der Art des Betriebsmittels jeweils neu bei 1 beginnen. Die Zählnummer darf 1- bis 3-stellig sein. Die Zählnummer ist obligatorisch und muß immer angegeben werden.

Die Funktion, die ein Betriebsmittel ausübt, kann durch einen oder zwei Buchstaben oder durch einen Buchstaben und eine nachfolgende Ziffer gekennzeichnet werden. Die verwendete Kennzeichnung ist in der Schaltungsunterlage zu erläutern. Für Fälle, bei denen eine allgemeine Information über die Funktion ausreicht, sollen die Buchstaben nach DIN 40719, Teil 2, angewendet werden. Damit erübrigt sich die Erläuterung in den Schaltungsunterlagen. Die Tabelle 1.6 zeigt einen Überblick. Die Kennzeichnung der Funktion kann weggelassen werden, wenn sie nicht erforderlich ist. Zur Kennzeichnung der Signalfunktionen bei Steuerungen werden auch vielfach einige Kennbuchstaben nach DIN 40719, Teil 6, verwendet (z. B. F = Freigabe, R = Rücksetzen, S = Setzen, RC =

Tabelle 1.4. Ortskennzeichnung von MSR-Betriebsmitteln

Kennbuchstabe	Bedeutung	Beispiel
A	Baugruppe	Steckkarte
E	Baugruppenträger	19″-Einschub
F	Schaufließbild	
K	Gestell, Schrank, Kasten, Rangiergestell (falls gewünscht)	
P	Pult	
R	Rangierverteiler	Rangiergestell, Rangierschrank, Ablagegestell
T	Tafel	
V	Verteilerkasten	
W*	Warte	
S*	Schaltraum, allgemein	
C*	Rechnerraum	
Q*	Analysengeräteraum	
B*	Leitstand, MSR-Raum, usw. im Betrieb	

* Da die Trennung von Warte und Schaltraum vielfach nicht eindeutig möglich ist und auch die verschiedenen Schaltraumtypen untereinander häufig in gemischter Form vorkommen, soll vorzugsweise der Buchstabe „S" verwendet werden.

Tabelle 1.5. Kennbuchstaben für die Art eines MSR-Betriebsmittels

Kennbuchstabe	Art des Betriebsmittels
A	Baugruppen, Teilbaugruppen
B	Umsetzer von nicht elektrischen auf elektrische Größen oder umgekehrt
C	Kondensatoren
D	Binäre Elemente, Verzögerungseinrichtungen, Speichereinrichtungen
F	Schutzeinrichtungen
G	Generatoren, Stromversorgungen
H	Meldeeinrichtungen
K	Relais, Schütze
L	Induktivitäten
M	Motoren
N	Verstärker, Regler
P	Meßgeräte, Prüfeinrichtungen
Q	Starkstrom-Schaltgeräte
R	Widerstände
S	Schalter, Wähler
T	Transformatoren
U	Modulatoren, Umsetzer von elektrischen in andere elektrische Größen
V	Röhren, Halbleiter
X	Klemmen, Stecker, Steckdosen
Y	elektrisch betätigte mechanische Einrichtungen

Rückmeldung). Da diese in ihrer Funktion nicht immer mit DIN 40719, Teil 2, übereinstimmen, müssen gegebenenfalls auf den Schaltungsunterlagen die Abkürzungen erläutert werden.

Die Anschlußbezeichnungen sollen denen des Betriebsmittels entsprechen. Die Anschlußbezeichnung kann aus Ziffern und/oder Buchstaben bestehen. Für eine Vielzahl von elektrischen Betriebsmitteln sind Anschlußbezeichnungen genormt, z. B. in DIN 42400 und DIN 42401.

Tabelle 1.6. Kennbuchstaben für die Kennzeichnung allgemeiner Funktionen von MSR-Betriebsmitteln

Kennbuchstabe	Allgemeine Funktion	Kennbuchstabe	Allgemeine Funktion
A	Hilfsfunktion, Funktion Aus	N	Messung
B	Bewegungsrichtung (vorwärts, rückwärts, heben, senken, im Uhrzeigersinn, entgegen dem Uhrzeigersinn)	P	Proportional
		Q	Zustand (Start, stop, Begrenzung)
C	Zählung	R	Rückstellen, löschen
D	Differenzierung	S	Speichern, aufzeichnen
E	Funktion Ein	T	Zeitmessung, verzögern
F	Schutz	U	—
G	Prüfung	V	Geschwindigkeit (beschleunigen, bremsen)
H	Meldung		
J	Integration	W	Addieren
K	Tastbetrieb	X	Multiplizieren
L	Leiterkennzeichnung	Y	Analog
M	Hauptfunktion	Z	Digital

Entsprechend ihrer Aufgabe unterscheidet man bei Verschaltungsplänen zwischen Geräteverdrahtungs-, Verbindungs- und Anschlußplan.

Ein *Geräteverdrahtungsplan* stellt alle Verbindungen innerhalb eines Gerätes oder einer Gerätekombination dar. Er spielt bei der Planung von MSR-Einrichtungen nur eine untergeordnete Rolle. Die meisten Geräte werden in den Planungsunterlagen heute durch Blöcke oder vereinfachte, meist genormte Bildzeichen dargestellt. Somit entfällt eine detaillierte Darstellung aller geräteinternen Verbindungen. Im allgemeinen ist es üblich, daß die Gerätehersteller in ihren Prospektunterlagen und/oder Bedienungsanleitungen Geräteverdrahtungspläne aufzeigen, so daß eine grobe Übersicht über die interne Schaltung gegeben ist. In den von den Geräteherstellern zur Verfügung gestellten Reparatur-Unterlagen werden Geräteverdrahtungspläne in ausführlicher Form erwartet.

Ein *Verbindungsplan* stellt die Verbindungen zwischen den verschiedenen Geräten oder Gerätegruppen einer Anlage dar. Der Verbindungsplan ist eine wichtige Schaltungsunterlage für die Fertigungswerkstatt. Werden z. B. in einer Werkstatt Baugruppenträger mit vielen einzelnen Baugruppen bestückt, so sind die zwischen den einzelnen Baugruppen erforderlichen Verbindungen im Verbindungsplan dargestellt. Der Facharbeiter wird in der Werkstatt nach diesem Plan die einzelnen Baugruppen untereinander verschalten, ohne sich über die Funktion der Gesamtbaugruppe im Klaren zu sein. Abbildung 1.64 zeigt den Verbindungsplan für einen 19″-Baugruppenträger (Rückansicht auf die Steckerleiste der Baugruppen).

Ein *Anschlußplan* zeigt die Anschlußpunkte einer elektrischen (oder pneumatischen) Einrichtung und die daran angeschlossenen inneren und äußeren leitenden Verbindungen. Vielfach wird der Anschlußplan auch *Klemmenplan* genannt. Der Anschlußplan wird vorzugsweise für die Montage benötigt. Die Verbindungsstellen werden im Anschlußplan einheitlich dargestellt. Man unterscheidet nicht, ob es sich um eine Klemm-, Steck- oder Lötverbindung handelt. In DIN 40719, Teil 9, sind wesentliche Details zur Ausführung von Anschlußplänen aufgeführt. An jeder Verbindungsstelle muß im Anschlußplan nach zwei Seiten ausreichend Platz sein für die Eintragung der Zielbezeichnungen sowie für Angaben zur Leitungsbezeichnung, zur Adernumerierung und zum Leitungstyp.

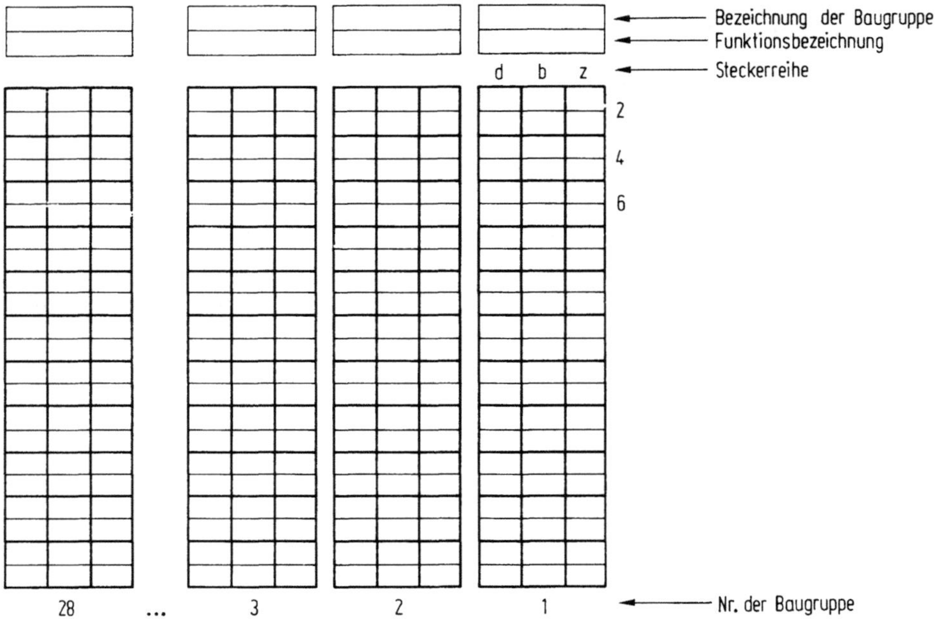

Abb. 1.64. Verbindungsplan für die Baugruppen eines Baugruppenträgers

Die Leitungsbezeichnung erfolgt durch den Kennbuchstaben „W" und eine anhängende, fortlaufende Numerierung. Bei kleinen Anlagen kann die Leitungsbezeichnung weggelassen werden.

Die Angaben zum Leitungstyp erfolgen nach VDE 0250. Neben den Bezeichnungen zum Aufbau der Leitung können die Angaben zum Querschnitt der Adern und die Adernzahl angegeben werden (z. B. H07RN-F $4 \times 1{,}5$).

Für die Auswahl der richtigen Kabel und Leitungen ist auf die Signalart der Anschlüsse, wie pneumatisch, eigensicher, nicht eigensicher (< 65 V oder auch > 65 V) zu achten. Spezialkabel, wie Thermoelement-Ausgleichsleitungen oder für pH-Verstärker bzw. induktive Durchflußmesser, erfordern häufig auch spezielle Anschlüsse.

Entsprechend ihrem meist tabellarischen Aufbau werden Anschlußpläne vielfach auch Anschlußliste oder Verschaltungsliste genannt. Abbildung 1.65 zeigt die Verschaltungsliste für eine vielpolige Steckerleiste, wie sie in Rangiergestellen Verwendung findet.

Beim Belegen von Rangiergestellen werden zunächst die Sammelkabel von Verteilerkästen, Tafelleisten oder Gerätegestellen mit ihren Adern der Reihe nach aufgelegt. Dann geht man in den noch unvollständigen MSR-Stellenplan zurück, trägt dort, ausgehend von den Geräteanschlüssen, die zugehörigen Klemmstellen der Verteilerkästen, Tafeln und Gerätegestelle ein und kann dann leicht die notwendigen Rangierverbindungen ablesen und in die Anschlußpläne der Rangierung übernehmen.

Die Rangierung ist so weitgehend schematisiert, daß der zugehörige Anschlußplan als *Rangierliste* reinen Tabellencharakter haben kann. Bei großen Anlagen ist die Erfassung aller benötigten mehradrigen Leitungen (Kabel) in einer Leitungsliste empfehlenswert. Sie gibt neben dem Start- und Zielpunkt auch Auskunft über die Adernzahl und den Leitungstyp. In Abb. 1.66 ist das Beispiel einer Leitungsliste dargestellt.

Firma	**Verschaltungsliste** Baugruppe <---> ~~Baugruppe/Geraet~~/Rangierverteiler Typ *Meßumformer - Speisegerät*	erstellt am *1. 3. 84* Seite *1*
Werk *Goldfinger*	Gebaeude/MSR-Raum *1101*, *EG.*	K *47*
Anlagenkomplex *Destillation 1*		E *4*
Gebaeude *1101*		
Projektbez. *Dest. 1*	Projektnummer *12345*	X *6*
		Aend.-Index

MSR-Stellen-bezeichnung	Geraete-Kurzbezeichnung	Freie Texte	Art Z-Nr.	Zielbezeichnung	ı	W	Zielbezeichnung	Zielbezeichnung	R
T 3.3	*Schreiber*			*A1 : d22*	1		*R57 X10 : 9*		
				: z22	2		*: 10*		
T 3.4	*Schreiber*			*A2 : d22*	3		*R57 X10 : 5*		
				: z22	4		*: 6*		
F 3.2	*Schreiber*		*FR18*	*A4 : d22*	5		*R61 X58 : 29*		
				: z22	6		*: 30*		

Abb. 1.65. Anschlußplan für eine vielpolige Steckerleiste (Originalgröße in DIN A4)

Firma	Leitungsliste	erstellt am 27. 2. 84 Seite 1
Werk Goldfinger Anlagenkomplex Destillation 1 Gebaeude 1101 Projektbez. Dest. 1	Projektnummer 12345	Aend. - Index

Leitungs-bezeichnung W	Zielbezeichnung von	Zielbezeichnung Einbauort	Zielbezeichnung nach	Zielbezeichnung Einbauort	Leitungen Typ	Leitungen Aderzahl	Leitungen Querschnitt	Bemerkungen	R
1	V 3.6.01 X1	1. OG.	R 67 X5	Warte EG.	NYM - I	31	1,5		
2	V 3.6.02 X2	1. OG.	R 67 X6	Warte EG	NYM - 0	30	1,5		
3	V 3 5.03 X1	1. OG.	R 68 X4	Warte EG.	NYM - 0	30	1,5		
4	T 34 X11	Warte EG.	R 61 X58	Warte EG.	NYM - I	31	1,5		
5	T 34 X12	Warte EG.	R 61 X59	Warte EG.	NYM - I	31	1,5		

Abb. 1.66. Leitungsliste (Originalgröße in DIN A4)

1.2.4.4. Anordnungspläne

Unter einem Anordnungsplan versteht man die Darstellung der räumlichen Lage von Apparaten, Rohrleitungen, Geräten, Baugruppen, usw. in der Anlage oder einem anderen Einbauort. Diese Darstellung kann räumlich, z. B. durch Parallelperspektive (Isometrie) oder flächenhaft, z. B. durch Vorderansicht, Draufsicht oder Seitenansicht erfolgen. Aus Kostengründen wird man in den meisten Fällen im Bereich der MSR-Technik mit der flächenhaften Darstellung zufrieden sein. Lediglich für den Bereich der Montagetechnik kann die räumliche Darstellung durch die Anwendung der isometrischen Zeichentechnik Vorteile bieten.

In DIN 40719, Teil 10, sind Hinweise zur Ausführung von Anordnungsplänen aufgeführt. Im folgenden werden die für die MSR-Technik wichtigen Anordnungspläne vorgestellt und erläutert. Dabei werden sowohl der allgemeinen Übersicht dienende Anordnungspläne beschrieben, als auch die für Montage einer einzelnen Baugruppe oder eines Gerätes notwendigen Anordnungspläne. Eine besondere Art der Anordnungsdarstellung bildet das Anlagenmodell.

Der *Gebäude-Anordnungsplan* zeigt die örtliche, meist maßstäbliche Lage der einzelnen Gebäude zueinander. Aus ihm soll erkennbar sein, welche anderen Gebäude das von der Planung betroffene Gebäude umgeben, die Himmelsrichtung, die Gebäudeein- und -ausgänge, die zwischen den einzelnen Gebäude liegenden Rohrbrücken, usw.

Der *Bühnen-Anordnungsplan* zeigt die Lage der im Gebäude befindlichen Bühnen und gegebenenfalls Zwischenbühnen. Es handelt sich somit um einen Querschnitt (Seitenansicht) durch das Gebäude. Aus diesem Anordnungsplan sollen die Höhen der verschiedenen Gebäudeteile erkennbar sein.

Der *Apparate-Anordnungsplan* ist die bildliche Darstellung der Lage der Apparate auf einer Bühne bzw. Zwischenbühne. Dieser Anordnungsplan sollte maßstäblich ausgeführt sein, damit aus ihm gegebenenfalls Abstände zwischen den Apparaten und Wänden oder Trägern usw. ablesbar sind. In diesem Anordnungsplan müssen unbedingt alle Gebäudewände, Stützen und Träger eingezeichnet sein.

Der *Warten-Anordnungsplan* zeigt den Grundriß der Warte mit allen eingebauten Details. Diese Details sind die Tafeln mit ihren wichtigen Konstruktionselementen, die Einbaulage von Steuerpulten, Schreibtischen, usw. Aus diesem Anordnungsplan soll auch die Numerierung der einzelnen Tafeln hervorgehen. Während der Gebäude-, Bühnen- und Apparate-Anordnungsplan von anderen Fachabteilungen erstellt wird, verlangt der Wartenanordnungsplan schon die Mitwirkung der MSR-Abteilung. Alle weiteren mehr ins Detail gehenden Anordnungspläne sind vom MSR-Planer zu erstellen.

Der *Schaltraum-Anordnungsplan* zeigt den Grundriß des Schaltraums und die darin eingebauten Gestelle, Schränke, usw. Die Numerierung der erwähnten Einbauten sollte aus diesem Plan hervorgehen. Ebenso ist es zweckmäßig, wichtige Durchbrüche für die Kabel- und/oder Rohrverlegung mit einzuzeichnen. Der Schaltraum-Anordnungsplan kann, falls sich der Schaltraum hinter den Tafeln der Warte befindet, mit dem Warten-Anordnungsplan zusammengefaßt werden. Als vereinfachtes Beispiel kann Abb. 1.33 im Unterabschnitt 1.2.3.5. dienen.

Der *Tafel-Anordnungsplan* zeigt die Einbaustellen der verschiedenen MSR-Geräte in der Tafel und deren Zuordnung zu den MSR-Stellen. Die Umrisse eines jeden MSR-Gerätes sind entsprechend seiner Einbaugröße einzuzeichnen. Aus wirtschaftlichen Gründen wird der Planer bei Verwendung von standardisierten Tafeln einen Zeichnungsvordruck mit vorgegebener Rasteraufteilung verwenden.

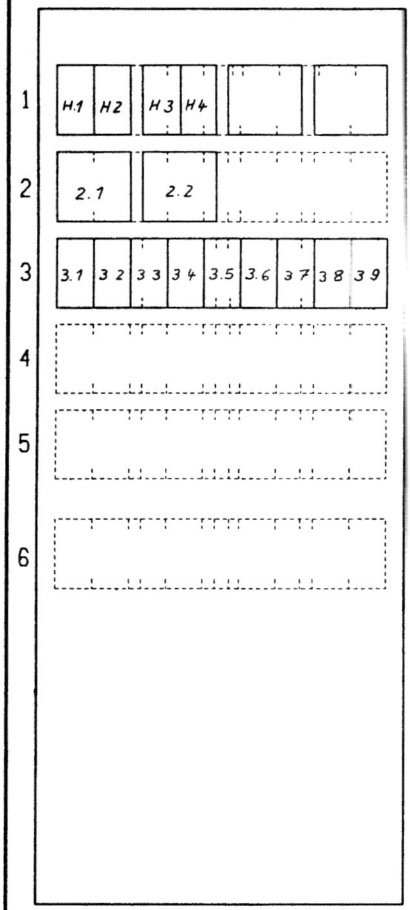

Pos.	MSR-Stellen-Bezeichnung	Bemerkungen
H1-4		Leuchttableau
2.1	T 31.01	M1 0-200 °C Schreiber, 6fach
	T 32.02	M2
	T 32.04	M3
	T 3.1	M4
	T 3.2	M5
	T 3.4	M6
2.2	L 31.01	M1 0-2000 kg/h Schreiber, 3fach
	P 3.1	M2
	F 3.2	M3
3.1	T 31.01	Temp. R31 Anzeige m. 2 Grenzw.
3.2	T 32.02	Dampf Eintritt R32, Anzeige m. 2 Grenzw.
3.3	T 32.04	Dampf Austritt R32, Anzeige m. 2 Grenzw.
3.4	T 3.1	Kaskadenr. K3.1 Regler m. 2 Grenzw.
3.5	L 3.1	Regler
3.6	F 3.2	Regler

T 34

Firma	Geb.	1101	Dat.	30.3.84	Tafel 34 Warte EG.	84 0312-4
	Anl.	Dest. 1	gez.	Weiler		
			gepr.			

Abb. 1.67. Tafel-Anordnungsplan

In diese Rasteraufteilung werden die MSR-Geräte eingezeichnet. Abbildung 1.67 zeigt das Beispiel eines Tafel-Anordnungsplanes.

In das durch seine Umrisse dargestellte Gerät wird die entsprechende MSR-Stellenbezeichnung eingetragen. Steht hier in Ausnahmefällen nicht genügend Platz zur Verfügung oder werden zusätzliche Informationen, z. B. die Kennzeichnung des Gerätetyps, gewünscht, so werden die Geräte positioniert und die Positionen in einer neben dem Anordnungsplan oder getrennt beigefügten Liste erläutert.

Die Belegung von Bedienpulten und örtlichen Bedienkästen in der Anlage ist ebenfalls durch Anordnungspläne darzustellen. Diese und die Tafelanordnungspläne sind rechtzeitig mit dem künftigen Betreiber abzustimmen.

Ist der Produktionsprozeß in der Warte auf einem Schaufließbild darzustellen, so ist ein *Schaufließbild-Anordnungsplan* anzufertigen. Als Vorlage dienen meist die RI-Fließbilder. Vielen Planern fällt es dabei schwer, die detaillierte RI-Darstellung auf eine einfache und klare Darstellung im Schaufließbild zu reduzieren. Bei der Planung sind deshalb standardisierte Bildmodule hilfreich, besonders bei Schaufließbildern in Mosaiktechnik. Abbildung 1.68 zeigt einen Ausschnitt aus einem Schaufließbild-Anordnungsplan in dieser Technik.

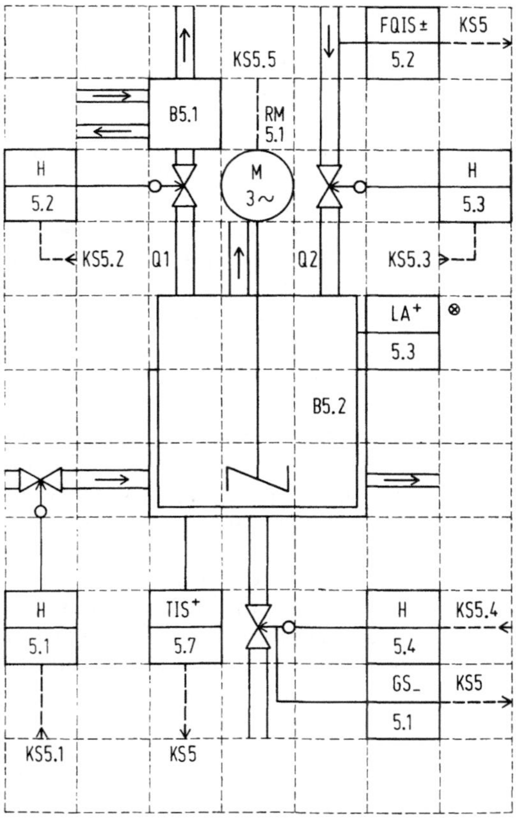

Abb. 1.68. Schaufließbild-Anordnungsplan

Rohrleitungen und andere Förderwege werden farbig dargestellt, wobei die Farbpalette für die Kennzeichnung von Rohrleitungen nach DIN 2403 (Rot: Dampf, Grün: Wasser, Gelb: Gas, Blau: Luft, Orange: Säure, Violett: Lauge,

Braun: Organische Flüssigkeit) festgelegt und in das Schaufließbild zu übernehmen ist. Die angegebene Farbpalette reicht für Chemieanlagen, besonders bei einer Vielzahl von Gasen oder organischen Flüssigkeiten, nicht immer aus. Da jedoch die festgelegten Grundfarben auch als Anstrichfarben für die Rohrleitungen in der Anlage verwendet werden, sollte eine weitere ins Detail gehende farbliche Kennzeichnung nur in Ausnahmen und dann in jedem Fall ohne Änderung der Grundfarbe erfolgen. Im Schaufließbild bietet sich für solche Details einerseits die ergänzende Beschriftung durch Klartext und andererseits die Hinzunahme einer Ergänzungsfarbe an. Diese Ergänzungsfarbe sollte jedoch immer nur in einem Verhältnis von mindestens 1 : 3 zur Grundfarbe gewählt werden, damit die Grundfarbe in der Darstellung noch dominierend bleibt.

Als Alternative zum Schaufließbild werden in zunehmendem Maße Bildschirme eingesetzt. Für den Aufbau der Anlagenbilder geht man auch hier zweckmäßig von einem aus dem RI-Fließbild entwickelten Anordnungsplan aus, wobei die Nutzung von Bildmodulen und Standardfarben hilfreich ist.

Die zu den MSR-Räumen gehörenden Analysengeräteräume bergen komplexe Prozeßanalysengeräte, deren Anordnung einschließlich aller Signal-, Hilfsstoff- und Meßstoffleitungen zweckmäßig in einem Plan angegeben wird.

Der *Gestell-Anordnungsplan* zeigt die Einbaustellen der verschiedenen Baugruppenträger und deren Benennung. Dabei sollen keine naturgetreuen Abbildungen verwendet werden. Es ist zweckmäßig, bei der Verwendung von standardisierten Gestellen, z. B. 19″-Gestellen, zur Planungserleichterung einen Zeichnungsvordruck zu verwenden. In diesem Zeichnungsvordruck können die verschiedenen Baugruppenträger eingezeichnet werden. Die zusätzlichen Erläuterungen werden zweckmäßigerweise in einer auf dem Zeichnungsvordruck vorhandenen oder getrennt beigefügten Beschreibungsliste eingetragen. Abbildung 1.69 zeigt das Beispiel eines Gestell-Anordnungsplanes.

Der *Baugruppen-Anordnungsplan* ist die zeichnerische Darstellung einer Baugruppenträger-Vorderansicht, aus welcher die verschiedenen in den Baugruppenträger eingebauten Baugruppen ersichtlich sind. Diese können in der Zeichnung direkt auf einer neben der Zeichnung befindlichen oder getrennt beigefügten Liste erläutert werden. Dabei ist es zweckmäßig, nicht nur den Typ der Baugruppe, sondern auch deren genauen Einbauort zu kennzeichnen.

Während die Anordnung der MSR-Einrichtungen in Räumen, Gestellen usw. in übersichtlicher Form möglich ist, geht das naturgemäß in der Anlage nicht mehr. Meß- und Stellorte, sowie die Kabelbahnen sind weiträumig verteilt und müssen an die räumlichen Verhältnisse der Anlage angepaßt werden. Ein wichtiges Hilfsmittel zu ihrer örtlichen Festlegung ist ein *Anlagenmodell*, z. B. im Maßstab 1 : 25.

In das alle Bühnen, Stahlträger, Apparate und Rohrleitungen enthaltende Modell werden die Hauptkabelbahnen, die Verteilerkästen, die Meßaufnehmer und die Stellgeräte eingefügt. Alle MSR-Einrichtungen erhalten im Modell eine einheitliche Kennfarbe und werden, außer bei Kabelbahnen, mit ihren Bezeichnungen eingetragen. Dabei kann man schon im Modell auf den funktionsgerechten Einbau der Meßaufnehmer und Stellgeräte achten. Außerdem sind die Ein- und Ausbaumöglichkeiten und eine gute Zugänglichkeit der Einrichtungen für die spätere Instandhaltung frühzeitig sicherzustellen. Die Leitungsführung der MSR-Luftversorgung und der Standort von zugehörigen Reduzierstationen werden ebenfalls im Modell angegeben.

Die Lage der Verteilerkästen ergibt sich aus der räumlichen Gruppierung der MSR-Geräte, aus der Anbringungsmöglichkeit für die Verteilerkästen und aus der Wahl der optimalen Adernzahl für das Sammelkabel zum Schaltraum. Dabei ist

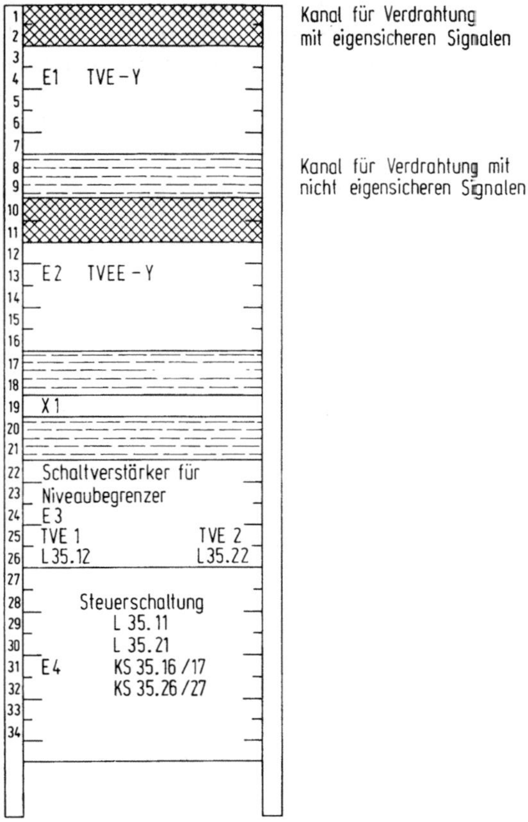

Abb. 1.69. Gestell-Anordnungsplan

abzuwägen zwischen wenigen Sammelkabeln mit hoher Adernzahl und entsprechend großen Einzugsgebieten der Verteilerkästen oder vielen Kabeln mit geringer Adernzahl und entsprechend kurzen Verbindungen zu den Geräten.

Die Führung der Haupt-Kabelbahnen erfolgt häufig entlang der Rohrleitungsstaffeln. Neben einer guten Zugänglichkeit beim Einlegen der Kabel ist vor allem der Schutz gegen Brand und mechanische Beschädigung zu beachten. In der Nähe der Kabeleinführung in den Schaltraum konzentrieren sich viele Kabelstränge. Schon ein kleiner Brand an dieser Stelle kann zu einem umfassenden und langen Produktionsausfall führen.

Nach den Planungsunterlagen zur Erstellung des Modells, aber auch nach dem dann erstellten Modell werden von den Modellbauern isometrische Zeichnungen der Rohrleitungen in großer Zahl angelegt. In diesen gilt es zu prüfen, ob alle in die Rohrleitungen einzubauenden MSR-Geräte mit ihren Maßen, ihren Einlaufstrecken, ihrer Lage usw. richtig dargestellt sind. Dies ist eine gute Gelegenheit, eventuell aufgetretene Mißverständnisse und Informationslücken zwischen den verschiedenen Fachabteilungen auszuräumen.

Trotz aller Vorzüge hat das Modell den großen Nachteil, nur einmal zu existieren und nicht kopierfähig zu sein. Fotografien des Modells zeigen kaum die vielen kleinen Details der MSR-Technik. Deshalb ist es ratsam, für die MSR-Einrichtungen im Anlagenfeld einen *Feld-Anordnungsplan* anzulegen. Zweckmäßig geht man dabei von Mutterpausen der Apparate-Anordnungspläne aus, in die dann die Haupt- und Stich-Kabelbahnen, die Verteilerkästen, die Meßaufnehmer, die Stellgeräte und andere wichtige MSR-Einrichtungen mit ihrer örtlichen Lage eingetragen werden. In einem weiteren Schritt kann man auch noch die Höhenlage der MSR-Einrichtungen eintragen. Die auf diese Weise erstellten Feld-Anordnungspläne sind kopierfähig und bilden für Kalkulation und Ausführung der Montage eine sehr gute Grundlage. Abbildung 1.70 zeigt einen Ausschnitt aus einem Feld-Anordnungsplan.

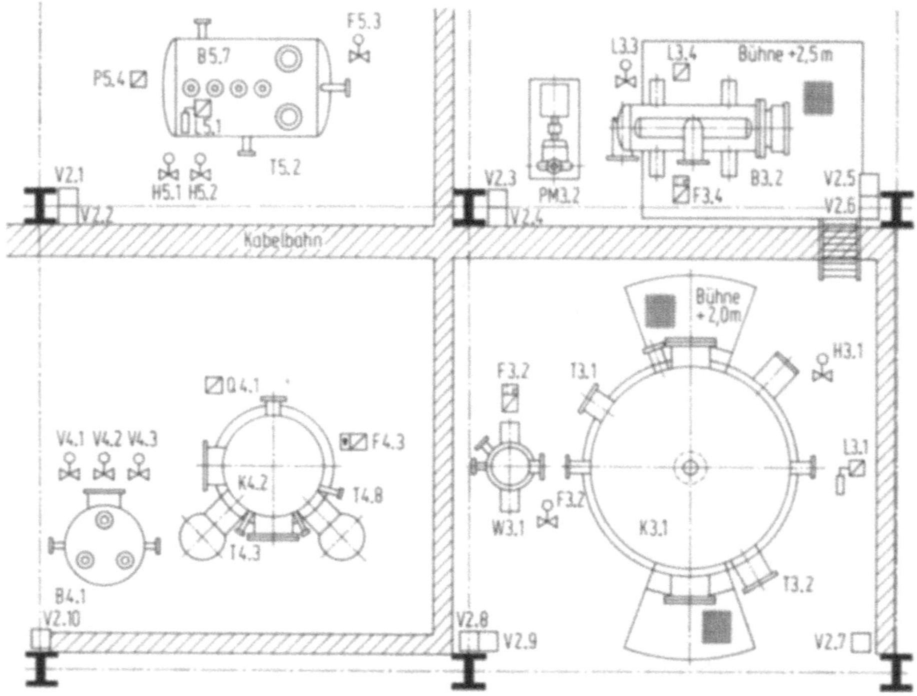

Abb. 1.70. Feld-Anordnungsplan

Die Anordnung von Meßaufnehmern, Meßumformern und Stellgeräten in und an Apparaten und Rohrleitungen ist vielfach durch eine Anzahl von Grundregeln festlegbar. Zu diesen gehören z. B. standardisierte Spezifikationen für Meßstutzen von Temperatur-, Druck- und Standmeßstellen. Abbildung 1.71 zeigt z. B. eine Auswahl von möglichen Anordnungen der Entnahmeleitungen an Meßblenden zur Durchflußmessung.

Aus den Grundregeln ist für jede Meß- und Stellaufgabe eine geeignete Anordnung auszuwählen. Bei dieser Gelegenheit sind auch die An- und Einbaumöglichkeiten an und in den Apparaten anhand der Apparatezeichnungen zu prüfen.

Auf diese gute Gelegenheit, die Abstimmung mit anderen Fachabteilungen zu überprüfen, sollte nicht verzichtet werden.

Eine nicht geringe Zahl von Meßanordnungen ist spezieller Natur und durch einfache Grundregeln nicht festlegbar. Hier ist dann ein *Meßfühler-Anordnungsplan* anzulegen. Dieser muß Lage und Art aller zur Meßaufgabe in der Anlage benötigten Elemente enthalten. In Abb. 1.72 ist das Beispiel einer Standmessung an einem Lagertank mittels eines Bodendruck-Meßumformers dargestellt.

Ergänzt man, wie in Abb. 1.72, den Meßfühler-Anordnungsplan noch um detaillierte Angaben zur Hilfsenergieversorgung und Signalübertragung, so erhält man mit den Angaben über alle benötigten Kabel, Leitungen, Enddosen, Verschraubungen, usw. eine sehr gute Unterlage für die Beschaffung des Montagematerials und die fachgerechte Ausführung der Montage. Die Ziffern verweisen

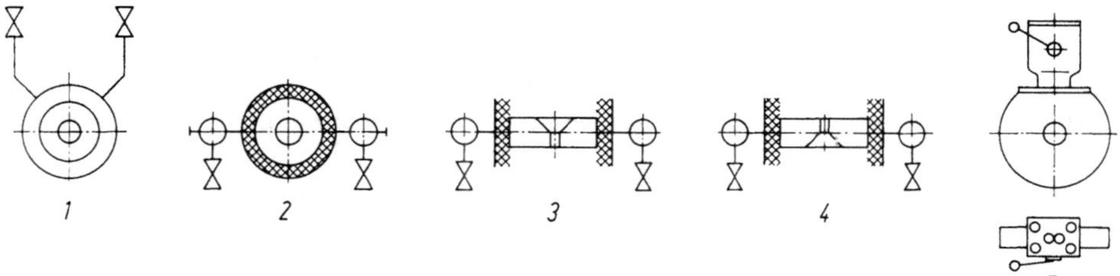

Anwendung			Strömungsrichtung			Anordnung nach	Bemerkungen
Gase	Flüssigkeiten	Dampf	waagerecht	senkrecht fallend	senkrecht steigend		
●	●		●	●	●	1	
		●	●			2	
		●			●	3	
		●		●		4	
●	●		●	●	●	5	für Mehrwegehahn oder Anschlußstück mit Blendenflansch

Abb. 1.71. Anordnung von Entnahmeleitungen an Meßblenden

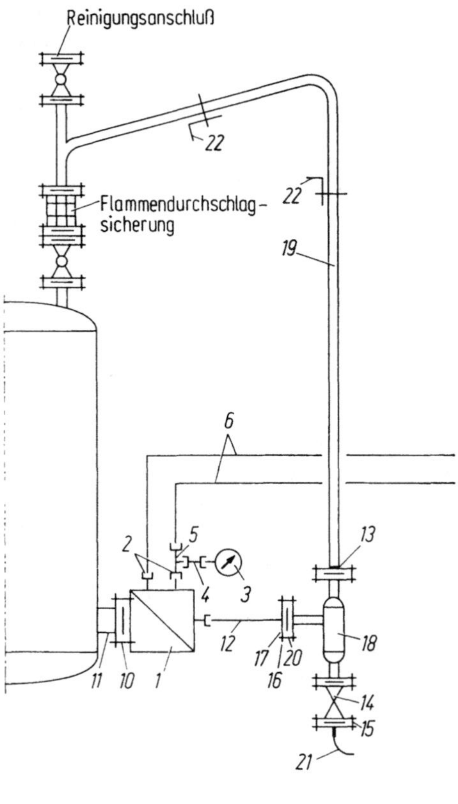

Abb. 1.72. Meßfühler-Anordnungsplan für eine Standmessung

auf eine hier nicht dargestellte Stückliste. Der Meßfühler-Anordnungsplan gehört zur Gruppe der in Unterabschnitt 1.3 erwähnten Montage-Anordnungspläne.

Der Meßfühler-Anordnungsplan gewinnt durch eine perspektivische Darstellung, wie sie z. B. im amerikanischen Einflußbereich verbreitet ist, noch zusätzlich an Deutlichkeit.

1.2.4.5. Termin- und Kostenkontrolle

Fertigstellungstermin und Anschaffungskosten einer neuen Anlage beeinflussen die Wirtschaftlichkeit einer Investition. Der Auftraggeber ist deshalb in hohem Maße an der Einhaltung dieser während der Vorplanung gesetzten Eckdaten interessiert. Der MSR-Projektleiter hat regelmäßig über die in seinem Verantwortungsbereich liegenden MSR-Termine und -Kosten dem Gesamtprojektleiter zu berichten. Zu seiner eigenen Übersicht über die MSR-Aktivitäten muß er sich geeigneter Hilfsmittel bedienen.

1.2.4.5.1. Terminkontrolle

Der Terminkontrolle kommt wegen der damit verbundenen vielfältigen Probleme besondere Bedeutung zu. Eine differenzierte Betrachtung des Projektablaufes hinsichtlich seiner zeitlichen Dimensionen ist deshalb unumgänglich. Eine erste Unterteilung stellen die Projektphasen Vor-, Basis-, Detailplanung, Montage und Inbetriebnahme dar. Diese Phasen bestehen wiederum aus einer großen Anzahl von einzelnen Vorgängen, die häufig stark miteinander verkettet sind.

Mit vielen Vorgängen kann man erst beginnen, wenn vorhergehende mit einem bestimmten Ergebnis abgeschlossen sind. Ein solches Ergebnis wird in der Zeitplanung als Ereignis bezeichnet.

Eine erfolgreiche Terminkontrolle muß auf einer die Ablaufstruktur eines Projektes klar beschreibenden Zeitplanung aufbauen. Zur Beschreibung der Zeitplanung kann man mit einem Netzplan oder einem Balkendiagramm arbeiten.

1.2.4.5.2. Netzplantechnik

Die Netzplantechnik ist ein Verfahren zur klaren Gliederung des Projektablaufes. Das Projekt wird in die einzelnen Vorgänge unterteilt, in deren Abhängigkeiten gegliedert und mit Hilfe des *Netzplanes* graphisch dargestellt. Die dabei angewandte Systematik führt zu einem einfachen Bild der Projektstruktur. Logische Verknüpfungen der Vorgänge werden überschaubar; Abweichungen vom geplanten Zeitablauf sind leicht zu erkennen, deren Ursachen und der Umfang der notwendigen Gegenmaßnahmen leichter feststellbar. Der Netzplan sollte schon sehr früh bei Projektbeginn aufgestellt werden, wenn auch zunächst nur als Grobnetzplan. In dieser frühen Phase ist er schon ein ausgezeichnetes Mittel für eine Analyse des Projektes. Während des danach folgenden Projektablaufes kann er als Instrument der Projektüberwachung dienen.

Es gibt mehrere Methoden der Netzplantechnik. Ihre Begriffe und ihre Darstellungstechnik sind in DIN 69900 festgelegt. Schon bei mittleren Projekten kann sich der Einsatz der Netzplantechnik lohnen. Fast immer muß man sich bei der Anwendung dieser Technik einer EDV-Anlage bedienen. Der Netzplan wird nicht für die MSR-Aktivitäten allein, sondern immer für das Gesamtprojekt aufgestellt. Der Gesamtprojektleiter führt die Teilprojektleiter aller beteiligten Fachbereiche und einen Netzplanfachmann in regelmäßigen Besprechungen zusammen. Hauptthemen sind dabei:

- Projektstrukturplan,
- Gesamt- und Teilnetzplan,

— Grob- und Feinnetzplan,
— Ablaufanalyse,
— Zeit- und Kapazitätsanalyse,
— Terminkontrolle.

Alle interessierenden Vorgänge werden benannt, numeriert, und ihr Zeitaufwand wird abgeschätzt. Nach der Verknüpfung der Vorgänge kann in einem ersten Rechengang geprüft werden, ob der angestrebte Endtermin erreicht wird. Durch entsprechende Kapazitätsverlagerung können manche Vorgänge abgekürzt werden. Es bleibt in der Regel ein sogenannter kritischer Weg, der nach Erschöpfung aller Zeitpuffer zum frühestmöglichen Endtermin führt. Es stellt sich dabei meist sehr schnell heraus, daß die MSR-Montage und die anschließenden MSR-Prüfarbeiten auf dem kritischen Weg liegen und dort auch bleiben.

Während des Projektablaufes ist der Netzplan ständig zu aktualisieren. Die Abfrage des Istzustandes und neue Sollwertvorgaben werden zusammen mit notwendigen Strukturveränderungen regelmäßig verarbeitet. Die Fertigmeldungen werden zweckmäßig über Vorgangskarten an die Terminstelle gemeldet. Die Darstellung des Netzplanes kann graphisch oder auch tabellarisch erfolgen.

Weitergehende Einzelheiten der Netzplantechnik sollen hier nicht erläutert werden, dazu sei auf die Literatur, z. B.[12] verwiesen. Hier interessiert stärker der die MSR-Aktivitäten beschreibende MSR-Teilnetzplan.

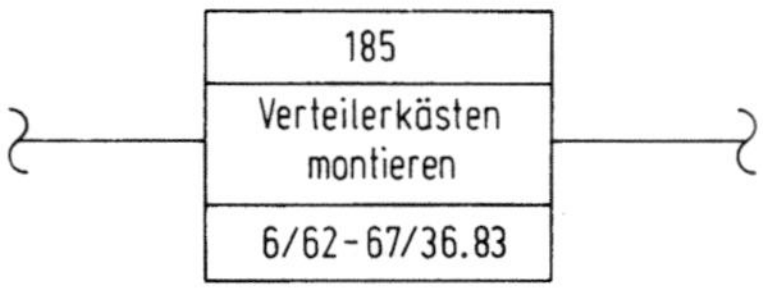

Abb. 1.73. Vorgangsknoten eines MSR-Teilnetzplanes

Beim *MSR-Teilnetzplan* geht man von dem einzelnen Vorgang als einer zeiterfordernden MSR-Aktivität mit definiertem Anfang und Ende aus. Seine Darstellung erfolgt mit Hilfe des sogenannten Vorgangsknotens. Für die Darstellung der Abhängigkeiten werden Pfeile zwischen den Vorgangsknoten benutzt. In Abb. 1.73 ist der Vorgang „Verteilerkästen montieren" als Vorgangsknoten dargestellt. Neben der Vorgangs-Nr. 185 und der Benennung des Vorgangs sind im unteren Teil Angaben zu Zeiten gemacht. Die Dauer des Vorgangs beträgt 6 Wochen, er läuft von der 62. bis zur 67. Projektwoche und ist in der 36. Kalenderwoche des Jahres 1983 abzuschließen. Falls zwischen dem frühestmöglichen und dem spätesterforderlichen Ende des Vorgangs eine Zeitspanne verbleibt, so kann diese als Puffer ebenfalls im Vorgangsknoten angegeben werden.

Alle wichtigen MSR-Vorgänge werden durch solche Vorgangsknoten beschrieben. In Tabelle 1.7 ist eine Auswahl von typischen MSR-Vorgängen in einer Vorgangsliste, allerdings noch ohne Zeitangaben, zusammengestellt. Die angegebenen Vorgangsdauern sind grob geschätzt. Die Dauer der einzelnen Vorgänge ist stark projektabhängig.

Die MSR-Vorgänge der Tabelle 1.7 sind in Abb. 1.74 zu einem stark vereinfachten MSR-Teilnetzplan zusammengefügt. Er hat viele Anschlußknoten zu dem Gesamtnetzplan. Aus Gründen der Vereinfachung sind in der Abbildung nur zwei wichtige Anschlußknoten aufgeführt, und zwar aus dem Baubereich der Vorgang B 46 „Räume ausbauen" als Voraussetzung für den Beginn des Warten-

[12] Bernecker, G.: Planung und Bau verfahrenstechnischer Anlagen. Düsseldorf: VDI-Verlag (1977).

Tabelle 1.7. Liste typischer MSR-Vorgänge

Nr.	Vorgangsbezeichnung	Vorgangsdauer in Wochen	Zeit-angaben	Bemerkungen
101	Basisplanung RI-Fließbilder	20		
109	Planung MSR-Räume	6		
113	MSR-Stellenpläne	20		
115	Datenblätter	14		
129	Kabelwege planen	2		
133	Warte fertigen	12		
135	Gestelle fertigen	3		
145	Baugruppen fertigen	8		
149	Wartengeräte bestellen	6		
151	Anlagengeräte bestellen	8		
157	Verteilerkästen planen	6		
161	Warte aufbauen	4		
163	Verteilerkästen fertigen	4		
175	Ventile, Zähler montieren	4		
179	Baugruppen montieren	2		
183	Meßumformer montieren	8		
185	Verteilerkästen montieren	6		
187	Hauptkabelwege montieren	6		
191	Wartengeräte montieren	5		
195	Stammkabel ziehen	2		
199	Warte verschalten	8		
201	Stichkabel montieren	6		
203	Warte prüfen	4		
207	Kabel anschließen	4		
209	Funktionsprüfung	2		
211	Inbetriebnahme	4		

aufbaus und der Vorgang R 23 „Rohrleitungen montieren". Die Vorgänge R 23, 183, 201, 207, 209 und 211 liegen auf dem kritischen Weg.

Der MSR-Teilnetzplan war wegen der hier gegebenen Darstellungsgrenzen auf 26 Vorgänge einzuschränken. In der Regel muß man über 100 Vorgänge zu einem MSR-Teilnetzplan zusammenfügen.

1.2.4.5.3. Ecktermine

Nicht selten wird für eine grobe Übersicht oder wenn keine EDV-Anlage zur Verfügung steht, der zeitliche Ablauf mit Eckterminen in einem *Balkendiagramm* dargestellt. Ein Balkendiagramm kann von jedermann leicht erstellt werden. Es ist am Anfang eines Projektes, vor allem aber in der Endphase der Montage von großer praktischer Bedeutung. Abbildung 1.75 zeigt an einem anderen Beispiel ein Balkendiagramm für ein Gesamtprojekt.

Besondere Ereignisse im Zeitablauf werden als *Ecktermine* oder *Meilensteine* bezeichnet. Neben der Projekteröffnung und dem Abschluß der Inbetriebnahme sind dies unter anderem für MSR die Bezugsfertigkeit der MSR-Räume und der Abschluß der Rohrleitungsmontage. Die vier genannten Meilensteine sind mit dem Buchstaben M in die Abbildungen 1.74 und 1.75 eingetragen.

Terminpläne haben in der Praxis nicht selten zwei Zwecke: Erstens sollen sie die Abläufe ordnen und zweitens werden sie von der Projektleitung oder dem Auftraggeber zur Motivation der Mitarbeiter benutzt. Zu diesen beiden Zwecken gehören häufig auch zwei verschiedene Terminziele, so daß es zu einem Konflikt kommt. Selbst wenn während des Projektablaufes viele Vorgänge verspätet zu Ende kommen, wird am Inbetriebnahmetermin festgehalten. Das führt zwangs-

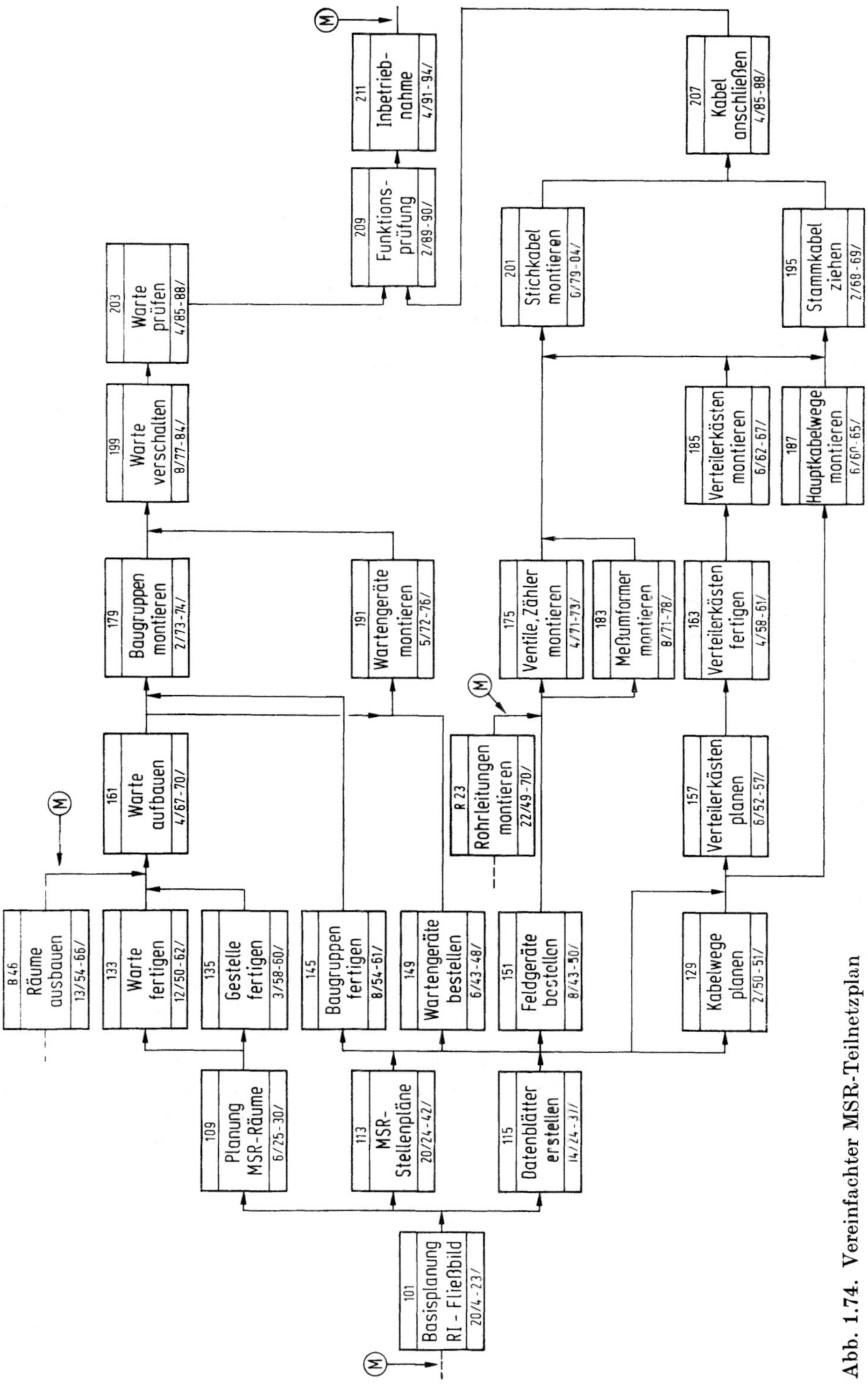

Abb. 1.74. Vereinfachter MSR-Teilnetzplan

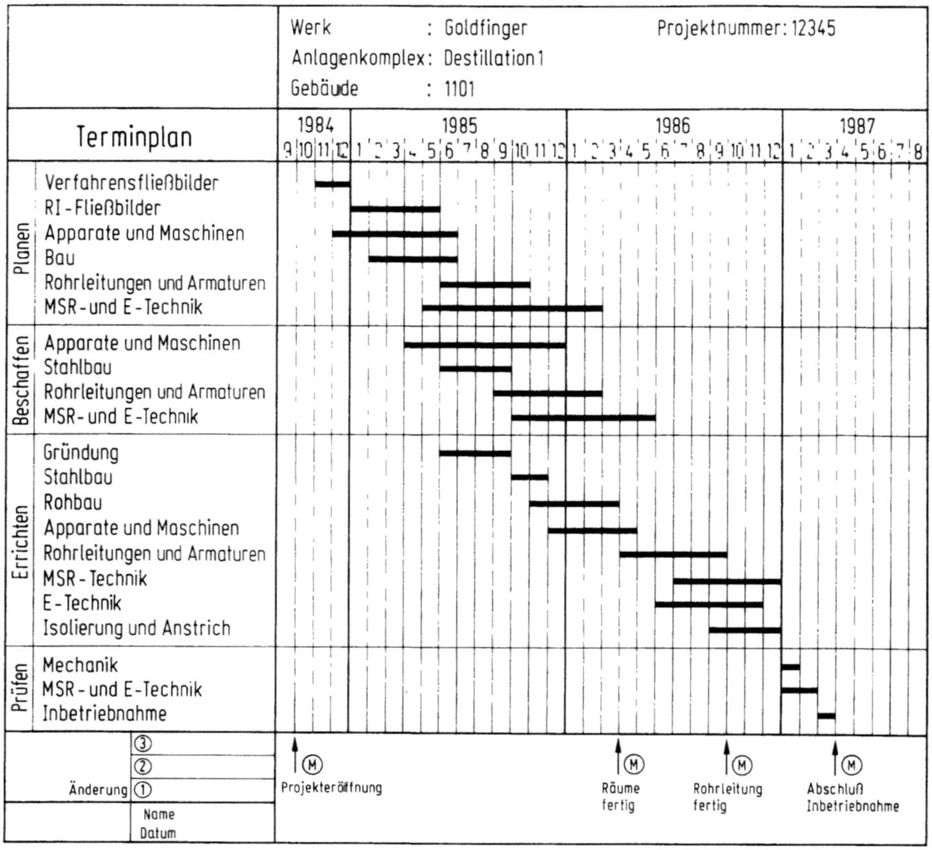

Abb. 1.75. Balkendiagramm eines Projektablaufes

läufig zu Problemen, da einerseits die MSR-Technik verständlicherweise erst in der Schlußphase eines Projektes fertiggestellt werden kann und andererseits durch die MSR-Montage die vorher eingetretenen Verspätungen noch aufgeholt werden sollen.

Nicht selten äußert auch noch der Betreiber den Wunsch, schon in dieser Phase mit der sogenannten Wasserfahrt zu beginnen. Die dabei entstehenden Terminprobleme werden häufig der MSR-Abteilung angelastet.

Einen wesentlichen Beitrag zur termingerechten Übergabe der MSR-Einrichtungen stellt die rechtzeitige Fertigstellung der RI-Fließbilder dar. Ein anderer wichtiger Punkt ist die Montage der Rohrleitungen. Bei Terminproblemen in der Schlußphase wird MSR dann gerne zum „Parallel arbeiten" aufgefordert, jedoch sollten die Rohrleitungen zu etwa 70% fertigmontiert sein, bevor wesentliche MSR-Aktivitäten in der Anlage erbracht werden. In der Regel werden die MSR-Einrichtungen frühestens 4–6 Wochen nach den Rohrleitungen fertiggestellt sein.

1.2.4.5.4. Kostenkontrolle

Mit Hilfe einer Kostenkontrolle sind die MSR-Anschaffungs- und die MSR-Gesamtkosten in regelmäßigen Abständen oder bei bestimmten Meilenstein-Ereignissen zu überprüfen. Die anfängliche Kostenschätzung ist bereits so in

Gruppen und Positionen zu gliedern, daß die entstehenden Istkosten mühelos in diese Gliederung einzuordnen sind.

Die Gerätekosten können direkt den Bestellisten entnommen, in ähnlicher Weise können die Kosten für das Montagematerial aufgelistet werden. Die Gerätekosten lassen sich relativ früh übersehen, bei ungenügender Vorbereitung kann es noch gegen Ende des Projektes zu Nachbestellungen von Montagematerial kommen. Jedoch kann man über die Gerätekosten mit einer auf das Projekt zugeschnittenen Prozentregel nach Unterabschnitt 1.2.3.9. die Montagematerial- und Montagekosten hochrechnen.

Die MSR-Montagekosten entstehen erst gegen Ende des Projektes. Ihr Umfang kann bei Beauftragung der eigenen Werkstatt aus der Auftragsliste oder bei Beauftragung einer Fremdfirma aus dem Montagevertrag entnommen werden. Die genauen Montagekosten liegen erst nach Abschluß des Projektes vor. Nicht selten ist man dann über deren Höhe überrascht. Ursachen können in Fehlschätzungen, fehlerhaften Plänen oder in widrigen Arbeitsumständen wie z. B. in zu frühem Beginn der MSR-Montage infolge Termindruckes liegen.

Bei einer nicht ausgereiften Vorplanung oder bei Betreibern ohne Projekterfahrung kommt es häufig während der Planung, auch noch bei der Montage oder sogar während der Inbetriebnahme, zu vielen Änderungen. Die kalkulierten Kosten sind dann kaum noch einzuhalten. Eine gute Kostenkontrolle kann frühzeitig die Aufmerksamkeit auf diese Probleme lenken. Die Werte der anfänglichen Kostenschätzung sollten mit dem Projektfortschritt regelmäßig revidiert werden. Man gewinnt dann genauere Sollwerte.

Die Zuordnung der Kosten zu ihren Gruppen und Positionen erfolgt zweckmäßig durch entsprechende Kommissions-, Projekt- oder Auftrags-Nummern. Wenn in einem Projekt mehrere kostenmäßig zu trennende Einheiten errichtet werden, kann es leicht zu Fehlzuordnungen kommen. Vor allem bei den Montagekosten muß man sich sehr bemühen, die Stundenleistungen für eine Einheit auch exakt auf diese zu verbuchen. Ähnliche Probleme treten bei den Ingenieurkosten dann auf, wenn eine Gruppe mehrere Projekte gleichzeitig bearbeitet. Hier ist ein *projektorientiertes Abrechnungssystem* notwendig.

Die Kosten sollten regelmäßig in ein Kostendiagramm, etwa wie in Abb. 1.76, eingetragen werden. Die vorgesehenen MSR-Anschaffungskosten werden als Sollwertlinie dargestellt. Die getätigten Bestellungen und Auftragsvergaben werden als „statistische Belastung“, d. h. als eingegangene Verpflichtungen und die nach Begleichung der Rechnungen entstandenen Kosten als „buchmäßige Belastung“

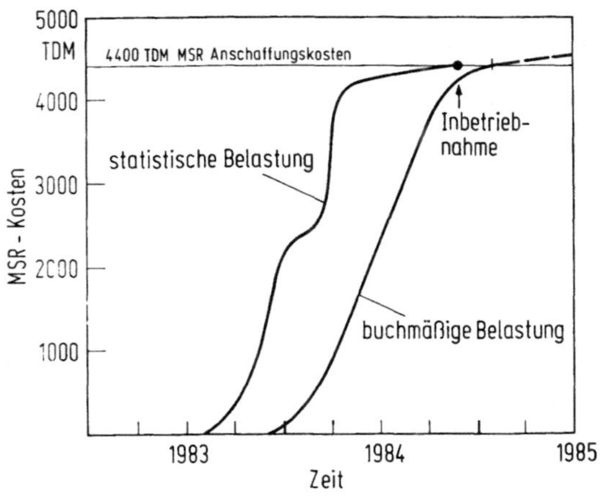

Abb. 1.76. Kostenverlauf in einem Projekt

eingetragen. Beide unterscheiden sich im wesentlichen um die Lieferzeit. Bei der statistischen Belastung gibt es Schwerpunkte im Kostenanstieg, z. B. durch Häufung von Gerätebestellungen und die Vergabe von Montageaufträgen. Wird als Quelle für die Istkosten eine monatlich erscheinende Aufstellung der Buchhaltung benutzt, so bleibt diese meist um 2 Monate hinter den aktuellen Zahlen zurück. Gegen Ende des Projektes sollte der MSR-Projektleiter deshalb seine eigenen aktuellen Zahlen einsetzen.

Zum Zeitpunkt der Inbetriebnahme werden bei einer guten Schätzung die geschätzten MSR-Anschaffungskosten erreicht sein. Die buchmäßige Belastung erreicht die Sollinie etwas später.

Wenn man nicht aufpaßt, steigen die Belastungen auf den MSR-Projektkommissionen, wie in Abb. 1.76 angedeutet, weiter. Allzu leicht werden nämlich in der Inbetriebnahmephase Inbetriebnahmekosten und Zusatzwünsche auf die Projektkommissionen verbucht. Der Kostenzuwachs geht deshalb nicht gegen Null, sondern die Kostenkurve nähert sich einer Asymptote, die durch die jährlichen MSR-Gemeinkosten gebildet wird.

Für die Ingenieurkosten sollte man ebenfalls ein Kostendiagramm anlegen. Hierzu sind die aus dem Einsatz von Spezialisten, z. B. für die Software von Prozeßrechnern, entstehenden Ingenieurkosten rechtzeitig mit zu erfassen.

1.2.4.6. Rechnerunterstützte Planung

Die rechnerunterstützte Planung hat in den letzten Jahren im steigenden Maße an Bedeutung gewonnen. Durch die hohen Personalkosten einerseits und den Wunsch nach Vermeidung von teilweise langweiligen Routinearbeiten im Bereich der Detailplanung hat man nach Mitteln und Wegen gesucht, Tätigkeiten durch Rechnerunterstützung abzuwickeln. Es konnten die für andere technische Bereiche entwickelten Programme zur Herstellung von technischen Zeichnungen, zur Textverarbeitung usw. auch für den Bereich der MSR-Technik genutzt werden. Dabei handelt es sich jedoch meistens um Programme, die vorzugsweise der „Vordergrundverarbeitung“ dienen. Die dem Rechner mitgeteilten Informationen können dabei ergänzt, verändert, ausgetauscht und sortiert werden. Eine „Hintergrundverarbeitung“ mit der Möglichkeit, einmal eingegebene Daten im Rechner automatisch auch an anderen Stellen zu verwenden, erfolgte nicht.

Rechnerprogramme mit Hintergrundverarbeitung wurden in den letzten Jahren von verschiedenen Firmen entwickelt. Dabei bezogen sie sich meist auf Teilbereiche der vielen bei Vor-, Basis- und Detailplanung vorkommenden Tätigkeiten. Der Einsatz dieser Programme bei anderen Anwendern war oft nicht möglich, da eine Anpassung an andere Standards und Organisationsformen kaum erreichbar war.

Heute sind bei mehreren Anwendern umfangreiche Programmpakete mit einer sehr intensiven Hintergrundverarbeitung in Vorbereitung bzw. schon im Einsatz. Jedoch ist noch kein Programmpaket erhältlich, mit welchem die Gesamtheit aller bei der Planung von MSR-Einrichtungen vorkommenden Tätigkeiten abgedeckt wird.

Die Einführung der rechnerunterstützten Planung in der MSR-Technik kann, wie in jedem anderen Bereich auch, nur schrittweise erfolgen. Daher ist es richtig, sich zunächst nur einzelne Programmbausteine zu beschaffen oder zu erarbeiten. Wichtig ist jedoch, daß das vorgesehene Gesamtkonzept bereits zu Beginn der Einführung der rechnerunterstützten Planung in einem ausführlichen Lastenheft beschrieben ist. Dabei müssen die vorgesehenen Nahtstellen zwischen den einzelnen Programmpaketen eindeutig definiert werden. Zu dieser Beschreibung gehört insbesondere der vorgesehene Informationsaustausch. Nur so ist sichergestellt, daß die einzelnen Programmpakete zu einem späteren Zeitpunkt Stück für Stück aneinandergereiht das Gesamtkonzept ergeben.

Durch diese Art der Vorgehensweise ergibt sich zwangsläufig, daß die rechnerunterstützte Planung weitgehend die gleiche Struktur im Hinblick auf die zu bearbeitenden Arbeitsgebiete besitzen muß wie die Struktur der manuellen Planungstätigkeiten. Nur so ist die einigermaßen problemlose Einführung einer rechnerunterstützten Planung möglich. Steht der Rechner aus technischen oder organisatorischen Gründen nicht zur Verfügung, so ist auch jederzeit eine manuelle Weiterbearbeitung gewährleistet. Es muß daher gelten:

„Die rechnerunterstützte Planung sollte mit der manuellen Planung weitgehend deckungsgleich sein."

Es hat sich gezeigt, daß durch die Einführung von rechnerunterstützter Planung auch im Bereich der manuellen Planung eine Vereinfachung und teilweise eine Abstrahierung notwendig wurde.

Im Zusammenhang mit der rechnerunterstützten Planung tauchen heute international die folgenden Begriffe auf:

— CAD (Computer-aided-design),
— CAE (Computer-aided-engineering),
— CAM (Computer-aided-manufacturing).

Ursprünglich wurde unter CAD „computer aided drawing (drafting)" verstanden. Aus diesem Begriff wurde erst später „computer aided design".

Heute wird unter CAD die Technik verstanden, mit der unter Zuhilfenahme von aktiven Bildschirmen und/oder digitalisierenden Zeichenplatten (Digitalisierer) technische Zeichnungen für die verschiedensten Bereiche in zwei- oder mehrdimensionaler Ausführung erstellt werden können.

Der Begriff CAE umfaßt die Gesamtheit aller durch Rechnerunterstützung möglichen Aktivitäten. Er stellt somit einen Oberbegriff dar und umfaßt sowohl CAD als auch CAM sowie weitere Sachgebiete.

Unter CAE versteht man für den Bereich der MSR-Technik u. a. die umfangreiche Dateiverwaltung mit den technischen Daten von MSR-Stellen, den Anschlußklemmen der verschiedenen Geräte und Baueinheiten, usw. und der hieraus ableitbaren sehr komplexen Hintergrundverarbeitung.

1.2.4.6.1. Hardware-Konzept

Die erforderliche Hardware für die rechnerunterstützte Planung hängt stark von Art und Umfang der zu bearbeitenden Aufgaben ab. In jedem Fall muß auch für die Hardware zunächst ein Gesamtkonzept einschließlich dessen zeitlicher Realisierung erarbeitet werden. Die Beschaffung der Hardware kann dann in einzelnen Schritten entsprechend den Fortschritten der rechnerunterstützten Planung erfolgen. Es empfiehlt sich, den Rechner, sein Interface und die Datenspeicher zunächst zu mieten oder über Leasing zu beschaffen. Das ist besonders bei großen Rechnersystemen günstig. Kleinere Rechnersysteme sollten durch Kauf erworben werden. Durch Miete oder Leasing besteht die Möglichkeit, entsprechend dem Ausbau des Systems die Rechnerkomponenten gegen neuere mit größerem Speichervolumen und schnelleren Arbeitsgeschwindigkeiten auszutauschen. Es muß jedoch dabei beachtet werden, daß auch die durch Leasing erworbenen Komponenten nach etwa 5 Jahren abgeschrieben sind, sich diese Methode also nur lohnt, wenn mit Änderungen am Hardware-Konzept in den ersten vier Jahren nach Einführung der rechnerunterstützten Planung zu rechnen ist.

In Abb. 1.77 ist eine Grundausstattung mit Hardware dargestellt. Für die CAD-Bearbeitung gibt es komplette Arbeitsplätze, bestehend aus interaktivem Einfach- oder Doppel-Bildschirm und zugehörigem Digitalisierer. Hierzu passend gibt es umfangreiche Softwarepakete mit hoher Intelligenz.

Zur CAE-Bearbeitung werden vorzugsweise alphanumerische Bildschirme und/oder passive graphische Bildschirme verwendet. Die alphanumerischen Bildschirme sollten einen den ergonomischen Anforderungen entsprechenden Bedienungskomfort besitzen.

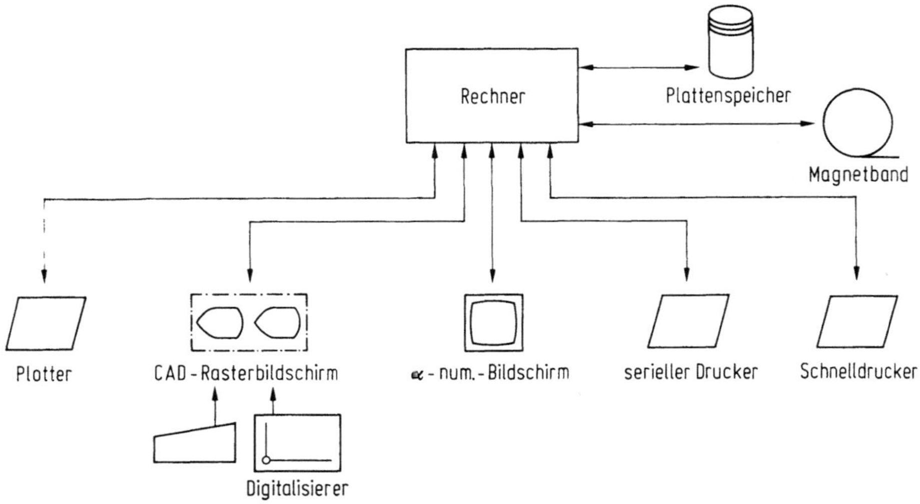

Abb. 1.77. Grundausstattung mit Hardware für eine rechnerunterstützte Planung

Zur Ausgabe von Listen, Tabellen, usw. werden verschiedene Druckertypen angeboten. Selbst in der Grundausstattung bei Einführung der rechnerunterstützten Planung sollten 2 Drucker vorhanden sein, damit bei Ausfall eines Druckers nicht der Planungsablauf gestört wird. Die Beschaffung einer Hard-Copy-Einrichtung zum Ausdruck des auf einem Bildschirm angezeigten Informationsinhalts ist für schnelle Korrekturen zweckmäßig.

Die zur Erstellung von technischen Zeichnungen erforderlichen Plotter sollten ein gutes Auflösungsvermögen haben und ausreichend schnell sein. Wegen der hohen Kosten kann man bei der Einführung der rechnerunterstützten Planung zunächst mit nur einem Plotter beginnen, wenn durch einen Wartungsvertrag sichergestellt ist, daß Störungen kurzfristig behoben werden.

Das Planungspersonal muß rechtzeitig mit der neuen Technik der rechnerunterstützten Planung vertraut gemacht werden. Hierzu ist eine umfangreiche Schulung notwendig. Es hat sich gezeigt, daß zur Eingabe von alphanumerischen Daten angelernte Hilfskräfte mit Schreibmaschinenkenntnissen ausreichend sind. Den Aufbau von technischen Zeichnungen mit CAD können für den Bereich der MSR-Technik umgeschulte Technische Zeichner bewältigen. Das Rechnersystem wird von diesen Mitarbeitern gerne akzeptiert, da mit dem Einsatz hochmoderner Eingabestationen sowohl die Arbeitsqualität wie die Arbeitsquantität gesteigert wird.

1.2.4.6.2. Programmkonzept

Alle Programme müssen so aufgebaut sein, daß auch der planende Techniker oder Ingenieur problemlos in der Lage ist, Daten in begrenzter Menge am alphanumerischen Bildschirm einzugeben, zu ergänzen und zu korrigieren. Dabei wird sich seine Tätigkeit meistens auf die Kontrolle und Ergänzung beschränken. Gerade für die nicht ständig mit der Dateneingabe beauftragten Personen ist eine sinnvolle Bedienerführung durch eine geeignete Technik anzustreben. Hier hat sich die bei Rechenanlagen im kommerziellen Bereich eingeführte Maskentechnik bewährt.

Zur Eingabe größerer Datenmengen ist eine zentrale Stelle einzurichten. Diese zentrale Stelle kann gleichzeitig die Hauptkoordinierung aller rechnerunterstützten Planungsaktivitäten einer Abteilung übernehmen. Ebenso kann durch diese Gruppe die Verwaltung der Hauptdateien, die Überwachung auf Einhaltung des Gesamtkonzepts, die Erarbeitung von Zukunftsstrategien, usw. übernommen werden.

Die richtige Struktur einer rechnerunterstützten Planung ist bei der Erarbeitung des Gesamtkonzeptes zu beachten. Dabei spielt der Datenhaushalt eine wichtige Rolle. In Abb. 1.78 sind die einzelnen Dateien und ihre Verknüpfung dargestellt. So sind einerseits Daten von anderen Abteilungen, z. B. der Anlagenplanung, Ausgangsbasis für die MSR-Planung, andererseits ist auch ein Datenaustausch mit der MSR-Montageabteilung anzustreben.

Eine wichtige Regel bei der Bearbeitung eines Projektes muß sein, benötigte Daten nur an *einer* Stelle einzugeben und diese Daten durchlässig im Rechner oder mehreren Rechnersystemen zu verarbeiten. Die Nahtstellen zwischen einzelnen Programmpaketen müssen exakt definiert und überschaubar aufgebaut sein. Dadurch kann in den einzelnen Programmpaketen mit verteilter Verantwortung verändert und verbessert werden, vorausgesetzt die Nahtstellen und deren Struktur werden nicht berührt.

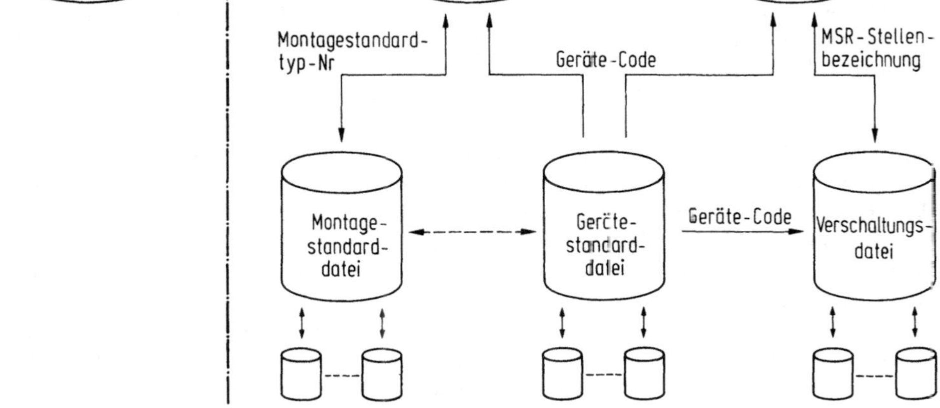

Abb. 1.78. Blockbild einer Datei-Kopplung

Ganz wesentlich bei der Rechnerplanung ist das Thema des Datenschutzes und der Datensicherung. Alle an einem Projekt tätigen Mitarbeiter müssen einerseits die Möglichkeit eines Zugriffs zu den Daten haben, andererseits darf aber nicht jeder alle Daten auch verändern können. Hier muß eine klare Anweisung über die Kompetenzbereiche geschaffen werden. Diese Kompetenzbereiche können je nach Planungsmethoden und Struktur einer Planungsabteilung unterschiedlich sein. Der Rechner kann einen Teil des Datenschutzes durch Zuordnung von Projekten zu Namen und ,,Passwords" selbst übernehmen.

Die Datensicherung sollte durch einen geeigneten Automatismus erfolgen, d. h. jede Änderung oder Ergänzung am Datenbestand muß nach beendeter Eingabe automatisch gesichert werden.

Zusätzlich sind von einer zentralen Stelle aus noch Datensicherungen auf getrennte Datenspeicher vorzunehmen, so daß auch bei Ausfall des Rechnersystems, z. B. durch Brand, diese Daten an geschützter Stelle zur Verfügung stehen. Wie oft diese Datensicherung erfolgen muß hängt sicher stark von den je Zeiteinheit eingegebenen Daten ab. Sie sollte jedoch so oft erfolgen, daß auch bei Totalausfall ein Datenbestand von nicht mehr als 0,5 Mannmonaten verloren geht. Bei sehr hoher Anzahl an Arbeitsplätzen zur Dateneingabe kann daher auch eine tägliche Sicherung notwendig werden. Um einen reibungslosen Planungsablauf zu garantieren sollten die Datensicherungen nicht während der Hauptarbeitszeit erfolgen, sondern z. B. in den Abendstunden.

Die Dateneingabe von alphanumerischen Zeichen sollte bevorzugt in auf die Ausgabe abgestimmte Masken erfolgen. Hierauf müssen die Programme Rücksicht nehmen. Die Dateneingabe von graphischen Zeichen erfolgt heute zweckmäßigerweise durch die sogenannte Menütechnik. Bei dieser Technik werden auf dem Digitalisierer sogenannte Menüfelder aufgelegt, die durch Aufruf mit einer elektronischen Lupe dann auf die angewählte Stelle der Zeichnung positioniert werden.

1.2.4.6.3. Datenblattsystem

Für den Bereich der Vorplanung ist eine Rechnerunterstützung nur sehr begrenzt möglich. Denkbar ist an dieser Stelle die Schaffung von Textkonserven zur Beschreibung von Verfahren und MSR-Konzepten, die bedarfsweise für neue Projekte aufgerufen und zusammengestellt werden können.

Ein weiterer Aufgabenbereich ist die Erstellung von Grundfließbildern, von Ablaufschemata, der Darstellung des Systemaufbaus usw. durch CAD.

Die während der Basisplanung zu erstellenden MSR-Stellenblätter (s. auch Unterabschnitt 1.2.3.3.), sowie die MSR-Spezifikationsblätter (s. auch Unterabschnitt 1.2.3.4.) können durch ein geeignetes Rechnerprogramm erstellt werden. Dabei ist die wichtigste Voraussetzung, daß das so aufgebaute ,,*Datenblattsystem*" hierarchisch gegliedert und in dieser Hierarchie von oben nach unten durchlässig ist. Das bedeutet, daß Ergänzungen oder Änderungen nur an einer Stelle zu erfolgen haben und diese automatisch durch den Rechner in die nächsten, tieferen Verarbeitungsebenen übertragen werden.

Die im technischen Bereich früher vielfach zeichenweise Dateneingabe wird heute mehr und mehr verlassen. Die bei kommerziellen Rechenanlagen übliche Maskentechnik hat sich bewährt. Dabei wird auf den Bildschirm durch den Bedienenden eine *Maske* aufgerufen. In dieser Maske sind alle zu ergänzenden Teile besonders hervorgehoben. Diese Stellen werden ausgefüllt oder, bei nicht geschützten Daten, die vorhandenen Daten überschrieben. Eine gut ausgearbeitete Maskentechnik erlaubt den Inhalt dieser angezeigten Maske zu vervielfachen, anderen MSR-Stellen zuzuordnen, usw. Beim Aufbau eines solchen Datenblattsystems sind zur Dateneingabe die folgenden Masken zweckmäßig:

Benennung der Maske	Dateneingabe
Einstiegsmaske	Werk, Anlagenkomplex, Gebäude, Projektnummer.
Hauptprojekteröffnung	Bezeichnung, Namen, Abteilung, Tel.-Nr. der am Projekt beteiligten Mitarbeiter.
Teilprojekteröffnung	Teilprojektnummer, Teilprojektbezeichnung, Namen, Abteilung, Tel.-Nr. der am Projekt beteiligten Mitarbeiter.
Eröffnung der MSR-Stelle	MSR-Stellenbezeichnung, MSR-Stellenbenennung, Art der Stelle, Meßortdaten, usw.
Kopfdaten der MSR-Stelle	MSR-Stellenbeschriftung, Gewählter Schaltungstyp, usw.
Meßstoffdaten	Stoffbezeichnung, Zusammensetzung, Aggregatzustand, usw.
Meßortdaten	Einbauort, Werkstoff, usw.
Stellstoffdaten	Stoffbezeichnung, Zusammensetzung, usw.
Stellort/Stellgeräte-Daten	Einbauort, Werkstoff, usw.
Geräte	Gerätecode, Gerätebezeichnung, usw.

In der aus dieser Tabelle ersichtlichen Hierarchie sind die Daten von oben nach unten durchlässig, d. h., in einer höheren Ebene eingegebene Daten werden automatisch auch in den tieferen Ebenen verarbeitet.

Bei einer über die Abteilungsgrenzen hinausgehenden rechnerunterstützten Planung ist es zweckmäßig, wesentliche Daten aus anderen Abteilungen halbautomatisch, d. h. erst nach Zustimmung durch den Sachbearbeiter zu übernehmen. Das trifft insbesondere für die Daten zum Meßort, Stellort, Meßstoff und Stellstoff zu. Solche Daten können z. B. aus dem Planungsbereich der Anlagenplanung automatisch übernommen werden. Von einer vollautomatischen Datenübernahme wird abgeraten, da dabei Fehler und Mißverständnisse nicht vermieden werden können. Daher ist es zweckmäßig, die zu übernehmenden Daten in einer Hilfsdatei abzulegen und erst nach Beurteilung durch den Sachbearbeiter und dessen Zustimmung in das andere Programmpaket zu übernehmen.

Der gesamte Datenbestand kann in der gewünschten Form (MSR-Stellenblätter, MSR-Stellenverzeichnis, Detaillisten über Stellorte und Meßorte, usw.) ausgegeben werden.

Besonders zu beachten ist, daß jede Änderung im Datenblattsystem automatisch zu einem Revisionsvermerk führt, so daß die Aktualität der Daten jederzeit erkennbar ist. Außerdem ist empfehlenswert, daß im Datenblattsystem die eingetragenen Daten sich optisch, z. B. durch ein anderes Schriftbild, von den Textvorgaben abheben. Das erleichtert erheblich die Übersichtlichkeit.

Der größte Nutzen durch eine rechnerunterstützte Planung läßt sich im Bereich der *Detailplanung* erzielen. Hier müssen eine Vielzahl an Informationen verarbeitet, dupliziert, ergänzt, usw. werden, wofür sich eine Rechnerunterstützung anbietet.

Die Verwendung einer rechnerunterstützten Planung beim Aufbau eines Datenblattsystems wurde bereits erwähnt. Die MSR-Stellenblätter werden bei der Detailplanung durch weitere Daten ergänzt. Da viele dieser Daten für mehrere MSR-Stellen gleich sind, bietet sich die Möglichkeit der Vervielfachung an.

Die Geräte und deren spezifische Daten werden in das Datenblattsystem übernommen. Hierzu gibt es grundsätzlich zwei wesentliche Möglichkeiten:

— Die Gerätedaten werden manuell in die MSR-Stellenblätter eingetragen. Diese Information wird anschließend auch zur Auswahl des entsprechenden *Schaltungstyps* eines MSR-Stellenplans verwendet.
— Die Gerätedaten werden automatisch aus der vorher getroffenen Auswahl eines Schaltungstyps des MSR-Stellenplans abgeleitet und in das MSR-Stellenblatt übertragen.

Beide Möglichkeiten haben ihre spezifischen Vor- und Nachteile. Insbesondere muß bei der zweiten Möglichkeit bereits der Schaltungstyp exakt gerätespezifisch aufgebaut sein, was zu einer sehr umfangreichen Schaltungstypen-Datei führt. Auch in diesem Fall sind noch Änderungen und Ergänzungen im MSR-Stellenblatt erforderlich. Der Vorteil liegt jedoch darin, daß der Planer im allgemeinen leichter eine MSR-Stelle zeichnerisch beurteilen und festlegen kann, als ausschließlich nach einer Tabelle.

Bei der ersten Möglichkeit muß grundsätzlich zur Auswahl eines Schaltungstyps nur ein Teil der im MSR-Stellenblatt vorhandenen Gerätedaten herangezogen werden, da mehrere gerätespezifische Daten für die zeichnerische Darstellung ohne Bedeutung sind. Als Vorteil ergibt sich jedoch hierbei die gute Vervielfältigungsmöglichkeit der eingegebenen Daten. Welcher der genannten Möglichkeiten man den Vorzug gibt, ist sehr stark von der Planungsmethode des einzelnen abhängig. Ideal, jedoch auch aufwendig, ist sicherlich die Verwendung beider Möglichkeiten mit einer gegenseitigen Einflußnahme.

Es ist nicht zweckmäßig und auch zu aufwendig alle zu einem Gerät gehörenden technischen Daten in das MSR-Stellenblatt einzutragen. Hierzu reicht einerseits der Platz des beschriebenen MSR-Stellenblattes nicht aus und andererseits würde es wegen der Vielzahl an Daten unübersichtlich werden.

Daher werden die gerätespezifischen Daten in einer *Gerätedatei* erfaßt, insbesondere:

— Daten zur Spezifikation: Codierung, Klassifizierung, Benennung,
— Kopfdaten zur Bestellung: Hersteller, Typ, Bezugsquelle, Bestellnummer,
— Detaildaten zur Bestellung: Signaleingang, Signalausgang, Angaben zur Funktion, zur Hilfsenergie und zur Schutzart; weitere technische Daten, wie Adernzahl und Querschnitt bei Kabeln, Zeichnungsnummer,
— Bestelltext,
— Platzbedarf des Gerätes: Abmessungen,
— Kopfdaten zur Zielbezeichnung: Bezeichnung des Gestells, Schrankes, usw., Codierung von Untergeräten,
— Detaildaten zur Zielbezeichnung: Plotsymbol-Nr., Benennung der Anschlußklemmen, Energie-Code der Anschlußklemmen, Funktionsindex der Anschlußklemmen,
— Bemerkungen.

Die Daten der Geräte-Datei werden zweckmäßigerweise teilweise codiert und mit dieser Codierung in Hilfsdateien abgelegt. Dadurch ergibt sich der Vorteil einer leichteren Änderbarkeit. Solche Hilfsdateien können z. B. für Hersteller, Klassifizierung, Bezugsquelle, usw. sinnvoll sein.

Einige gerätetechnische Details müssen während der Detailplanung berechnet und ausgewählt werden. Diese Berechnungen werden mit eigenen, in sich selbständig arbeitenden Rechenprogrammen durchgeführt. Die für solche Berechnungen erforderlichen Daten werden aus den MSR-Stellenblättern entnommen und die Berechnungsergebnisse später wieder in das MSR-Stellenblatt eingetragen.

Der Inhalt des Datenblattsystems kann in unterschiedlicher Sortierung durch Listen ausgegeben werden. Einige wesentliche Ausgaben sind:

- MSR-Stellenblätter,
- MSR-Stellenverzeichnis: Inhaltsverzeichnis aller zu einem Projekt gehörenden MSR-Stellen,
- Gerätelisten, sortiert z. B. nach Hersteller (Lieferant), nach Gerätetyp, usw.,
- Kalibrierlisten: alle Geräte, deren Meßbereich noch nach Angabe zu kalibrieren ist,
- Checklisten: Listen mit unterschiedlich sortierten MSR-Stellen zum Test dieser MSR-Stellen bei der Inbetriebnahme. Der Aufbau dieser Listen kann so gewählt werden, daß alle zu testenden Details aufgeführt und abgehakt werden können.
- frei wählbare Listen: je nach Forderung können Listen mit den verschiedenen Daten des Datenblattsystems frei gewählt zusammengestellt werden, z. B.
  - Liste über Einbauorte der Stellgeräte für die Montage,
  - Liste über Meßorte und Stellorte für den Modellbauer.

1.2.4.6.4. Darstellung der Funktion

Die Darstellung von *Fließbildern* mit CAD ist leicht möglich. So können einerseits die Grund-, Verfahrens- und RI-Fließbilder nach DIN 28004 aufgebaut, leicht korrigiert und ergänzt werden. Außerdem können aus diesen Fließbildern alle für die MSR-Technik wichtigen Informationen herausgenommen und dadurch Platz zur Eintragung von MSR-spezifischen Informationen geschaffen werden. Voraussetzung hierfür ist jedoch, daß bereits beim Entwurf dieser Fließbilder eine rechnerunterstützte Planung verwendet wurde. Insbesondere bei starker Vermaschung von MSR-Stellen kann man in einfacher Weise aus dem ursprünglichen RI-Fließbild ein MSR-Fließbild mit einer klaren Darstellung der MSR-Aufgaben erstellen.

Ein anderer Anwendungsbereich ist die Planung der *Schaufließbilder*, die häufig bereits bei der Basisplanung erstellt werden. Diese Schaufließbilder können bei Nutzung geeigneter Programme aus den vorhandenen Informationen der Verfahrens- und RI-Fließbilder abgeleitet werden. Bei der Planung der Schaufließbilder in Mosaik-Technik besteht zusätzlich die Möglichkeit, durch eine geeignete Hintergrundverarbeitung die zur Anwendung kommenden Mosaik-Bausteine zu zählen und in Tabellen auszugeben. Das stellt eine Erleichterung zur Kostenermittlung und zur Fertigungsplanung dar.

Zur Darstellung von *Steuerungen* gibt es verschiedene Möglichkeiten. Durch CAD können hier Arbeitserleichterungen erzielt werden. Es wird angestrebt, insbesondere die Funktionsplantechnik durch eine gute Hintergrundverarbeitung direkt zur Realisierung der Steuerungsaufgabe zu verwenden. Das ist jedoch insofern erschwert, als alle Hersteller von speicherprogrammierbaren Steuerungen unterschiedliche Eingaben zum Aufbau ihrer Steuerungen verwenden. Somit kann diese Kopplung zum jetzigen Zeitpunkt nur für ein bestimmtes Steuerungssystem versucht werden.

Zur Darstellung der Funktion einer MSR-Stelle wird vorzugsweise der *MSR-Stellenplan* verwendet. Es ist zweckmäßig, immer wiederkehrende MSR-Stellenpläne als sogenannte Schaltungstypen in einer Datei zu erfassen. Dabei kann es sich ergeben, daß bei großer Planungsaktivität eine erhebliche Sammlung solcher Schaltungstypen entsteht. Schaltungstypen sind noch nicht auf eine MSR-Stelle bezogen. Durch die Schaltungstypen ergibt sich zwar einerseits die praktikable

Mehrfachnutzung aber andererseits eine Erschwernis bei der Auswahl. Hier kann jedoch ein geeignetes Rechnerprogramm bei der Selektion behilflich sein.

Mögliche Selektionsschritte sind:

- Anwendungsbereich: chemische Anlagentechnik, Klima- und Lüftungstechnik, Transport-, Lagerungs- und Verpackungstechnik, usw.,
- prinzipielle Festlegungen: Art der Hilfsenergien, der Signale, der Beschaltungstechnik (z. B. Zwei-, Drei-, Vierleitertechnik),
- Art der Signalverarbeitung: konventionell, Prozeßleitsystem, Steuerungssystem, Prozeßrechner, usw.,
- Art der MSR-Stelle: Kennbuchstaben nach DIN 19227.

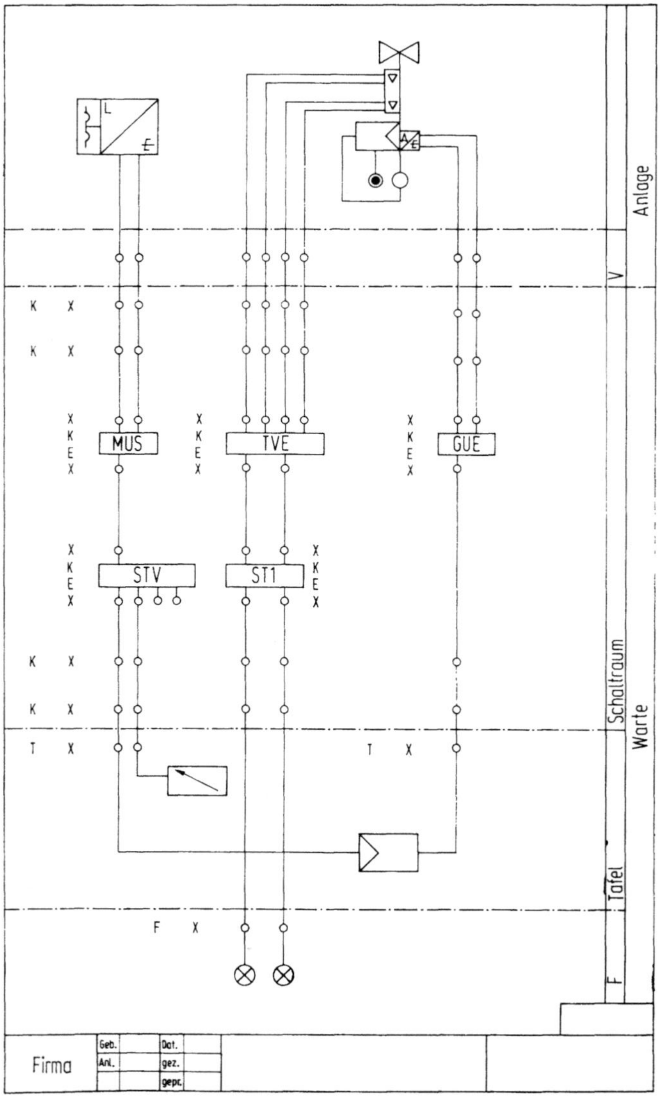

Abb. 1.79. Beispiel eines Schaltungstyps

Nach diesen Kriterien kann aus der Gesamtmenge an unterschiedlichen Schaltungstypen eine geeignete und überschaubare Untermenge ausgewählt werden. Abbildung 1.79 zeigt das Beispiel eines Schaltungstyps. Die letzte Entscheidung zu einem Schaltungstyp ist immer auf die MSR-Stelle bezogen. Durch die Nutzung nur einiger der aufgeführten Selektionsschritte kann auch eine Vorauswahl für ein Projekt erfolgen, mit Ausnahme der „Art der MSR-Stelle". In jedem Fall muß sichergestellt werden, daß der Planer nicht bei Auswahl eines Schaltungstyps für jede MSR-Stelle erst einen umfangreichen Katalog zu studieren hat.

1.2.4.6.5. Darstellung der Verschaltung

Ein gut aufgebautes Programm zur Bearbeitung der MSR-Stellenpläne sollte eine sehr gute Hintergrundverarbeitung besitzen. Das bedeutet, daß der Rechner mit dem Schaltungstyp nicht nur die zeichnerische Darstellung, sondern auch als Hintergrundverarbeitung die Verschaltung der Geräte, deren Anschlußklemmen, usw. kennt. Dadurch ist eine direkte Kopplung mit einem Verschaltungsprogramm erst wirtschaftlich sinnvoll möglich.

Die Darstellung der Verschaltung der MSR-Geräte erfolgt vorzugsweise in Listenform. Auch bei der Verschaltung wird zur Arbeitserleichterung auf umfangreiche Dateien zurückgegriffen. Erst dadurch wird ein zusätzlicher und wichtiger Rationalisierungseffekt erzielt. In der Geräte-Datei sind für jedes Gerät die Funktionen und Anschlußklemmen gespeichert. Somit ist durch die Kenntnis der Geräte aus dem MSR-Stellenplan für die Verschaltung ein Teil der erforderlichen „Verschaltungsinformation" bekannt.

Für immer wiederkehrende Standard-Baugruppen wird eine eigene Datei angelegt, die in ihrer Struktur der Geräte-Datei gleicht. Zusätzlich werden noch die den verschiedenen Klemmen zugeordneten „internen Texte" in einer Datei gespeichert. Diese Texte sind z. B.

— interne Zielbezeichnungen,
— Funktionsbezeichnungen, wie LP, HQ,
— Angaben zur Hilfsenergie, wie 24 V AC.

Für die Verschaltungslisten werden diese „internen Texte" mit ausgedruckt. Die Abb. 1.80 zeigt ein Beispiel.

Werden bestimmte Baugruppen immer wieder in gleicher Weise zusammengeschaltet, so kann diese Verschaltung dem Rechner einmalig mitgeteilt werden. Dabei werden in den Baugruppen die gleichartigen Funktionen fortlaufend gezählt und sogenannten Kanälen zugeordnet. Erst später können dann projektspezifisch diese Kanäle den MSR-Stellen zugeordnet werden.

Dem Verschaltungsprogramm müssen eine Vielzahl an Informationen mitgeteilt werden. In einer Leitungsliste (Kabelliste) werden dem Rechner die verwendeten mehradrigen Leitungen (Kabel) mitgeteilt. Diese Liste hat folgenden Informationsinhalt:

— Leitungsnummer (W ...),
— Zielbezeichnung des Startpunktes der Leitung,
— Zielbezeichnung des Zielpunktes der Leitung,
— Leitungstyp,
— Adernzahl der Leitung,
— Querschnitt.

Eine gleichmäßige Ablage der Leitungen am Start- und Zielpunkt (also keine „Rangierungen im Kabel") vorausgesetzt, muß dem Rechner je Leitung nur eine

Klemme einer Klemmenleiste	Funktionsbezeichnung		Signalart	interne Zielbezeichnung
1	Eingang	1.1	4-20 MA	A 1:D10
2	Eingang	1.2	4-20 MA	A 1:D12
3	Ausgang	1.1	4-20 MA	A 1:Z18
4	Ausgang	1.1	4-20 MA	A 1:Z20
5	Ausgang	1.1	4-20 MA	A 1:Z22
6	Ausgang	1.1	4-20 MA	A 1:Z24
7	Ausgang	1.2	4-20 MA	A 1:Z26
8	Ausgang	1.2	4-20 MA	A 1:Z28
9	Ausgang	1.2	4-20 MA	A 1:Z30
10	Ausgang	1.2	4-20 MA	A 2:Z32
11	Eingang	2.1	4-20 MA	A 2:D10
12	Eingang	2.2	4-20 MA	A 2:D12
⋮		⋮		⋮
29	Ausgang	3.2	4-20 MA	A 3:Z30
30	Ausgang	3.2	4-20 MA	A 3:Z32

Abb. 1.80. Ausschnitt aus einer Verschaltungsliste

(im allgemeinen die erste) Ader angegeben werden. Das stellt eine erhebliche Planungserleichterung dar. Vor allem kann diese Information bereits zu einem sehr frühen Zeitpunkt ohne Detailkenntnis der über die Leitung zu führenden MSR-Stellen erfolgen. Der Informationsinhalt dieser Leitungsliste ist eine weitere wichtige Informationsquelle für das Verschaltungsprogramm. Die Zuordnung der MSR-Stellen zu den Klemmen der Verteilerkästen, der Tafeln, der verschiedenen Baugruppen erfolgt von Hand am alphanumerischen Bildschirm. Eine vollautomatische Zuordnung (Belegung) ist denkbar, jedoch auch aufwendig und sicherlich nur in einzelnen Fällen sinnvoll.

So kann z. B. die Belegung der Eingänge und Ausgänge einer Steuerung automatisch erfolgen, wenn es sich um einheitlich aufgebaute Ein- und Ausgänge handelt. Aber schon die automatische Belegung einer Baugruppe mit einer Meldeschaltung ist nicht so leicht machbar, da hier der Planer vielfach gezielt Reservefunktionen einplanen möchte oder von ihm eine gruppenweise Zusammenfassung von Meldungen gewünscht wird.

Während die Zuordnung der MSR-Stellen zu den Klemmen der Verteilerkästen und den Tafeln (sog. Endgeräte) je Klemmenleiste erfolgt, wird bei der Zuordnung zu den Baugruppen nur die MSR-Stelle jeweils dem Eingang einer Funktion (eines Kanals) zugeordnet. Durch die bereits dem Rechner mitgeteilte Zusammengehörigkeit von Eingängen und Ausgängen zu Funktionen (Kanälen) kann er selbst die den Eingängen zugeordneten MSR-Stellen den Ausgängen zuordnen.

Das Verschaltungsprogramm ermittelt selbsttätig die Verschaltung der verschiedenen MSR-Stellen nach allen ihm mitgeteilten Informationen:

— Leitungsliste,
— Geräte-Datei,
— Baugruppen-Datei,
— interne Texte der Baugruppen,

- Zuordnung der MSR-Stellen zu Klemmen der Verteilerkästen,
- Zuordnung der MSR-Stellen zu Klemmen der Tafeln,
- Zuordnung der MSR-Stellen zu Klemmen der Baugruppen,
- Schaltungstyp der MSR-Stelle.

Als Ergebnis erhält man sowohl ausführliche Verschaltungslisten als auch um die Information der Verschaltung ergänzte MSR-Stellenpläne. Abbildung 1.81 zeigt einen MSR-Stellenplan, Abb. 1.82 einen Ausschnitt aus einer Verschaltungsliste.

Es ist zweckmäßig, die Listen zur Dateneingabe und -ausgabe deckungsgleich aufzubauen. Das erleichtert die Handhabung.

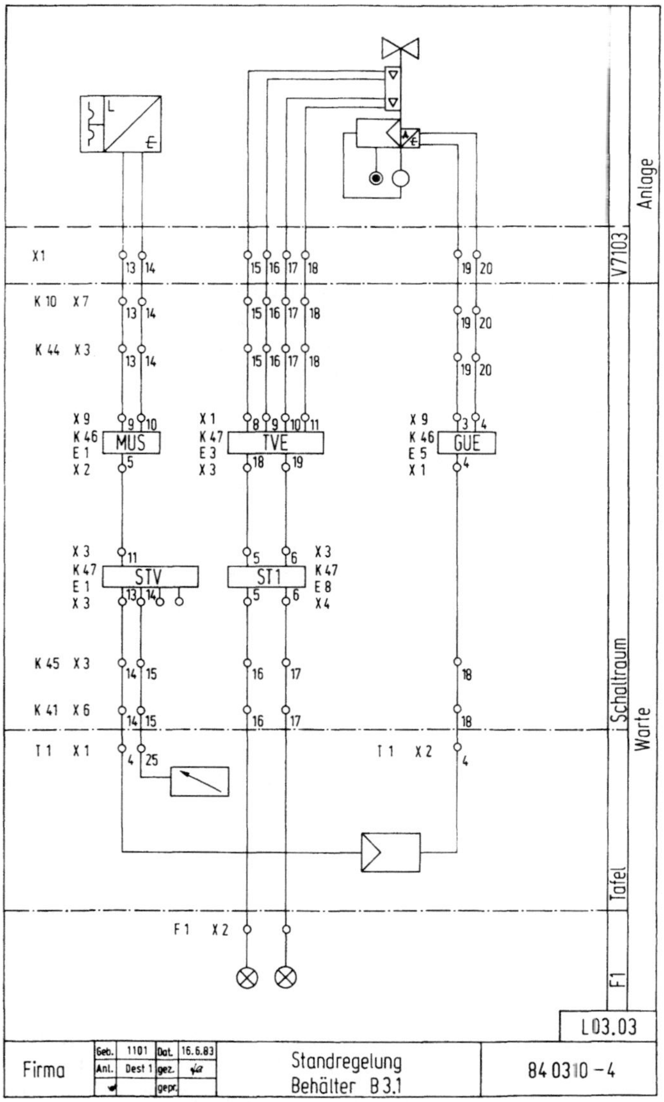

Abb. 1.81. Beispiel eines mit Rechner verschalteten MSR-Stellenplans

FIRMA	VERSCHALTUNGSLISTE			DATUM: 20-JUN-83
		V3601	R67X5	SEITE: 20

BETRIEB:	PROJEKT-NR. :	SACHBEARBEITER:
GEBÄUDE:	KONTO-NR. :	ABTEILUNG:
PROJEKT:	KOMM.-AUFTR.-NR.:	TELEFON:

MSR-STELLEN-BEZEICHNUNG	ERLÄUTERUNG	ZIEL-BEZEICHNUNG	LEIT-NR. W		LEIT-NR. W		ZIELBEZEICHNUNG
T26.01	B1 WTH	:1		1	W1123	1	K26X15: 7
T26.01	B1 WTH	:2		2		2	K26X15: 8
L26.01	B1	:2		3		3	K26X13: 15
L26.01	B1	:1		4		4	K26X13: 16
L26.01	S1 MIN -	:5		5	ANSCHLUSS-	5	K28X 3: 1
L26.01	S1 MIN +	:4		6	GLEICH	6	K28X 3: 2
L26.01	S2 MAX -	:7		7	VERBUNDEN	7	K28X 2: 27
L26.01	S2 MAX +	:6		8		8	K28X 2: 28
				.		.	
				.		.	
				.		.	
T03.01	B1 WTH	:1		27		27	R56X 4: 19
T03.01	B1 WTH	:2		28		28	R56X 4: 20
T03.02	B1 WTH	:1		29		29	R56X 5: 3
T03.01	B1 WTH	:2		30		30	R56X 5: 4

Abb. 1.82. Ausschnitt aus einer mit Rechner erstellten Verschaltungsliste

1.2.4.6.6. Übrige Anwendungen

Bei der Darstellung von Anordnungen ist eine Rechnerunterstützung nur für die *Anordnungspläne* der Tafeln und der Gestelle (Schränke) zweckmäßig. Anordnungspläne für Tafeln können mit CAD leicht aufgebaut werden. Auch hier ist eine Hintergrundverarbeitung sinnvoll. So können die durch Menüaufruf zusammengestellten Tafelbelegungen direkt zur Eintragung in die MSR-Stellenpläne und/ oder Verschaltungslisten dienen.

Außerdem besteht die Möglichkeit, sowohl eine abstrahierte Tafelbelegung für die spätere Dokumentation als auch eine optisch ausführliche Darstellung für die Beurteilung anthropotechnischer Details, wie Anhäufung von Bedienelementen usw. ohne Mehraufwand abzurufen. Es bietet sich an, die Dateneingabe bei ausreichender Standardisierung auch über alphanumerische Arbeitsplätze vorzunehmen und trotzdem den übersichtlichen graphischen Ausdruck zu erlangen.

Im Bereich der Fertigungs- und Montagetechnik kann der Inhalt von Montagestandards in eine Datei übernommen werden. Für ein Projekt werden aus der Vielzahl der dort festgelegten Daten die Materialdisposition und die Vergabezeiten für die Montage zusammengestellt. Durch die im MSR-Stellenblatt angegebene Nummer des Montage-Standards erfolgt die Kopplung zu diesen eigenständigen und sehr umfangreichen Programmen.

Die bei der Projektabwicklung recht zahlreich vorkommenden verschiedenen Listen, wie z. B.

- Zeichnungsverzeichnis,
- Terminlisten,
- verbale Beschreibung von Steuerungsfunktionen oder Detailfunktionen,
- Erstellung von Anlagenhandbüchern,

lassen sich leicht mit den im Rechner vorhandenen Text-, Sortier- und Listen-Programmen erstellen.

Für die Kostenschätzung (s. auch Unterabschnitt 1.2.3.9.) ist eine Planungshilfe durch Rechnerunterstützung denkbar. So kann jede MSR-Stelle mit ihrem unterschiedlichen Aufbau (z. B. Art der Stelle) im Rechner gespeichert werden. Ist eine Kostenschätzung für ein neues Projekt abzugeben, so werden die MSR-

Stellen und ihre Art der Verarbeitung jeweils als Summe in den Rechner eingegeben. Vom Rechner wird daraufhin entsprechend den ihm mitgeteilten Informationen eine Kostenschätzung abgegeben. Es ist zweckmäßig, die so ermittelten Kosten (Sollkosten) sowie die Art des Projektes in einer eigenen Datei zu speichern. Durch Hinzufügen der später wirklich benötigten Kosten (Istkosten) ergibt sich ein durch Erfahrung ermittelter Korrekturwert. Dieser Wert wiederum kann korrigierend in die Ausgangsdatei übernommen werden. Durch dieses Iterationsverfahren können für die Erstellung von Kostenschätzungen im Rechner Kostenbereiche für verschiedene Typen von Anlagen und für die unterschiedlichen MSR-Stellen erarbeitet werden.

Es zeichnet sich ab, daß die Planung von Prozeßleitsystemen und die Erstellung der zugehörigen Dokumentation mit Rechnerunterstützung möglich ist. Weitere Anwendungsgebiete, bis hin zu einem nahtlosen Übergang von der rechnerunterstützten Planung zur rechnerunterstützten Instandhaltung, werden sich in einigen Jahren eröffnen.

1.3. Montage

Die Montage umfaßt das Zusammenfügen von Funktionseinheiten zu kompletten Baugruppen, den Einbau dieser und anderer MSR-Einrichtungen in die MSR-Räume und in die Anlage, ihr Zusammenschalten zu einem vollständigen MSR-System und das Prüfen hinsichtlich planungsgerechter Ausführung. Die Montage gliedert sich in die Hauptphasen

— Vorbereitung,
— Vorfertigung,
— Montage in MSR-Räumen,
— Feldmontage,
— Prüfung.

Daneben laufen noch andere Aktivitäten wie Materialwirtschaft, Schulung und Montageüberwachung ab. Aufgaben und Arbeitsstruktur einer MSR-Montageabteilung sind in Kapitel 2 dieses Bandes näher erläutert.

1.3.1. Vorbereitung

Für die gesamte Montage einschließlich Montagematerial werden etwa 40—50% der MSR-Anschaffungskosten ausgegeben. Dies geschieht in einer durch schwierige terminliche und technische Randbedingungen gekennzeichneten Projektphase. Einen wichtigen Beitrag zur Einhaltung der Montagekosten und der Termine leistet dabei eine gute Vorbereitung aller Montageaktivitäten. Die Vorbereitung der Montage soll die reibungslose Bereitstellung von Geräten, Material, Plänen und auch Personal ohne Stillstand oder Leerlauf ermöglichen.

In großen Werken der chemischen Industrie fallen ständig MSR-Montagearbeiten an. Innerhalb der MSR-Werkstatt gibt es eine eigene MSR-Montageabteilung, die mit den notwendigen Einrichtungen ausgerüstet ist und deren Montagegruppen von erfahrenen Meistern geleitet werden. Ein großer Teil der Montagevorbereitung einschließlich der Materialbeschaffung wird dann von der Montageabteilung übernommen. Dadurch und durch die gute Ortskenntnis der Meister wird dem planenden MSR-Ingenieur die Montageabwicklung sehr erleichtert. Die MSR-Montageabteilung sollte schon während der Basisplanung über

Montageskizze
Hook up drawings

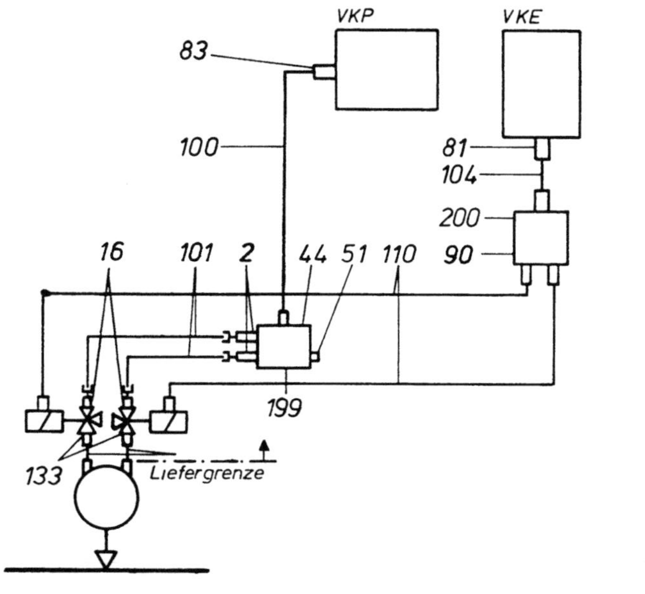

Stückliste
Bill of material

Nr. No.	Pos. Part	Benennung Description	Stück/Menge No/Off	Materialblatt Nr. Material-sheet-No	Werkstoff Material	Bemerkg. Remarks
1	44	Schlauch-Rohrkupplung 3-fach	1	7.5 BL. 1	Poly	
2	51	Zylinderkopfschrauben R 1/4" x 12	1	7.5 BL. 1	Poly	
3	81	Stopfbuchsverschraubung PG 13,5	1	6.9 BL. 1	Kunstst.	
4	83	Stopfbuchsverschraubung PG 21	1	6.9 BL. 1	Kunstst.	
5	100	Druckübertragungskabel 3 Rohre Type: D2YBY	20 m	7.1 BL. 1		
6	104	Leitung NYM-I 5x1,5	20 m	6.3 BL. 1		
7	110	Leitung NYMHY-I 5x1,5	4 m	6.3 BL. 1		
8	133	Dichtung R 3/8"	4			
9	2	GE 6-L-1/4" NPT	2	7.7 BL. 1	St. Kadm.	
10	16	GE 6-L 3/8"	4	7.7 BL. 1	St. Kadm.	
11	90	Abzweigdose 8102/1 Exe G5 4x2,5 (n.eig.)	1	6.1 BL. 1		
12	101	Druckschlauch NW 4 mit 6 mm Rohranschluß	4 m	7.1 BL. 4		
13	199	Halter für pneum. Enddose	1		Stahl	
14	200	Halter für el. Enddose	1		Stahl	

Nr. No.	Bemerkungen Remarks
	Pos. 100 10 m Kabel auf Kabelbahn verlegt. 10 m Kabel in Schutzrohr verlegt.

MF	Id	Änderung	Datum	Name
	0			
	①			
	②			
	③			
	④			
	⑤			
	⑥			

Materialvariante Material variation / Codierung Coding	Pos. Part	Werkstoff Material	Montagezeit (h) Erection time
SD 021			

Firma	Geb.	1101	Dat.	29.2.84	Montage-Anordnungsplan für ein doppelwirkendes pneumatisches Stellgerät mit zwei 3/2-Wege-Ventilen SD 020
	Anl.	Dest.1	gez.	[signature]	
			gepr		

84 0311-4

ein Projekt informiert werden, so daß ihre Arbeitsvorbereitung frühzeitig Personal und Material disponieren kann. Im Zuge der Detailplanung sind die Informationen an die MSR-Montageabteilung laufend zu vertiefen.

Kann auf eine MSR-Montageabteilung am Standort nicht zurückgegriffen werden, muß eine fremde Montagefirma beauftragt werden. Die Vorbereitung obliegt dann dem planenden MSR-Ingenieur, eine vor allem im Ausland nicht immer einfache Aufgabe.

Ein *Montagestandard* als verbindliche Festlegung von allgemeinen Montagerichtlinien, Montageanordnungen und Montagematerial ist sowohl für die werksinterne Standardisierung, als auch für eine klare Auftragsvergabe an eine fremde Montagefirma von großem Nutzen.

Die allgemeinen Montagerichtlinien enthalten Festlegungen zum mechanischen Aufbau der MSR-Einrichtungen in Warten und Räumen, wie z. B. Hinweise über Tafelkonstruktion, Kabelböden, Kabeldurchführungen, Schrank- und Gestellaufbau, Baugruppenträger, Zuluftversorgung und -verteilung. Hinzu kommen Festlegungen hinsichtlich Kabelbahnen und deren Führung auf Rohrbrücken und in der Anlage, sowie zu Verteilerkästen, Meßumformerkästen, Enddosen und deren Befestigungselementen.

Die Montagerichtlinien umfassen in der Regel auch Hinweise zur elektrischen und pneumatischen Verschaltung, zu Erdung und Potentialausgleich, zu Leitungsführung, Spannungsversorgung und -verteilung, sowie zur Anschlußtechnik. Einen großen Teil dieser Festlegungen erstellt die Montageabteilung zusammen mit dem planenden Ingenieur. Die MSR-Montageabteilung muß vor allem die handwerklichen und fertigungstechnischen Belange vertreten.

Den zentralen Teil jedes Montagestandards bilden die sogenannten *Montage-Anordnungspläne*, im Englischen „hook-up" oder „installation drawing" genannt. In ihnen ist für eine bestimmte Meß- oder Stellaufgabe alles für die Montage in der Anlage wesentliche Montagematerial in seiner Anordnung und Verknüpfung zeichnerisch dargestellt. Im Unterabschnitt 1.2.4.4. zeigt Abb. 1.72 das Beispiel eines Meßfühler-Anordnungsplanes.

Das Beispiel eines Montage-Anordnungsplanes für ein Auf/Zu-Stellgerät mit doppeltwirkendem Stellzylinder und zwei magnetischen 3/2-Wege-Ventilen zeigt Abb. 1.83. Im Skizzenteil sind das eigentliche Stellgerät und alle Verbindungs- und Verknüpfungselemente zwischen Stellgerät und Verteilerkästen schematisch dargestellt. Jedes Teil ist mit einer Positionsnummer gekennzeichnet, die innerhalb des gesamten Montagestandards gleich ist und eine Identifikation des benötigten Teils erlaubt.

Die rechts dargestellte Stückliste enthält in diesem Beispiel 14 Positionen, zu denen jeweils die Positions-Nummer, die Beschreibung des Materials, seine Menge, der Werkstoff und ein Hinweis auf das Materialblatt mit der dort zu findenden Spezifikation angegeben sind. Nimmt man mittlere Längen und bestimmte Befestigungs- und Verlegeregeln an, so lassen sich auch die zugehörigen Montagezeiten kalkulieren.

Mit Hilfe eines Bezeichnungssystems läßt sich die Vielzahl der verschiedenen Montage-Anordnungspläne gut ordnen. Das Beispiel des doppeltwirkenden Stellgerätes in Abb. 1.83 trägt die Bezeichnung SD 020, eine gelegentlich benötigte Materialvariante heißt SD 021. Zur unterschiedlichen Meß- oder Stellaufgabe kommt nicht selten auch noch die Dampf- oder Elektrobeheizung von Meßum-

←
Abb. 1.83. Montageanordnungsplan für ein doppeltwirkendes pneumatisches Stellgerät mit zwei 3/2-Wege-Ventilen

formerkästen und produktführenden Meßleitungen hinzu. Die Zahl der standardisierten Montage-Anordnungspläne ohne Materialvarianten kann bei einem größeren Chemiekomplex 100 Stück und mehr betragen. Für ein einzelnes Projekt läßt sich daraus eine geeignete Auswahl treffen.

Schon zu Beginn der Detailplanung kann man jeder Meß- und Stellaufgabe den entsprechenden Montage-Anordnungsplan zuordnen. Daraus läßt sich leicht der Materialbedarf ermitteln. Mit Hilfe der Montage-Anordnungspläne sind die Vergabegespräche mit Montagefirmen schon früh in detaillierter Form möglich.

Im Zentrum jeder Vergabe von MSR-Montagen steht das *Leistungsverzeichnis*. In ihm werden die für die Montage notwendigen Einzelleistungen nach Art und Umfang möglichst genau beschrieben. Für die einzelnen Leistungen der Feldmontage werden die Montage-Anordnungspläne hinzugenommen. Multipliziert mit der Anzahl der jeweils zu leistenden Einheiten erhält man den Gesamtumfang der Montage. Die folgende Liste zeigt eine Auswahl von Einzelleistungen der Feldmontage:

— Halterung fertigen und montieren,
— Kabelbahn montieren,
— Verteilerkasten vorrichten,
— Verteilerkasten montieren,
— Kabelschutzrohr verlegen,
— Elektrokabel verlegen,
— Meßleitung fertigen und montieren,
— Temperatur-Meßfühler anschließen,
— Stand-Meßumformer anschließen,
— Magnetventil anschließen,
— Stellgerät anschließen.

In einfacher Form wird die Leistung „Kabelschutzrohr verlegen" wie folgt beschrieben:

Verlegen und Befestigen von Kabelschutzrohren an Stahlkonstruktionen oder Betonteilen mit allen erforderlichen Teilen wie Fußplatten, Rohrbogen 45° oder 90°, Rohrverbindern, Rohrhalterung mit Schrauben und Montageplatten.

Die zugehörigen Mengenangaben lauten:

1800 m verzinktes Stahlrohr 2″,
50 Stück verzinkte Stahlrohrbogen 2″, 45°,
300 Stück verzinkte Stahlrohrbogen 2″, 90°,
800 Stück verzinkte Rohrverbinder,
350 Stück Rohrhalter mit Schrauben,
320 Stück Fußplatten,
80 Stück Montageplatten.

Die MSR-Montagearbeiten am doppeltwirkenden Stellgerät (SD 020) könnten wie folgt beschrieben werden:

Pneumatische Enddose mit Halter montieren, Anschlußverschraubungen einschrauben, elektrische Enddose mit Halter montieren, Magnetventile mit Halter montieren, Steuerkabel zwischen Enddose und Verteilerkasten durch Schutzrohr und auf Kabelbahn verlegen und im Verteilerkasten nach Plan anschließen, desgleichen Zuluft-Verbindung schaffen, Magnetventile luft- und steuerseitig anschließen, Magnetventile mit Stellgerät verbinden.

Zur weiteren Erläuterung der Leistungsbeschreibung sind perspektivische Skizzen der Feldverbindungen hilfreich. Abbildung 1.84 zeigt als Beispiel eine Über-

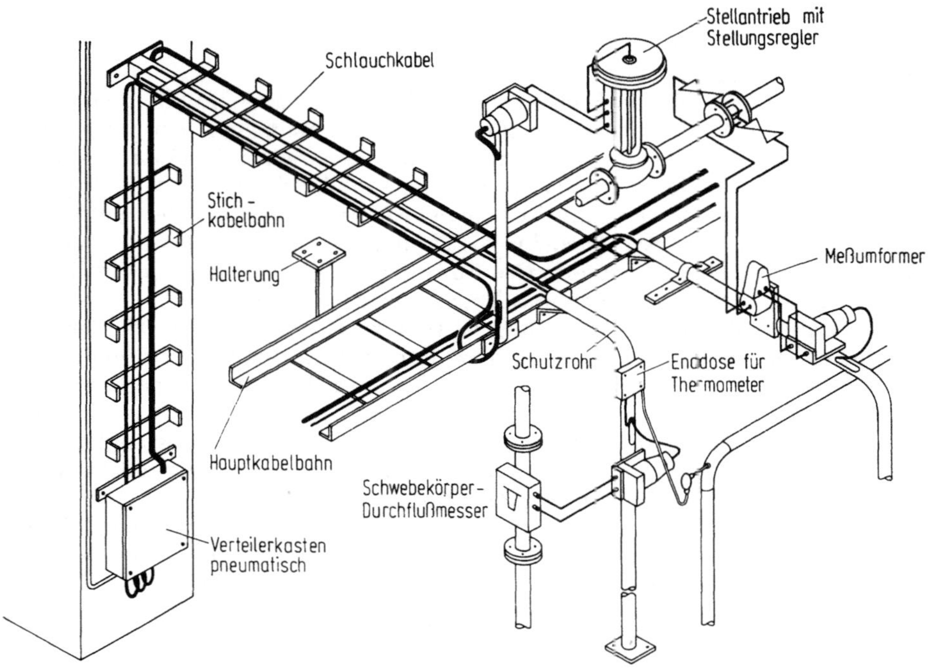

Abb. 1.84. Übersichtsskizze für eine Montage-Leistungsbeschreibung

sichtsskizze mit Darstellung von Meßgeräten, Enddosen, Schutzrohren, Halterungen, Kabelbahnen und Kabelführungen. Ein weiterer Abschnitt des Leistungsverzeichnisses beschreibt möglichst detailliert alle Montageleistungen im Bereich von Warte, Schaltraum und anderen MSR-Räumen. Das Leistungsverzeichnis wird schließlich ergänzt durch einen Satz von Musterbeispielen aller für die Montageausführung notwendigen MSR-Pläne. Insbesondere gehören dazu Muster der MSR-Stellenpläne, Stromlaufpläne, Verbindungspläne, Anschlußpläne, Leitungslisten, Schaltraum-, Tafel-, Gestell- und Baugruppen-Anordnungspläne.

Zur Vorbereitung der *Montagevergabe* sind geeignete Montagefirmen auszuwählen. Die Anfrageunterlagen enthalten im wesentlichen das Leistungsverzeichnis und eine Auflistung aller zugrunde gelegten technischen und organisatorischen Randbedingungen. Ob man nur die reine Montage oder aber die Montage einschließlich Montagematerial-Beschaffung und Inbetriebnahmeleistungen bestellen möchte, sollte frühzeitig entschieden werden.

Bei größeren Projekten kann es gelegentlich nützlich sein, zwei Montagefirmen zu beauftragen. Über die Anfrageunterlagen hinaus sollte man den Firmen durch mehrere Gespräche, Besichtigung von Modell und Baustelle, Erläuterung der eingesetzten Geräte und anderen MSR-Einrichtungen ausgiebig Gelegenheit zur Information bieten.

Die Vergütung der Montageleistung kann in drei verschiedenen Formen erfolgen. *Die Vergütung nach Aufwand* geht von den geleisteten Zeitstunden aus. Hierbei ist lediglich der Preis für die Stunde zu vereinbaren, wobei in diesem die Kosten für z. B. Aufsicht, Versicherung und Baustelleneinrichtung zu berücksichtigen sind.

Für die Vergütung nach *Einheitspreis* wird für jede Leistungseinheit ein Preis vereinbart. Dies kann für kleine Einheiten wie „1 m Kabel H07RN-F 4 × 1,5 verlegen" oder auch für große Einheiten wie „doppeltwirkendes Stellgerät (SD 020) anschließen" erfolgen.

Statt der Preise für die Einheiten ist es für das interne Kalkulationssystem besser, zunächst Ausführungszeiten für die einzelnen Einheiten anzugeben. Diese Zeiten sind von Zeitnehmern leicht erfaßbar und beschreiben die Montageleistung unabhängig von Geldwert und Währung. Die Tabellen 2.3 und 2.4 in Kapitel 2 zeigen für eine Vielzahl von Einheiten ein Schema zum Eintragen der zugehörigen Zeiten und Einheitspreise. Auch für die Montage in den MSR-Räumen können Einheitspreise vereinbart werden. Das Einheitspreissystem erlaubt leicht die Berücksichtigung von Änderungen und Ergänzungen.

Die Vergabe der gesamten Montageleistung zu einem *Festpreis* erfordert eine genaue Leistungsbeschreibung, weitgehend fertige Pläne und einen störungsarmen Montageablauf. Alle während der Montage benötigten Pläne sind natürlich zum Zeitpunkt der Vergabe der Montageleistung noch nicht fertig. Das Festpreisverfahren muß jedoch daran nicht scheitern. Mit Hilfe von vollständigen RI-Fließbildern, den wesentlichen Anordnungsplänen einschließlich vollständigem Feld-Anordnungsplan, Mustern von Schaltplänen und MSR-Stellenplänen, einem detaillierten Leistungsverzeichnis und einer ausführlichen mündlichen Erläuterung der Aufgaben sind die Anbieter in der Lage einen Festpreis abzugeben. Sowohl beim Einheitspreis- als auch beim Festpreis-Verfahren sind Stundensätze für zusätzlich zu den vereinbarten Leistungen notwendige Arbeiten zu vereinbaren.

Die Vergabe nach Aufwand ist meist teurer und erfordert eine sorgfältige Kontrolle. Sie ist nicht zu empfehlen. Die Vereinbarung von Einheitspreisen führt bei der Abwicklung zu einer umfangreichen Buchführung der Einzelleistungen. Bei Festpreisverfahren ist der Verwaltungsaufwand gering, allerdings können Änderungen und Störungen bei der Montage zu erheblichen Mehrkosten führen.

Die *Vertragsbedingungen* sind neben den technischen und preislichen Vereinbarungen ein wichtiger Bestandteil des Montagevertrages. Auf einige Kernpunkte der Vertragsbedingungen sei hier beispielhaft hingewiesen:

- Unterläßt es der Auftragnehmer, sich vor Angebotsabgabe umfassend zu informieren, so gehen Fehlkalkulationen zu seinen Lasten.
- Nicht vereinbarte Leistungen, die zur Ausführung der vertraglichen Leistungen erforderlich werden, hat der Auftragnehmer auf Verlangen mit auszuführen.
- Mit dem vereinbarten Preis sind sämtliche Aufwendungen zum Erbringen der Leistung abgegolten, insbesondere Lohnnebenkosten, Steuern, Gebühren, Versicherungsprämien, Auslösung, Spesen, Fahrkosten und Tagegelder.
- Mit dem vereinbarten Preis sind alle zur sorgfältigen Ausführung erforderlichen Nebenleistungen abgegolten, insbesondere Messungen für Ausführen, Prüfen und Abrechnen der Arbeiten, Vorhalten von Meßgeräten und Werkzeugen, Heranbringen von Energien von den zur Verfügung gestellten Anschlußstellen zu den Verwendungsstellen, Schutz- und Sicherheitsmaßnahmen nach den Vorschriften und behördlichen Bestimmungen, Beistellung von Hilfs- und Betriebsstoffen, Transport von Geräten und Material zu den Verwendungsstellen, Beseitigung von Materialresten und Abfällen.
- Alle Erschwernisse bei der Montage wie z. B. schlechtes Wetter, Verlegen von Kabeln an schwer zugänglichen Stellen, teilweise Unterbrechung der Montage infolge fehlender bauseitiger Voraussetzungen sind mit dem vereinbarten Preis abgegolten.
- Mehrleistungen werden nur vergütet, wenn sie schriftlich vom Montageleiter oder seinem Stellvertreter in Auftrag gegeben werden.

— Sollten durch Änderungen oder aus sonstigen Gründen Leistungen notwendig werden, für welche keine Vertragspreise vorliegen, so ist vor Arbeitsbeginn ein nachprüfbares Angebot einzureichen.
— Der Auftragnehmer hat auf entdeckte oder vermutete Mängel in Plänen oder an Geräten hinzuweisen. Die Ausführung von im Leistungsverzeichnis nicht eindeutig festgelegten Konstruktionen muß der Montageleiter genehmigen.
— Alle übergebenen Unterlagen dürfen weder vervielfältigt noch Dritten zugänglich gemacht werden. Kenntnisse des Produktionsverfahrens und über Vorgänge auf der Baustelle unterliegen der Geheimhaltung.
— Der Auftragnehmer benennt sein Führungs- und Aufsichtspersonal namentlich. Er verpflichtet sich, seinen Bauleiter nicht auszuwechseln und für seine ständige Anwesenheit auf der Baustelle Sorge zu tragen.
— Der Auftragnehmer verpflichtet sich, die vom Auftraggeber für die Baustelle erlassene Arbeitsordnung einschließlich der Arbeitszeiten einzuhalten.
— Die Arbeiten müssen dem allgemeinen Baufortschritt entsprechend in den durch den Terminplan festgesetzten Fristen fertiggestellt sein.
— Der Auftragnehmer leistet für die vertragsgemäße Beschaffenheit und Funktion seiner Lieferungen und Leistungen vom Tage der Abnahme an zwei Kalenderjahre Gewähr. Er ist verpflichtet, alle während der Bauzeit und der Gewährleistungsfrist auftretenden Mängel, die auf fehlerhafte Montage zurückzuführen sind, auf seine Kosten unverzüglich zu beseitigen. Er wird von dieser Verpflichtung auch dann nicht befreit, wenn bei der Abnahme Mängel übersehen oder nicht gerügt werden.
— Anhand des Aufmaßes von Teilleistungen erfolgt monatlich eine Abschlagszahlung in Höhe von 90% des Wertes der jeweils nachgewiesenen Leistung. Die restlichen 10% dienen zur Sicherstellung der vertragsgemäßen Ausführung der gesamten Leistung und der Gewährleistung.

Neben einem detaillierten Leistungsverzeichnis, einer gründlichen Information in mehreren Gesprächen und einem gut ausgearbeiteten Vertragstext ist das Vertrauen zur technischen und organisatorischen Leistungsfähigkeit der vorgesehenen Montagefirma von großer Bedeutung. Die Besichtigung von ausgeführten Referenz-Anlagen und das persönliche Kennenlernen von Bauleiter und Aufsichtspersonal der Montagefirma sind für die Beurteilung der Leistungsfähigkeit unerläßlich.

Die *Montage-Organisation* muß den spezifischen MSR-Erfordernissen bei der Montage der MSR-Einrichtungen Rechnung tragen. Wegen der komplexen MSR-Technik ist die personelle Kontinuität bei Planung, Montage und Inbetriebnahme von großer Bedeutung. Die Gesamtverantwortung für die MSR-Montage sollte deshalb dem auch für die MSR-Planung schon verantwortlichen Ingenieur übertragen werden. Er untersteht dabei für alle mit dem Projektziel zusammenhängenden Fragen, wie z. B. Kosten und Termine, dem Baustellenleiter. Der MSR-Montageleiter bleibt wie bei der Planung seinem Fachvorgesetzten in allen Fachfragen und auch sonst in Linie unterstellt. Er wird unterstützt durch den MSR-Bauleiter der eigenen MSR-Montageabteilung oder der beauftragten Montagefirma. Dieser Bauleiter ist für die reibungslose Bereitstellung von Material und auch Personal, sowie für die handwerkliche Ausführung zuständig. Vorteilhaft ist es, die Arbeitsplätze des MSR-Montageleiters und seiner Mitarbeiter in unmittelbarer Nähe von Warte und Schaltraum einzurichten.

In der Vorbereitungsphase der Montage spielt die *Materialwirtschaft* eine wichtige Rolle. Unter der MSR-Materialwirtschaft sei hier das Beschaffen und Ausgeben der zur Errichtung der MSR-Einrichtungen notwendigen Materials verstanden. Dazu gehören:

— Sichtkontrolle der beschafften Geräte und Hilfsmittel,
— Benennen, Einordnen und Lagern von Geräten, Baugruppen, Kleinmaterial, Ersatzteilen und Montagematerial,
— zielgerichtete Ausgabe und Transport von Geräten und Material.

Die Materialwirtschaft ist im Kapitel 2 dieses Bandes ausführlich beschrieben. Hier seien deshalb nur einige Hinweise auf bei der Errichtung von Neuanlagen erforderliche Aktivitäten gegeben.

Die Bestellung des Montagematerials erfolgt aufgrund des bei der Detailplanung ermittelten Bedarfs. Hierbei sind Zuschläge für Ungenauigkeiten der Bedarfsermittlung, für Änderungen und Ergänzungen, sowie für Materialverschnitt und Materialverlust zu machen. Zur Aufnahme des Materials und der Geräte ist ein MSR-Lager einzurichten. Es empfiehlt sich dringend, dieses Lager einer Fachkraft mit guten MSR-Kenntnissen anzuvertrauen. Allgemeine Kenntnisse des Lagerwesens reichen alleine nicht aus. Das MSR-Lager ist wegen des hohen Wertes und des geringen Gewichtes der eingelagerten Teile diebstahlsicher vom allgemeinen Lager abzutrennen.

Der Lagerist erhält von allen Geräte- und Materialbestellungen eine Bestellkopie. Bei der Bestellung ist die Ablieferungsstelle möglichst genau anzugeben. Die eingehenden Lieferungen werden sofort ausgepackt und mit dem Lieferschein verglichen. Die Geräte und das Material werden dann anhand der Bestellkopie überprüft. Eine gute MSR-Fachkraft im Lager kann diese Überprüfung beim Material und bei den meisten Geräten alleine übernehmen. Der Besteller der Geräte sollte jedoch nach Möglichkeit seine gelieferten Geräte in Augenschein nehmen. Besonders wichtige Geräte werden in der Werkstatt einem Funktionstest unterzogen. Dies kann man auch auf alle Warten- und Feldgeräte ausdehnen, jedoch ist dann der Aufwand sehr hoch.

Die Einlagerung des Materials erfolgt zweckmäßig nach Gebäuden bzw. Anlagenabschnitten und Typen geordnet in einem geeigneten Raum. Die vom Gerätelieferanten vorgenommene Kennzeichnung mit MSR-Stellen- und Gebäude-Nummer ist bei der Einlagerung eine große Hilfe. Kabelbahnen und Kabeltrommeln können in einem abgetrennten Freigelände gelagert werden. Der Lagerist muß eine Kartei führen, die ihm die Übersicht über die Bestellungen, die Lieferungen, den Lagerort und die bereits erfolgten Ausgaben an die Monteure erlaubt.

Die Ausgabe von Geräten und Montagematerial darf nur an die dazu berechtigten Personen unter Hinterlegung einer Quittung erfolgen. Während für die Gerätebeschaffung der MSR-Planer voll verantwortlich ist, wird der Lagerist in der Regel den Bestand an Montagematerial überwachen und rechtzeitig Bestandslücken korrigieren.

1.3.2. Vorfertigung

Bei jeder Montage ist die noch zur Verfügung stehende Zeit kurz, dies gilt vor allem für die Feldmontage. Eine Vorfertigung der MSR-Einrichtungen in der Werkstatt kann dann eine große Hilfe sein. Schon beim Konstruieren von MSR-Einrichtungen ist die Möglichkeit einer Vorfertigung weitgehend vorzusehen. Je stärker die MSR-Einrichtungen standardisiert sind, desto umfangreicher kann auch die Vorfertigung sein.

Eine leicht vorzufertigende Gruppe von MSR-Einrichtungen stellen die mechanischen Einrichtungen wie Tafeln, Gestelle, Schränke, Kabelbahnen, Halterungen und Schaufließbildtafeln dar. In einem großen chemischen Werk gibt es davon einen ständigen Bedarf, so daß hier die Vorfertigung nicht auf ein bestimmtes Projekt beschränkt bleiben muß. Ähnliches gilt für Verteilerkästen und unbestückte Meßumformerkästen sowie Einrichtungen der Spannungs- und Luftversorgung.

Die Vorfertigung der großen Gruppe spezifischer Einrichtungen ist nur möglich, wenn diese nach Art und Anzahl festliegen. Dazu gehören z. B. Baugruppenträger mit Meldeeinrichtungen, Prozeßanalysengeräte mit ihrer Peripherie, Meßblenden und Meßstrecken sowie Steuerungen. Das Komplettieren von Stellgeräten durch Stellungsregler und Stellungsrückmelder sowie das Kalibrieren von Meßumformern gehören ebenfalls in den Bereich der Vorfertigung.

Das Bestücken und Verdrahten von Tafelgruppen und freistehenden Kabinen sollte weitgehend in der Werkstatt erfolgen. Im amerikanischen Einflußbereich werden die Tafeln und ihre Rahmen in Abschnitte unterteilt und vollständig einschließlich aller Hilfseinrichtungen in der Werkstatt bestückt und verdrahtet. Sie sind dann häufig überladen und für die Störungssuche und Instandhaltung wenig geeignet. Andererseits erlaubt die Vorfertigung unter Werkstattbedingungen einen zügigen Arbeitsablauf. Die Verbindungstechnik mit Steckverbindungen erleichtert diese rationelle Art der Vorfertigung.

Die vorgefertigten MSR-Einrichtungen sind auf planungsrichtige Montage und Verdrahtung zu prüfen. Soweit wie irgendwie möglich, sollte auch eine umfangreiche Funktionsprüfung in Anwesenheit des Planers erfolgen. Danach sind die geprüften Einrichtungen mit einem Prüfzeichen zu versehen.

1.3.3. Montage in MSR-Räumen

Die Vielzahl der MSR-Einrichtungen in MSR-Räumen und ihre vielfältige Verknüpfung erfordern eine lange Montagezeit. Die Bauleitung sollte deshalb eine frühzeitige Bezugsfertigkeit dieser Räume sicherstellen. Die Räume müssen beim Einzug dicht, trocken, staubfrei und bereits mit Schutzanstrichen versehen sein. Die Lüftungs- und Beleuchtungseinrichtungen sollten vorhanden sein.

Zuerst werden die mechanischen Einrichtungen wie Kabelböden, Tafeln, Gestelle, Schränke und Kabelkanäle montiert. Es schließt sich die Bestückung von Tafeln und Gestellen mit Geräten und Baugruppenträgern an. Die Verdrahtungen im Schaltraum und seine internen Verbindungen zu Tafeln, Rechnerraum und dem Elektroschaltraum sind besonders zahlreich und sollten früh begonnen werden. Hinzu kommt die pneumatische und elektrische Hilfsenergieversorgung. Mit Beginn der Feldmontage werden die Stammkabel in den Schaltraum eingeführt und dort aufgelegt.

Die Verdrahtungsarbeiten überträgt man zweckmäßig einigen besonders zuverlässigen Monteuren, deren ausschließliches Arbeitsfeld der Schaltraum und die Tafeln sind, so daß sie dort einen sehr guten Überblick gewinnen. Auf die Verwendung geeigneter Spezialwerkzeuge und Meßgeräte ist zu achten.

Während der Schaltraummontage ist ein regelmäßiger Kontakt zwischen den Monteuren und dem Planer sicherzustellen. Mißverständnisse und Fehler lassen sich dann schnell aufklären. Die dabei möglicherweise notwendigen Änderungen sind sofort und eindeutig in die Pläne einzutragen. Von großem Vorteil ist dabei ein Satz von im Schaltraum untergebrachten Plänen, der stets den aktuellen Stand festhält. Dies ist für die spätere Prüfung der eingebauten Einrichtungen und die Revision der Pläne unerläßlich und von großem Nutzen.

Nicht selten müssen in der Warte und in den anderen MSR-Räumen Einrichtungen (z. B. Feuermelder, Ladegeräte, Meldetableaus, Klimakanäle usw.) montiert werden, von denen der MSR-Planer wegen ungenügender Abstimmung nichts wußte. Das frühzeitige Erkennen dieser und anderer Probleme ist zu deren guter Lösung wichtig und macht einen frühen Beginn der Montage in den MSR-Räumen erforderlich. Aus dem gleichen Grund sollten auch die anderen MSR-Räume, wie Analysengeräteräume, Gleichrichter- und Batterieräume möglichst frühzeitig bestückt werden.

Die Montage in den MSR-Räumen ist durch vielfältige Aktivitäten auf engem Raum gekennzeichnet. Auf geeignete Maßnahmen zur Abwendung von Unsauberkeit, Unfall- und Feuergefahren ist deshalb besonders zu achten.

1.3.4. Feldmontage

Die Feldmontage ist durch den größten Personalbedarf innerhalb des Projektes gekennzeichnet. Von den gesamten Montagekosten, ohne Vorfertigung, entfallen 4/5 auf die Feldmontage und nur 1/5 auf die Montage in den MSR-Räumen. Eine gut organisierte und auf die anderen Gewerke exakt abgestimmte Feldmontage trägt sehr viel zur Kostenersparnis bei. Die Feldmontage beginnt mit der Montage der Haupt-Kabelbahnen und schreitet über die Kabel- und Kästen-Montage immer tiefer in die Details der Anlage hinein, um schließlich mit dem Anschließen der eingebauten Geräte zu enden.

Zu Beginn findet eine gemeinsame Begehung der Anlage mit dem MSR-Planer statt. Dabei werden alle Montageorte für Meß- und Stellgeräte, sowie für Kästen und andere MSR-Einrichtungen mit geeigneten Bezeichnungsschildern gekennzeichnet. Bewährt haben sich dafür Kunststoffscheiben in einer auffallenden Farbe. Der Planer bereitet zweckmäßig vor der Begehung diese Schilder anhand von RI-Fließbildern und dem Modell vor. Der MSR-Montageleiter lernt bei der Begehung alle vorgesehenen Montageorte genau kennen und der MSR-Planer gewinnt ein gutes Bild über fehlende oder falsch sitzende Stutzen, schon durch andere Anlagenteile belegte Plätze, sowie über den Montagestand von Apparaten und Rohrleitungen.

Die Hauptkabelwege sind meist bei der Gebäudeplanung festgelegt oder sogar in einem Anlagenmodell dargestellt worden, die Stichkabelbahnen werden während der Montagephase vor Ort festgelegt. Die Führung der Kabelbahnen soll neben einer guten Zugänglichkeit ausreichenden Schutz der Kabel gegen mechanische Zerstörung, Brandeinwirkung, heiße Medien und Einwirkung flüssiger Chemikalien gewährleisten.

Ein begrenzter Brand in unmittelbarer Nähe der Hauptkabelwege, vor allem im Bereich der Schaltraumeinführung, kann zu einem langen Produktionsstillstand führen. Die Kabel sind vorzugsweise in Zonen geringer Brandgefahr zu verlegen. Dies gilt besonders für die vertikalen Kabelbahnen. In brandgefährdeten Zonen empfiehlt sich eine feuerbeständige Verkleidung. Viel Sorgfalt ist auf die Wanddurchführung von Kabeln zu legen, vor allem bei Brandschutzmauern.

Die Kabelbahnen müssen einen ausreichenden Abstand zu heißen Anlageteilen aufweisen, eventuell ist ein Strahlungsschutz vorzusehen. Heiße Leitungen sind im Bereich der Kabelwege sorgfältig zu isolieren. Zonen mit Wärmestau sind zu meiden. Zum Schutz gegen Chemikalien sollten Kabel nicht unter Flanschen und Stopfbuchsen vorbeigeführt werden. Eventuell sind Kabel mit Metallarmierung zu verwenden.

Der Einbau von MSR-Geräten in Rohrleitungen und Apparaten wird in der Regel durch die Rohrleitungs-Monteure mit erledigt, da ohne die zugehörigen MSR-Geräte eine Fertigstellung dieser Rohrleitungen nicht möglich ist. Der MSR-Montageleiter muß dabei besonders auf sorgsamen Umgang mit den MSR-Geräten, die richtige Einbaulage, gute Zugänglichkeit der Geräte und genügend Freiraum für die Anschlüsse achten. Nicht ausreichend angepaßte Rohrleitungen dürfen keinesfalls über die einzubauenden Meßgeräte ausgerichtet werden. Die dabei auftretenden mechanischen Spannungen beeinträchtigen nicht selten die Arbeitsweise der Geräte. Falls die MSR-Geräte noch nicht zur Verfügung stehen oder erst kurz vor der Inbetriebnahme eingebaut werden sollen, werden an ihrer Stelle sogenannte Paßstücke in die Rohrleitungen eingebaut. Beim Isolieren von Rohrleitungen ist auf die Zugänglichkeit der Geräte und ihrer Anschlüsse zu achten.

Eine saubere Abgrenzung der MSR-Montagearbeiten zu den Aktivitäten anderer Gewerke, wie Bauabteilung, Rohrleitungsmontage, Stahlbau, Elektromontage, Isolierer und Anstreicher ist grundsätzlich zu Beginn der Montage und danach täglich abzusprechen. Genauso wichtig ist die tägliche Abstimmung über die zeitliche Folge von Arbeitsschritten. Dies schließt Absprachen über Gerüste und Beleuchtung ein. Das Heranführen von Dampf, Heißwasser oder auch elektrischer Energie zum Heizen von MSR-Einrichtungen ist ebenfalls im Detail abzusprechen.

Auf einer Baustelle ist zur Abwendung von Gefahren eine gewisse Disziplin vonnöten. Deshalb ist auf die Vorschriften zur Unfallverhütung, das Einhalten der zulässigen Arbeitszeit, ein eventuell auszusprechendes Rauchverbot, das rechtzeitige und geordnete Entfernen von Abfällen und Kabelresten, das Einholen von Erlaubnisscheinen für bestimmte Arbeiten und auf den Verschluß von Werkzeugen und Meßgeräten zu achten.

Die VDE-Bestimmungen, die Ex-Vorschriften und andere einschlägige Vorschriften müssen während der Montage beachtet werden. Die Montagefirma bestätigt nach Abschluß der MSR-Montage in einer Installationsbescheinigung, daß die Installation den anzuwendenden Regeln entspricht.

Die Verteiler- und Meßumformer-Kästen, die Stammkabel, die Stell- und Meßgeräte, sowie alle anderen wesentlichen MSR-Einrichtungen werden zum Schluß der Feldmontage mittels geeigneter Bezeichnungsschilder dauerhaft gekennzeichnet.

Die allgemeine *Montageüberwachung* gliedert sich in die vom MSR-Planer zu leistende anlagenbezogene Fachaufsicht und die vom MSR-Montageleiter übernommene Überwachung von Materialfluß und Personaleinsatz. Neben einer aufgabengerechten Montage der MSR-Einrichtungen wird der Erfolg der Montage durch Termine und Kosten ausgedrückt. Im Unterabschnitt 1.2.4.5. ist das Thema Termin- und Kostenkontrolle schon behandelt worden.

Die Termine stehen in allen Baustellen-Besprechungen im Vordergrund. Die vielfältigen Probleme der unterschiedlichen Gewerke und die daraus resultierenden Verzögerungen gegenüber dem ursprünglichen Terminplan erfordern von der MSR-Montageleitung eine sehr flexible Disposition des Montagepersonals. Die Feldmontage sollte erst voll einsetzen, wenn etwa 70% der Rohrleitungen fertig montiert sind. Man orientiert sich besser nicht am Terminplan, sondern nach dem wirklichen Fertigungsstand der Anlage. Ein zu früher Beginn der Feldmontage kann teuer werden. Man sollte das Montagepersonal knapp halten und immer einen Mann weniger einsetzen, als benötigt wird. Vor Beginn der Feldmontage ist ein Personalbedarfsplan aufzustellen, der bis zur Fertigstellung der Anlage den monatlichen Bedarf an Monteuren abschätzt. Meist verschiebt sich leider in der Praxis das Personalmaximum nach hinten. Bei schlechtem Wetter kann ein Teil des Personals in den MSR-Räumen und bei der Vorfertigung eingesetzt werden.

Anhand von Listen ist der Fertigungsstand der Anlagenteile und der MSR-Montage regelmäßig festzuhalten. Der Austausch von Listen mit den anderen Gewerken erlaubt die gezielte Behebung von Schwachstellen. Die Kontrolle von Montagematerialkosten und MSR-Montagekosten ist regelmäßig anhand von Bestellungen, Aufträgen, Rechnungen und Leistungsnachweisen durchzuführen. Ein Vergleich mit dem jeweiligen Arbeitsfortschritt erlaubt eine zuverlässige Prognose der zu erwartenden MSR-Gesamtkosten.

Ein unerfreuliches Kapitel auf der Baustelle stellen die Änderungen und Erweiterungen dar. Sie haben ihre Ursachen in unklaren Aufgabenstellungen, Planungsfehlern, schlechter Abstimmung mit anderen Gewerken, mangelhafter Fachkompetenz der MSR-Monteure und zusätzlichen Wünschen der Auftraggeber. Die Kosten einer Fehlerbeseitung sind um so höher, je später der Fehler entdeckt wird. Durch die Änderung einer bereits ausgeführten Montage entstehen etwa die 3-fachen Kosten gegenüber den normal anfallenden Kosten. Um aus Änderungen resultierende Termin- und Kostenüberschreitungen vertreten zu können, sind diese dem Verursacher sofort zu nennen und für einen späteren Nachweis festzuhalten. Außerdem sind die Änderungen in den im Schaltraum geführten Satz der aktuellen Pläne einzutragen.

1.3.5. Prüfung

Die Montage wird mit einer umfassenden Prüfung des komplett verschalteten MSR-Systems abgeschlossen. Diese Prüfung erfolgt in den beiden Schritten Verdrahtungsprüfung und Funktionsprüfung.

Die *Verdrahtungsprüfung* kontrolliert die installierten MSR-Einrichtungen und ihre Verknüpfung, d. h. damit auch ihre Verdrahtung hinsichtlich der planungs- und fachgerechten Ausführung. Im Zuge der Verdrahtungsprüfung sind alle elektrischen und pneumatischen Signal- und Hilfsenergieverbindungen und die zugehörigen Geräte-, Verteilerkasten- und Rangier-Anschlüsse einzeln zu prüfen. Die Prüfung umfaßt alle für die vorgesehene Aufgabe notwendigen elektrischen bzw. mechanischen Eigenschaften.

Zur Prüfung der gemäß den Plänen vorgesehenen elektrischen Verbindungen bedient man sich zweckmäßig eines geeigneten Signalgebers und eines Meßinstrumentes oder eines anderen Signalempfängers. Nicht vorhandene oder vertauschte Verbindungen lassen sich so leicht feststellen. Dabei entdeckte Fehler haben häufig die folgenden Ursachen: unvollständige Montage, untergeklemmte Isolierung, Nichtverwenden von vorgeschriebenen Spezialwerkzeugen, lückenhafte oder ungenaue Pläne, kalte Lötstellen, mechanische Verspannung durch Kabelkräfte, nachträgliche Beschädigung oder Demontage von Kabeln durch andere Gewerke. Die pneumatischen Verbindungen sind auf Dichtigkeit und Durchgang zu prüfen. Falls die normale MSR-Luftversorgung dafür noch nicht zur Verfügung steht, kann man sich einer Hilfsluftquelle, z. B. Druckluftflaschen oder eines kleinen Kompressors bedienen. Von großer Bedeutung für einen erfolgreichen Ablauf der Verdrahtungsprüfung ist eine genaue Festlegung der Prüfprozedur und des Prüfumfanges. Der Prüfumfang und der Befund sind in den im Schaltraum befindlichen Satz der Pläne einzutragen. Dieser sogenannte „Änderungssatz" beschreibt immer den aktuellen Stand der Prüfungen. Die geprüften Verbindungen und Anschlüsse sollten ebenfalls entsprechend markiert werden. Die entdeckten Fehler sind nach Möglichkeit direkt oder gegebenenfalls nach Rücksprache mit dem Planer zu korrigieren.

Für die einzelnen Prüfungen werden zweckmäßig Gruppen von je 2 Mann gebildet, von denen der eine aus der Montagemannschaft stammt, während der andere aus der für die spätere Instandhaltung der Anlage zuständigen Mannschaft kommt. Der letztere muß sich spätestens jetzt bei der Verdrahtungsprüfung mit seiner Anlage vertraut machen.

Nach Abschluß der Verdrahtungsprüfung und Korrektur der dabei gefundenen

Fehler ist die Montageleistung erbracht. Die Übergabe der MSR-Einrichtungen von der Montagefirma bzw. Montageabteilung an den Besteller kann nun erfolgen. Eine Gewährleistung für die Behebung von versteckten Mängeln bleibt jedoch noch bestehen. Bei der Übergabe stellt die Montagefirma die Installationsbescheinigung aus über die gemäß den einschlägigen Vorschriften und Bestimmungen ordnungsgemäße Ausführung und Prüfung der Installation.

Unter der *Funktionsprüfung* versteht man die Prüfung der MSR-Einrichtungen und ihres Zusammenwirkens hinsichtlich ihrer gemäß den Prozeßaufgaben vorgesehenen Funktion. Bei der Funktionsprüfung sind die elektrische und pneumatische Hilfsenergie ordnungsgemäß aufgeschaltet. Alle denkbaren Prozeßzustände und Bedienhandlungen sind soweit wie möglich direkt oder durch Simulation einzustellen. Die Funktionsprüfung erfolgt voll in der Verantwortung der MSR-Abteilung. Manipulationen in der Anlage, wie Fahren mit Produkten oder auch mit Hilfsstoffen wie Wasser, Luft oder Stickstoff sind deshalb in dieser Phase noch nicht vorgesehen. Schalt- und Bedienhandlungen obliegen alleine der zuständigen MSR-Gruppe. Die mit der Funktionsprüfung beauftragte MSR-Gruppe sollte unter der Führung des MSR-Planers arbeiten. Dieser kennt die Anlage am besten und muß sich insbesondere um die komplexen Einrichtungen, wie z. B. Ablaufsteuerungen, kümmern.

Zunächst ist jedoch eine große Zahl von Vorbereitungsarbeiten und Routineprüfungen durchzuführen. Dazu gehören das Entfernen von Transportsicherungen aus Geräten, das Bestücken der Schreiber und Drucker mit Tinte und Papier, ein erstes Einschalten der Geräte, das Prüfen von Polarität und des beim Hersteller eingestellten Grundzustandes der Geräte, der Abgleich von Widerstandsthermometern und vieles mehr. Im Feld ist das MSR-Luftsystem trocken und sauber zu blasen und dann in Betrieb zu nehmen.

Die Funktionsprüfung schreitet von Einzelgeräten über die Prüfung von Gerätegruppen, wie z. B. einem Regelkreis, zur Prüfung von Systemen wie Meldesystemen, Steuerungen oder Prozeßrechnern voran. Dabei ist eine weitgehende Simulation der späteren Betriebsverhältnisse anzustreben. Die aufgeschaltete Hilfsenergie erlaubt z. B. das Bewegen von Stellgeräten, die Prüfung der Regelkreispolarität, das Auslösen von Grenzwertsignalen, den Probelauf von Druckern und Schreibern und das Simulieren von Betriebszuständen in der Anschlußebene von Steuerungen und Prozeßrechnern, aber auch das Prüfen von Erdung und Abschirmung.

Die mit der Funktionsprüfung beauftragten Mitarbeiter müssen erfahren und besonders qualifiziert sein. Die für die spätere Instandhaltung vorgesehene Mannschaft sollte den wesentlichen Anteil der Funktionsprüfung zusammen mit den Planern übernehmen. Diese können unterstützt werden durch einige ausgesuchte Mitarbeiter der Montagefirma. Die einzelnen Prüfschritte sind in den Plänen so festzuhalten, daß ihr Umfang und ihre Grenzen deutlich nachprüfbar sind. Andernfalls kann es leicht passieren, daß vermeintlich vollständig geprüfte MSR-Einrichtungen zur großen Überraschung der Beteiligten nachher doch nicht funktionieren.

Zwei Prüfleute können je Tag etwa 15—20 MSR-Stellen prüfen, vorausgesetzt, die Verdrahtungsprüfung ist abgeschlossen. Hilfreich bei der Funktionsprüfung sind unter anderem zahlreiche und gut zugängliche Prüfanschlüsse und das Vorliegen detaillierter Gerätebeschreibungen. Defekte Geräte sind auszubauen und deutlich zu kennzeichnen. Schnelle Abhilfe bieten vorhandene Reservegeräte, von einer Reparatur vor Ort ist abzusehen. Dabei geht meist kostbare Zeit verloren, die Reparatur sollte die zuständige Werkstatt oder besser noch der Hersteller durchführen. In allen Gewährleistungsfragen ist sofort der Hersteller einzuschalten, der häufig auch einen Spezialisten zur örtlichen Klärung und Reparatur entsendet. Nicht selten werden neben den Gerätefehlern auch Planungsfehler entdeckt. Diese sind nach Möglichkeit sofort zu korrigieren. Ist der Planer auch für die Funktionsprüfung verantwortlich, so wird die Beseitigung der Planungsfehler meist zügig und ohne große Diskussionen erfolgen.

Ganz wichtig ist in der Phase der Funktionsprüfung die Einführung und Schulung des Betriebspersonals im Umgang mit den MSR-Einrichtungen, soweit dies die Bedienhandlungen und deren Einwirkung auf die Anlage betrifft. Nur ein gut geschultes Betriebspersonal vermeidet Fehlbedienungen und Beschädigungen von MSR-Einrichtungen.

Die Prüfung als Phase zwischen Montage und Inbetriebnahme muß fast immer in sehr kurzer Zeit erfolgen. Dies liegt daran, daß der Inbetriebnahmetermin schon sehr früh im Projekt festgelegt wurde und bis in hohe Hierarchieebenen hinauf bekannt ist. Im Verlauf des Projektes aufgetretene Terminverzögerungen hofft man immer noch aufholen zu können und hat eine große Scheu, unabwendbare Terminverschiebungen zuzugeben. Selbst bei einer realistischen Einsicht aller Beteiligten, möchte die Projektleitung als Ansporn den Termindruck beibehalten.

In dieser Situation wird nicht selten von der MSR-Abteilung für ihr zuletzt fertigwerdendes Gewerk verlangt, alle aufgetretenen Terminverzögerungen wieder aufzuholen. Für die Verdrahtungs- und die Funktionsprüfung bleibt dann kaum noch Zeit übrig. Dagegen hilft nur ein frühzeitiges Anmelden von Prüfzeiten und ein energisches Bestehen auf deren Gewährung gegenüber der Projektleitung.

1.4. Inbetriebnahme

Die Inbetriebnahme ist das erstmalige Betreiben der MSR-Einrichtungen als integrierter Bestandteil der Gesamtanlage unter Prozeßbedingungen durch den Betreiber. In dieser letzten Phase eines Projektes werden Stoffe in die Anlage eingefüllt bzw. in ihr bewegt. Die Verantwortung für die Schalt- und Bedienhandlungen an MSR-Einrichtungen liegt deshalb beim Betreiber dieser Anlage. Die Inbetriebnahme erfolgt in den Schritten

- Vorbereitung,
- Fahren mit „inerten“ Stoffen,
- Fahren mit Chemikalien,
- Produktionsaufnahme,
- Garantiefahrt.

Bei der Inbetriebnahme muß sich die Richtigkeit aller vorangegangenen Bemühungen der MSR-Abteilung erweisen. In dieser „Stunde der Wahrheit“ werden die eventuellen planerischen und fertigungstechnischen Mängel deutlich sichtbar. Ein einsatzfreudiges MSR-Team mit einem guten vertrauensvollen Verhältnis zu den Betreibern ist dabei für ein gutes Gelingen unabdingbar.

Man muß versuchen die Inbetriebnahme mit einem Erfolg zu beginnen. Erste negative Erfahrungen mit den MSR-Einrichtungen belasten das Arbeitsklima, das dabei entstehende negative Image kann nachher nur noch mühsam korrigiert werden. Den frühen Erfolg erzielt man durch eine sehr sorgfältige Prüfung des ersten in Betrieb gehenden Anlagenteils und durch eine Konzentration der besten Kräfte auf diesen Teil.

Der Begriff Inbetriebnahme unterliegt verschiedenen Deutungen. Da er im Terminplan einen sehr wichtigen Meilenstein darstellt, ist seine klare Definition vor allem für die MSR-Abteilung von großer Bedeutung. Während die mechanische Fertigstellung eindeutig noch zur Montagephase gehört, sollte man für jedes Projekt klären was unter Funktionsbereitschaft, Wasserfahrt, Anfahren und Chemikalienfahrt zu verstehen ist und welcher Zeitbedarf dazu gehört.

1.4.1. Vorbereitung der Inbetriebnahme

Die Vorbereitung der Inbetriebnahme schließt vor allem eine eingehende Unterweisung des Betriebspersonals über Zusammenwirken von MSR-Einrichtungen und verfahrenstechnischer Anlage mit ein. Eine gute Schulung ist z.B. am Schaufließbild in der Warte möglich.

Kommen Bildschirme zum Einsatz, so sollte man das Betriebspersonal frühzeitig beim Aufbau von Anlagenbildern mitwirken lassen. Knappe, auf die Bedienung und die zugehörigen verfahrenstechnischen Abläufe zugeschnittene Funktionsbeschreibungen von Steuerungen und Bedienungsanleitungen sind zur Vorbereitung des Betriebspersonals unerläßlich.

Ebenso ist das MSR-Instandhaltungspersonal spätestens jetzt über den Aufbau und die Funktion der MSR-Einrichtungen zu unterweisen. Außerdem sind zur Vorbereitung auf die Inbetriebnahme der MSR-Gruppe Sicherheitsbelehrungen durch den Betreiber zu erteilen. Die benötigten MSR-Handwerker sollten nicht neu eingestellt, sondern nach Möglichkeit aus bereits erfahrenen Mitarbeitern anderer Betriebe rekrutiert werden. Zumindest die Führung der MSR-Handwerker muß in der Hand eines in Inbetriebnahmen erfahrenen MSR-Meisters sein. Die Betreuung durch die MSR-Werkstatt bei zu erwartenden Reparaturen und Änderungen ist organisatorisch vorzubereiten. Ersatzteile und Reservegeräte sind bereitzulegen.

Ein Inbetriebnahmeplan als Balkendiagramm oder Netzplan ordnet die vorgesehenen Einzelschritte der Inbetriebnahme.

In der Regel beginnt man mit den Hilfssystemen wie z. B. Dampf-, Kühlwasser-, Stickstoff- und Abluftsystem. Danach werden Kreisläufe z.B. mit Lösungsmitteln angefahren und erst wenn alles sicher im Griff ist, beginnt man mit dem ersten Produktionsschritt. Die MSR-Gruppe muß den Inbetriebnahmeplan genau kennen, um termingerecht die jeweiligen MSR-Einrichtungen bereitstellen zu können.

1.4.2. Fahren mit „inerten Stoffen"

Der erste Inbetriebnahmeschritt besteht aus dem Fahren mit „inerten" Stoffen, d.h., die Anlage wird z.B. mit Wasser gefüllt und gespült bzw. einer Druckprobe unterzogen. Statt mit Wasser wird unter Umständen die Anlage mit Luft oder Stickstoff ausgeblasen. Da beim Spülen sehr viel Schmutz durch die Rohrleitungen strömt, sind Durchflußmesser und Regelventile zweckmäßig für diese Zeit auszubauen und durch Paßstücke zu ersetzen. Bei Druckproben kann es notwendig sein, die Meßfühler wegen der Gefahr einer Überlastung ebenfalls auszubauen. Andererseits werden einzelne Meß- und Überwachungseinrichtungen schon benötigt, bei Standmessungen wird z. B. die Zuordnung zwischen Anzeige und Behälterinhalt durch Auslitern mit Wasser ermittelt.

In dieser Phase werden meist auch die Sicherheitseinrichtungen erprobt, eine gemeinsame Abnahme und die Übergabe an den Betreiber sollte mit einem Prüfprotokoll abgeschlossen werden. Die Begleitheizung produktführender MSR-Leitungen ist zu prüfen und in Betrieb zu nehmen. Durch regelmäßige Rundgänge sind alle MSR-Einrichtungen ständig zu inspizieren. Mit Schwachstellen und

Frühausfällen, z. B. bei der Elektronik, ist zu rechnen, selbst bei geprüften Einrichtungen sollte man sich nicht in Sicherheit wiegen. Durch das Spülen, noch laufende Montagen, Isolier- und Anstricharbeiten kommt es immer wieder zu kleineren Defekten an den MSR-Einrichtungen. Ein guter Informationsfluß untereinander, der Austausch von Prüf- und Mängellisten und eine tägliche Besprechung aller beteiligten Gewerke beim Inbetriebnahmeleiter fördern den zügigen Ablauf der Inbetriebnahme.

Sind alle Apparate und Rohrleitungen ausreichend gespült und überprüft, so ist der Betrieb der Anlage mit den „inerten" Stoffen zu simulieren. Regelungen und Steuerungen werden schrittweise entsprechend ihren Aufgaben in Betrieb genommen.

1.4.3. Fahren mit Chemikalien

Ist die Anlage in einen guten Zustand versetzt und das Betriebspersonal genügend mit ihr vertraut, folgt das Fahren mit Chemikalien oder Lösungsmitteln bzw. anderen an der Reaktion nicht beteiligten Stoffen. Spätestens jetzt sind alle Schalt- und Bedienhandlungen an MSR-Einrichtungen ausschließlich Sache des Betriebspersonals. Die MSR-Einrichtungen unterliegen jetzt schon teilweise den Auslegungsbedingungen, jedoch gibt es auch zahlreiche Meßfühler, Meßumformer und Regelventile, die außerhalb ihres Meßbereiches bzw. Stellbereiches betrieben werden. Hier kann es dann zu Mißverständnissen beim Betriebspersonal kommen. Probleme durch Schmutzreste, mangelhafte Auslegung, falsche Werkstoffe, Undichtigkeiten, mißverständliche Beschriftungen und auch Bedienfehler gilt es zu erkennen und zu beseitigen. Für die Behebung von Geräteproblemen sind erfahrene MSR-Instandhaltungshandwerker, bereitstehende Reservegeräte und eine schnell reagierende Werkstatt von Nutzen. Jedoch sollte man sich nicht zu sehr auf schwierige Geräteprobleme konzentrieren, sondern dafür Spezialisten aus dem eigenen Unternehmen oder vom Gerätehersteller hinzuziehen.

Bei Fragen der richtigen Auslegung oder darüber hinaus zur Klärung der ursprünglich vorgesehenen Aufgabenstellung von MSR-Einrichtungen zahlt sich jetzt wieder die Anwesenheit des MSR-Planers aus. Aus seiner detaillierten Kenntnis der Projektgeschichte heraus kann er vieles klären und gegebenenfalls die geeigneten Maßnahmen für Verbesserungen und Änderungen einleiten.

1.4.4. Produktionsaufnahme

Sind alle aufgetretenen Schwierigkeiten beseitigt, beginnt man vorsichtig mit der Produktionsaufnahme. Die einzelnen Schritte werden vorher genau durchgesprochen. Häufig treten bei dieser eigentlichen Inbetriebnahme noch Probleme auf, die immer wieder zu Wartezeiten führen. Um allzuviele Überstunden zu vermeiden ist gegebenenfalls bei der MSR-Gruppe ein Schichtdienst, besser noch ein Bereitschaftsdienst einzurichten.

Nicht selten werden bei der Produktionsaufnahme die angezeigten Meßwerte vom Betriebspersonal angezweifelt. Dies kann unterschiedliche Ursachen haben. Generell kann man unterscheiden zwischen dem wirklichen, dem angezeigten und dem erwarteten Meßwert. Erst wenn alle drei Werte übereinstimmen, sind alle Beteiligten zufrieden. Verfälschungen zwischen wirklichem und angezeigtem Meßwert können ihre Ursache in Gerätefehlern, in nicht spezifikationsgerechten Produkten, in Verstopfungen durch Feststoffe und in Einbaufehlern haben. Häufig erwartet das Betriebspersonal bestimmte Meßwerte, die sich aber infolge produkt- oder verfahrensbedingter Ursachen, manchmal auch wegen falscher Bedienung nicht einstellen wollen.

Nicht wenige Einstellparameter der MSR-Einrichtungen, wie Reglerkennwerte, Grenzwerte, Zeiten, usw. lassen sich erst jetzt an die wirklichen Prozeßverhältnisse anpassen. Besondere Inbetriebnahme-Schreiber und Anfahrschaltungen erleichtern in dieser Phase die Optimierung der MSR-Einrichtungen. Bei größeren Problemen ist es zweckmäßig, eine kleine Arbeitsgruppe zu bilden, die gegebenenfalls Spezialisten hinzuziehen sollte. Während in der Regel MSR-Einrichtungen infolge ihrer guten Austauschbarkeit und ihrer weit gediehenen Standardisierung leicht zu ersetzen sind, können bei größeren verfahrenstechnischen Apparaten oder Maschinen falsche Auslegungen oder auch Defekte zu längeren Stillständen führen. Diese Zeit kann dann von der MSR-Gruppe für Verbesserungen und die Überarbeitung von Unterlagen gut genutzt werden.

Wenn dann schließlich das erste spezifikationsgerechte Produkt entstanden ist, können alle Beteiligten erleichtert den Erfolg ihrer oft jahrelangen Anstrengungen genießen.

1.4.5. Garantiefahrt und Übergabe

Durch eine *Garantiefahrt* ist nachzuweisen, daß die Anlage hinsichtlich Produkt, Verfügbarkeit und Ausbeute der Auslegung entspricht. Dies ist durch den Dauerbetrieb über eine bestimmte Zeit bei Nennleistung nachzuweisen. Zur Vorbereitung sind vorher die MSR-Einrichtungen zu überprüfen, gegebenenfalls zu reinigen und mit ihren Einstellparametern zu optimieren. Bei der Garantiefahrt werden an die Erfassung von Stoff- und Energiemengen besondere Ansprüche gestellt.

Nach der erfolgreich absolvierten Garantiefahrt erfolgt die endgültige *Übergabe* der Anlage an den Betreiber. Damit geht auch die Betreuung der MSR-Einrichtungen an die dafür zuständige MSR-Abteilung über. Für das MSR-Projektteam ist das Projekt jedoch noch nicht völlig abgeschlossen. In der Regel gehört zu den Übergabeunterlagen eine Mängelliste, in der noch nicht erledigte Fertigstellungen, notwendige Änderungen, gewünschte Optimierungen, fehlende Unterlagen usw. aufgeführt sind. Außerdem ist die Revision aller für die Betreuung der MSR-Einrichtungen benötigten Zeichnungen anhand der bei Montage und Inbetriebnahme eingetragenen Korrekturen durchzuführen. Neben dem Abarbeiten der Mängelliste und der Zeichnungsrevision ist eine abschließende Kostenbilanz aufzustellen. Hierin sind inflatorische Kostensteigerungen, Zusatzkosten infolge Änderungen und Erweiterungen, die verschiedenen Kostenarten einschließlich der Inbetriebnahmekosten einzeln aufzuführen. Es ist in dieser Endphase des Projektes darauf zu achten, daß nicht bereits jetzt anfallende Betriebskosten noch zu Lasten des Projektes gebucht werden.

Mit einem Erfahrungsbericht, der neben den besonderen technischen und organisatorischen Erfahrungen auch den Termin- und Kostenablauf beschreibt, kann der MSR-Planer das Projekt abschließen.

1.5. Ingenieurbetreuung

Die Ingenieurbetreuung ist die ingenieurmäßige Betreuung der MSR-Einrichtungen einer verfahrenstechnischen Anlage zur Gewährleistung ihrer Funktion und die Ertüchtigung dieser Anlage und ihres Personals auf dem Gebiet der MSR-Technik.

In den Chemieunternehmen kommt der Ingenieurbetreuung wegen der hohen Innovationsrate eine große Bedeutung zu. Die Ingenieurbetreuung bezieht sich auf laufende Produktionsanlagen oder auch Forschungseinrichtungen und ist getrennt von der in den bisherigen Abschnitten behandelten Projektabwicklung zu sehen. Die handwerklich orientierte Seite der Betreuung, vor allem auf dem Gebiet der Instandhaltung, ist Sache der Werkstätten. Im Kapitel 2 dieses Bandes ist dazu Näheres zu finden. Die Ingenieurbetreuung wird vom sogenannten technischen Büro, d. h. von Ingenieuren und Technikern durchgeführt. Häufig findet man in Chemieunternehmen eine organisatorische Gliederung in MSR-Planungsabteilung, MSR-Werkstatt und MSR-Betriebsbetreuungsabteilung.

Die Hauptarbeitsgebiete der Ingenieurbetreuung sind Instandhaltung, Beratung, Ertüchtigung, Zeichnungsverwaltung, Standardisierung und Fortbildung. Die Zusammenarbeit mit dem zu betreuenden Produktionsbereich kann sowohl den Charakter einer nur Weisungen befolgenden Dienstleistungsabteilung haben als auch durch ein enges Partnerschaftsverhältnis geprägt sein, bei dem die MSR-Ingenieurbetreuung das Betriebsgeschehen und die Betriebsentwicklung mitgestaltet. Die Erfahrung lehrt, daß ein enges Partnerschaftsverhältnis von Betrieb und MSR-Abteilung für beide von Vorteil ist.

Im Mittelpunkt der Ingenieurbetreuung steht die *Instandhaltung* der MSR-Einrichtungen. Mit ihr ist die Aufgabe gestellt, die Funktionstüchtigkeit der MSR-Einrichtungen gegenüber allen technischen und menschlichen Störeinflüssen zu bewahren. In DIN 31051 sind die Instandhaltung und mit ihr zusammenhängende Begriffe definiert. Danach ist

— Instandhaltung: Gesamtheit der Maßnahmen zur Bewahrung und Wiederherstellung des Sollzustandes sowie zur Feststellung und Beurteilung des Istzustandes.

Wichtig sind auch die Unterbegriffe

— Wartung: Maßnahmen zur Bewahrung des Sollzustandes,
— Inspektion: Maßnahmen zur Feststellung und Beurteilung des Istzustandes,
— Instandsetzung: Maßnahmen zur Wiederherstellung des Sollzustandes.

Das Gebiet der Instandhaltung ist ausführlich in der Literatur[13] dargestellt. Die Instandhaltung beschränkt sich nicht nur auf funktionsuntüchtige Bauteile, sondern muß sich auch um in Betrieb befindliche kümmern. Sie ist während der gesamten Lebenszeit der MSR-Einrichtungen erforderlich. Der Sollzustand kann durchaus vom ursprünglichen Neuzustand abweichen. Die Instandhaltung erfordert spezielle Kenntnisse, die sich grundlegend von dem Wissen unterscheiden, das zum Betreiben der Anlagen erforderlich ist. Ihre Aufgabe ist es, die Abnutzung der betreuten Einrichtungen so zu begrenzen, daß die finanztechnische Abschreibung nicht überschritten wird.

Die Wartung ist in erster Linie eine handwerkliche Aufgabe der MSR-Werkstatt. Sie kann in regelmäßigen Intervallen oder auch in Abhängigkeit des allgemeinen Anlagenzustandes erfolgen. Viele der Wartungsmaßnahmen sind einfache, nach klaren Anweisungen durchzuführende Tätigkeiten, die unter Umständen auch vom Betriebspersonal der Anlage übernommen werden können. Jedoch ist sicherzustellen, daß die fachliche Verantwortung dafür bei der betreuenden MSR-Abteilung verbleibt. Die Wartungsmaßnahmen sollten zur generellen Auswertung regelmäßig dokumentiert werden.

---

[13] Deutsches Komitee Instandhaltung e.V.: DKIN-Empfehlungen Nr. 1 bis 8. Düsseldorf (1977 bis 1982).

Die zur Inspektion gehörende Beurteilung des Istzustandes erlaubt eine Entscheidung, ob die Abweichung vom Sollzustand noch toleriert werden kann, bzw. welche Maßnahmen einzuleiten sind. Zur Beurteilung dienen Kriterien wie z. B. Sicherheit, gesetzliche Auflagen, Wirtschaftlichkeit, Produktqualität und Verfügbarkeit, Soll- und Grenzwerte, Trendverlauf. Die Inspektion kann sowohl bei laufendem Betrieb, als auch bei teilweisem oder völligem Betriebsstillstand erfolgen. Die Inspektionsintervalle sind ständig an den durch Erfahrung zu erwartenden Befund anzupassen. Dabei sind die für viele Geräte typischen drei Perioden der Ausfallrate zu beachten, nämlich viele Anfangsausfälle, hohe Zuverlässigkeit über lange Zeit und hohe Ausfallrate gegen Ende der Gerätelebensdauer. Durch Gesetze und Vorschriften ausgelöste behördliche Aktivitäten, die nur einen bestimmten Zustand bestätigen sollen, wie z. B. Abnahmen durch Sachverständige, gelten nicht als Inspektion.

Die systematische Dokumentation der Inspektionsbefunde erlaubt die Entdeckung von Schwachstellen. Die Analyse dieser Schwachstellen zählt zu den Aufgaben der Ingenieurbetreuung, zumal dabei häufig auch über die MSR-Technik hinaus verfahrenstechnische oder organisatorische Schwachstellen im Betrieb aufgedeckt werden.

Neben der regelmäßigen Inspektion ist bei Betriebsstörungen eine sofortige Inspektion notwendig. Dabei sind sowohl der augenblickliche Zustand von Anlage und MSR-Einrichtungen, als auch die Historie bis zum Eintritt der Störung zu analysieren. In schwierigen Fällen sollte vom Betrieb oder der MSR-Werkstatt der betreuende MSR-Ingenieur hinzugezogen werden.

Die Instandsetzung von MSR-Einrichtungen ist Angelegenheit der MSR-Werkstatt. Der Ingenieurbetreuung obliegt die Beschaffung von Ersatzgeräten und die Klärung von Garantiefragen in Zusammenarbeit mit der Einkaufsabteilung. Eine Instandsetzung kann auch zu neuen versteckten Mängeln führen. Zur Sicherstellung des Gutzustandes ist deshalb durch eine Wiederinbetriebnahme des Gerätes in der Anlage nachzuweisen, daß die MSR-Einrichtung wieder allen Anforderungen entspricht. Vorteilhaft für die Instandsetzung sind regelmäßige, vorher geplante Betriebsstillstände.

Durch sorgfältige Ablaufplanung der Instandsetzungsarbeiten für die Stillstandsphase lassen sich gegenüber der ständigen Instandsetzung des kontinuierlich laufenden Betriebes zum Teil erhebliche Einsparungen erzielen.

Zu den Aufgaben der Ingenieurbetreuung gehört das ständige Bemühen um die weitere Rationalisierung der Instandhaltung, z. B. durch Abstimmung mit der MSR-Werkstatt über die richtige Instandhaltungsstrategie. Eine vorbeugende Instandhaltung ist sicherlich im Einzelfall vorteilhafter, vor allem wenn man an die möglichen wirtschaftlichen Folgen einer Betriebsstörung denkt, jedoch sind insgesamt die Erfahrungen mit einer intensiven vorbeugenden Instandhaltung nicht günstig. Allenfalls kommt eine vorbeugende Inspektion in Frage.

Eine andere wichtige Frage ist die nach dem optimalen Lagerbestand an Ersatzteilen und Ersatzgeräten. Während in Europa die Anwender meist selbst ein umfangreiches Lager unterhalten, wird diese Aufgabe in den USA gerne den Herstellerfirmen übertragen, die dafür ein sehr schnelles Auslieferungssystem aufgebaut haben.

Der Abschluß von Wartungsverträgen mit Herstellerfirmen ist nur bei großen komplexen Einrichtungen, wie z. B. Prozeßrechnern, angebracht. Einen Teil der für solche Systeme notwendigen Wartungs- und Inspektionsarbeiten kann auch die MSR-Werkstatt übernehmen.

Bei der hohen Bedeutung der MSR-Technik für die Anlagen der chemischen Technik spielt die Zuverlässigkeit und Verfügbarkeit der MSR-Einrichtungen eine wichtige Rolle. Deshalb werden auch an Zuverlässigkeit und Verfügbarkeit des MSR-Instandhaltungspersonals hohe Anforderungen gestellt. Bei Betriebsstörungen muß eine schnelle Hilfe durch geschultes und ortskundiges Personal mittels Schichtdienst, mindestens aber mittels Bereitschaftsdienst, gewährleistet sein. Die Sicherheit des Betriebes darf durch Instandhaltungsarbeiten nicht eingeschränkt werden. Das MSR-Personal ist regelmäßig über mögliche Gefahren und deren Vermeidung zu unterrichten.

Die Kosten der Instandhaltung sind zu Recht häufig Gegenstand von Diskussionen mit dem die Kosten tragenden Betrieb. Dabei sind zunächst die reinen Instandhaltungskosten als nicht aktivierungspflichtiger Erhaltungsaufwand vom aktivierungspflichtigen Herstellungsaufwand, der z. B. bei Erweiterungen vorliegt, klar zu trennen. Der erste Schritt zur Kostenbeeinflussung ist die Erarbeitung ausreichender Kostentransparenz. Die Instandhaltungskosten sind zunächst in Arbeitskosten, Materialkosten und Fremdarbeitskosten auf den Instandhaltungsauftrag bezogen auszuweisen. Die Arbeitskosten werden zweckmäßig auf Stundenbasis ermittelt.

Eine allzu pauschale Gemeinkosten-Betrachtung ist für die Beurteilung von Instandhaltungskosten kaum brauchbar. Auch in kleineren Unternehmen sollten diese Kosten weitgehend gegliedert und den sie tragenden Kostenstellen zugeordnet werden. Durch die ständige Erfassung, Darstellung und Analyse von Leistungen und Kosten erhält man ein umfassendes Bild über Tendenzen, und damit auch Ansatzpunkte zur Beeinflussung von Instandhaltungs-Leistung und -Kosten. Zur Planung der Instandhaltungskosten wird ein Budget vorgegeben, dessen Aufstellung und Einhaltung in Abstimmung mit dem Betrieb erfolgen sollte.

Neben der Planung sind Erfassung und Auswertung der interessierenden Kosten durchzuführen. Beispiele dazu sind in [14] angegeben.

Eine verbreitete Bezugsgröße für die Beurteilung von Instandhaltungskosten ist der Wiederbeschaffungswert (WBW) als der finanzielle Aufwand, der nötig wäre, um die vorhandenen MSR-Einrichtungen der betrachteten Einheit zu einem bestimmten Zeitpunkt anzuschaffen, zu montieren und in Betrieb zu nehmen. Die folgende Aufstellung zeigt am Beispiel großer Chemieunternehmen die jährlichen Kosten der Wartung und Inspektion, der Instandsetzung und der gesamten Instandhaltung bezogen auf den Wiederbeschaffungswert:

Wartung und Inspektion:	3,4 bis 4,0% vom WBW
Instandsetzung:	1,1 bis 1,9% vom WBW
Instandhaltung:	4,5 bis 5,9% vom WBW

In die Angaben sind sowohl Arbeits- und Materialkosten, als auch der zugehörige Anteil der Ingenieurbetreuung mit eingeschlossen. Im Einzelfall können natürlich große Abweichungen von diesen Werten auftreten.

Ein weiteres Arbeitsgebiet der Ingenieurbetreuung ist die *Beratung* des betreuten Betriebes oder Produktionsbereiches in allen die MSR-Technik betreffenden oder berührenden Fragen. Dazu gehören z. B. die Information über behördliche Auflagen (z. B. neue Explosionsschutz-, VDE- und Unfallverhütungs-Vorschriften), die Unterstützung bei außergewöhnlichen Betriebszuständen, sowie die Hilfe bei kritischen An- und Abfahrvorgängen. Die Beratung schließt auch Automatisierungsfragen, Einführung neuer Technologien, Interpretation

[14] Deutsches Komitee Instandhaltung e. V.: DKIN-Empfehlung Nr. 8. Düsseldorf (1977 bis 1982).

und Auswertung von Prozeßdaten, sowie die Lösung von Personalproblemen mit ein. Der enge Kontakt zum Betreuungsbereich wird zweckmäßig durch regelmäßige, z. B. wöchentliche Besprechungen, an denen die Betriebsleitung und auch die anderen betreuenden Ingenieurbereiche teilnehmen, gewährleistet.

Bei dieser Beratungstätigkeit werden viele Probleme und Erfahrungen bekannt, die gesammelt, systematisch aufbereitet und an alle interessierten Mitarbeiter der MSR-Abteilungen vermittelt werden müssen. Es kann dabei vorteilhaft sein, das gesamte Feld der MSR-Technik in fachliche Teilbereiche aufzufächern und für jeden Teilbereich einen Fachreferenten zu benennen. Dieser sammelt alle internen Erfahrungen und hält Kontakt zu externen Gremien und den Geräteherstellern. In schwierigen Fällen kann man dann den Fachreferenten zur Beratung hinzuziehen.

In den meisten Produktionsbetrieben wird ständig an der *Ertüchtigung* von Produktion und Anlage gearbeitet. Gerade die MSR-Technik kann dazu einen bedeutenden Beitrag leisten. Ein erster Schritt können Versuche zur Ermittlung von Betriebsdaten sein, z. B. die Messung des Energieverbrauches eines Apparates oder auch das Erproben neuartiger Meßgeräte für schwierige Meßaufgaben. Gelegentlich kann dies auch zur Entwicklung von Geräten im eigenen Unternehmen oder bei Fremdfirmen führen. Da die Programme der programmierbaren Systeme einen Teil des Verfahrensablaufes widerspiegeln, müssen sie ständig den Veränderungen des Betriebes nachgeführt werden. Die Programmpflege in Form von Verbesserungen und Erweiterungen stellt einen bedeutenden Anteil der Ingenieurbetreuung dar und führt zu einer immer stärkeren Integration des MSR-Ingenieurs in das Betriebsgeschehen.

Zusätzliche Sicherheits- und Umweltschutz-Maßnahmen, Umbauten und Kapazitätserweiterungen führen zu immer neuen MSR-Aufgaben mit in der Regel überproportional zu den anderen Ingenieurtechniken wachsendem MSR-Anteil. Diese Aufgaben gewinnen sehr schnell den Charakter von kleinen Projekten und sollten auch zweckmäßig als solche behandelt werden. Das heißt, die Phasen Vorplanung und Basisplanung mit MSR-Konzept und Kostenschätzung, sowie Detailplanung und Montage mit Beschaffung und Termin- und Kostenkontrolle sollten beachtet werden. Die präzise Aufstellung und klare Abgrenzung von Werkstattaufträgen ist besonders wichtig. Häufig gehen bei Kleinprojekten durch allzuviel Improvisation Zeit und Geld verloren.

Ab einer gewissen Größenordnung sollten diese Ertüchtigungsprojekte in die Hand der MSR-Planungsabteilung übergeben werden. Diese Grenze kann bei 0,3 Mio DM MSR-Kosten liegen. In einem Beispiel wurden in einem Jahr von der planenden Abteilung 40 Projekte mit 26 Mio DM MSR-Kosten und von der betreuenden Abteilung 470 Projekte mit 28 Mio DM MSR-Kosten bearbeitet. Bei fast allen Ertüchtigungsmaßnahmen auf dem Gebiet der MSR-Technik sind Montagen notwendig. Kleinmontagen werden dabei zweckmäßig von den Instandhaltungshandwerkern miterledigt oder von 1 bis 2 Monteuren unter der Aufsicht des Meisters der Instandhaltung durchgeführt.

Die laufende Instandhaltung, vor allem die Störungssuche, und die Ertüchtigungsmaßnahmen erfordern eine vollständige und stets anzupassende Dokumentation der MSR-Einrichtungen. Die Ingenieurbetreuung muß sich deshalb der *Zeichnungsverwaltung* annehmen. Der zweckmäßige Aufbau der Zeichnungsnummern ist bereits im Abschnitt 1.2.4.1. erläutert worden. Zur Vergabe der Zeichnungsnummern und zur Archivierung von Zeichnungen empfiehlt sich eine zentrale Stelle, die auch die Ausgabe von Vordrucken und Zeichenhilfsmitteln übernehmen sollte. Auf diese Weise lassen sich Normen und Richtlinien leicht einhalten.

Nach der zum Projektende erfolgten Zeichnungsrevision werden die Zeichnungsoriginale dem Archiv zur Aufbewahrung übergeben. Dort werden dann davon Mikrofilme angefertigt, die an einem anderen sicheren Ort eingelagert werden. Alle notwendigen Korrekturen und Änderungen werden von den Handwerkern bzw. dem betreuenden technischen Büro in den Pausensatz im Schaltraum bzw. in den Pausensatz des Büros eingetragen. Der regelmäßige Vergleich dieser Pausensätze und das gelegentliche Eintragen in die Originale stellen die angestrebte gute Dokumentation sicher. Zeichnungen mit vertraulichem Inhalt müssen einer besonderen Kontrolle unterliegen, generell sollte die Berechtigung zur Entnahme von Zeichnungen nachgewiesen werden.

Die vielfältigen, bei der Ingenieurbetreuung gewonnenen Erfahrungen lassen den Wunsch nach einer *Standardisierung* der MSR-Einrichtungen und der bei Planung und Montage angewandten Methoden aufkommen. Unter der Standardisierung sei die für ein Werk oder ein ganzes Unternehmen bindende Festlegung von MSR-Einrichtungen und -Methoden verstanden, so daß insgesamt die wirtschaftlichste Lösung der MSR-Aufgaben sichergestellt ist. Eine sinnvolle Standardisierung setzt einen engen Gedankenaustausch aller MSR-Mitarbeiter voraus, wobei den Fachreferenten eine führende Rolle zukommt. Zur Erreichung bestimmter vorgegebener Standardisierungsziele bildet man zweckmäßig Arbeitskreise, die jedoch einer straffen Leitung bedürfen.

Schwerpunkt der Standardisierungsarbeit ist das Erstellen eines Gerätestandards für Standardaufgaben. Dabei ist eine große Anzahl von Kriterien zu beachten. Neben einer den Aufgaben gewachsenen Funktionstüchtigkeit der Geräte sind die Anforderungen von Montage und Instandhaltung zu berücksichtigen. Die Kompabilität zu anderen Geräten und Vorgängermodellen ist durch geeignete Schnittstellen und einheitliche Signalpegel sicherzustellen. Für die Instandhaltung sind Diagnose-Anschlüsse, Statusmeldungen, Selbstüberwachung und modularer Aufbau der Geräte von Interesse.

Durch engen Kontakt mit den Herstellern kann auf eine anwenderfreundliche Konstruktion gedrungen werden. Bei der Auswahl von Geräten ist der Reifegrad und die insgesamt zu erwartende Lieferbarkeit zu beachten. Schließlich spielt auch die Strategie des Einkaufs eine Rolle, wobei durchaus für eine Aufgabenart Geräte von zwei verschiedenen Herstellern standardisiert werden können.

Eine eingehende Prüfung eines Gerätes sollte der Entscheidung vorhergehen. Nach einer gründlichen Laborprüfung kann die Werkstatt Montage- und Reparaturfreundlichkeit überprüfen. Schließlich wird die Betriebstauglichkeit durch Erprobung an typischen Einsatzstellen festgestellt. Sorgfältig sind die Anschaffungs- und Instandhaltungskosten abzuwägen, um zu den günstigsten Gesamtkosten zu gelangen.

Die Standardisierung erstreckt sich auch auf Melde-, Steuerungs- und Rechner-Systeme, wobei der sogenannten Software steigende Beachtung zu schenken ist. Besonders bei den modernen Steuerungs- und Leitsystemen ist eine Standardisierung einerseits zwingend notwendig, andererseits ist die Entwicklung schwer zu übersehen. Der Gerätestandard als Ergebnis der Standardisierung besteht aus Blättern mit exakten, das Gerät genau einschließlich Typ-Nummer und zugelassenen Varianten beschreibenden Texten und eventuell auch mit Abbildungen. Der Standard gliedert die Geräte nach Aufgabengebieten und kann leicht bis zu 100 oder mehr Geräte enthalten.

Die Standardisierungsbemühungen erstrecken sich auch auf die Erstellung von allgemeinen, die Zusammenarbeit mit anderen Gewerken berührenden Werknormen und Richtlinien. Planungs- und Montageerfahrungen finden ihren Niederschlag in allgemeinen Arbeitsblättern, sowie Planungs- und Montagestandards.

Zur Ingenieurbetreuung ist auch die Aus- und *Fortbildung* des eigenen und des Betriebspersonals zu zählen. Darunter sind alle Maßnahmen zum Aufbau, zur Erhaltung und Erweiterung des Kenntnisstandes auf dem Gebiet der MSR-Technik und auf anderen für die MSR-Arbeit wichtigen Gebieten, z. B. der Physik, der Verfahrenstechnik, der Elektronik und der Datentechnik, zu verstehen. Zur Aus- und Fortbildung gehören sowohl die Information und Unterweisung neuer Mitarbeiter über Aufbau und Funktion von MSR-Einrichtungen, als auch die Information des Betriebspersonals über das Zusammenwirken von MSR-Geräten und Anlage, einschließlich der Unterweisung in die Bedienung dieser Geräte.

Die Fortbildung schließt Trendverfolgung, Marktbeobachtung, Mitarbeit und Einflußnahme in externen Gremien, sowie enge Kontakte zu Herstellern mit ein. Durch interne Informationsschriften und den Besuch von Seminaren und Fachkursen ist der Kenntnisstand ständig zu erweitern und zu vertiefen.

Die Größe der für die Ingenieurbetreuung verantwortlichen MSR-Abteilung und ihre Einbettung in die *Organisation* sind viel diskutierte Fragestellungen. Die Antworten darauf hängen sehr von den aufgaben- und unternehmensspezifischen Umständen ab. So kann man z. B. MSR-Einrichtungen mit einem Wiederbeschaffungswert von etwa 4 Mio DM einem MSR-Ingenieur oder gleichwertigen Techniker zur Betreuung übertragen.

Ein Betreuungsbereich von etwa 30 Mio DM kann unter der Leitung eines akademischen oder gleichwertigen Ingenieurs zu einer Gruppe zusammengefaßt werden. Die Aufgaben umfassen Ingenieurbetreuung und Abwicklung von Kleinprojekten. Personalprobleme erfordern häufig eine Auftragsvergabe an fremde Ingenieurfirmen. Die dabei abzuschließenden Werkverträge können nur die Vergabe von Projekten erlauben, nicht jedoch die Mitarbeit bei der allgemeinen Ingenieurbetreuung.

Eine mögliche Organisationsform der unterschiedlichen MSR-Aktivitäten ist in Abb. 1.85 dargestellt. Die MSR-Planungsabteilung wickelt bei allen großen und mittleren Projekten für alle Werksbereiche den MSR-Teil des Projektes ab und kann dabei durchaus für die Projektdauer Mitarbeiter aus anderen MSR-Abteilungen in das Projektteam aufnehmen. Der MSR-Betreuung obliegt die Ingenieurbetreuung aller vorhandenen MSR-Einrichtungen. Hier ist eine Untergliederung (B1 bis Bn) nach Produktionssparten oder Werksbereichen sinnvoll.

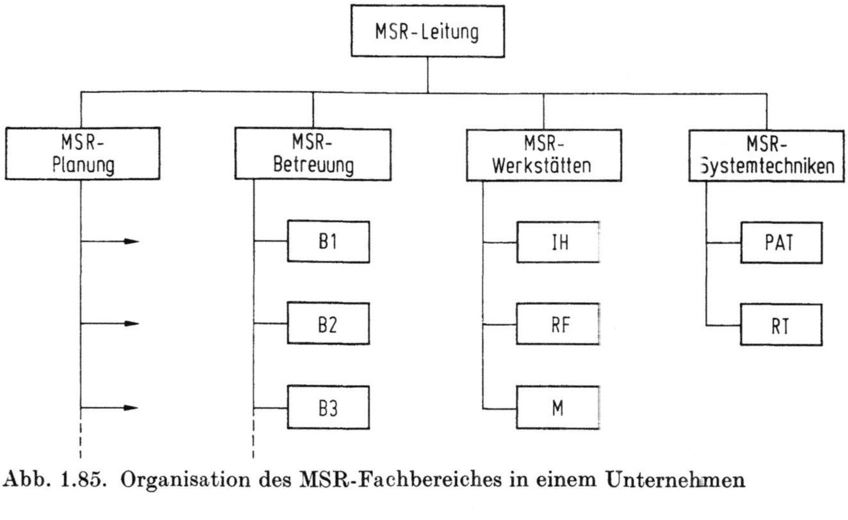

Abb. 1.85. Organisation des MSR-Fachbereiches in einem Unternehmen

Alle handwerklichen Aktivitäten wie Instandhaltung (IH), Reparatur und Fertigung (RF) sowie Montage (M) sind in den MSR-Werkstätten zusammengefaßt. Die Instandhaltung ist in Gruppen unterteilt, welche den Betreuungsbereichen (B1 bis Bn) zugeordnet sind. Schließlich sind die besonderen Techniken wie Prozeßanalysentechnik (PAT) und Rechentechnik (RT) in einer Abteilung MSR-Systemtechniken zusammengefaßt.

Natürlich gibt es in vielen Unternehmen auch andere Organisationsformen im MSR-Bereich, die z. B. eine Zusammenfassung mit der Elektroabteilung aufzeigen oder aber sich nach Gemeinsamkeiten mit anderen Ingenieurbereichen wie Anlagenplanung, allgemeine Anlagenbetreuung und zentrale Werkstätten orientieren.

Jedoch sollten diese Gemeinsamkeiten zurücktreten vor der Notwendigkeit, infolge der Komplexität der MSR-Technik und des außerordentlich schnellen Wandels der eingesetzten Technologien den Informationsfluß untereinander und die Zusammenarbeit miteinander möglichst eng zu gestalten. Dies läßt sich unter anderem am besten durch eine gemeinsame MSR-Leitung sicherstellen.

2. Arbeitsstruktur des Fachbereiches „Messen, Steuern, Regeln“ (Ausstattung von Werkstätten und Büros)

Von G. Bartels, Leverkusen

2.1. Aufgabengerechte Organisation der Werkstätten

Die Art der Tätigkeiten zur Erledigung der an eine MSR-Werkstatt gestellten Aufgaben ist sehr unterschiedlich. Die Tätigkeiten umfassen Arbeiten auf dem Gebiet des Maschinenbaus, der Installations- und Verlegungstechnik, der Elektrotechnik und der Elektronik genauso wie speziell auf die Meß- und Regeltechnik abgestimmte Arbeiten. Durch eine sorgfältig an die zu erledigenden Aufgaben angepaßte Organisation muß sichergestellt werden, daß gleichartige Tätigkeiten von hierfür speziell ausgebildeten Handwerkern wirtschaftlich ausgeführt werden, ohne daß dadurch die Werkstatt durch allzu stark ausgeprägtes Spezialistentum an Beweglichkeit verliert.

Die in diesem Kapitel beschriebenen Werkstatt-Strukturen erheben nicht den Anspruch der Allgemein-Gültigkeit. Sie spiegeln die langjährige Erfahrung des Verfassers wider. Andere Strukturen sind denkbar und auch verwirklicht. Mögliche Unterschiede dürften jedoch mehr im Detail als im Grundsätzlichen liegen.

2.1.1. Aufgaben der Werkstätten

Eine MSR-Werkstatt hat im wesentlichen 2 Aufgaben zu erfüllen:

- Errichtung von MSR-Anlagen mit den Teilaufgaben
  - Fertigung,
  - Montage,
- Instandhaltung von MSR-Anlagen mit den Teilaufgaben
  - Inspektion,
  - Wartung,
  - Instandsetzung.

Diese zunächst einfache allgemeine Aufgabenbeschreibung umfaßt folgende Detailaufgaben:

2.1.1.1. Fertigungsaufgaben

In den Anfängen der MSR-Technik wurden in der MSR-Werkstatt alle Zubehörteile mit Ausnahme der Geräte selbst gefertigt, und sogar ein Teil der Geräte stammte aus eigener Fertigung. Inzwischen gibt es auf dem Markt ein reichhaltiges Angebot von vorgefertigtem Zubehör und von anpaßbaren Bauelementen für die verschiedenen Aufgaben, die die Struktur der MSR-Fertigung grundlegend gewandelt haben. In vielen Tätigkeiten ist von der ursprünglichen Fertigung nur noch die Prüfung von komplett vorgefertigt bezogenen Teilen geblieben.

Im einzelnen hat eine MSR-Werkstatt heute folgende Fertigungsaufgaben:

- Elektrische Schaltungen fertigen und prüfen,
- Elektronische Baugruppen fertigen und prüfen,

— Mechanische Teile fertigen,
— Montageelemente vorfertigen,
— Stellgeräte zusammenbauen und prüfen,
— Pneumatische Geräte zusammenbauen und prüfen,
— Wiegeeinrichtungen zusammenbauen und prüfen,
— Schaltschränke und Blechteile zusammenbauen und vormontieren,
— Temperaturfühler fertigen und prüfen.

Viele dieser Aufgaben können sowohl vom Zulieferanten als auch von der eigenen Werkstatt übernommen werden. Es hängt von der Größe des Objekts ab, in welchem Umfang komplett vorbereitetes Material direkt vom Lieferanten bezogen wird. Bei großen Objekten ist dies generell der Fall, und die Tätigkeit der Fertigungswerkstatt beschränkt sich auf die Eingangsprüfung der gelieferten Teile. Bei kleineren Objekten sowie bei Änderungen, die bei allen Großprojekten unvermeidlich sind, wird aus Termingründen die eigene Werkstatt in größerem Umfang in Anspruch genommen. Sie stützt sich dabei auf einen Lagerbestand vorbereiteter Teile, die sich an möglichst viele unterschiedliche Aufgaben mit entsprechenden Zusatzelementen anpassen lassen.

Dies ist eine für die Fertigungswerkstatt günstige Arbeitsteilung, da bei großen Projekten weder die eigene Personalkapazität noch die vorhandene Werkstatteinrichtung zur Bewältigung eines Stoßbetriebes ausreichen.

Maßgeschneiderte Einzelstücke werden ausschließlich in eigener Werkstatt gefertigt. Sie werden vorwiegend im Sektor Forschung und Verfahrensentwicklung benötigt.

2.1.1.2. Montageaufgaben

Auch die Montagearbeiten haben sich im Laufe der Entwicklung der MSR-Technik stark gewandelt. Bei der Montage von MSR-Anlagen wird heute ebenfalls mit vorgefertigtem Material gearbeitet, das sich zu möglichst vielen Montageanordnungen kombinieren und an die unterschiedlichen Aufgaben anpassen läßt. Entsprechend der technischen Entwicklung sind auf dem Montagesektor Schlosserarbeiten und pneumatische Montagearbeiten rückläufig, während elektrische Montagearbeiten zunehmen.

Die Montageaufgaben umfassen im einzelnen:

— Aufbau und Grundausrüstung von Warten und Schalträumen,
— Einbau und Anschluß von Geräten und Baugruppenträgern,
— Aufbau und Anschluß von Versorgungseinrichtungen,
— Vorbereiten der Kabelwege, Montage von Kabelbahnen,
— Verlegen und Anschluß von Verbindungskabeln,
— Einbau und Anschluß von Geräten vor Ort.

Montagearbeiten werden vielfach von Fremdfirmen ausgeführt. Die Ausführung mit eigenem Personal beschränkt sich im allgemeinen auf schwierig zu kalkulierende Arbeiten wie z. B. Umbauten bei laufendem Betrieb und Montage von Sondergeräten. Es ist in MSR-Werkstätten allgemein üblich, daß Arbeiten an Fremdfirmen nur im Ausnahmefall komplett schlüsselfertig vergeben werden. In der Regel werden nur Teilgewerke vergeben, und die Regie sowie vor allem die Überwachung der technischen Ausführung bleibt beim eigenen fachkundigen Aufsichtspersonal.

Diese Methode hat verschiedene Vorzüge:

— Die Teilgewerke werden sofort nach Abschluß abgenommen und vergütet, und durch die ständige technische Überwachung ist ein hoher Qualitätsstand auch an Stellen gewährleistet, die nach Inbetriebnahme einer Anlage nicht mehr ohne weiteres zugänglich sind.

— Es können mehrere Firmen gleichzeitig am selben Projekt arbeiten. Die Montage kann beginnen, bevor die Detailplanung abgeschlossen ist.
— Am Montageende werden Streitigkeiten um Gewährleistungsansprüche vermieden, durch die die Inbetriebnahme einer Anlage wesentlich verzögert werden könnte.

2.1.1.3. Instandhaltungsaufgaben[1]

DIN 31051 definiert die Instandhaltung als die Gesamtheit der Maßnahmen zur Bewahrung und Wiederherstellung des Sollzustandes sowie zur Feststellung und Beurteilung des Istzustandes einer Anlage.

Folgende drei Teilgebiete gehören zur Instandhaltung:

— Die Wartung umfaßt die Maßnahmen zur Bewahrung des Sollzustandes.
— Die Inspektion umfaßt die Maßnahmen zur Feststellung und Beurteilung des Istzustandes.
— Die Instandsetzung umfaßt die Maßnahmen zur Wiederherstellung des Sollzustandes.

Neben allgemeinen Routinearbeiten wie Entrosten, Anstreichen, Ergänzen oder Austauschen von Verbrauchsstoffen wie z. B. Farbbändern, Tinte und Diagrammpapier verstand man lange Zeit unter *Wartung* vor allem vorbeugenden Austausch von Geäten oder Geräteteilen zu festen Terminen, um deren Ausfall vorzubeugen. Dieses Verfahren ist jedoch in der chemischen Industrie selten angewendet worden in der Erkenntnis, daß die meisten Ausfälle Zufallsausfälle und damit nicht im voraus abschätzbar sind. Ein vorbeugender Austausch, der sich nach dem kürzesten Ausfallintervall richten müßte, wäre unwirtschaftlich. Man beschränkt daher den vorbeugenden Austausch von Geräten oder Geräteteilen auf die wenigen Einsatzorte, an denen man mit einem definierten Ausfallverhalten rechnen kann.

An allen anderen Stellen beginnt die Instandhaltung mit einer *Inspektion*, bei der der Ist-Zustand festgestellt und beurteilt wird[2]. Das Ergebnis der Inspektion führt zu folgenden Entscheidungen:

— Gezielte Instandsetzungsmaßnahmen bei erkannten insbesondere nicht selbstmeldenden Fehlern.
— Wartungsmaßnahmen an Teilen der MSR-Einrichtungen, die nicht mehr den geplanten Abnutzungsvorrat aufweisen, ohne daß dies bisher zu Fehlern führte, zur Verbesserung der Verfügbarkeit bzw. Sicherheit.
— Festlegen des Termins für die nächste Inspektion in Abhängigkeit vom Zustand der MSR-Einrichtungen.

Man versucht also aus wirtschaftlichen Gründen von einem starren Instandhaltungssystem zu einem flexiblen System überzugehen, bei dem die zu treffenden Maßnahmen und die Termine für ihre Durchführung vom jeweiligen Zustand der MSR-Einrichtungen, aber auch von den Anforderungen des Betreibers an die Verfügbarkeit und den Auflagen des Gesetzgebers abhängen.

Es ist dabei das Ziel, die Zahl der störungsbedingten „Feuerwehreinsätze“

---

[1] Gliederung der Instandhaltungsmaßnahmen, DKIN Empfehlungen Nr. 2. Deutsches Komitee Instandhaltung e.V., Düsseldorf (1982).

[2] Grundlagen der Inspektion DKIN Empfehlungen Nr. 4. Deutsches Komitee Instandhaltung e.V., Düsseldorf (1979).

zur Schadensbehebung zu verringern. Diese Instandhaltungsstrategie heißt geplante Instandhaltung[3].

Die *Instandsetzung* einer Anlage vor Ort erfolgt fast ausschließlich durch Austausch von Komponenten. Durch die straffe Normung von Geräteabmessungen und Signalen wird diese Arbeitsweise sehr begünstigt und führt zu geringen Ausfallzeiten. Die Instandsetzung des ausgetauschten Betriebsmittels ist zeitaufwendiger und erfolgt in der Regel in einer speziellen Instrumentenwerkstatt. Viele Betriebsmittel haben inzwischen im Verhältnis zu den Instandsetzungskosten einen so geringen Wert, daß sich eine Instandsetzung nach erfolgtem Austausch nicht mehr lohnt.

2.1.1.4. Verwaltungsaufgaben

Ein Verwaltungssystem ist ideal, wenn es als Unterstützung und nicht als Bürde empfunden wird. Unter diesem Gesichtspunkt hat die Werkstattverwaltung folgende Aufgaben zu erfüllen:

— Auftragsbearbeitung:
  Prüfen der eingehenden Aufträge auf klare Aussage (Standards);
  Gliederung in Teilaufträge für die einzelnen Arbeitsgruppen;
  Auftragsvergabe an Fremdfirmen;
  Kostenkontrolle;
  Terminkontrolle.
— Materialversorgung:
  Abstimmen der Beschaffungsvorgänge mit dem Planer;
  Überwachen der Lagerbestände.
— Personalverwaltung.

In den folgenden Kapiteln wird auf alle diese Aufgaben im Detail eingegangen. Wichtig ist hier noch die Frage, wie weit man eine Verwaltung zentralisieren soll.

Eine dezentrale Verwaltung hat den Vorteil der Praxisnähe und der unkomplizierten Erledigung der einzelnen Vorgänge. Eine zentrale Verwaltung kann aufwendigere Hilfsmittel für die Verwaltungsabläufe einsetzen und liefert der Werkstattleitung die bessere Information.

Mit sorgfältig überlegtem Einsatz moderner Datenerfassungs- und Datenverarbeitungsmittel kann man auch bei weitgehend dezentraler Verwaltung die einzelnen Vorgänge rationell abwickeln und vor allem für die wirklich wichtigen zentral zu treffenden Entscheidungen die nötigen Informationen erhalten.

2.1.2. Struktur der Werkstätten

Das Arbeitsschema der MSR-Werkstätten zeigt Abb. 2.1. Bei der Errichtung einer Anlage ist der Arbeitsablauf zunächst seriell: Nach der Fertigung folgt die Montage und nach beendeter Montage die Inbetriebnahme. Die in Betrieb befindliche fertige Anlage wird vor Ort instandgehalten, ausgebaute defekte Betriebsmittel werden instandgesetzt. Nach der Inbetriebnahme ist also keine serielle, sondern eine wechselweise Erledigung der Aufgaben durch mehrere Werkstattgruppen gegeben. Die Aufteilung der Aufgaben auf die einzelnen Funktionsgruppen erfolgt ausschließlich nach Gesichtspunkten der Qualifikation der benötigten Fachkräfte und nach den benötigten speziellen Einrichtungen.

---

[3] Nauholz, F. W.: Die Bedeutung der geplanten Instandhaltung für die Arbeitssicherheit. Die BG, Januar 1982, 21–24.
Marx, H. J.: Kapazitätsplanung für die Instandhaltung von technischen Anlagen. VDI-Berichte Nr. 490 (1983) 51–58.

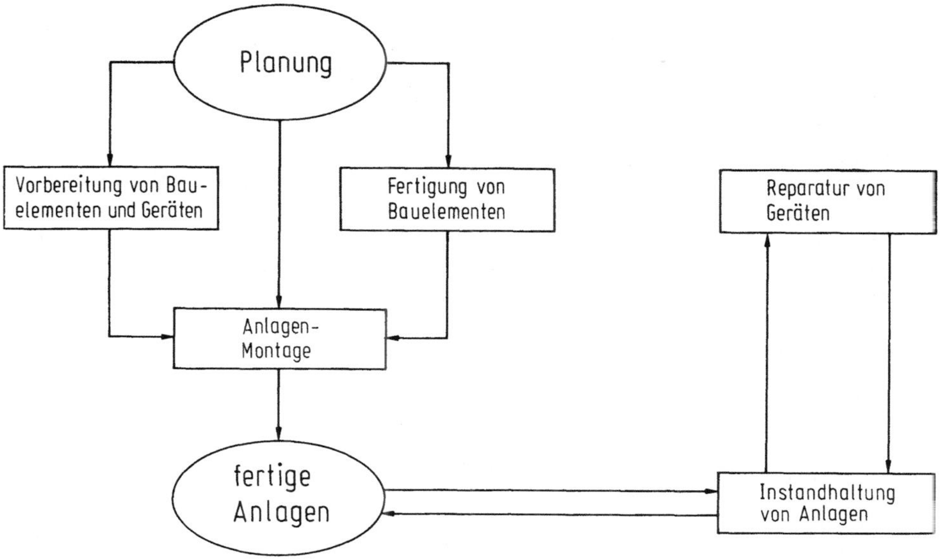

Abb. 2.1. Arbeitsschema der MSR-Werkstätten

2.1.2.1. Einteilung in Funktionsgruppen

Es ist eine Frage der Werkstattgröße, wie weit die Unterteilung der Werkstatt in Funktionsgruppen sinnvoll ist. Grundsätzlich unterscheidet man in einer MSR-Werkstatt 3 Funktionsgruppen:

— Funktionsgruppe Reparatur und Fertigung
  Die Instandsetzung ausgebauter Betriebsmittel, auch als Reparatur bezeichnet, und die Fertigung, die im wesentlichen aus der Anpassung käuflicher Betriebsmittel an spezielle betriebliche Bedürfnisse besteht, erfordern dieselbe Qualifikation des Personals und dieselben Einrichtungen. Beide Aufgaben werden daher von derselben Funktionsgruppe wahrgenommen. Da die Vielfalt der zu verrichtenden Arbeiten sehr groß ist, erfolgt eine weitere Unterteilung nach dem Berufsbild der zu beschäftigenden Handwerker.
— Funktionsgruppe Montage
  Wie schon in Abschnitt 2.1.1.2. beschrieben, werden Montagearbeiten im wesentlichen von Fremdfirmen ausgeführt. Die Funktionsgruppe Montage muß daher über einen ausreichenden Stamm an Fachkräften für die Montageüberwachung und Revision verfügen. Viele Fremdfirmen haben sich auf bestimmte Arbeiten wie z. B. Blecharbeiten, Bau von Kabelbahnen, Kabelverlegung spezialisiert und bilden dadurch ihrerseits spezielle Funktionsgruppen innerhalb der Funktionsgruppe Montage.
  Eine klare Arbeitsteilung Fertigung — Montage ist nicht möglich. Viele Fertigungsarbeiten wie z. B. Anfertigen von Halterungen können erst ausgeführt werden, wenn vor Ort Maß genommen wurde. Außerdem benötigt eine Montagegruppe immer ein Puffervolumen an Fertigungsarbeiten, um Verzögerungen im Montageablauf überbrücken zu können. Oft werden daher z. B. Geräteeinbauten in Kästen und die montagefertige Vorbereitung von Kästen und Schränken in der Funktionsgruppe Montage und nicht in der Funktionsgruppe Reparatur und Fertigung ausgeführt.

— Funktionsgruppe Instandhaltung
Die Hauptaufgabe der Funktionsgruppe Instandhaltung ist die Instandhaltung nach DIN 31051. Die Instandsetzung ausgebauter Betriebsmittel gehört jedoch nicht dazu, da sie von der Funktionsgruppe Reparatur und Fertigung erledigt wird. Die Funktionsgruppe Instandhaltung hat jedoch noch zusätzliche Aufgaben zu erfüllen. Dazu gehören die Inbetriebnahme und Außerbetriebnahme von Anlagen und die Durchführung kleiner Montagen und Änderungen, für die der Einsatz einer speziellen Montagegruppe nicht lohnt. Die Inbetriebnahme von Anlagen wird gemeinsam mit der Revision der Montagegruppe durchgeführt, soweit sie nicht überhaupt betriebsfertig bestellt werden.

2.1.2.2. Zuordnung der Aufgabengebiete zu den Funktionsgruppen

Die Zuordnung der Aufgaben einer MSR-Werkstatt zu den Funktionsgruppen sowie deren mögliche weitere Unterteilung kann wie folgt dargestellt werden:

Aufgaben der Funktionsgruppe Reparatur und Fertigung

Untergruppe Elektrotechnik:
- Elektrische Schaltungen fertigen, prüfen, instandsetzen
- Elektronische Baugruppen fertigen, prüfen, instandsetzen
- Elektrische Geräte zusammenbauen, prüfen, instandsetzen

Untergruppe Feinmechanik:
- Feinwaagen aufstellen, prüfen, instandsetzen
- Pneumatische Geräte zusammenbauen, prüfen, instandsetzen
- Temperaturfühler fertigen, instandsetzen

Untergruppe Mechanik:
- Mechanische Teile fertigen
- Stellgeräte zusammenbauen, prüfen, instandsetzen
- Mengenzähler prüfen und instandsetzen
- Meßumformer zusammenbauen, prüfen, instandsetzen

Aufgaben der Funktionsgruppe Montage

Untergruppe Sondermontage:
- Wiegeeinrichtungen montieren prüfen, instandsetzen
- Schaltschränke und Blechteile fertigen, zusammenbauen, montieren

Untergruppe Kabelwege:
- Kabelbahnen montieren
- Kabel verlegen

Untergruppe Schaltarbeiten:
- Warten und Schalträume verschalten

Untergruppe Montage vor Ort:
- Geräte vor Ort montieren und anschließen
- Montageelemente vorfertigen

Aufgaben der Funktionsgruppe Instandhaltung, Gliederung nach Werksbereichen

- Instandsetzung durch Fehlersuche und Fehlerbeseitigung vor Ort
- Inspektion von MSR-Anlagen

— Wartung von MSR-Anlagen
— Prüfung und Inbetriebnahme von MSR-Anlagen
— Kleinmontagen und Änderungen an MSR-Anlagen

Die beschriebene Aufteilung der Aufgaben auf die einzelnen Funktionsgruppen und vor allem die weitere Unterteilung in Untergruppen stellen ein Ideal dar, das in der Praxis je nach räumlichen und personellen Gegebenheiten abzuwandeln ist.

Auch die technische Entwicklung beeinflußt die Aufgabenverteilung. So ist z. B. auf dem Gebiet der Feinwiegetechnik und der Meßumformer ein deutlicher Trend zur Elektronik erkennbar, der eine andere Zuordnung im Bereich der Untergruppen vorteilhaft erscheinen läßt.

Es muß auch sehr deutlich darauf hingewiesen werden, daß eine zu starre organisatorische Ordnung der Feind einer guten Zusammenarbeit ist. Die Zuordnung zu einer bestimmten Funktionsgruppe oder Untergruppe schließt eine Übernahme von Teilaufgaben aus einer anderen Gruppe nicht aus, wenn dies sinnvoll erscheint.

Bei größeren Unternehmen wird die Montage vor Ort zweckmäßig nach Werksbereichen unterteilt. Sie stellt innerhalb der Montage die mit Abstand stärkste Untergruppe dar. Bei den übrigen Untergruppen der Montage ist zu überlegen, ob ihr Aufgabengebiet nicht komplett von Fremdfirmen übernommen werden kann.

Im Bereich der Montage und Instandhaltung ist deutlich zu unterscheiden zwischen dem Begriff als Aufgabe und dem Begriff als Organisationsbezeichnung für eine Funktionsgruppe. Besonders bei dem Begriff „Instandhaltung“ führt diese Doppelbedeutung oft zu Irrtümern.

2.2. Arbeitsablauf

2.2.1. Zusammenwirken der Werkstätten mit anderen MSR-Gruppen

2.2.1.1. Während der Basisplanung

Die Werkstatt soll bereits während der Basisplanung Kenntnis erhalten über den Gesamtumfang eines Projekts, über Terminvorstellungen und den zu erwartenden Arbeitsumfang.

Eine zentrale Projekt- und Auftragserfassung in der Werkstattverwaltung ist die erste Informationsstelle über Projekte, die sich in der Basisplanung befinden.

Durch die rechtzeitige Information kann die Werkstatt frühzeitig die Material- und Arbeitskräftedisposition vorbereiten.

2.2.1.2. Während der Detailplanung

Aufgrund der ersten Information nimmt die Werkstatt Kontakt auf mit den beteiligten planenden und betriebsbetreuenden Gruppen zur gemeinsamen Erledigung folgender Teilaufgaben innerhalb der Detailplanung:

— Mitwirkung beim Aufstellen eines projektgebundenen Montagestandards einschließlich Kostenschätzung und Ermittlung des Materialbedarfs auf der Basis eines vorhandenen allgemeinen Standards.
— Mitarbeit bei der Festlegung und Konstruktion von mechanischen Einrichtungen wie Kabelböden, Durchbrüchen, Tafeln für Warten, Kabelbahnen usw.
— Mitarbeit bei der Festlegung der Einbauorte von Fühlern, Stellgeräten, Bedienungsstellen, Kästen und Kabelbahnen gegebenenfalls im Anlagemodell.

2.2.1.3. Während der Realisierungsphase

Nach Abschluß der Detailplanung erfolgt bei Beginn der Realisierungsphase die Arbeitsvorbereitung. Sie ist Hauptaufgabe der Werkstattverwaltung. Die anderen Funktionsgruppen erledigen selbständig und eigenverantwortlich Teilaufgaben, vor allem bei der Festlegung der anzuwendenden Arbeitsmethoden und der Ermittlung der Vorgabezeiten und -kosten.

Bestellungen und Aufträge können von der Werkstatt in der Realisierungsphase als Teilaufgaben (wie Bestellung lagerhaltiger Geräte, Montagematerial und Erteilen von Unteraufträgen) übernommen werden.

Die Fertigung gehört bei der Projektrealisierung auch zu den Hauptaufgaben der Werkstatt mit Teilaufgaben für alle Funktionsgruppen. Es ist dabei gleichgültig, ob die Fertigung in eigener Werkstatt oder bei Fremdfirmen erfolgt. Bei Projekten mit kleinem Umfang fallen nur Teilaufgaben an wie z. B. Ändern, Ergänzen oder Umeichen von Geräten.

Die Montage ist ebenfalls eine Hauptaufgabe der Werkstatt. Bei Projekten mit kleinem Umfang fallen auch hier nur Teilaufgaben an.

Die Montageüberwachung ist Sache der einzelnen Funktionsgruppen der Werkstatt für die jeweilige Teilaufgabe. Die Montageüberwachung des Gesamtprojekts ist Hauptaufgabe der planenden Ingenieurgruppe. Die Überprüfung und Abnahme fertiger Anlagenabschnitte erfolgt gemeinsam mit der Werkstatt.

In der Betriebsphase übernimmt die Werkstatt im Rahmen der Instandhaltung alle Reparaturen an ausgebauten Betriebsmitteln, Änderungsarbeiten bei laufendem oder stillstehendem Betrieb, Wartungsarbeiten und Inspektionen nach allgemeiner Anweisung oder Checkliste und Instandsetzungsarbeiten vor Ort.

2.2.1.4. Beispiele für Projektabwicklung

Im folgenden wird anhand von Beispielen das Zusammenwirken von MSR-Gruppen erläutert. Als Beispiele wurden gewählt:

— Neubauprojekt (Tab. 2.1),
— Umbau größeren Umfangs (Tab. 2.2).

2.2.2. Auftragsverwaltung

Die Verwaltung der an eine MSR-Werkstatt erteilten Aufträge sollte zentral erfolgen. Nur so hat man einen Überblick über gegenwärtige und zu erwartende Belastungen und kann die Ergebnisse der Vergangenheit richtig auswerten, um Erkenntnisse für die Zukunft zu gewinnen. Zur Ausrüstung einer zentralen Auftragsbearbeitung sollte ein Schreibautomat gehören mit mindestens 2 Disketten als Speicher. Er sollte in der Lage sein, programmierbare Schreibarbeiten, kleinere Rechenoperationen für Auswertungen und einfache Sortierarbeiten auszuführen. Eine solche Anlage ist heute bereits recht preiswert zu mieten, einfach zu bedienen und eine lohnende Anschaffung auch für kleinere Werkstätten.

Bei größeren Werkstätten ist nach unseren Erfahrungen für die Erfassung und Verarbeitung von Werkstattdaten ein einfaches Erfassungssystem mit maschinell lesbaren Datenträgern eine wertvolle Hilfe. Es kann auch im Off-line-Betrieb mit Großrechenanlagen zusammenarbeiten. Diese Betriebsart ist wirtschaftlicher als Bildschirm-Dialogsysteme, bei denen die wiederholte Eingabe wiederkehrender Daten, wie z. B. Auftragsnummern oder Artikelnummern, größeren Aufwand verursacht und zu größeren Fehlerraten führt. Der Vorteil von Bildschirmsystemen im Dialogverkehr liegt in der Abfrage aktueller Daten, die mit Hilfe einfacher Programme ausgewertet werden können.

Tabelle 2.1. Zusammenwirken von MSR-Gruppen am Beispiel „Neubauprojekt"

Tätigkeitsschlüssel:	*Schlüssel der Funktionsgruppen:*
H = Hauptaufgabe	S = Sondergruppe für Prozeßanalysengeräte und/oder programmierbare Systeme
K = zur Kenntnis	W = Werkstatt
T = Teilaufgabe	I = Planende Ingenieurgruppe

MSR-Projekt: Neubauprojekt — Projektleiter: MSR-Projekt-Ingenieur (I)

Tätigkeit	Funktionsgruppen I	S	W
Planungsphase			
Vorplanung	H	T	—
Basisplanung	H	T	K
Detailplanung	H	T	T
Realisierungsphase			
Arbeitsvorbereitung	T	T	H
Bestellung und Terminverfolgung	H	T	T
Aufträge und Terminverfolgung	H	T	T
Fertigung	K	T	H
Montage	T	T	H
Montageüberwachung	H	T	T
Schulung	H	T	—
Inbetriebnahme	H	T	T

Mit der Inbetriebnahme beginnt die Betriebsphase, in der die betriebsbetreuenden Ingenieurgruppen und die Instandhaltungswerkstätten für die Betriebsbetreuung und die Instandhaltung verantwortlich sind.

Tabelle 2.2. Zusammenwirken von MSR-Gruppen am Beispiel „Umbauprojekt". Erläuterung der Schlüssel für Tätigkeit und Funktionsgruppen s. Tab. 2.1

MSR-Projekt: Umbau/Erweiterung bei stillstehender Anlage oder bei laufendem Betrieb — Projektleiter: MSR-Betriebs-Ingenieur (I)

Tätigkeit	Funktionsgruppen I	S	W
Planungsphase			
Vorplanung	H	T	—
Basisplanung	H	T	K
Detailplanung	H	T	T
Realisierungsphase			
Arbeitsvorbereitung	T		H
Bestellung und Terminverfolgung	H		T
Aufträge und Terminverfolgung	H		T
Fertigung	K		H
Montage	T		H
Montageüberwachung	H		T
Schulung	H		—
Inbetriebnahme	H		T

Mit der Inbetriebnahme beginnt die Betriebsphase, in der die Instandhaltung von der zuständigen Instandhaltungswerkstatt übernommen wird.

Ein gewisser Aufwand entsteht dadurch, daß durch sofortige Eingabe jeder Veränderung (Materialbestand, Arbeitsvolumen) der Datenbestand ständig aktualisiert werden muß. Im Werkstattbereich genügt die Tagesaktualität vollkommen. Aus Kostengründen sollte durch eine sorgfältig geplante Ablauforganisation die Zahl der Eingabestellen gering gehalten werden. Die Mitarbeit der Werkstatt bei der Auftragsbearbeitung sollte bereits vor der Auftragserteilung erfolgen. Wie im Abschnitt 2.2.1.2. dargestellt, sollte die Werkstatt bei der Kalkulation von Projekten mithelfen.

2.2.2.1. Kalkulation, Rahmenkalkulation, Detailkalkulation

Der planende Ingenieur muß bereits im Stadium der Vorplanung und der Basisplanung Schätzkosten angeben. Er benutzt dazu Faustformeln, z. B. Prozentanteile der Gesamtkosten oder Schätzkosten auf der Basis von geschätzten Gerätekosten sowie Erfahrungswerte. Spätestens zu dem Zeitpunkt, zu dem ein RI-Fließschema vorliegt, ist jedoch eine Überprüfung der Schätzwerte durch eine gemeinsam mit der Werkstatt zu erstellende Kalkulation erforderlich. Diese Kalkulation ist um so leichter und exakter auszuführen, je mehr mit standardisierten Elementen gearbeitet wird. Grundlage sind Kalkulationsdaten ausgeführter Anlagen der Vergangenheit, aus denen man, systematisch unterteilt, eine Datei anlegt, die mit den Daten der Gegenwart ständig überarbeitet und aktualisiert wird. Es empfiehlt sich, diese Datei in Form eines Kataloges dem Planer als Hilfe anzubieten, damit er bei seinen Überlegungen auf bewährte und erprobte Details ohne Neukonstruktion zurückgreifen kann.

Damit bei der Überprüfung der Schätzwerte in Form einer Rahmenkalkulation keine Kosten vergessen werden, empfiehlt sich folgendes Abfrageschema:

Fremdarbeiten

1. Bauarbeiten und Anstrich:
   Wartenraum, Durchführungen für Kabel und Rohre, Vorratsraum für vorgefertigte Teile, Kanal im Boden, Doppelboden.
2. Verlegen von Versorgungsleitungen im Betrieb:
   Ringleitung Zuluft, Stickstoffversorgung, MSR — Luft, Betriebsluft, Energieversorgung Warte (Spannung, Beleuchtung, Steckdosen 220 V und 42 V, Luft für Prüfzwecke, Energie für Schweiß- und Bohrarbeiten).

Fertigung/Vorfertigung/Beschaffung

3. Beschaffung und Anfertigung von Schaltungen einschl. Energieversorgung (elektrisch und pneumatisch):
   Standardschaltungen (Spannungsversorgung 220 V, 24 V, 6 V);
   Sonderschaltungen (Sicherheitsschaltungen, Zeitsteuerungen, Brennersteuerungen);
   Energie pneumatisch (Umschaltstationen, Reduzierstationen).
4. Beschaffung und Eichung von Geräten für die Warte:
   Schreiber, Anzeigegeräte, Regler, Wahlschalter, Umsetzer.
5. Beschaffung und Vorbereitung von Kästen für die Montage im Betrieb:
   Normkästen und Sonderkästen pneumatisch oder elektrisch (Steuerungen).
6. Beschaffung und Eichung von Geräten im Betrieb:
   Meßumformer elektrisch und pneumatisch (Stand, Druck, Temperatur, Durchfluß), Zähler, Ventile, örtliche Anzeigeinstrumente, Meßstellenschalter, Thermometer, Endschalter (Schwimmerschalter), Analysengeräte, Drosselgeräte, Thermometerschutzrohre.
7. Blecharbeiten und Lackierarbeiten für die Warte:
   Blechteile, Ausbrüche in Tafeln, Anschlußstücke.

Wartenmontage/Schaltraummontage

8. Aufbau von Blechteilen und Kabelkanälen in der Warte, 19″-Gestelle, Kabelkanäle, Spannungsversorgung für Schreiber usw.
9. Montage von Geräten und Schaltungen in der Warte (Ergänzung zu Punkt 3 und 4).
10. Verdrahtung der montierten Geräte und Schaltungen in der Warte.
11. Prüfen der verdrahteten Geräte und Schaltungen in der Warte.

Kabelwege

12. Bau von Kabelbahnen:
    Festlegen der Kabeltrassen mit Angaben über Enddosen.
13. Verlegen von Kabeln.
14. Montage von Kästen im Betrieb.
15. Anschließen der Kabel.

Montage im Betrieb

16. Montage und Anschluß der Geräte vor Ort:
    Energieversorgung elektrisch und pneumatisch, Absprache mit Schlosserei (Rohrverlegung, Ventilmontage, Zählermontage, Drosselgerätemontage).
17. Prüfen und Anfahren.

Dabei sind auch Kosten von Leistungen erfaßt, die von Dritten zu erbringen sind. Für die Rahmenkalkulation der von der Werkstatt zu erbringenden Leistungen wird ein Aufbau in der Grundeinteilung des Abfrageschemas empfohlen.

Tabelle 2.3 zeigt als Beispiel den Teilabschnitt 16 „Montage und Anschluß der Geräte vor Ort“ einer nach dem Abfrageschema erstellten Kalkulation, wobei eine automatische Schreibanlage mit Disketten-Speicher benutzt wurde.

2.2.2.2. Auftragserteilung und Auftragseinteilung

Die Auftragserteilung des planenden Ingenieurs an die Werkstatt muß nach dem gleichen Schema erfolgen, das der Rahmenkalkulation zugrunde liegt. Es ist zweckmäßig, dem erteilten Auftrag eine Kopie der Rahmenkalkulation und die inzwischen erfolgten Änderungen sowie die notwendigen Ergänzungen wie z. B. Eichdaten von Geräten beizufügen. Die Weitergabe des Auftrags an die einzelnen Arbeitsgruppen der Werkstatt erfolgt ebenfalls nach dem Schema der Rahmenkalkulation.

Bei kleinen Projekten ist es nicht üblich und auch sicherlich wenig lohnend, außer einer groben Kostenschätzung eine zusätzliche Rahmenkalkulation durchzuführen. Hier muß bei der Auftragserteilung eine Detailangabe der auszuführenden Arbeiten erfolgen. Damit auch hier nichts vergessen wird, empfiehlt sich eine Unterteilung der Arbeitsbeschreibung nach dem gleichen Abfrageschema, wie es bereits für die Rahmenkalkulation vorgestellt wurde. Bei dieser Gelegenheit sind die Schätzkosten zu überprüfen.

Bei der Weitergabe von Aufträgen an die Arbeitsgruppen der Werkstatt ist darauf zu achten, daß jede Arbeitsgruppe aus den erhaltenen Unterlagen nicht nur den eigenen Arbeitsumfang, sondern auch die vor- und nachgeschalteten Arbeiten anderer Arbeitsgruppen erkennen kann. Dies erleichtert die notwendigen Arbeitsabsprachen.

Planung und Auftragsabwicklung werden einschließlich der begleitenden Auftragsverwaltung erheblich erleichtert durch den Einsatz standardisierter Geräte, Bauelemente und Anordnungen. Ein Einsatz moderner Bürohilfsmittel ist ohne Standardisierung nicht möglich.

Tabelle 2.3. Beispiel für ein Mengengerüst mit Rahmenkalkulation für eine Montagearbeit

Kalkulation: xxxxx   Projekt-Leiter: xxxxx   Tel: xxxxx
Montagetermin: 02. 11. 81—02. 06. 81   Auftraggeber: xxxxx

Schlüssel-Nr.	Stück	Montagebezeichnung	Einzel-Min.	Einzel-DM	Gesamt-Min.	Gesamt-DM
Montage und Anschluß der Geräte vor Ort						
xxxxxxxxx	xx	Durchfluß-Messung mit Differenzdruck-Meßumformer (pneumatisch)	xxx	xxxx	xxxxx	xxxxx
xxxxxxxxx	xx	Durchfluß-Messung mit Schwebekörper (pneumatisch)	xxx	xxxx	xxxxx	xxxxx
xxxxxxxxx	xx	Durchfluß-Messung mit Schwebekörper (elektrisch)	xxx	xxxx	xxxxx	xxxxx
xxxxxxxxx	xx	Endlagenschalter anschließen	xxx	xxxx	xxxxx	xxxxx
xxxxxxxxx	xx	Kapazitive Stand-Messung	xxx	xxxx	xxxxx	xxxxx
xxxxxxxxx	xx	Stand-Alarm	xxx	xxxx	xxxxx	xxxxx
xxxxxxxxx	xx	Druck-Alarm	xxx	xxxx	xxxxx	xxxxx
xxxxxxxxx	xx	Stand-Messung mit Auftriebskörper	xxx	xxxx	xxxxx	xxxxx
xxxxxxxxx	xx	Stand-Messung mit Einperlung Differenzdruck	xxx	xxxx	xxxxx	xxxxx
xxxxxxxxx	xx	Stand-Messung Differenzdruck	xxx	xxxx	xxxxx	xxxxx
xxxxxxxxx	xx	Druck-Messung	xxx	xxxx	xxxxx	xxxxx
xxxxxxxxx	xx	Temperatur-Messung mit Meßumformer	xxx	xxxx	xxxxx	xxxxx
xxxxxxxxx	xx	Flammenwächter mit Zündtrafo und Magnetventil	xxx	xxxx	xxxxx	xxxxx
xxxxxxxxx	xx	Bedienungskasten für Brennersteuerung	xxx	xxxx	xxxxx	xx xx
xxxxxxxxx	xx	Membranventil mit Auf-Zu-Meldung	xxx	xxxx	xxxxx	xxxxx
xxxxxxxxx	xx	Klappe mit Magnetventil u. örtlicher Zuluft	xxx	xxxx	xxxxx	xxxxx
xxxxxxxxx	xx	VKE 31 elektrischer Verteilerkasten nach Norm	xxx	xxxx	xxxxx	xxxxx
xxxxxxxxx	xx	VKE 62 elektrischer Verteilerkasten nach Norm	xxx	xxxx	xxxxx	xxxxx
xxxxxxxxx	xx	VKP 12 pneumatischer Verteilerkasten nach Norm	xxx	xxxx	xxxxx	xxxxx
xxxxxxxxx	xx	VKP 24 pneumatischer Verteilerkasten nach Norm	xxx	xxxx	xxxxx	xxxxx
xxxxxxxxx	xx	RKP 1.3 pneumatischer Reglerkasten nach Norm	xxx	xxxx	xxxxx	xxxxx
xxxxxxxxx	xx	VKE mit 40 Klemmen elektrischer Verteilerkasten Sonderausführung	xxx	xxxx	xxxxx	xxxxx
xxxxxxxxx	xx	VKE mit 80 Klemmen elektrischer Verteilerkasten Sonderausführung	xxx	xxxx	xxxxx	xxxxx
xxxxxxxxx	xx	Montagerahmen anfertigen und mit Kasten montieren	xxx	xxxx	xxxxx	xxxxx
					xxxxxxx	xxxxxxx

Geschätzte Ausführzeit: xxxx Stunden
30% Zeitzuschlag Zeitlohnarbeiten: xxx Stunden

Schätzstunden xxxx mal Stundensatz = xxxxxx DM

2.2.2.3. Kostenverrechnung, Kostenkontrolle

Die Kostenverrechnung und Belastung eines Auftrags erfolgt z. Z. noch weitgehend über Belege in Form von Lohnzetteln, Materialscheinen und Rechnungen, die in eine zentrale EDV-Anlage eingegeben und einmal je Monat verarbeitet werden. Wegen des erheblichen Zeitverzugs ist dadurch für die Werkstatt und den Projektleiter der Vergleich zwischen dem erzielten Arbeitsfortschritt und den entstandenen Kosten sehr schwierig. Von den Arbeitsgruppen der Werkstatt wird daher in der Regel eine parallele, weitgehend aktuelle Handbuchhaltung geführt. Wichtig ist, daß die Kostenerfassung in einer Aufteilung erfolgt, die der Arbeitseinteilung bei der Rahmenkalkulation und der Vergabe an die verschiedenen Gruppen entspricht.

Eine Verbesserung der Aktualität und eine erhebliche Reduzierung des Verwaltungsaufwandes ist möglich durch den Einsatz moderner Bürohilfsmittel. Dabei sollte man von dem Grundsatz ausgehen, daß einmal festgelegte Daten wie z. B. Auftragsnummern, Materialnummern (Lagernummern), Arbeitsgruppennummern, Kennummer des planenden Ingenieurs usw. bei der Datenerfassung nicht ständig wiederholt werden müssen. Sie sollten entweder gespeichert und durch die Auftragsnummer aufgerufen werden oder bei der ersten Auftragsbearbeitung in einen maschinenlesbaren Beleg eingegeben werden, der dann jeweils durch die variablen Daten wie z. B. Stückzahlen, Stundenzahlen oder Kosten ergänzt wird. Gut bewährt haben sich Markierungslochkarten, die mit preiswerten Geräten hergestellt und gelesen werden können. Bildschirm-Systeme sind aufwendiger, Klarschriftlese-Systeme zur Erfassung von Hand-Eintragungen haben zur Zeit noch hohe Fehlerquoten bei der Dateneingabe. Dagegen hat auf dem Gebiet von Lese-Systemen für Maschinenschrift zur Zeit eine vielversprechende, für den Werkstatteinsatz geeignete Entwicklung begonnen.

Wenn, wie vorgeschlagen, die Rahmenkalkulation, die Auftragsvergabe und die Kostenerfassung nach dem gleichen Schema erfolgen, ist eine lückenlose und aktuelle Kostenkontrolle möglich. Änderungskosten, die bei jedem Projekt auftreten, werden klar ausgewiesen. Je später eine Änderung erfolgt, desto teurer wird sie. Die Änderung einer bereits ausgeführten Montage verursacht im Durchschnitt etwa das dreifache der ursprünglich dafür geplanten Kosten. Wenn beim Dialog zwischen Planer und Werkstatt planmäßig nach einem einheitlichen Schema in allen Phasen der Projektabwicklung vorgegangen wird, können Mißverständnisse und damit verbundene Änderungen vermieden werden.

2.2.2.4. Kalkulation und Abrechnung von Instandhaltungskosten

Unter „Kalkulation" soll hier nicht die Ermittlung von Vorgabezeiten zur Vergabe von Arbeiten im Leistungslohn verstanden werden. Kalkulation heißt hier die Vorabermittlung von Instandhaltungskosten, die in der Betriebsphase entstehen werden. Sie ist nur möglich in einer gut organisierten und in bezug auf Art und Umfang der auszuführenden Arbeiten straff geführten Instandhaltungswerkstatt. Kalkulationsbasis ist die Zahl der zu betreuenden Geräte nach der NAMUR-Empfehlung „Eine Bezugsgröße für Instandhaltungsdaten"[4].

Bei Anlagen, die sich noch in der Planung befinden, ist die Zahl der Geräte bereits in einem frühen Planungsstadium mit genügender Genauigkeit bekannt. Eine Kalkulation der in einer Anlage zu erwartenden Instandhaltungskosten kann

---

[4] Eine Bezugsgröße für Instandhaltungsdaten.
Empfehlung der Normenarbeitsgemeinschaft für Meß- und Regeltechnik in der Chemischen Industrie, Leverkusen, Bayerwerk (1979).

daher schon im Planungsstadium erfolgen. Richtwerte und Kenndaten für die Kalkulation von Instandhaltungskosten befinden sich im Abschnitt 2.4.3 „Kenndaten für die Instandhaltungswerkstatt“. Instandhaltungskosten und vor allem Reparaturkosten können im Laufe des Jahres erheblich schwanken. Daher kann eine Kalkulation nur auf Jahresmittelwerten sicher aufgebaut werden. Es empfiehlt sich, Kostenanschläge nur als Jahreswerte abzugeben.

Die Abrechnung der vielen kleinen Einzelaktivitäten einer Instandhaltungswerkstatt kann aus wirtschaftlichen Gründen nur zusammengefaßt erfolgen. Da man Kalkulationen des Instandhaltungsaufwandes nur gemittelt über einen Zeitraum von einem Jahr erstellen kann, sollte auch der daraus resultierende Auftrag in gleicher Höhe für den Zeitraum eines Jahres ausgestellt werden. Für getrennt arbeitende Gruppen, wie z. B. Instandhaltungsgruppe vor Ort — Reparaturgruppe in der Werkstatt, sollte man getrennte Jahresaufträge anfordern. Das erleichtert die Abrechnung und ermöglicht bessere Kostenanalysen. Für Sonderleistungen, die den üblichen Instandhaltungsrahmen übersteigen, sind individuell kalkulierte Einzelaufträge anzufordern. Dies sind vor allem größere Montagearbeiten, größere Inbetriebnahmen, größere Stillstandsarbeiten und Gerätereparaturen, deren Umfang das Pensum eines Arbeitstages übersteigt.

2.3. Dokumentation und Auswertung von Werkstattarbeiten

Es soll hier nicht über die Dokumentation einer MSR-Anlage in Form einer zeichnerischen oder beschreibenden Darstellung gesprochen werden, sondern über Hilfsmittel, die die Werkstätten benutzen sollten, um sich die Arbeit zu erleichtern und Erfahrungen für künftige Projekte auszuwerten. Bei jeder Art von Datenerfassung und Datenauswertung muß man sorgfältig die entstehenden Kosten untersuchen. Bei EDV-Verarbeitung wird häufig der Fehler gemacht, daß nur die Hardware- und Software-Kosten ermittelt werden. Die Kosten für die Erfassung und Verarbeitung und vor allem der Aufwand für Aufbau und Pflege von Dateien werden oft vernachlässigt. Dabei kann man bei gewissenhafter System-Analyse und sorgfältiger Überlegung der Arbeitsabläufe erhebliche Kosten gerade auf diesen Gebieten einsparen. Folgende Grundsätze sollten immer gelten:

- Ein Verwaltungsablauf, der ohne EDV nicht völlig reibungslos funktioniert, wird durch den EDV-Einsatz nicht verbessert, sondern verschlechtert.
- Der Umfang der Daten, die ständig in ein System zur Verarbeitung eingegeben werden müssen, sollte so klein wie möglich gehalten werden. Alle bereits im System vorhandenen Daten sollten nicht bei der erneuten Eingabe wiederholt werden oder wenigstens im Eingabebeleg maschinenlesbar enthalten sein.
- Dateien, die nicht ständig gepflegt werden, sind in kurzer Zeit fehlerhaft. Dateien mit hohem Pflegeaufwand sind unwirtschaftlich, wenn sie nur selten genutzt werden.

2.3.1. Unterlagen für die Kalkulation

Während man beim Entwurf einer Anlage noch mit groben Kostenschätzungen aufgrund von Erfahrungswerten auskommt, muß man zu Beginn der Realisierungsphase eine genauere Kostenermittlung vornehmen aufgrund des dann vorliegenden RI-Fließbildes. Während des Baues einer Anlage muß auf der Basis dieser Kostenermittlung eine laufende Verfeinerung stattfinden bis zum Ausweisen einer Vorgabezeit und eines Materialverbrauchs für einen abgrenzbaren Bauabschnitt. Dementsprechend müssen die Kalkulationsunterlagen aufgebaut sein, wobei der Aufwand sich nur lohnt, wenn zuvor eine straffe Standardisierung stattgefunden hat.

Die Grobeinteilung der Kalkulationsunterlagen erfolgt nach dem bereits bekannten Abfrageschema. Für die weitere Feineinteilung ein Beispiel:

In der Grobeinteilung des Abfrageschemas war enthalten

Schritt 16. Montage und Anschluß der Geräte vor Ort.

Die Feineinteilung dieses Schrittes lautet wie folgt:

Durchflußmeßstellen „F"	montieren und anschließen
Standmeßstellen „L"	montieren und anschließen
Druckmeßstellen „P"	montieren und anschließen
Temperaturmeßstellen „T"	montieren und anschließen
Stellglieder	montieren und anschließen

Am Beispiel der Standmessungen soll gezeigt werden, wie die weitere Unterteilung erfolgt:

Die technischen Möglichkeiten werden skizzenhaft auf einem Übersichtsblatt dargestellt. Als Beispiel für die Art der Darstellung zeigt Abb. 2.2 die Skizze einer Standmessung mit Auftriebskörper.

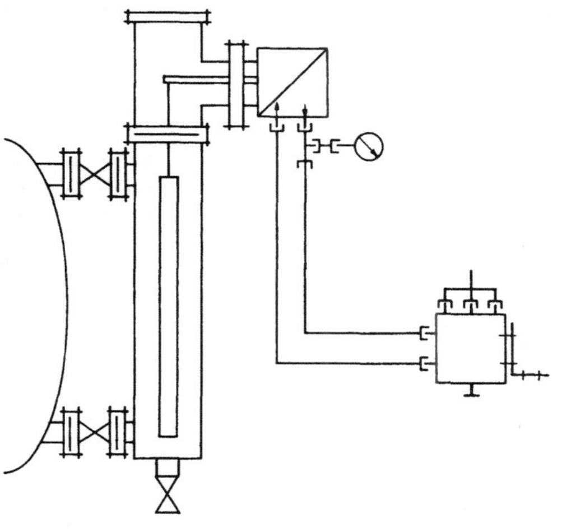

Abb. 2.2. Skizze einer Standmessung mit Auftriebskörper
Auszug aus dem Katalog für Standard-Problemlösungen

Zu jeder Variante gibt es eine Normal-Vorgabezeit und eine Angabe von Lohnkosten und Materialkosten ohne Gerätekosten. Die Gerätekosten folgen aktuellen Schwankungen des Marktes und eignen sich daher nicht zur Aufnahme in eine Tabelle mit längerer Gültigkeit.

Am Beispiel der Standmessungen soll in Tabelle 2.4 gezeigt werden, welchen Umfang eine so erarbeitete Datei bekommt.

Für Arbeiten an den Kabelwegen und für die Wartenmontage genügt eine Listendarstellung ohne Übersichtsskizzen.

Mit Hilfe der Übersichtsskizzen, die für die Geräteinstallation vor Ort erforderlich sind, können Stücklisten aufgestellt werden, die für ein ganzes Projekt die Vorplanung des benötigten Materials über EDV ermöglichen. Dies lohnt sich jedoch nur bei größeren Projekten.

Tabelle 2.4. Kalkulationsdaten für typische Standmeßverfahren

Schlüssel-Nr.	Art der Standmessung		Zeit Min	Zeit und Material DM
xxxxxxxxx	L-Messung	Bodendruck pneumatisch	xxxx	xxxx
xxxxxxxxx	L-Messung	Bodendruck elektrisch	xxxx	xxxx
xxxxxxxxx	L-Messung	Bodendruck pneumatisch Kompensationsleitung und Abscheider	xxxx	xxxx
xxxxxxxxx	L-Messung	Bodendruck elektrisch Kompensationsleitung und Abscheider	xxxx	xxxx
xxxxxxxxx	L-Messung	Bodendruck pneumatisch Kompensationsleitung und Ausgleichsgefäß	xxxx	xxxx
xxxxxxxxx	L-Messung	Bodendruck elektrisch Kompensationsleitung und Ausgleichsgefäß	xxxx	xxxx
xxxxxxxxx	L-Messung	Einperlung Druckmeßumformer pneumatisch	xxxx	xxxx
xxxxxxxxx	L-Messung	Einperlung Druckmeßumformer elektrisch	xxxx	xxxx
xxxxxxxxx	L-Messung	Einperlung Differenzdruck-Meßumformer pneumatisch	xxxx	xxxx
xxxxxxxxx	L-Messung	Einperlung Differenzdruck-Meßumformer elektrisch	xxxx	xxxx
xxxxxxxxx	L-Messung	Differenzdruck-Meßumformer pneumatisch Kältemittel	xxxx	xxxx
xxxxxxxxx	L-Messung	Differenzdruck-Meßumformer elektrisch Kältemittel	xxxx	xxxx
xxxxxxxxx	L-Messung	Kältemittel mit Dampfbegleitheizung pneumatisch	xxxx	xxxx
xxxxxxxxx	L-Messung	Kältemittel mit Dampfbegleitheizung elektrisch	xxxx	xxxx
xxxxxxxxx	L-Messung	Auftriebskörper pneumatisch	xxxx	xxxx
xxxxxxxxx	L-Messung	Auftriebskörper elektrisch	xxxx	xxxx
xxxxxxxxx	L-Messung	Einperlung mit Meßumformerkasten Standard 7.5	xxxx	xxxx
xxxxxxxxx	L-Messung	Einperlung mit Meßumformerkasten Standard 9.3	xxxx	xxxx

2.3.1.1. Unterlagen für die Kalkulation von Fertigungsarbeiten

Einen reinen Fertigungsbetrieb wird es heute in einer MSR-Werkstatt kaum noch geben. Die Aufgabe der Fertigungswerkstatt besteht in der überwiegenden Zahl der Fälle darin, gekaufte Standard-Geräte und gekauftes Standardmaterial an unterschiedliche betriebliche Aufgaben anzupassen. Es ist sehr vorteilhaft, wenn die Werkstatt alle Standard-Problemlösungen in einem Katalog zusammengefaßt an den Planer gibt. Dadurch wird überflüssige Schreibarbeit vermieden und die Verständigung erleichtert. Zur Beschreibung der gewünschten Arbeit genügen die Katalognummer, die Stückzahl und wenige Zusatzangaben. Es ist zweckmäßig, in diesen Katalog alle Fertigungsteile aufzunehmen, einschließlich der fremdbezogenen Teile. Hierzu zeigt Tabelle 2.5 ein Beispiel.

Alle Angaben für die Werkstatt werden vom Planer aus dem Katalog entnommen und mit Menge, Bestellnummer und Zusatzangaben in einen Arbeitsplan eingetragen, der damit alle zu einem Projekt gehörenden Angaben für die Werkstatt enthält. Bei größeren Projekten können die Angaben für die Werkstatt in mehreren Arbeitsplänen gemacht werden, die entsprechend dem Fortschritt der Planungsabschnitte erstellt werden.

Tabelle 2.5. Auszug aus dem Katalog für Standard-Problemlösungen

		Bestell-Nummer	Preis
Blinkflachbaugruppe Y — 2201		xxx	xxx
Kartengröße:	110 × 177 mm, 1 SEL-Stecker, 11polig		
Raumbedarf:	8 Modul		
Hilfsenergie:	24 V = 35 mA		
Ausgang:	24 V =		
Zeichn. Nummer:	Hersteller Fa. xxxxxxxxx		
Lager-Nummer:	xxxxxx		
Verwendungszweck:	Blinkeinheit für Neuwert-Meldung nach Arbeitsblatt 3.4.5 Blatt 1		

2.3.1.2. Unterlagen für die Kalkulation von Montagearbeiten

Wenn eine detaillierte Kalkulation entsprechend Tabelle 2.4 Abschnitt 2.3.1. erfolgt ist, sind damit die wichtigsten Unterlagen für die Montage bereits erstellt. Es müssen natürlich dazu geliefert werden die Schaltungsunterlagen der zu montierenden Anlage und Angaben über mögliche Materialvarianten. Die Vergabe von Arbeiten an eigene Handwerker oder an Montagefirmen sollte nach dem gleichen Schema erfolgen, nach dem bereits die Kalkulation erstellt wurde. Dadurch wird die Kontrolle erleichtert, Doppelbezahlungen werden vermieden und eine Nachkalkulation sowie die Kalkulation von Änderungen sind mit geringem Aufwand jederzeit durchführbar. Es kann ständig der Baufortschritt mit den bis dahin entstandenen Kosten verglichen werden.

2.3.1.3. Unterlagen für die Kalkulation von Instandhaltungsarbeiten

Die Instandhaltung muß bereits in einem frühen Planungsstadium eingeschaltet werden, um den voraussichtlichen Personalbedarf abzuschätzen. Hierzu werden die in der geplanten Anlage zu installierenden Geräte nach NAMUR-Empfehlung[4] erfaßt und mit einem Erfahrungswert bewertet, der sich nach der Art der Anlage richtet.

Falls regelmäßige Wartungsarbeiten z. B. aufgrund behördlicher Verordnungen notwendig sind, müssen rechtzeitig Wartungspläne erstellt werden. Die Prüfung einer fertigen Anlage sollte immer gemeinsam mit den zuständigen Instandhaltungshandwerkern erfolgen. Dabei sollten alle während der Montagezeit entstandenen Änderungen in die Unterlagen eingetragen werden.

2.3.2. Dokumentation und Auswertung

Die Dokumentation und Auswertung ausgeführter Arbeiten dient der Kontrolle der Effektivität und der Kosten.

2.3.2.1. Dokumentation und Auswertung von Fertigungsarbeiten

Mit der Dokumentation und der Auswertung von Fertigungsarbeiten sollen folgende Ziele erreicht werden:

- Terminkontrolle,
- Kostenkontrolle,
- Überprüfung der Kalkulationsunterlagen.

Je planmäßiger man dabei vorgeht, desto geringer ist der Aufwand. Die Terminkontrolle ist leicht durchführbar, wenn zu der reinen Fertigungszeit zusätzlich genügend Pufferzeit zur Verfügung steht, um unvorhergesehene Schwierigkeiten aufzufangen. Dies ist der Fall, wenn überwiegend mit standardisierten Bauteilen gearbeitet wird. Man kann dann bereits aufgrund der Kalkulation auf der Basis des RI-Fließbildes mit der Fertigung beginnen, sobald die erforderlichen Geldmittel freigegeben sind. Unsicherheiten bei den zu fertigenden Stückzahlen sind unkritisch, da zu viel gefertigte Standardteile beim nächsten Projekt verwendbar sind und zu wenig gefertigte Standardteile leicht nachgeliefert werden können, ohne daß dadurch der Montagebeginn verzögert wird. Die Fertigstellung von Teilen muß unverzüglich dem Planer gemeldet werden, damit er als verantwortlicher Projektleiter den Montageablauf entsprechend abstimmen und den Projektfortschritt mit dem gebuchten Kostenanfall vergleichen kann.

Zusätzlich muß die Werkstatt die einzelnen Fertigungsabschnitte in ihrem Kostenanfall mit den vorkalkulierten Kosten vergleichen. Dadurch werden der Erfolg von Rationalisierungsmaßnahmen und natürlich auch die Veränderung von Kostenbestandteilen sichtbar und die Kalkulationsunterlagen können entsprechend korrigiert werden. Alle für ein Projekt gefertigten Teile müssen unter der Projektnummer gesammelt werden, wobei die Verwaltung und Betreuung dieses Sammelpunktes zweckmäßig der Montagegruppe übertragen wird.

2.3.2.2. Dokumentation und Auswertung von Montagearbeiten

Die Ziele der Dokumentation und Auswertung von Montagearbeiten sind grundsätzlich die gleichen wie bei Fertigungsarbeiten. Die planmäßige Durchführung jedoch ist weitaus schwieriger. Abgesehen von der auch hier unbedingt erforderlichen Arbeit mit standardisierten Anordnungen muß die Einteilung in einzelne

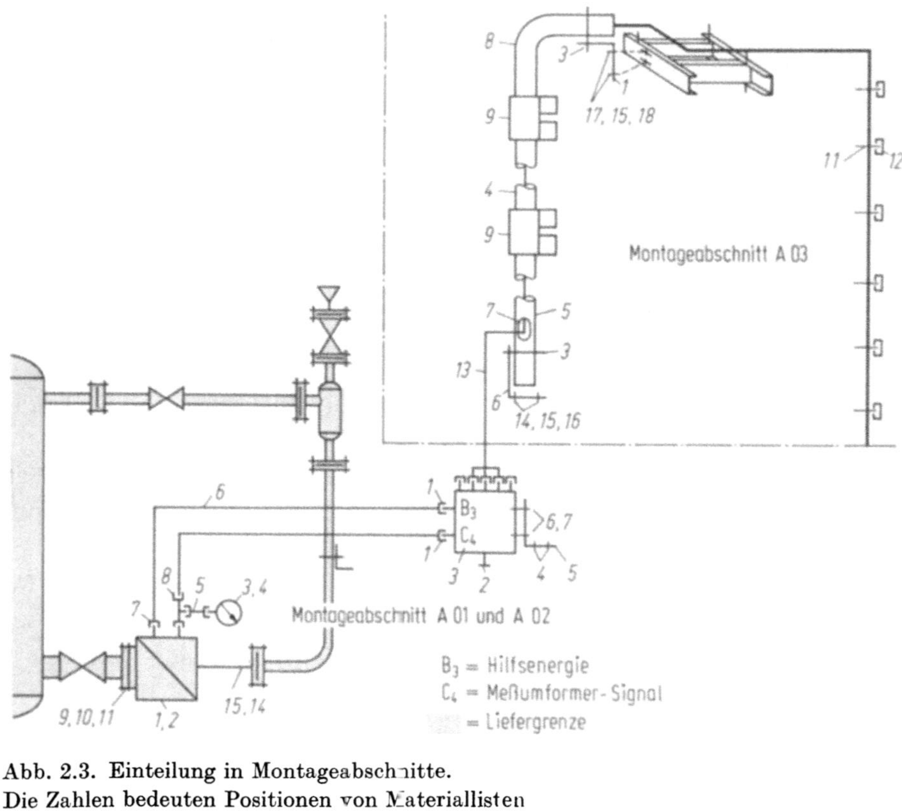

Abb. 2.3. Einteilung in Montageabschnitte.
Die Zahlen bedeuten Positionen von Materiallisten

Montageabschnitte so erfolgen, daß eine unterbrechungsfreie Ausführung jedes einzelnen Abschnittes möglich ist. Hierzu wieder ein Beispiel aus dem bereits vorher erwähnten Gebiet der Standmessungen. Gewählt wurde wieder eine Standmeßeinrichtung diesmal mit Bodendruckmeßumformer. Die Einteilung in Montageabschnitte A01 bis A03 zeigt Abb. 2.3. Die eingetragenen Nummern sind die Materialpositionen der zu der Darstellung gehörenden Stücklisten.

In dieser Reihenfolge werden alle Montageabschnitte zunächst kalkuliert, zur Ausführung vergeben und abschließend an den verantwortlichen Meister fertig gemeldet. Erst wenn alle zu einer Anordnung wie z. B. einer Standmeßeinrichtung mit Auftriebskörper gehörenden Montageabschnitte vollendet sind, erfolgt eine Fertigmeldung an den Projektleiter. Nur wenn man sich an diese strengen Regeln hält, ist eine wirksame Termin- und Kostenkontrolle möglich. Zusätzliche Arbeiten wie z. B. Änderungen bereits fertig montierter Anordnungen müssen getrennt ausgewiesen werden und sind so sichtbar in ihren Auswirkungen auf Kosten und Termin.

Die Überprüfung der Kalkulationsunterlagen ist auf diese detaillierte Art und Weise leider nicht möglich. Es ist ohnehin bei allen Montagearbeiten ein gewisses Maß von Unvorhersehbarem und von Änderungen zu erwarten. Wichtig ist, diese Einflüsse kostenmäßig getrennt zu erfassen. Sie dienen nicht nur zur Rechtfertigung entstandener Zusatzkosten, sondern müssen auch in ihrem Mittelwert bei künftigen Kalkulationen berücksichtigt werden. In dem Kalkulationsbeispiel in Abschnitt 2.2.2.1., Tab. 2.3., wurde ein Zeitanteil von 30% für solche Arbeiten angenommen.

2.3.2.3. Dokumentation und Auswertung von Instandhaltungsarbeiten

Hier sind die Ziele etwas anders als bei Fertigungs- und Montagearbeiten. Im einzelnen lauten sie wie folgt:

- Besserer und detaillierter Kostennachweis;
- Hilfe beim Erkennen betrieblicher Schwachstellen;
- Nachweis des Erfolgs von Rationalisierungsmaßnahmen;
- Dokumentation durchgeführter Prüfungen insbesondere aufgrund gesetzlicher Vorschriften wie z. B. UVV 4 und Störfallverordnung;
- Hilfe beim Nachweis des Personalbedarfs.

Die Informationsquelle ist ein von den Handwerkern zu erbringender Tätigkeitsnachweis. Um die erfaßten Daten vergleichbar zu machen, benötigt man außerdem eine Bezugsbasis. Hierzu soll eine Geräteerfassung dienen[4].

Die Erfassung der eingesetzten Geräte erfolgt generell nach den beiden Merkmalen:

- Geräteart in Anlehnung an VDI/VDE 2600,
- Meßgröße in Anlehnung an DIN 19227.

Für weitergehende Untersuchungen kann man problemorientiert eine feinere Unterteilung benutzen.

Die vorgeschlagene Geräteerfassung gibt einen guten Gesamtüberblick über die Anlagenstruktur und liefert unter anderem folgende Richtwerte:

- Spezifischer Instandhaltungsaufwand,
- Veränderung des spezifischen Instandhaltungsaufwandes,
- Aufwandsvergleiche, Erkennen besonders instandhaltungsaufwendiger Gerätegruppen,
- Vorkalkulation des Instandhaltungsaufwandes,
- Basiszahlen für weitergehende Untersuchungen.

Die Tätigkeitsnachweise bauen auf der NAMUR-Empfehlung „Zur Einteilung und Erfassung der Tätigkeiten des Instandhaltungspersonals für vergleichende Analysen" auf[5].

Grundlage bildet DIN 31051 Instandhaltung, Begriffe. Die Instandhaltungstätigkeit wird danach gegliedert in

— Wartung,
— Inspektion,
— Instandsetzung.

Bei der Instandsetzung wird unterschieden zwischen

— Fehlersuche und Fehlerbeseitigung vor Ort,
— Reparatur.

Außer Instandhaltungstätigkeiten werden vom Instandhaltungspersonal noch folgende Tätigkeiten ausgeübt, die mit erfaßt werden müssen:

— Montage,
— In- und Außerbetriebsetzung,
— Sonstiges.

Beispiele zur Einteilung und Codierung der Tätigkeiten zu statistischen Zwecken:

F: Fehlersuche und -beseitigung
Alle Arbeiten, die erforderlich sind, weil eine Anlage nicht mehr einwandfrei funktioniert oder angenommen wird, daß sie nicht mehr einwandfrei funktioniert.

W: Wartung
Justieren von Betriebsmitteln, Nachfüllen von Verbrauchsstoffen, Abschmieren, Entrosten, Anstreichen, Diagrammdienst, Uhrzeit nachstellen, Folgearbeiten aufgrund von Inspektionen. Überholen, Reinigen, vorbeugend Wechseln.

I: Inspektion allgemein
Funktionskontrolle von Anlagen oder Anlageteilen, Kontrolle von Reglerfunktionen und Schaltpunkten, Kontrolle von Warn- und Signalanlagen, Kontrolle der Dokumentation, Kontrolle der Meßstellenbezeichnungen vor Ort, Kontrolle der Versorgungseinrichtungen.

S: Sicherheitskontrolle
Überprüfungen von Sicherheitseinrichtungen nach betrieblicher Prüfvorschrift einschließlich Anfertigen von Prüfprotokollen.

R: Instandsetzung von ausgebauten Betriebsmitteln
Instandsetzen von Geräten, Bauteilen, Baugruppen u. a. Betriebsmitteln, die im Rahmen der Fehlerbeseitigung ausgebaut oder außer Betrieb genommen wurden.

M: Montage
Kleine Montagen, Demontagen und Änderungen einer Anlage. Gerätewechsel bei Meßbereichsänderung, Ventilwechsel bei Sitzänderung. Auswechseln von Geräten ohne festgestellten Fehler.

---

[5] Einteilung und Erfassung der Tätigkeiten des Instandhaltungspersonals für vergleichende Analysen. Empfehlung der Normenarbeitsgemeinschaft für Meß- und Regeltechnik in der Chemischen Industrie, Leverkusen, Bayerwerk (1979).

A: In- und Außerbetriebsetzung
Tätigkeit beim An- und Abfahren von bestehenden Anlagen und Arbeiten während des Stillstandes, Arbeiten beim Anfahren von Neuanlagen.

Z: Mithilfe
Mithilfe eines zweiten Mannes bei der Fehlersuche.

X: Sonstiges
Ausbildung, Transport, Besprechung, Information, Verwaltungsarbeit, Wartezeit sowie alle Arbeiten, die sich sonst nicht einreihen lassen.

Die Daten der Tätigkeitsnachweise werden zweckmäßig per EDV erfaßt. Folgende Sortierungen und Auswertungen werden empfohlen[6]:

- Anzahl der Gerätefehler bezogen auf den Einsatzort,
- Anzahl der sonstigen Fehler bezogen auf den Einsatzort,
- Anzahl der Gerätereparaturen bezogen auf den Einsatzort oder als spezifischer Wert bezogen auf einen Betriebsbereich,
- Instandhaltungsaufwand bezogen auf eine Anlage und nach Art der Tätigkeit unterteilt.

2.4. Kenndaten für die Steuerung einer Werkstatt

Das Arbeitsgebiet einer MSR-Werkstatt ist außerordentlich vielseitig. Es gibt keine einfachen Maßzahlen, wie z. B. eine Monatsproduktion in Mengeneinheiten oder einen Umsatz in Geldwerten, mit denen man Leistung und Wirtschaftlichkeit einer Werkstatt oder eines technischen Büros messen kann. Es ist daher sehr wichtig, das gesamte Arbeitsgebiet mit spezifischen Kenndaten zu erfassen und zu kontrollieren. Dabei ist die absolute Genauigkeit der erfaßten Daten von untergeordneter Bedeutung. Wichtiger ist ihr relativer Wert, mit dessen Hilfe man Vergleiche anstellt über die Kostenentwicklung, die Wirksamkeit der Maßnahmen, die Entwicklung der Werkstattleistung usw.

Vergleiche von Werk zu Werk oder sogar von Firma zu Firma sind äußerst schwierig und verursachen einen erheblichen Aufwand bei der Abstimmung der erfaßten Daten auf einheitlicher Basis. Man sollte sich daher auf möglichst wenige, jedoch klar definierbare Grunddaten beschränken.

2.4.1. Kenndaten für die Fertigungswerkstatt

Wie schon in den Abschnitten 2.1.1 und 2.1.2 erwähnt, wird es einen reinen Fertigungsbetrieb in einer MSR-Werkstatt kaum geben. Eine Eigenfertigung wird nur dort sinnvoll, wo eine Aufgabe sehr schnell, vielleicht sogar nach provisorischen Unterlagen erledigt werden muß oder wo es keinen Zulieferanten für das gewünschte Betriebsmittel oder Betriebselement gibt.

Die Fertigung in eigener Werkstatt sollte je nach Struktur des Werkes 30 bis 50% des gesamten Fertigungsvolumens nicht überschreiten.

Das zu einem Auftrag gehörende Fertigungsvolumen hat im allgemeinen einen Anteil von etwa 40% an den gesamten Werkstattarbeiten. Es wird bestimmt durch die Herstellung elektrischer Schaltungen und Flachbaugruppen, mechani-

---

[6] Schwachstellenermittlung an bestehenden industriellen Anlagen. DKIN Empfehlung Nr. 7, Deutsches Komitee Instandhaltung e. V. Düsseldorf (1982).

scher Teile wie z. B. Meßblenden sowie durch Eich- und Anpassungsarbeiten. Die Wirtschaftlichkeitskontrolle der Fertigung erfolgt durch Vergleich der tatsächlichen Fertigungskosten mit den vorkalkulierten Kosten.

2.4.2. Kenndaten für die Montagewerkstatt

Mehr noch als bei der Fertigung wird man bei der Montage mit möglichst großem Fremdfirmeneinsatz arbeiten. Die eigene Montage soll auf schwierige Umbauten bei laufendem Betrieb und auf schwierige Montagen spezieller Sondereinrichtungen beschränkt bleiben.

Generell werden alle Montagearbeiten, deren Umfang sich nicht genau beschreiben läßt, vorteilhaft mit eigenem Personal ausgeführt. Der Anteil dieser Arbeiten sollte 25 bis 30% der gesamten Montagearbeiten nicht überschreiten.

Die Montagekosten haben einen Anteil von etwa 60% an den gesamten Werkstattkosten, die im Zusammenhang mit der Abwicklung eines Auftrages stehen. Darin enthalten sind mit etwa 12% die Kosten für die Montage und Verschaltung der Warte. Den höchsten Kostenanteil hat also die Feldmontage und daher sollte man auf die Vorbereitung und den reibungslosen Ablauf dieser Arbeiten größte Sorgfalt verwenden. Besonders wichtig ist es, alle Änderungen und die damit verbundenen Kosten festzuhalten. Die in dem Kalkulationsbeispiel in Tab. 2.3 eingesetzten Zeitlohnkosten für Änderungen in Höhe von 30% wurden bereits in Abschnitt 2.3.2.2. erwähnt und sind realistisch. Im allgemeinen muß man damit rechnen, daß die Änderung eines bereits ausgeführten Montageabschnitts das Dreifache der für diesen Abschnitt vorkalkulierten Kosten verursacht. Eine aus Zeitmangel schlecht durchgeführte Planung erhöht die vorkalkulierten Montagekosten um 50 bis 60%. Die Wirtschaftlichkeitskontrolle der Montage erfolgt ebenfalls durch Vergleich der angefallenen Kosten mit den vorkalkulierten Kosten unter Berücksichtigung der Änderungen.

2.4.3. Kenndaten für die Instandhaltungswerkstatt

Die Arbeiten in der Instandhaltungswerkstatt sind wesentlich vielseitiger und heterogener als die Arbeiten in der Fertigungs- und der Montagewerkstatt. Es ist daher in der Instandhaltungswerkstatt besonders wichtig, Kenndaten zu bekommen, mit denen die Effektivität kontrollierbar ist. Zunächst einmal muß man unterscheiden zwischen der Instandhaltungswerkstatt als Organisationsbegriff für diejenigen Handwerker, die im Betrieb im wesentlichen Wartungs-, Inspektions- und Instandsetzungsarbeiten verrichten und dem DIN-Begriff Instandhaltung als „Gesamtheit der Maßnahmen zur Bewahrung und Wiederherstellung des Soll-Zustandes sowie zur Feststellung und Beurteilung des Ist-Zustandes". Für die Instandhaltung nach DIN müssen die Instandhaltungshandwerker 0,6 bis 1,0 h pro Gerät und Jahr aufwenden. Die Zahl der Geräte ist dabei nach NAMUR-Empfehlung[4] ermittelt. Hinzu kommt ein Aufwand für Kleinmontagen, Änderungen und Anfahrhilfen, die im Rahmen der Instandhaltungswerkstatt ausgeführt werden, von 0,2 bis 0,3 h pro Gerät und Jahr. Der Instandhaltungsaufwand nach DIN enthält etwa 50% Instandsetzungsarbeiten, 30% Wartungsarbeiten und 20% Inspektionsarbeiten. Hinzu kommt ein Aufwand für die Instandsetzung (Reparatur) von ausgebauten Geräten, der im Mittel etwa 0,2 h pro Gerät und Jahr entsprechend NAMUR-Zählweise beträgt. Natürlich ist die Reparaturhäufigkeit der eingesetzten Geräte verschieden. Die meisten Reparaturen verursachen Volumenzähler, Meßumformer und Ventile. Die Reparaturzahlen sind stark von den Einsatzbedingungen abhängig. Unter normalen Betriebsbedingungen erreichen diese Geräte Betriebszeiten von 5 bis 10 Jahren ohne Reparatur. Die insgesamt an Geräten, Zuleitungen und Hilfseinrichtungen vor Ort geprüften und beseitigten Fehler sollten 15 bis 20 Einsätze pro 100 Geräte und Jahr nach NAMUR-Zählweise nicht überschreiten.

Bei allen Kennzahlen über die Instandhaltung ist die relative Aussage und die Tendenz wichtiger als der genaue Zahlenwert.

2.4.4. Kenndaten für Werkstattkosten

Die wesentlichen Kosten, die in einer Werkstatt entstehen, sind:

- Personalkosten 60–70% Kostenanteil,
- Hilfs- und Betriebsstoffe, die nicht direkt auf Aufträge verrechnet werden 3– 5% Kostenanteil,
- Abschreibungen und Raumkosten 3– 7% Kostenanteil,
- Umlage fremder Kosten 15–25% Kostenanteil.

Eine wirksame Kostenkontrolle muß sich also vorwiegend mit den Personalkosten und den fremden Kosten befassen.

Energiekosten und Abschreibungskosten werden wesentlich durch den Raumbedarf beeinflußt.

2.4.4.1. Personalkosten

Bei den Personalkosten muß man unterscheiden zwischen dem sogenannten „produktiven Personal" und dem „unproduktiven Personal". Das produktive Personal ist direkt an einem Arbeitsergebnis beteiligt und die entstehenden Kosten werden direkt über Auftrag verrechnet. Die Kosten für das produktive Personal sind also über die Aufträge und alles was im Zusammenhang mit der Auftragsbearbeitung in den vorigen Kapiteln gesagt wurde, kontrollierbar.

Das unproduktive Personal ist nicht direkt am Arbeitsergebnis beteiligt und die entstehenden Kosten werden daher im Zuschlagsverfahren in den Verrechnungssatz eingerechnet. Die Kostenkontrolle ist daher wesentlich schwieriger. Zu dem unproduktiven Personal zählen im wesentlichen Aufsichtspersonal (Vorgesetzte), Verwaltungspersonal und Hilfskräfte. Folgende Werte können als Anhalt für die Kostenkontrolle dienen:

Meister:

Durchschnitt	1 Meister für ca. 10 produktive Mitarbeiter
Obere Grenze	1 Meister für ca. 15 produktive Mitarbeiter
Untere Grenze	1 Meister für ca. 5 produktive Mitarbeiter

Werkstattschreiber:

Durchschnitt	1 Schreiber für ca. 70 produktive Mitarbeiter

Hilfskräfte:

Durchschnitt	1 Hilfskraft für ca. 50 produktive Mitarbeiter

Lagerpersonal:

Durchschnitt	1 Lagerist für ca. 0,5 Mio DM Bestand und/oder ca. 0,1 bis 0,15 Mio DM Monatsumsatz

Das sonstige Verwaltungspersonal sollte nicht mehr als 1 bis 2% der produktiv eingesetzten Mitarbeiter betragen. Insgesamt muß man mit ca. 20 bis 30% „unproduktiven" Löhnen und Gehältern bezogen auf die gesamte Lohn- und Gehaltssumme rechnen.

2.4.4.2. Fremde Kosten

Hier werden im wesentlichen die Kosten für die Personalverwaltung, die EDV-Kosten und bei Leistungsentlohnung die Kosten für die Zeitkalkulation erscheinen.

Die Kosten für die Personalverwaltung werden üblicherweise in % der Lohn- bzw. Gehaltskosten ermittelt und zugeschlagen. Sie sind genau wie die Kosten für die Buchhaltung und andere Stabsabteilungen kaum zu beeinflussen.

Die EDV-Kosten hängen sehr wesentlich von den Kosten für die Datenerfassung ab. Eine Datenerfassung von handgeschriebenen Belegen mit Datensichtgerät verursacht auch bei Einsatz versierter Datentypistinnen einen Kostenanteil von ca. 70% an den gesamten EDV-Kosten. Wenn man im Werkstattbereich mit maschinenlesbaren Belegen und entsprechend einfacher Datenerfassung arbeitet, die dazu noch von EDV-Laien ausgeführt werden kann, lassen sich die Erfassungskosten auf etwa 10% der gesamten EDV-Kosten senken.

Wichtig ist bei jeder Art Datenerfassung, daß man die ständige Erfassung auf wenige Variable und ein Minimum an Stammdaten beschränkt und alle übrigen Daten im Zuge der Weiterverarbeitung aus Speichern entnimmt.

Die Kosten für die Zeitkalkulation der im Leistungslohn arbeitenden Mitarbeiter werden wesentlich durch die zusätzlichen Gehaltskosten und damit durch die Anzahl der eingesetzten Kalkulatoren beeinflußt. Im Mittel rechnet man bei MSR-Arbeiten etwa 1 Kalkulator für ca. 30 produktive Mitarbeiter. Diese Zahl ist natürlich stark davon abhängig, wie genau die Kalkulation erfolgen muß und wie sorgfältig die Abstimmung der Kalkulation mit der vorgegebenen Arbeitsausführung erfolgt ist. Bei Leistungsprämiensystemen mit starker EVD-Unterstützung der Kalkulation kommt man mit einem Kalkulator für etwa 60 Mann aus. Man muß dabei in Kauf nehmen, daß ein wirtschaftlicher EDV-Einsatz nur bei einer Nachkalkulation möglich ist und man daher nicht mehr von einer „Vorgabezeit“ sprechen kann.

Bei Pensumsprämiensystemen, wie sie im Bereich der Instandhaltung üblich sind, kann man mit noch geringeren Kalkulationskosten rechnen, muß aber dafür in Kauf nehmen, daß der Anreiz zu einer höheren Mengenleistung des Ausführers auch nur noch gering ist.

2.4.4.3. Raumbedarf

Zur Abschätzung des Raumbedarfs kann man folgende Kennzahlen benutzen:

Durchschnittl. Raumbedarf für 1 Werkstattarbeitsplatz (ständiger Arbeitsplatz)	im Mittel 10 m^2
Raumbedarf bei Maschinenarbeit (Drehmaschinen und Fräsmaschinen)	ca. 25 m^2/Arbeitsplatz
Raumbedarf für Reparatur von Waagen	ca. 30 m^2/Arbeitsplatz
Raumbedarf für Montagewerkstatt	ca. 6—8 m^2/Mann
Raumbedarf für Instandhaltung (nicht ständiger Arbeitsplatz)	ca. 3—5 m^2/Mann

Alle Angaben gelten ohne Berücksichtigung von Nebenräumen wie z. B. Meisterbüros, Sozialräume, Lager usw.

2.5. Materialwirtschaft der MSR-Werkstätten

Die Materialwirtschaft der MSR-Werkstätten muß 2 Grundforderungen berücksichtigen:

— Ausreichende Lieferbereitschaft,
— wirtschaftliche Beschaffung und Bevorratung.

In den Jahren des stürmischen Aufbaus der chemischen Industrie hatte die ausreichende Lieferbereitschaft absoluten Vorrang. Ständige Lieferengpässe und lange Lieferzeiten machten alle Überlegungen der wirtschaftlichen Beschaffung und Bevorratung nahezu überflüssig. Mit der abflachenden Konjunktur trat eine Umkehr der Entwicklung ein, und die wirtschaftlichen Gesichtspunkte stehen heute im Vordergrund.

Es ist daher notwendig, alle Vorgänge der Beschaffung und Lagerung sorgfältig zu analysieren und zu optimieren. Die Analyse des Materialflusses zwischen Lieferanten und MSR-Werkstatt als Verbraucher zeigt Abb. 2.4.

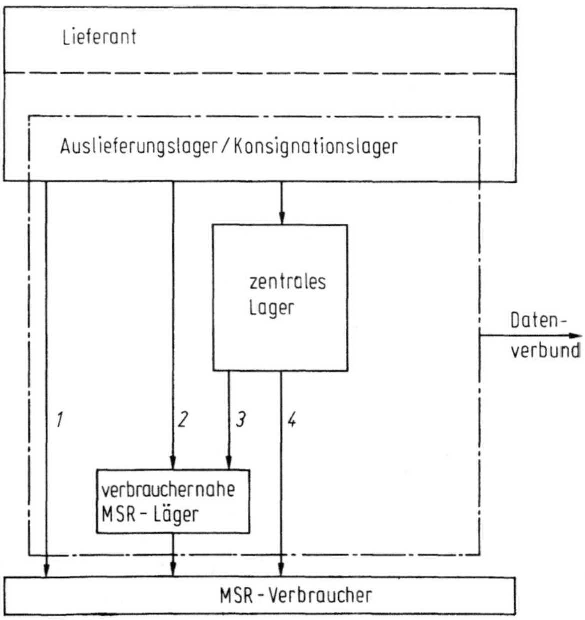

Abb. 2.4. Materialfluß zwischen Lieferanten und MSR-Werkstatt

Ausgangspunkt für die Materiallieferung ist der Hersteller, der oft in der Nähe von Verbraucherschwerpunkten ein Auslieferungslager unterhält. Eine Variante des Auslieferungslagers ist das Konsignationslager, in dem die voraussichtlich benötigte Ware bereits beim Verbraucher lagert, aber noch Eigentum des Herstellers ist.

Die einfachste und kostengünstigste Belieferung erfolgt auf direktem Weg zwischen Hersteller oder dessen Lager und Verbraucher (1). Dies ist jedoch gleichzeitig der Weg mit dem größten Risiko für die Lieferbereitschaft, da die Materialdisposition sehr sorgfältig erfolgen muß und die Lieferzeiten sehr genau mit den Terminen für den Montagefortschritt an der Baustelle abgestimmt werden müssen. Daher wird eine Auswahl an Geräten, Montagezubehör und Fertigungszubehör an einem verbrauchernahen MSR-Lager in einer Menge bereitgehalten, die für kleine bis mittlere Projekte ausreicht (2). Am MSR-Lager liegen außerdem Ersatzteile, deren Bedarf sich nur pauschal abschätzen läßt.

Material, das außer von den MSR-Werkstätten auch von anderen Werkstätten benötigt wird, wie z. B. Rohre und Halbzeug, lagert in einem zentralen Lager und wird dort vom MSR-Verbraucher direkt (4) oder indirekt (3) abgefaßt.

2.5.1. Kenndaten für die Materialvorratswirtschaft

Das von den MSR-Werkstätten benötigte Material kann grob in folgende Materialarten unterteilt werden:

— MSR-Geräte: Anteil an den Kosten einer MSR-Anlage ca. 50%,
— Montage- und Fertigungsmaterial: Anteil an den Kosten einer Anlage ca. 25%,
— Ersatzteile.

Die Grenzen zwischen „Ersatzteil" und „Fertigungsmaterial" sind oft nicht klar abzugrenzen, da unter Umständen das gleiche Material sowohl als Ersatz für defekte Teile als auch als Zubehör zur Anpassung von Standardgeräten an die jeweilige MSR-Aufgabe benutzt werden kann.

Die in 2.5. beschriebenen unterschiedlichen Möglichkeiten der Materialbelieferung sind mit folgenden Kosten verbunden:

— Lieferung direkt vom Lieferanten zur MSR-Werkstatt als Verbraucher, Beschaffungskosten ca. 3% des Warenwertes.
Eine Belieferung über ein Konsignationslager verursacht Kosten in gleicher Höhe, bietet aber den Vorteil einer sofortigen Lieferbereitschaft.
— Lieferung über ein verbrauchernah eingerichtetes MSR-Lager, Lagerkosten ca. 20% des Warenwertes.
— Lieferung über ein zentrales Lager ebenfalls ca. 20% des Warenwertes. Bei zusätzlicher Zwischenlagerung in einem verbrauchernahen MSR-Lager erhöhen sich die Kosten entsprechend.

In den Beschaffungskosten sind Kosten für Verpackung und eventuelle unfreie Lieferung nicht enthalten.

In den Lagerkosten sind alle Kosten einschließlich Verpackung, Transport, Raumkosten, Personalkosten enthalten, nicht jedoch die Kapitalbindungskosten. Diese errechnen sich aus der Bevorratung, die normal im Mittel etwa den Bedarf von 5 Monaten deckt. Bei straffer Standardisierung und sorgfältiger Kontrolle der Lagerumsätze kann die Bevorratung auf etwa den Bedarf von 3 Monaten gesenkt werden.

Die Kontrolle der Lagerbestände zeigt, daß mengenmäßig und in anderer Zusammensetzung auch wertmäßig weniger als 20% der gelagerten Artikel mehr als 80% des Lagerumsatzes ergeben. Das bedeutet, daß man diese 20% der Artikel besonders sorgfältig disponieren muß, um die Bestände gering zu halten. Die 80% der Artikel, die wenig oder fast überhaupt nicht am Umsatz beteiligt sind, müßten ständig auf ihre Lagerberechtigung geprüft werden. Hieraus entstehen immer wieder neue Anregungen zur wirtschaftlichen Verbesserung und Standardisierung der eingesetzten Konstruktionen und Montageanordnungen.

2.5.2. Beschaffung und Lagerung von Geräten

Wichtigste Voraussetzung für die Lagerung von Geräten ist ein Gerätestandard. Dieser muß folgende Forderungen der Werkstatt berücksichtigen:

— Vielseitige Einsatzmöglichkeit durch Anpassung an unterschiedliche Aufgaben mit möglichst wenig Ergänzungsteilen,
— einfache Reparatur mit gut austauschbaren Ersatzteilen,
— geregelte Ersatzteilversorgung mit übersichtlichen Ersatzteillisten.

Der Gerätestandard muß gemeinsam von Planung, Betriebsbetreuung und Werkstatt festgelegt werden und erfordert eine gewisse Kompromißbereitschaft aller 3 beteiligten Stellen. Es muß ebenfalls gemeinsam festgelegt werden, welche standardisierten Geräte ans Lager zu legen sind. Dies ist eine Aufgabe, die nie ein Ende findet, da eine ständige Anpassung an die technische Entwicklung erforderlich ist.

Wie unter 2.5.1. dargelegt, ist der wertmäßige Anteil der Geräte an den Kosten einer MSR-Anlage ca. 50%. Dies bedeutet, daß auch der Wert des Lagerbestandes an MSR-Geräten und die damit verbundene Kapitalbindung hoch sind. Man sollte daher gerade bei Geräten alle Möglichkeiten der Bestandsverringerung durch Bereithaltung von vertraglich vereinbarten Mengen am Auslieferungslager des Zulieferanten oder an einem Konsignationslager voll ausschöpfen.

Wegen des hohen Anteils der Gerätekosten an den Gesamtkosten einer MSR-Anlage ist es wichtig, auch die Beschaffung von nicht lagerhaltigen Standardgeräten und speziellen Geräten außerhalb des Standards so weit wie möglich zu rationalisieren. Dies läßt sich nur erreichen mit standardisierten Bestelltexten und durch Einsatz moderner Büro-Kommunikationsmittel. Grundsatz sollte sein, einen einmal geschriebenen Text nicht noch einmal abschreiben zu müssen. Die Verwendung von Textkonserven bietet sich gerade bei MSR-Geräten an, da die Variablen oft nur aus unterschiedlichen Eichdaten oder Materialvarianten einiger produktberührter Geräteteile bestehen.

2.5.3. Beschaffung und Lagerung von Fertigungs- und Montagematerial

Der Anteil des Fertigungs- und Montagematerials an den Gesamtkosten einer MSR-Anlage beträgt zwar nur etwa die Hälfte der Gerätekosten, dafür ist jedoch die Vielfalt der Teile bedeutend größer. Im allgemeinen enthält eine MSR-Anlage 2000 bis 3000 unterschiedliche Materialarten, wobei Kleinmaterial wie Schrauben und Muttern nicht berücksichtigt ist.

Es ist schwer, bei einer so großen Zahl von Einzelteilen den Überblick zu behalten und es lohnt sich daher, wie in den vorangegangenen Kapiteln beschrieben, mit Stücklisten nicht nur für die Fertigung, sondern auch für Montageanordnungen zu arbeiten. Mit Hilfe dieser Stücklisten und einer rechtzeitigen Einschaltung der Werkstätten in die Projektplanung läßt sich bei guter Standardisierung eine Materialdisposition aufbauen, die das Lager mit flexiblen Kennwerten steuert und damit zu einer Minimierung der Bestände wesentlich beiträgt. Dabei ist eine möglichst frühzeitige, aber grobe Materialdisposition zu bevorzugen.

Die Lagerung des Materials sollte dezentral und verbrauchernah erfolgen. Besonders bewährt hat sich eine dezentrale Organisationsform des MSR-Lagers, bei der der Vorgesetzte der Werkstatt oder Werkstattgruppe als Hauptverbraucher gleichzeitig der Verantwortliche für diesen Teil des Materialbestandes ist.

Diese dezentrale Organisation ist allerdings nur möglich bei einer zentralen Bestandsführung und -überwachung mit EDV-Unterstützung. Montage- und

Fertigungsmaterial sollte außer bei externen Großprojekten grundsätzlich über das MSR-Lager beschafft werden, damit auch hier mit Vorteil moderne Bürokommunikationsmittel eingesetzt werden können.

An ein zentrales Werkslager außerhalb der MSR-Werkstatt sollten grundsätzlich keine Teile gelegt werden, die zu 80% und mehr nur von der MSR-Werkstatt benötigt werden. Bei Sortimentsartikeln wie z. B. Rohrverschraubungen ist dabei der Anteil an einem Sortiment und nicht das Einzelteil zu betrachten.

2.5.4. Beschaffung und Lagerung von Ersatzteilen

Wie bereits unter 2.5.2. aufgeführt, sollte bereits bei der Auswahl eines geeigneten Gerätestandards die Ersatzteilfrage geklärt werden. Hierzu gehört auch, daß der Lieferant eine vereinbarte Lieferbereitschaft für Ersatzteile garantiert. Dadurch kann man den eigenen Ersatzteilbestand gering halten. Die Beschaffung der Ersatzteile ist mit hohen Beschaffungskosten verbunden, wenn man für jeden benötigten Artikel, der ja in der Regel nur in kleinen Mengen benötigt wird, eine Einzelbestellung veranlaßt. Es ist daher zweckmäßig, dem Lieferanten eine Rahmenbestellung als Jahresauftrag zu erteilen, der nur wertmäßig abgegrenzt ist und keine Einzelspezifikation enthält. Der Einzelbedarf wird dann in direktem Kontakt zwischen Werkstatt und Lieferanten ausgehandelt mit paralleler Information der zuständigen Einkaufsabteilung.

Dieses Verfahren hat auch den Vorteil, daß Fehllieferungen vermieden werden. Diese treten trotz sorgfältig aufgebauter Ersatzteillisten immer dann auf, wenn der Hersteller Teile in der laufenden Produktion geändert hat.

Der Nachteil dieser Art der Abwicklung ist, daß die Werkstatt als Endverbraucher mehr als bei anderen Artikeln auf die Ersatzteilpreise achten muß. Viele Geräte-Lieferanten verlangen für ihre Ersatzteile Preise, die mit erheblichen Gemeinkostenzuschlägen belastet sind, obwohl es sich bei näherer Untersuchung um Normteile von Zulieferanten oder mit wesentlich geringeren Kosten in Einzelfertigung herstellbare Teile handelt.

Hierin liegt eine Verpflichtung der Werkstätten, ständig Informationen über Lieferanten von Dichtungen, Kleinteilen und auf die Anfertigung von Ersatzteilen spezialisierte Kleinbetriebe einzuholen.

Besonders schwierig ist die Versorgung mit Ersatzteilen für nicht mehr marktgängige Geräte. Sie können oft nur noch aus ausgemusterten Betriebsgeräten gewonnen werden. Es muß daher gewährleistet werden, daß alle im Betrieb nicht mehr benötigten Geräte an die Reparaturwerkstatt geleitet werden, bevor sie verschrottet werden. Hierzu gehört auch das regelmäßige Durchforsten von Betriebslägern, in denen oft neuwertige Geräte zu finden sind, die ursprünglich als Ersatzgeräte angeschafft aber nie eingesetzt wurden.

2.5.5. Materialdisposition für Großprojekte

Es ist klar, daß ein MSR-Lager nur wirtschaftlich geführt werden kann, wenn es für den Normalbedarf, nicht aber für den bei Großprojekten auftretenden Stoßbedarf lieferbereit ist. Daher muß unbedingt bei Großprojekten eine sorgfältige Materialdisposition erfolgen. Ausgangspunkt muß ein Projektstandard sein, der vor Beginn der Detailplanung aufzustellen ist und nicht nur Geräte, sondern auch Baugruppenträger, Funktionsgruppen und Montageanordnungen umfaßt. Er sollte sich an den unter 2.3. aufgeführten Punkten orientieren und eine einschränkende Auswahl aus dem Werksstandard umfassen. Liegt noch kein Werkstandard für Baugruppenträger oder Montageanordnungen vor, so ist ein Großprojekt ein willkommener Anlaß, einen solchen aufzustellen. Der damit verbundene Aufwand zahlt sich immer aus, da nichts mehr kostet als eine wegen Materialengpässen ständig stockende Montage mit zahlreichen Änderungen und hoher Improvisationsrate.

Die straffe Orientierung des Projektstandards am Werkstandard erlaubt eine Materialdisposition in einem sehr frühen Stadium der Projektbearbeitung aufgrund grober Angaben. Fehlendes oder zu viel disponiertes Material kann in normalen Mengen vom Lager ergänzt oder nach Projektende übernommen werden.

Aus Kostengründen sollten Geräte für Großprojekte montagefertig bestellt und frei Baustelle geliefert werden. Befindet sich die Baustelle nicht innerhalb eines bereits vorhandenen Werkes, gilt dies auch für Montage- und Fertigungsmaterial. Hierfür muß, eine angemessene Zeit vor Montagebeginn, geeigneter Lagerraum zur Verfügung stehen.

2.6. Raumplanung und Einrichtung von MSR-Werkstätten

Das folgende Kapitel soll dazu dienen, mit Erfahrungswerten die Planung von MSR-Werkstätten zu erleichtern. Das Planen einer MSR-Werkstatt „auf der grünen Wiese" ohne wesentliche Beschränkungen ist sicher selten geworden. Häufiger ist das Angebot eines bereits bestehenden Raumes, und die Planung muß entscheiden, ob dieses Raumangebot für den bestehenden Bedarf ausreicht und welche zusätzlichen Kosten zur Abdeckung des Bedarfs entstehen.

2.6.1. Vor- und Nachteile zentraler bzw. dezentraler Werkstätten

Im Abschnitt 2.1.1. wurden die Aufgaben der Werkstätten beschrieben mit

- Errichtung von MSR-Anlagen und
- Instandhaltung von MSR-Anlagen.

Die Errichtung von MSR-Anlagen muß möglichst wirtschaftlich erfolgen. Daher ist eine räumliche Zusammenfassung der Funktionsgruppen Fertigung und Montage sinnvoll, die daran beteiligt sind. Dies ist unbedingt notwendig, da eine klare Arbeitsteilung Fertigung — Montage, wie in Abschnitt 2.1.2.1. bereits festgestellt, nicht möglich ist.

Die Instandhaltung von MSR-Anlagen hat ihren Arbeitsschwerpunkt in den betreuten Betrieben. Damit ergibt eine Zentralisierung wenig Vorteile.

Eine Zentralisierung ist stets die Grundlage für das eigene wirtschaftliche Arbeiten, während die Dezentralisierung mehr Flexibilität erlaubt. Als Kompromiß zwischen diesen beiden gegensätzlichen Forderungen hat sich im Laufe der Zeit in den MSR-Werkstätten eine Struktur entwickelt, in welcher Montage, Fertigung und Reparatur ausgebauter Geräte in zentralen Werkstätten zusammengefaßt sind, und die Instandhaltung zur Erzielung kurzer Wegezeiten günstig gelegene dezentrale Werkstattstützpunkte mit jeweils gemeinsamer Verwaltung hat. Diese Stützpunkte sollten für mindestens 70 Instandhaltungshandwerker eingerichtet sein, damit die für Verwaltung und Hilfspersonal aufzuwendenden Kosten nicht zu hoch werden.

Kapazitäten anderer bereits vorhandener Werkstätten können von den MSR-Werkstätten mit genutzt werden, wenn eine räumliche Verbindung möglich ist. In diesem Fall kann eine MSR-Werkstatt auf eigene Einrichtungen für Oberflächenschutz, mechanische Fertigung und Fertigung auf dem Rohrschlossergebiet nahezu vollständig verzichten.

Im Instandhaltungssektor sollte man eine Unterbringung von allgemeiner Betriebswerkstatt und MSR-Instandhaltungswerkstatt in einem gemeinsamen Gebäude anstreben. Dadurch werden Arbeitsabsprachen und Aktionen mit gegenseitiger Hilfeleistung erleichtert.

2.6.2. Kenndaten für den Raumbedarf

In Kapitel 2.4.4.3. wurden bereits einige Kennzahlen genannt, um den Raumbedarf besser abschätzen zu können. Sie sollen hier noch einmal wiederholt und ergänzt werden:

Arbeitsräume: Sie haben entsprechend der in den Kapiteln 2.1.2.1. und 2.1.2.2. beschriebenen idealen Aufteilung einer MSR-Werkstatt in Funktionsgruppen folgenden Bedarf an Werkstattfläche:

Funktionsgruppe Reparatur und Fertigung:

— Untergruppe Elektrotechnik ca. 10 m^2/Arbeitsplatz

— Untergruppe Feinmechanik ca. 10 m^2/Arbeitsplatz

Bei der Fertigung und Reparatur von Temperaturfühlern ist darauf zu achten, daß Raumproportionen und Transportwege die Bearbeitung von langen oder sogar überlangen Fühlern zulassen.

Die Instandsetzung von Feinwaagen kann nur in Räumen erfolgen, die weitgehend frei sind von Gebäudeschwingungen.

— Untergruppe Mechanik ca. 12 m^2/Arbeitsplatz

Falls eigene Dreh- und Fräsmaschinen betrieben werden, müssen für jeden Maschinenarbeitsplatz ca. 25 m^2 zur Verfügung stehen. Eine eigene Prüfeinrichtung für Mengenzähler benötigt eine Mindestfläche von ca. 150^2 m.

Funktionsgruppe Montage

— Untergruppe Sondermontage ca. 30 m^2/Arbeitsplatz
(Wiegeeinrichtungen, Schaltschränke)

— Übrige Untergruppen der Montage ca. 8 m^2/Mann

Da der überwiegende Teil der Montagearbeiten in den Anlagen erfolgt, reicht diese Arbeitsfläche aus, wenn man möglichst große, gemeinsam von allen Montagehandwerkern nutzbare Flächen schafft. Transportwege und vor allem Türen und Tore müssen einen problemlosen Transport sperriger Teile gestatten (Waagen, Schränke, Meßkabinen).

Funktionsgruppe Instandhaltung

— Instandhaltungsarbeiten werden fast ausschließlich in den zu betreuenden Anlagen verrichtet. Die Instandhaltungshandwerker benötigen daher keine ständigen Arbeitsplätze und der Raumbedarf für eine Instandhaltungswerkstatt beträgt nur 3 bis 5 m^2 pro Handwerker.

Nebenräume: Zu den Nebenräumen gehören Meisterbüros und Lagerflächen.

Meisterbüros

— Der Flächenbedarf für Meisterbüros beträgt ca. 6—8 m^2 pro Person einschließlich Schreibern, Arbeitsvorbereitern usw.

Lagerflächen

— Die größte Lagerfläche benötigt die Funktionsgruppe Montage, für die man eine Lagerfläche von mindestens 2/3 der Werkstattfläche vorsehen muß.

Zusätzlich ist darauf zu achten, daß bei der Flächenplanung die Handhabung von Langgut (Rohre, Stangenmaterial) und Sperrgut (Kabeltrommeln, Bleche) berücksichtigt wird.

- Für die Funktionsgruppe Reparatur und Fertigung rechnet man mit einem Lagerflächenbedarf von ca. 1/3 der Werkstattfläche.
- Für die Funktionsgruppe Instandhaltung wird zur Lagerung von betrieblichen Reservegeräten eine Fläche von 30 bis 50% der Werkstattfläche benötigt.

Sozialräume: Hierfür muß man mit folgenden Richtwerten rechnen:

- Pausenräume ca. 1,0 m²/Person
- Umkleideräume ca. 0,8 m²/Person
- Waschräume ca. 0,4 m²/Person
- Toilettenräume ca. 0,2 m²/Person.

Damit ergibt sich für alle Sozialräume ein Flächenbedarf von ca. 2,4 m²/Person.

2.6.3. Ausstattung der Räume von Werkstätten

Eine MSR-Werkstatt kann in einem mehrgeschossigen Gebäude untergebracht werden. Das Erdgeschoß sollte dabei der Funktionsgruppe Montage vorbehalten bleiben. Die übrigen Funktionsgruppen können auch in Obergeschossen untergebracht werden.

Es kann mit folgenden Werten gerechnet werden:

	Erdgeschoß	Keller (Lager)	Obergeschoß
Höhe	mind. 5 m	mind. 5 m	mind. 3,50 m
Boden- und Decken-Tragfähigkeit	2 t/m²	2 t/m²	1–1,5 t/m²
Gangbreiten	2–2,5 m	2–2,5 m	1–1,5 m
Höhe Außentore	3–4 m	3–4 m	
Innentüren	2,5–3 m	2,5–3 m	2,5 m

Für die Beleuchtung gelten die Werte nach DIN 5035, die je nach den zu verrichtenden Arbeiten zwischen 250 und 1000 Lux liegen.

Der Wert von 1000 Lux läßt sich wirtschaftlich nur mit einzelnen Arbeitsplatzleuchten erreichen.

Als Fußbodenbelag hat sich in den Räumen für gröbere Arbeiten ein ölfester Asphaltboden gut bewährt, wobei Plattenasphalt leichter reparierbar ist als Gußasphalt. Die Räume für feine Arbeiten sollten mit einem fugenlos verschweißten PVC-Boden ausgestattet werden, der im Bereich Elektrotechnik und Elektronik leitfähig sein muß.

Auf Lärmschutz muß in allen MSR-Werkstätten großer Wert gelegt werden, und es empfiehlt sich der Einbau einer abgehängten Schallschluckdecke einfacher Ausführung in allen Räumen.

In den folgenden Unterabschnitten werden die für die einzelnen Funktionen der Werkstatt notwendigen speziellen Einrichtungen beschrieben. Auf allgemein bekannte Dinge wie z. B. Werkbankabmessungen, Anstrichfarben, Energieversorgung, Heizung usw. wird dabei nicht eingegangen.

2.6.3.1. Einrichtungen der Untergruppe Elektrotechnik

- Allgemeine Einrichtungen
  Für die äußerliche Reinigung verschmutzter Geräte muß ein Reinigungsplatz mit Warm- und Kaltwasseranschluß vorhanden sein.

An den Arbeitsplätzen wird 220 V/6 A und 24 V/1 A Gleich- und Wechselspannung möglichst regelbar und eine Absaugeinrichtung für Lötdämpfe benötigt.

- Für die Fertigung, Prüfung und Instandsetzung elektrischer Schaltungen muß man in Arbeitsplatznähe einen Vorrat an Schaltdraht und Kleinteilen bereit halten. Es müssen Einrichtungen für moderne lötfreie Verbindungstechniken vorhanden sein, deren Menge und Automatisierungsgrad sich nach der Verbreitung dieser Technik im betreuten Bereich richtet.
  Zum gelegentlichen Wickeln von Kleintrafos ist eine einfache Wickelmaschine erforderlich. Zur Prüfung elektrischer Schaltungen benötigt man ein Prüfgerät nach VDE 0701, Stromgeber 0–20 mA und Spannungsgeber 0–24 V. Die Messung von Spannungen und Strömen erfolgt mit hochohmigen Universalmeßgeräten. Zum Testen einzelner Funktionen fertiger Schaltungen empfiehlt sich die Einrichtung eines Prüfplatzes.
- Für die Fertigung, Prüfung und Instandsetzung elektronischer Baugruppen und Geräte können einige der für elektrische Schaltungen benötigten Geräte mit verwendet werden. Darüber hinaus sind noch folgende Geräte und Einrichtungen erforderlich:
  Die Prüfung der Leiterbahnen von Platinen erfolgt mit Hilfe einer großen beleuchteten Lupe, mit der man Haarrisse in den Leiterbahnen erkennen kann. Zum Auslöten von Bauelementen dient ein Entlötgerät. Die Spannungsversorgung an den Arbeitsplätzen muß zusätzlich ±15 V/1 A enthalten.
  Zu den bereits beschriebenen Meßgeräten werden zusätzlich Ein- und Zweikanalspeicher-Oszillographen 15 MHz benötigt, von denen mindestens einer für netzunabhängige Tests im Akkubetrieb eingerichtet sein muß. Zur Simulation von Werten werden Widerstandsdekaden benötigt. Sollen auch Arbeiten an programmierbaren Systemen und Geräten der Rechner-Peripherie ausgeführt werden, so muß man die Werkstatt mit Oszillographen hoher Geschwindigkeit (30 MHz bis 50 MHz) ausrüsten. Zusätzlich wird ein V 24 Schnittstellentester mit verschiedenen Übertragungsgeschwindigkeiten und isoliertes Justierwerkzeug für Datensichtgeräte benötigt.

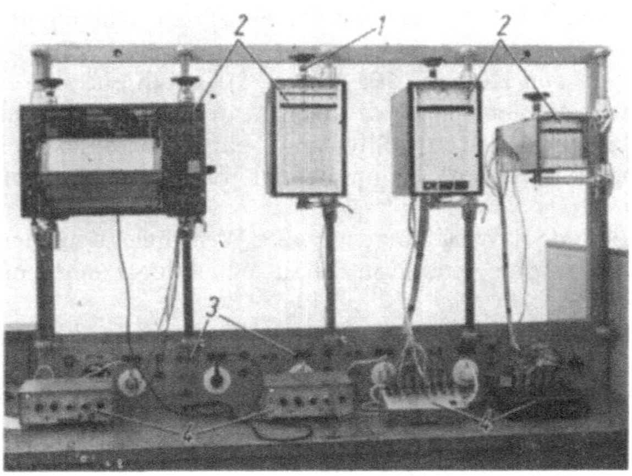

Abb. 2.5. Probelaufgestell für elektrische Geräte.

1 Halterung zum Einspannen des zu prüfenden Gerätes; *2* Zu prüfende Geräte; *3* Versorgungsanschlüsse; *4* Geber zur Simulation der Eingangsgrößen (Spannungen, Ströme, Widerstände)

— Für den Zusammenbau, die Prüfung und Instandsetzung elektrischer Geräte kann im wesentlichen die gleiche Ausrüstung benutzt werden, die bereits beschrieben wurde. Zu empfehlen ist die Einrichtung von Probelaufgestellen nach Abb. 2.5, in denen die reparierten oder geänderten Geräte über längere Zeiträume mit Hilfe von simulierten Eingangswerten und gegebenenfalls Kontrollschreibern im Ausgang getestet werden können. Wenn der Werkstatt die Genehmigung zur Reparatur von Ex-Geräten erteilt worden ist, müssen ein Hochspannungsprüfgerät 0—5 kV und Meßbrücken für Widerstände, Kapazitäten und Induktivitäten vorhanden sein.
Im allgemeinen reichen für die Arbeiten der Werkstatt Geräte der Klasse 0,2% aus. Werden engere Fehlergrenzen gefordert, empfiehlt sich zu Eichzwecken die Anschaffung eines „Kalibrators" für Gleichspannungen, Gleichströme, Wechselspannungen und Wechselströme mit einer Klassengenauigkeit von 0,005 bis 0,08% je nach Meßgröße.
Um gelegentlich die Temperaturempfindlichkeit von Geräten zu prüfen, sollte man sich die Mitbenutzung eines Klimaschrankes für −20 °C bis +100 °C sichern, in dem man die Geräte betreiben und beobachten kann. Eine Maschine zum Zeichnen von Skalen ist bei dem heute üblichen Einsatz von Normskalen nicht mehr unbedingt erforderlich. Hat man jedoch viele ältere oder von der üblichen Chemie abweichende Spezialitätenbetriebe zu betreuen, ist die Anschaffung trotz fehlender Auslastung zu empfehlen. Das Zeichnen von Skalen in Handarbeit ist ungeheuer zeitraubend und bei nichtlinearen Skalen ohne Hilfsmittel sehr schwierig.

2.6.3.2. Einrichtungen der Untergruppe Feinmechanik

— Allgemeine Einrichtungen
Für die Arbeiten an vielen Geräten dieser Untergruppe wie z. B. Analysenwaagen, elektropneumatischen Geräten und Temperaturfühlern können Geräte mit benutzt werden, die bereits im vorangegangenen Unterabschnitt erwähnt wurden. Sie werden daher hier nicht gesondert aufgeführt.
Die Arbeitsplätze erhalten die gleiche Spannungsversorgung mit 220 V/6 A und 24 V/1 A wie in Abschnitt 2.6.3.1.

— Die Aufstellung, Prüfung und Instandsetzung von Feinwaagen erfordert zunehmend Grundfertigkeiten auf dem Gebiet der Elektronik. Es ist daher zu prüfen, ob nicht der Umfang der elektronischen Arbeiten an den im Betreuungsbereich vorhandenen Feinwiegeeinrichtungen so groß ist, daß eine organisatorische Anbindung an die Untergruppe Elektrotechnik sinnvoll erscheint. Dadurch können dort bereits vorhandene Einrichtungen mit benutzt werden. Zusätzlich benötigt man jedoch unbedingt einen Feinwägetisch mit einer Steinplatte und Gewichtssätze geeichter Normalgewichte von 1 mg bis 5 kg. Der am häufigsten benötigte Bereich geht von 1 mg bis 100 g.

— Das Zusammenbauen, Prüfen und Instandsetzen pneumatischer Geräte erfordert zusätzliche Luftanschlüsse mit den in der Pneumatik üblichen Versorgungswerten 1,4 bar, 2 bar und 6 bar am Arbeitsplatz. Auf die elektrischen Anschlüsse kann jedoch nicht verzichtet werden, da zweckmäßig von dieser Gruppe ein großer Teil von elektropneumatischen Geräten mit bearbeitet wird. Daher wird auch eine Ausrüstung mit Meßumformerspeisegeräten, Strommessern 4—20 mA und 0—20 mA, Spannungsmeßgeräten 24 V Gleich- und Wechselspannung und Widerstand benötigt, sofern die Werkstatt nicht so klein ist, daß die Ausrüstung der Untergruppe Elektrotechnik mit benutzt werden kann.

Zusätzlich benötigt man ein Präzisions-Niederdruckmeßgerät 0—20 mbar, digitale Niederdruckmeßgeräte der Klasse 0,1 in den Bereichen 0—100 mbar bis 0—1600 mbar, Absolutdruckmeßgeräte und eine Kolbenpumpe für Drücke bis 1600 bar.
Zur Prüfung von Geräten mit pneumatischem Einheitssignal als Eingang oder Ausgang hat sich ein einfaches Gerät nach Abb. 2.6 bewährt, das an jedem Arbeitsplatz vorhanden sein sollte.

Abb. 2.6. Prüfeinrichtung für Geräte mit pneumatischem Einheitssignal.
1 Feinmeßmanometer 160 ⌀ Klasse 0,6, 2,5 bar; *2* Feinmeßmanometer 160 ⌀ Klasse 0,6, 1,6 bar; *3* Feindruckregler; *4* Pneumatischer Umlenkschalter; *5* Pneumatische Verschlußkupplungen für Luftversorgung und Geräteanschluß

— Das Fertigen und Instandsetzen von Temperaturfühlern ist heute Spezialität vieler kleinerer Firmen, und eine eigene Werkstatt kann sich im wesentlichen darauf beschränken, käufliche Normteile durch Fertigung mechanischer Zusatzteile an spezielle Aufgaben anzupassen. Ist jedoch der Bedarf an nicht genormten Fühlern oder Fühlern in Sonderabmessungen mit vielen speziellen Einsatzgebieten groß, so muß man vor allem eine Schutzgasschweißanlage, ausgelegt als Mikroplasma-Schweißanlage, anschaffen und darüber hinaus im Eigenbau spezielle Vorrichtungen für das Schweißen von Termoelementen z. T. in reduzierter Atmosphäre erstellen. Eine Eigenfertigung von nicht genormten Temperaturfühlern ist erst rentabel bei Serien ab etwa 10 Stück in normalen Längen. Ist der Bedarf an Überlängen ab etwa 2 m groß, so ist auch die Fertigung von Einzelstücken in diesen Längen rentabel, da die Fertigung von Einzelstücken großer Länge beim Zulieferanten erhöhte Transport- und Verpackungskosten verursacht.

2.6.3.3. Einrichtungen der Untergruppe Mechanik

— Allgemeine Einrichtungen
Wie schon in Abschnitt 2.6.1. dargestellt, kann auf eigene Einrichtungen für mechanische Fertigung weitgehend verzichtet werden, wenn eine räumliche Verbindung mit allgemeinen Fachwerkstätten des Werkes möglich ist und außer dem Willen zu guter Kooperation einfache Verwaltungswege zur unkomplizierten Abwicklung gegenseitiger Hilfe gefunden werden.
Die übrigen Arbeiten der Funktionsgruppe Mechanik werden zu einem großen Teil an Geräten ausgeführt, die mit chemischen Produktresten behaftet sind. Es muß daher ein besonderer Reinigungsraum eingerichtet werden.

Die Anordnung der Einrichtung muß so gewählt werden, daß ein Palettentransport möglich ist.

— Die Fertigung mechanischer Teile erfordert einen Maschinenpark, der entweder in eigener Werkstatt oder im Verbund mit anderen Werkstätten verfügbar sein muß.
In eigener Werkstatt werden als Minimalausstattung benötigt 1 Säulenbohrmaschine MK 4, 2 Tischbohrmaschinen 10 mm, 1 Mechaniker-Drehmaschine, 1 Drehmaschine Spitzenhöhe 120 mm, 1 Drehmaschine Spitzenhöhe 200 mm.
Verfügbar müssen sein Bandsäge, Schleifmaschinen, Universalfräsmaschine, Tafelschere, Kantmaschine, Rundmaschine, Graviermaschine, Biegemaschine für Flach- und Rundmaterial, hydraulische Presse bis 20 t, Maschine für einfache Stanzarbeiten, Schweißeinrichtung einschließlich Schutzgas- und Plasmaschweißen, Härte- und Anlaßeinrichtung.
Auch bei guter Kooperation mit anderen mechanischen Werkstätten muß mindestens eine Drehmaschine in unmittelbarer Nähe der Ventil- und Mengenmesser-Arbeitsplätze zur Verfügung stehen, auf der nach Angabe der Monteure einfache aber mit hoher Genauigkeit auszuführende Ausdreh- oder Abdreharbeiten an Ventilen oder Zählern ausgeführt werden.
Für die reproduzierbare Herstellung von Ventilkegeln mit besonderer Charakteristik sollte eine mit einer Kopiereinrichtung ausgerüstete Drehmaschine zur Verfügung stehen.

— Die Bearbeitung von Stellgeräten erfordert Arbeitsplätze, die mit den bereits beschriebenen elektrischen Energien 220 V, 24 V und pneumatischer Versorgung 6 bar, 2 bar und 1,4 bar ausgerüstet sind. Da hier öfter mit Handmaschinen größerer Leistung wie z. B. Schlagschraubern gearbeitet werden muß, empfiehlt sich eine Absicherung des 220 V Anschlusses mit 16 A. Zur Justierung und Prüfung von Ventilstellungsreglern ist eine Ausrüstung mit einem Prüfgerät nach Abb. 2.6 und mit einem Stromgeber 4—20 mA und 0—20 mA erforderlich.
Der gesamte Arbeitsbereich sollte mit einem Laufkran einfacher Bauart mit 0,5 t Tragkraft bedienbar sein. Die benötigten Maschinen sind bereits bei der Fertigung mechanischer Teile beschrieben. Für die Prüfung von Stellgeräten einschließlich Druck- und Leckprüfung empfiehlt sich ein Prüfstand nach Abb. 2.7.

— Für die Bearbeitung von Mengenmessern sind der bereits erwähnte Reinigungsraum und eine Prüfeinrichtung besonders wichtig. Der Reinigungsraum sollte so groß sein, daß in ihm die Demontage der Geräte ausgeführt werden kann. Er muß einen fugenlosen säure- und lösungsmittelfesten Fußboden mit einem regelmäßig zu wartenden Quecksilber- und Lösungsmittelabscheider haben.
Die Be- und Entlüftung sollte mindestens die Bedingungen für chemische Labors erfüllen. Die Absaugkanäle sind mit verschließbaren Absaugöffnungen an die Werkbänke heranzuführen.
Für die sichere Demontage von Geräten, die in kritischen Produkten eingesetzt waren, muß der Reinigungsraum mit einem Laborabzug ausgerüstet sein. Die eigentliche Reinigung erfolgt in Auskochbecken aus Edelstahl mit Heißwasser und Zusätzen sowie einem Entlackungsbad oder in einer Feinstrahlanlage, die wahlweise mit Glasperlen oder Korund betrieben werden kann.
Die Prüfeinrichtung für Mengenmesser sollte mindestens für eine Prüfung unter Vollast von DN 15 bis DN 100 entsprechend 1 m^3/h bis 150 m^3/h ausgelegt sein. Sie kann sehr einfach mit einer volumetrischen Kontrollmeßeinrich-

Abb. 2.7. Prüfstand für Stellgeräte.
1 Stromgeber 0–20 mA/4–20 mA; *2* Elektrische Digitalanzeiger; *3* Feinmeßmanometer Klasse 0,6; *4* Schwebekörperdurchflußmesser für Leckprüfung; *5* Schaugläser für Leckprüfung Sitz/Kegel und Membrane; *6* Pneumatischer Schalter für Schwebekörperdurchflußmesser; *7* Schalter für Leckmengenprüfung und Umschalter für 3-Wege-Ventil; *8* Funktionstasten „Aus“, „Füllen“, „Dichtprüfung“; *9* Feindruckregler Dichtprüfung; *10* Aufsatz für Prüfung Ventilstellungsregler und Magnetventile; *11* Anschlußbuchsen; *12* Zu prüfendes Ventil; *13* Pneumatische Andruckvorrichtung; *14* Mechanische Grobeinstellung der Nennweiten; *15* Spanneinrichtung

tung ausgestattet werden. Will man jedoch auf der gleichen Strecke auch Meßblenden eichen und K_v-Werte von Ventilen bestimmen, so muß man die notwendigen langen Ein- und Auslaufstrecken vorsehen, eine geeichte Kontrollmessung (z. B. Turbinendurchflußmesser) einbauen, für einen in engen Grenzen konstanten Vordruck sorgen und die Kontrollmessung der durchgeflossenen Menge gravimetrisch ausführen. Die gravimetrische Methode ermöglicht mit einfachen Mitteln eine Teilautomatisierung des Prüfvorganges.
Auf einer solchen Prüfstrecke lassen sich mit Hilfe von Paßstücken auch Schwebekörperdurchflußmesser prüfen.
Die Werkstatteinrichtung für die Mengenmesserreparatur entspricht im wesentlichen der Einrichtung für die Reparatur von Stellgeräten.

— Für die Bearbeitung von Meßumformern müssen die Arbeitsplätze mit 220 V Wechselspannung und 24 V Gleich- und Wechselspannung sowie Druckluft von 6 bar und 1,4 bar ausgerüstet sein. Ein gemeinsames Reinigungsbecken mit Kalt- und Warmwasseranschluß ist unbedingt erforderlich. Jeder Arbeitsplatz umfaßt auch einen Prüfplatz mit Prüfstand.
Ein pneumatischer Prüfstand mit Vakuumpumpe und Druckpumpe bis 400 bar sowie verschiedenen Feinmeßmanometern ist in Abb. 2.8 dargestellt. Er muß auch in kleineren Werkstätten vorhanden sein.

Abb. 2.8. Prüfstand für pneumatische Meßumformer.
1 Feinmeßmanometer 250 ⌀ Klasse 0,3, 0 bis 1 bar; *2* Feinmeßmanometer 250 ⌀ Klasse 0,3, 0 bis 1,6 bar; *3* Feindruckregler und pneumatischer Umlenkschalter; *4* Pneumatische Verschlußkupplungen und Vakuumverschraubungen für Geräteanschluß; *5* Werkzeugschrank; *6* Feinmeßmanometer 160 ⌀ Klasse 0,6, 1,6/2,5/6 bar; *7* Aufspannrahmen schwenkbar für Prüfgerät; *8* Zubehör für Druckpumpe; 9 Hochdruck-Flüssigkeitspumpe 400 bar; *10* Schaltkasten für Gasballastpumpe; *11* Gasballastpumpe zur Vakuumerzeugung

Abb. 2.9. Prüfstand für Schwebekörperdurchflußmesser.
1 Pneumatische Andrückvorrichtung; *2* Schauglas für Blasenkontrolle; *3* Entleerungsleitung; *4* Zu prüfendes Gerät; *5* Bedienungstastenfeld; *6* Meßgläser für Kontrollmessung; *7* Betätigungsorgane für Mengeneinstellung

Zur Justierung von Niveaumeßumformern ist ein Satz Eichgewichte erforderlich. Es ist eine Frage der Menge eingesetzter Geräte, ob darüber hinaus noch Sondereinrichtungen anzuschaffen sind. In Frage kommen spezielle Prüfstände für Temperaturmeßgeräte, Feuchtemeßgeräte sowie Fülleinrichtungen zum Füllen von Vorlagen an Meßgeräten und von Druckmittlern. Wenn eine große Zahl von Schwebekörperdurchflußmeßgeräten im Einsatz ist, lohnt sich für diese Geräte ein Prüfstand mit geeichten Normgläsern von 2—1300 l/h entsprechend Abb. 2.9.

2.6.3.4. Einrichtungen der Funktionsgruppe Montage

Wie schon im Kapitel 2.6.2. beschrieben, sollte die Einrichtung von Montagewerkstätten so erfolgen, daß eine möglichst große gemeinsam von allen Montagehandwerkern nutzbare Fläche entsteht. Auf dieser Fläche sind nicht nur Bohrmaschinen, sondern auch Vorrichtungen zum Kaltbiegen von Rohren und Profilen, Maschinen für Blechbearbeitung und Autogen-Schweißeinrichtungen anzuordnen. Die mittleren und größeren Bohrmaschinen sollten mit einem Kreuztisch mit Zentralverriegelung ausgerüstet werden, um Bohr- und Gewindeschneidarbeiten an Flanschplatten und Gehäusen schnell und sicher abzuwickeln. Eine Schutzgasschweißanlage für Schweißungen von Edelstahl und Buntmetallen muß vorhanden sein.

Für den Oberflächenschutz der zahlreichen Kleinteile wie z. B. Halterungen, Montageplatten und größerer Schellen aus Metall empfiehlt sich eine Beschichtungsanlage, die mit Kunststoffbeschichtung im Sinterverfahren arbeitet. Sie besteht aus einem Beizbad, einem Wärmeschrank bis ca. 250 °C und einem als Fließbett ausgebildeten Sinterbehälter. Nach dem Beizen und Erwärmen wird das zu beschichtende Werkstück in das mit Kunststoffpulver beschickte Fließbett kurz eingetaucht und anschließend zum Abkühlen frei aufgehängt, wobei der anhaftende Kunststoff aufschmilzt. Diese Art des Oberflächenschutzes ist wesentlich preiswerter und haltbarer als der Anstrich von Hand.

Die Montageflächen für Waagen und Schaltschränke müssen von einem Kran bedient werden, der ca. 2 t Tragkraft haben muß. Eichgewichte lassen sich damit sicher handhaben. Die auf diesen Flächen arbeitenden Handwerker sollten mit einem fahrbaren Werkzeugwagen ausgerüstet werden. In der Nähe der Arbeitsplätze auf diesen Flächen müssen pneumatische und elektrische Anschlüsse installiert sein, die sowohl den Anschluß von Handmaschinen als auch den betriebsmäßigen Anschluß fertig vormontierter Einheiten zu Prüfzwecken gestatten.

Maschinen zur Materialvorbereitung wie z. B. Sägen und Tafelscheren werden zweckmäßig im Lager angeordnet, damit nur das Material in die Werkstatt kommt, was auch wirklich zu einem Montageabschnitt gebraucht wird.

Bei der Planung von Montagewerkstätten wird häufig nicht daran gedacht, daß man außerhalb der Werkstatt Freifläche benötigt für Transportfahrzeuge, nicht im Einsatz befindliche Baucontainer, Schrottbehälter, Kabeltrommeln, Leitern usw.

2.6.3.5. Einrichtungen der Funktionsgruppe Instandhaltung

Wie in Abschnitt 2.6.2. bereits festgestellt, ist der Raumbedarf einer Instandhaltungsgruppe gering, weil fast alle Arbeiten im Betrieb und nicht in der Werkstatt ausgeführt werden. In der gemeinsamen Werkstatt sollte jedoch ein Meßumformer-Prüfplatz nach Abb. 2.8 und mindestens ein gemeinsam zu benutzender Arbeitsplatz für mechanische Arbeiten vorhanden sein. Der übrige Raum sollte so ausgestattet werden, daß er auch für Unterweisungen und Informationen genutzt werden kann. Die Flächen der Arbeitstische sollten ca. $1{,}00 \times 0{,}5\ m^2$ pro Mann groß und glatt ohne Aufbauten sein, damit beim gelegentlichen Arbeiten an größeren Gebilden benachbarte Arbeitsflächen mit belegt werden können. Jedem Handwerker sollten mindestens 2 verschließbare Schubladen und eine transportable Werkzeugkiste zur Verfügung stehen.

2.6.4. Ausstattung von Büros und Labors

Es soll hier das normale technische Büro besprochen werden, wie es den in der Planung oder der Betriebsbetreuung tätigen Mitarbeitern zur Verfügung stehen muß. Darüber hinaus gibt es natürlich noch Büros und Labors für Spezialistengruppen der Prozeßrechentechnik und der Prozeßanalysentechnik mit entsprechenden Sonderausstattungen.

Das normale technische Büro sollte eine Größe von ca. 10 m^2 pro Person haben. Ein Einzelbüro sollte die Größe von 15 m^2 nicht unterschreiten. Hinzu kommt ein Bedarf von ca. 1 m^2 Besprechungsraum und ca. 1,5 m^2 Laborraum pro Person.

Will man die Büros als Großraumbüros einrichten, müssen pro Person etwa 15 m^2 zur Verfügung stehen. Die Grundfläche eines Großraumbüros sollte mindestens 500 m^2 und das Verhältnis Breite zu Länge 1 zu 1 bis 1 zu 2 betragen. Im allgemeinen sind Großraumbüros bei MSR-Mitarbeitern unbeliebt. Üblich und bewährt ist die gemeinsame Unterbringung von Mitarbeitern, die zur gleichen Projektgruppe oder Betriebsbetreuungsgruppe gehören mit Größen von 5 bis 10 Mann. Die leitenden Mitarbeiter werden in Doppelbüros, seltener in Einzelbüros untergebracht. Den Nachteilen der gegenseitigen Störung im Arbeitsablauf z. B. durch Telefongespräche steht der Vorteil einer besseren Kommunikation und weniger Problemen bei Vertretungsarbeit gegenüber.

Durch eine optimale Geräuschdämmung mit Hilfe von schallabsorbierendem Decken- und Fußbodenmaterial lassen sich die Nachteile eines Gemeinschaftsraumes weitgehend eliminieren. Bei der Büroeinrichtung wird das traditionell zu jedem Arbeitsplatz gehörende Zeichenbrett nach und nach verdrängt. In einem modernen Büro genügt es, wenn für mehrere Arbeitsplätze ein gemeinsamer Zeichenplatz eingerichtet ist. Dafür muß für jeden Büroraum mindestens ein Bildschirmarbeitsplatz eingeplant werden.

Labors, die zu den technischen Büros gehören, sind kein ständiger Arbeitsplatz und brauchen daher nicht alle Bedingungen der Arbeitsstättenverordnung zu erfüllen. Es können damit ungünstiger gelegene Räume, die kein direktes Licht haben, gut ausgenutzt werden. Notwendig sind Laborräume in jedem Fall, um Ideen anhand von Versuchsanordnungen auf ihre Realisierbarkeit zu prüfen und um fertige Systeme vor ihrem Einbau vor Ort auf die Einhaltung vorgegebener Spezifikationen zu testen. Die Laborplätze werden je Arbeitsgruppe und nicht je Person vergeben.

Besprechungsräume sollten möglichst flexibel genutzt werden können. Dazu sollte man nach Bedarf mit Hilfe von Faltwänden ein Zusammenfassen oder Teilen der Räume möglich machen. Es gibt heute Faltwände in der Qualität, die keine Probleme der gegenseitigen Geräuschbelästigung aufkommen läßt. Zu jedem Besprechungsraum gehören außer Projektionswand und Overhead-Projektor auch eine Tafel oder ein Flip-chart und eine Pin-Wand. Das Mobiliar sollte aus Gründen der flexiblen Nutzung stapelbar sein. Bei der Planung der Nebenräume darf man Kaffeeküche und Getränkeautomaten nicht vergessen.

Zur Ausrüstung der zu technischen Büros der Betriebsbetreuung gehörenden Sozialräume gehört auch ein Duschraum und falls weibliches Personal beschäftigt wird, ein Ruheraum für werdende und stillende Mütter.

Die Möglichkeiten der Ablage von Akten unmittelbar in den Büroräumen sollte auf den Teil beschränkt bleiben, der sich in aktueller Bearbeitung befindet. Alles andere gehört in eine zentrale Ablage mit entsprechend raumsparender Einrichtung. Als Aktenablage haben sich verfahrbare Regalanlagen (Comprimus-Anlage) gut bewährt. Bei der Zeichnungsablage sollte verstärkt von der Mikroverfilmung Gebrauch gemacht werden. Es ist eine Frage des Umfangs der Verfilmungsarbeiten, ob sich eine eigene Anlage lohnt. Ein Gerät zur Rückvergrößerung sollte jedoch auch in kleineren Zeichnungsarchiven installiert werden.

2.7. Personalstruktur

Aus der Vielfalt der MSR-Arbeitsgebiete Fertigung, Montage, Instandhaltung und der technischen Vielfalt der MSR-Anlagen ergibt sich ganz zwangsläufig eine heterogene Personalstruktur der MSR-Werkstätten. Im allgemeinen sind MSR-Werkstätten in 3 Einheiten gegliedert:

- Innenwerkstatt mit den Arbeitsgebieten Fertigung, Eichung und Instandsetzung ausgebauter Betriebsmittel,
- Montage mit den Arbeitsgebieten Errichtung und Änderung von MSR-Anlagen,
- Instandhaltung mit den Arbeitsgebieten Instandhaltung nach DIN 31051, Kleinmontagen und Anfahrarbeiten.

Innerhalb dieser 3 Einheiten sind die Anforderungen unterschiedlich und es werden daher in einer MSR-Werkstatt Handwerker mit unterschiedlicher Berufsausbildung beschäftigt. Dadurch sind Handwerker in MSR-Werkstätten nicht beliebig austauschbar, und es muß ständig eine weit vorausschauende Anpassung an die technische Entwicklung erfolgen, da wesentliche Umstrukturierungsmaßnahmen nur langfristig durchführbar sind.

2.7.1. Personalbedarf

Im Kapitel 4. „Kenndaten für die Steuerung einer Werkstatt“ sind bereits einige Zahlen enthalten, die für die Abschätzung des Personalbedarfs von Bedeutung sind. Die wichtigste Aufgabe einer Werkstatt ist die Instandhaltung und daher fängt man bei der Abschätzung des Personalbedarfs zweckmäßig bei dieser Aufgabe an. Nach 2.4.3. benötigt man 0,6 bis 1 Std., also im Mittel 0,8 Std. pro Gerät und Jahr für die Instandhaltung nach DIN. Ein Handwerker leistet im Jahr unter Berücksichtigung von Urlaub, Krankheit und sonstigen Fehlzeiten etwa 1650 Std. Somit ist ein Handwerker in der Lage, etwa 2000 Geräte nach NAMUR-Zählweise zu betreuen. Da aber noch ein Anteil zu erledigender sonstiger Arbeiten hinzukommt mit einem Aufwand von 0,1 bis 0,2 h pro Gerät und Jahr, rechnet man zweckmäßig mit einem Betreuungsumfang von 1500 Geräten pro Instandhaltungshandwerker, was einer Investitionssumme von 2 bis 2,2 Mio DM entspricht.

Für Reparaturen an ausgebauten Geräten in der Innenwerkstatt muß man etwa mit einem bis zwei Handwerkern für zehn Instandhaltungshandwerker rechnen, wenn man keine Möglichkeit einer externen Reparatur hat.

Der Personalbedarf für Fertigung und Montage ergibt sich aus dem zu bewältigenden Auftragsvolumen. Wenn man keine Möglichkeit hat, mit Fremdfirmen zu arbeiten, ermittelt man den Personalbedarf hierfür wie folgt: Etwa die

Hälfte der von der Werkstatt verursachten Kosten sind Materialkosten. Das durchschnittliche Auftragsvolumen pro Monat geteilt durch zwei ergibt somit die Lohnkosten, die, geteilt durch den Stundensatz, die zu leistenden Stunden ergeben.

Stundenzahl geteilt durch 140 bzw. bei Leistungslohn geteilt durch 180 Stunden pro Mann und Monat ergibt die Anzahl der einzusetzenden Handwerker.

2.7.2. Arbeit mit Fremdfirmen

Wie bereits im Abschnitt 2.4. „Kenndaten für die Steuerung einer Werkstatt“ ausgeführt, ist vor allem bei Fertigungs- und Montagearbeiten die Arbeit mit Fremdfirmen zu empfehlen. Neuerdings haben sich auch eine Reihe von Firmen auf die Reparatur von MSR-Geräten spezialisiert und arbeiten kostengünstiger als die Gerätehersteller. Durch die Arbeit mit Fremdfirmen kann man flexibler auf Auftragsschwankungen reagieren, und in den meisten Fällen arbeiten Fremdfirmen wegen geringerer Fremdkosten entsprechend 2.4.4.2. kostengünstiger als die eigene Werkstatt. Um Konflikte mit dem Arbeitnehmerüberlassungsgesetz (AÜG) zu vermeiden, müssen jedoch folgende Punkte beim Fremdfirmeneinsatz beachtet werden:

— Zur Vergabe an Fremdfirmen eignen sich nur klar umrissene Gewerke, deren Leistungsumfang einwandfrei zu beschreiben ist.
— Die Auftragserteilung muß schriftlich und detailliert erfolgen, so daß der Auftragsumfang jederzeit nachvollziehbar ist.
— Der Einsatz und die fachliche Führung des Fremdfirmenpersonals muß durch Beauftragte der Fremdfirma erfolgen. Die Tätigkeit der MSR-Werkstatt bleibt auf fachliche Kontrolle der Menge und Güte, Terminkontrolle und Abnahme fertiger Gewerke beschränkt.
— Die Fremdfirma muß die volle Haftung für Umfang und Qualität des fachgerecht ausgeführten Gewerkes übernehmen. Die Abnahme bedarf der Schriftform. Durch Mangel in der Ausführung bedingte Nachbesserungen sind auf Kosten der Fremdfirma auszuführen.

Aus diesen Punkten ist ersichtlich, daß der Fremdfirmeneinsatz nur dort durchführbar ist, wo er sorgfältig geplant und gut organisiert ausgeführt wird.

2.7.3. Handwerkliche Berufsbilder

Entsprechend den unterschiedlichen Aufgaben kommen in der Innenwerkstatt folgende Berufe zum Einsatz:

— Dreher und Fräser für Arbeiten mit Dreh- und Fräsmaschinen,
— Mechaniker für mechanische Fertigungsaufgaben und für die Anpassung, Justierung und Reparatur pneumatischer MSR-Geräte,
— Maschinenschlosser für die Anpassung, Justierung und Reparatur von Stellventilen und Volumenzählern,
— Informationselektroniker für die Anpassung, Justierung und Reparatur von elektrischen und elektronischen MSR-Geräten.

Für die Arbeiten bei der Montage von MSR-Anlagen gibt es leider kein genau passendes Berufsbild. Der in der Stufenausbildung in den Schlosser- und Elektroberufen vorgesehene Abschluß nach 2 Ausbildungsjahren reicht nur für einfache Montagearbeiten aus. Besser einzusetzen sind Betriebsschlosser und Energieanlagenelektroniker mit 3- bzw. 3,5-jähriger Ausbildung. Die fehlenden Kenntnisse in Pneumatik und Meßtechnik physikalischer Größen müssen im „On-the-job-Training“ vermittelt werden.

Meß- und Regelmechaniker haben Grundkenntnisse über die Montage von MSR-Anlagen während der Ausbildung vermittelt bekommen. Sie sind jedoch speziell für Instandhaltungsaufgaben ausgebildet und in der Montage ungeübt. Daher muß auch bei Meß- und Regelmechanikern ein Training erfolgen, bevor sie für Montagearbeiten selbständig und wirtschaftlich eingesetzt werden können.

Speziell für den Instandhaltungsbereich ist von der Chemie der Ausbildungsberuf Meß- und Regelmechaniker geschaffen worden. In der Neufassung vom August 1982 ist das Berufsbild auf dem Gebiet der Steuerungstechnik und Elektronik erweitert worden. Eine Ausbildung in Verfahrenstechnik ist im neuen Berufsbild nicht mehr enthalten. Durch die breit angelegte Ausbildung ist die Ausbildungstiefe nicht sehr groß. Der Meß- und Regelmechaniker hat von allem, was ihn in der beruflichen Praxis erwartet, etwas vermittelt bekommen, ohne es voll zu beherrschen. Daher braucht auch der Meß- und Regelmechaniker zunächst eine gewisse Berufserfahrung und vor allem Verfahrenskenntnisse, bevor er wirklich selbständig arbeiten kann. In Betriebsbereichen mit wenig Meßtechnik und Regelungstechnik aber viel Steuerungstechnik können auch Informationselektroniker gut für Instandhaltungsaufgaben eingesetzt werden. Auch Energieanlagenelektroniker erhalten in der Steuerungstechnik und -elektronik eine Ausbildung, die in ihrem Umfang etwa dem Berufsbild des Meß- und Regelmechanikers entspricht.

2.7.4. Weiterbildung, Anpassungsausbildung

Die technologische Entwicklung der MSR-Technik ist noch längst nicht abgeschlossen und zwingt zu ständiger Anpassung des Wissensstandes der Handwerker. Während für die stark spezialisierten Reparaturarbeiten in den Innenwerkstätten vorwiegend von den Geräteherstellern angebotene Firmenkurse zur Weiterbildung herangezogen werden, muß im Instandhaltungsbereich Weiterbildung in Eigeninitiative erfolgen.

Den geringsten Aufwand verursachen Unterweisungen an neu einzuführenden Geräten, die maximal 2 bis 3 Stunden dauern. Sie sollen den praktischen Umgang beim Betriebseinsatz der Geräte vermitteln und werden daher kurz vor dem Zeitpunkt des Einsatzes im Betreuungsbereich mit den dort tätigen Handwerkern durchgeführt.

Größeren Aufwand verursachen Informationen zur Auffrischung von Kenntnissen über einschlägige Vorschriften, verbunden mit der Vorstellung und Durchführung neuer Vorschriften und Gesetze. Hier ist es zweckmäßig, größere Handwerkergruppen unter Ausnutzung moderner Informationsmedien zusammenzufassen.

Auf wenige Spezialisten beschränkt bleibt die aufwendige Zusatz-Ausbildung in Verfahrenstechnik, Steuerungstechnik und Prozeßrechentechnik, die man zur Beherrschung hochautomatisierter Anlagen unter Einsatz modernster Systemtechnik braucht. Hier sollte man auf eine möglichst praxisnahe Gestaltung des zu vermittelnden Stoffes Wert legen, was am besten durch Einsatz eines praxiserfahrenen MSR-Ingenieurs als Ausbilder sicherzustellen ist. Das gleiche gilt für die Durchführung von Anpassungsausbildungen bei Einsatz von Handwerkern in einem anderen Berufsbild. Bei der Anpassungsausbildung zum Meß- und Regelmechaniker hat sich dabei der Einsatz funktionsfähiger Modellregelstrecken sehr gut bewährt, an denen alle vorkommenden Einstell- und Fehlersuchvorgänge praktisch geübt werden können.

3. Normen, Richtlinien und Vorschriften für den Fachbereich „Messen, Steuern, Regeln“

3.1. Graphische Symbole und Kennzeichen

Von **R. Beuchelt**, Leverkusen

Zum Projektieren, Errichten und Betreiben von Einrichtungen für Messen, Steuern und Regeln sind unterschiedliche Planungs- oder Zeichnungsarten notwendig. Die verfahrenstechnische Anlage wird im allgemeinen durch Fließbilder[1] dargestellt, die je nach Planungsstadium verschiedenen Informationsinhalt besitzen. Es ist üblich und genormt, im Verfahrensfließbild[1] und im Rohrleitungs- und Instrumentenfließbild (RI-Fließbild)[1] Funktionen und Einrichtungen der Meß-, Steuerungs- und Regelungstechnik mit Hilfe von graphischen Symbolen und Kennzeichen und mit angemessenem Informationsinhalt darzustellen.

Wesentlich mehr Information über die Einrichtungen zum Messen, Steuern und Regeln müssen die MSR-Stellenpläne[2] und die Schaltpläne mit entsprechend hierfür aussagekräftigen graphischen Symbolen enthalten. Wachsende Bedeutung haben in den letzten Jahren die Steuerungen in den verfahrenstechnischen Anlagen erlangt. Zur Beschreibung einer Steuerung sind Funktionspläne[3] mit geeigneten graphischen Symbolen und Programmablaufpläne[4] unentbehrlich. Für spezielle Untersuchungen werden Signalflußpläne[5,6,7] angewendet.

Es sollen die graphischen Symbole und die Kennzeichen der Meß-, Steuerungs- und Regelungstechnik in zwei Gruppen beschrieben werden:

- graphische Symbole und Kennzeichen für Fließbilder,
- graphische Symbole und Kennzeichen für MSR-Stellenpläne, Schalt-, Funktions-, Programmablauf- und Signalflußpläne.

Ein Ausblick auf die internationale Normung auf dem Gebiet der graphischen Symbole beschließt das Kapitel.

Die Darstellung der graphischen Symbole und Kennzeichen erfolgt in geschlossener Form. Dadurch entstehen zwangsläufig Überschneidungen mit anderen Kapiteln der Buchreihe, wovon besonders Kapitel 1 dieses Bandes betroffen ist. Aber so wie dort eine Darstellung der Planung von Einrichtungen zum Messen, Steuern und Regeln nicht ohne eingehende Beschreibung der Pläne selbst und der darin enthaltenen graphischen Symbole und Kennzeichen möglich ist, wäre hier eine einfache Auflistung dieser Zeichen wenig sinnvoll, wenn ihre Einbettung in die verschiedenen Pläne nicht aufgezeigt würde. Den Nutzen davon hat der Leser, der sich ein häufiges Vor- und Zurückblättern erspart.

---

[1] DIN 28004 T 1.
[2] Nottebohm, H.: Regelungstechnische Praxis 21 (1979) 17–19.
[3] DIN 40719 T 6.
[4] DIN 66001.
[5] DIN 19226.
[6] Föllinger, O.: Regelungstechnik Berlin, Frankfurt am Main: AEG-Telefunken AG (1980) (dort Strukturpläne genannt).
[7] Samal, E.: Grundriß der praktischen Regelungstechnik. München, Wien: R. Oldenbourg (1981) (dort Blockdarstellung genannt).

3.1.1. Graphische Symbole und Kennzeichen für Fließbilder

Im Verfahrensfließbild wird als Zusatzinformation[1] in erster Linie die funktionelle Arbeitsweise der MSR-Einrichtungen in einfacher, für alle Beteiligten verständlicher Form dargestellt. Dies geschieht durch ein System von Kennbuchstaben und -zeichen und einigen graphischen Symbolen. Damit soll hauptsächlich veranschaulicht werden, was den Betriebsführer und Verfahrensingenieur an der MSR-Technik interessiert oder was der MSR-Technik in der Planungsphase als zu lösende Aufgabe gestellt wird. Das heißt, das System der Kennbuchstaben, -zeichen und Symbole soll auf einfache Weise die Meßgröße[8] oder eine andere Eingangsgröße[9] und ihre Verarbeitung (Ausgeben, Regeln, Rechnen, Steuern, Grenzwertgabe usw.) sowie eine geeignete Numerierung (MSR-Stellen-Nummer), die Ortsangaben und den Signalflußweg[9] darstellen.

Grundlegendes Symbol ist ein Kreis von vorzugsweise 10 mm Durchmesser, der bei größerem Platzbedarf zu einem Langrund gesteckt werden kann, s. Abb. 3.1 (MSR-Stellenkreis)[10].

Abb. 3.1. MSR-Stellenkreis

Der Meßort wird durch den Ausgangspunkt einer einfachen Verbindungslinie oder auch durch einen Kreis von vorzugsweise 2 mm Durchmesser am Anfang einer einfachen Verbindungslinie gekennzeichnet.

Ein horizontal verlaufender Querstrich in der Mitte des Kreises oder des Langrundes zeigt, daß der Ausgabe- und Bedienungsort eine zentrale Warte ist. Weitere Einzelheiten zeigt Tab. 3.1.

Tabelle 3.1. Kennzeichnung des Ausgabe- und Bedienortes

Ausgabe- und Bedienungsort	Kennzeichnung im MSR-Stellen-Kreis
Meß- oder Stellort	ohne Querstrich
zentrale Warte	mit Querstrich
örtliche Meßtafel, Unterwarte	Kennbuchstaben können doppelt unterstrichen werden, wenn Unterscheidung zur zentralen Warte erforderlich ist

Die obere Hälfte des Kreises wird durch eine Kombination von Kennbuchstaben ausgefüllt, die die Funktionen der MSR-Stelle angegeben und deren Bedeutung aus Tab. 3.2 hervorgeht.

Diese Buchstabenkombination ist das Wesentliche der funktionellen Darstellung. Sie erlaubt keinen Rückschluß auf die gerätetechnische Verwirklichung. Dafür ist sie einfach und international einprägsam. Die Reihenfolge der Gruppe 2, Verarbeitung, ist festgelegt: O, I, R, C, S, Z, A. Zu den einzelnen Kennbuchstaben gibt es noch eine Reihe von ergänzenden Angaben. Hier muß auf das Normblatt[10] verwiesen werden.

[8] DIN 1319 T 1. [9] DIN 19226. [10] DIN 19227 T 1.

Tabelle 3.2. Kennbuchstaben der MSR-Technik (nach DIN 19227 T 3, 9.78, S. 3)

Kenn-buch-stabe	Gruppe 1: Meßgröße oder andere Eingangsgröße		Gruppe 2: Verarbeitung als Folgebuchstabe
	als Erstbuchstabe	als Ergänzungs-buchstabe	
A			Grenzwertmeldung, Alarm (alarm)
B			(state display)
C			selbsttätige Regelung, selbsttätige fortlaufende Steuerung (controlling)
D	Dichte (density)	Differenz (difference)	
E	elektrische Größen (all electrical variables)		Aufnehmerfunktion, Fühlerfunktion (sensing element)
F	Durchfluß, Durchsatz (flow rate)	Verhältnis (ratio)	
G	Abstand, Länge, Stellung (gauging, position or length)		
H	Handeingabe, Handeingriff (hand, manually initiated)		
I			Anzeige (indicating)
J		(scan)	
K	Zeit (time or time program)		
L	Stand (auch Trennschicht) (level)		
M	Feuchte (moisture or humidity)		
N	frei verfügbar (user's choice)		frei verfügbar (user's choise)
O	frei verfügbar (user's choice)		Sichtzeichen, Ja/Nein-Aussage, (nicht Alarm)
P	Druck (pressure or vacuum)		(test point connection)
Q	Qualitätsgrößen (Analyse, Stoffeigenschaft) (außer D, M, V) (quality, e.g. analysis, concentration, conductivity)	Integral, Summe (integrate or totalise)	(integrating or summating)
R	Strahlungsgrößen (nuclear radiation)		Registrierung (recording)
S	Geschwindigkeit, Drehzahl, Frequenz (speed or frequency)		Schaltung, nicht fortlaufende Steuerung (switching)
T	Temperatur (temperature)		Meßumformerfunktion (transmitting)
U	zusammengesetzte Größen (multivariable)		(multifunction unit)
V	Viskosität (viscosity)		Stellgerätefunktion (valve, damper, louvre, actuating element, unspecified correcting unit)
W	Gewichtskraft, Masse (weight or force)		
X	sonstige Größen (unclassified variables)		sonstige (Verarbeitungs-) Funktion (unclassified functions, e.g. tv camera, cathode ray tube, radioactive source)
Y	frei verfügbar (user's choice)		Rechenfunktion (computing relay, relay)

Tabelle 3.2. Fortsetzung

Kennbuchstabe	Gruppe 1: Meßgröße oder andere Eingangsgröße als Erstbuchstabe	als Ergänzungsbuchstabe	Gruppe 2: Verarbeitung als Folgebuchstabe
Z			Noteingriff, Sicherung durch Auslösung (emergency or safety acting)
+			oberer Grenzwert*
/			Zwischenwert
—			unterer Grenzwert*

* Bei ISO ist die Kennzeichnung des oberen und unteren Grenzwertes mit den Buchstaben H (high) und L (low) vorgesehen. Diese dürfen innerhalb oder außerhalb des MSR-Stellenkreises geschrieben werden.

In der unteren Hälfte des MSR-Stellenkreises findet im allgemeinen eine frei wählbare Numerierung Platz. Häufig wird dabei eine Systematik nach Verfahrensabschnitten, nach Fabrikationsstraßen in Anlehnung an Kurzzeichen für die entsprechenden Apparate, Maschinen und Geräte der Verfahrenstechnik[11] o. ä. angewendet. Auch eine Sortierung nach Meßgrößen, die dann als zur Numerierung gehörig mit angeführt werden müssen, ist gebräuchlich.

Bei Regelungen und Steuerungen wird die Einwirkung auf die Strecke, also das Stellglied, in allgemeiner Form durch die Spitze eines gleichseitigen Dreieckes von vorzugsweise 5 mm Seitenlänge dargestellt. Zusätzlich kann auch die Wirkungsweise bei Ausfall der Hilfsenergie gezeigt werden, wie aus Tab. 3.3 zu ersehen ist. Die Verbindung des Symboles für Stellglied oder Stellgerät mit dem MSR-Stellenkreis erfolgt durch eine einfache oder gestrichelte Linie. Zwei Beispiele zeigen die Abb. 3.2 und 3.3.

Tabelle 3.3. Darstellung der Einwirkung auf die Steuer- oder Regelstrecke (nach DIN 19227 T 1, 9.73, S. 4)

	Bedeutung
▽	Stellort, Stellglied (auch vereinfachte Darstellung für Stellgeräte)
	Stellgerät (mit Hilfsenergie oder selbsttätig)
	bei Ausfall der Hilfsenergie nimmt das Stellgerät die Stellung für maximalen Massenstrom oder Energiefluß ein
	bei Ausfall der Hilfsenergie nimmt das Stellgerät die Stellung für minimalen Massenstrom oder Energiefluß ein
	Stellgerät verbleibt bei Ausfall der Hilfsenergie in vorgegebener Stellung
	Stellgerät verbleibt bei Ausfall der Hilfsenergie zunächst in vorgegebener Stellung, der Pfeil gibt die zulässige Driftrichtung an

[11] DIN 28004 T 4.

Mit steigender Anwendung von Prozeßrechnern ergab sich ein wachsendes Bedürfnis symbolischer Darstellung von Prozeßrechnerfunktionen. Eine Unterscheidung gegenüber der konventionellen MSR-Technik erscheint besonders dann geboten, wenn eine zusätzliche Bereitschaftsregelung (back up) bei Ausfall des

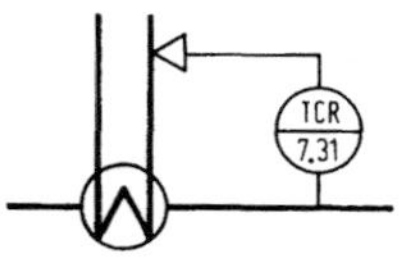

Abb. 3.2.

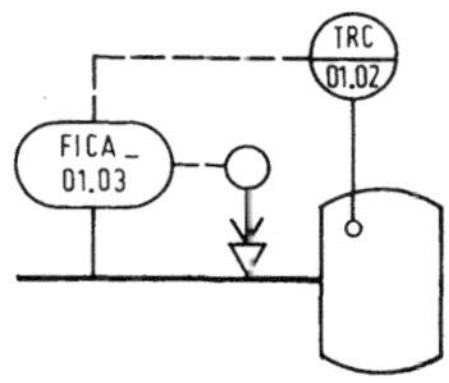

Abb. 3.3.

Abb. 3.2. Funktionelle Darstellung einer Temperaturregelung in der Warte mit Registrierung

Abb. 3.3. Funktionelle Darstellung einer Temperatur-Durchflußkaskadenregelung, Führungsregelung in der Warte mit Registrierung, Folgeregelung örtlich mit Anzeige und Tiefalarm. Stellgerät schließt bei Ausfall der Hilfsenergie

Prozeßrechners u. ä. notwendig ist. Für die Darstellung von Prozeßrechnerfunktionen wird der geschlossene Halbkreis von vorzugsweise 10 mm Durchmesser verwendet, der bei größerem Platzbedarf entsprechend gestreckt werden kann. In diesem PR-Stellen-Kreis werden die Kennbuchstaben nach Tab. 3.2 eingeschrieben. Die Signalflußrichtung ist durch die Lage des Kreisbogens gekennzeichnet. Durch Verwendung des PR-Stellenkreises allein oder in Verbindung mit zusätzlichen MSR-Stellenkreisen lassen sich die verschiedenen Funktionskombinationen darstellen; Beispiele zeigen die Abb. 3.4 und 3.5.

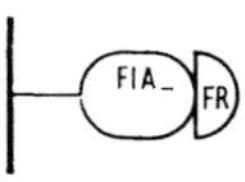

Abb. 3.4.

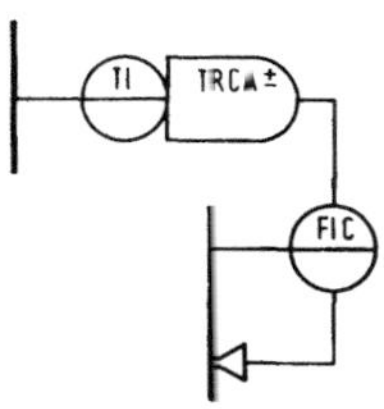

Abb. 3.5.

Abb. 3.4. Funktionelle Darstellung einer Durchflußmessung mit örtlicher Anzeige und Tiefalarm, Durchfluß-Meßsignal zum Prozeßrechner mit Registrierung (Protokollierung)

Abb. 3.5. Funktionelle Darstellung einer Temperaturmessung mit Anzeige in der Warte, Temperatur-Meßsignal zum Prozeßrechner mit Registrierung, Sollwertführung einer Durchflußregelung, Hoch- und Tiefalarm; Anzeige des Durchflusses in der Warte

Die bis jetzt beschriebenen graphischen Symbole und Kennzeichen reichen für die funktionelle Darstellung der MSR-Technik auf dem Verfahrensfließbild aus. Das Rohrleitungs- und Instrumentenfließbild erfordert mehr Informationen. Zur richtigen Planung der Rohrleitungen und auch der Apparate sind gerätetechnische Kenntnisse über Aufnehmer (Meßfühler) oder auch über unmittelbar anzeigende Meßinstrumente sowie über Stellglieder bzw. Stellgeräte notwendig. Es ist beispielsweise für die räumliche Rohrleitungsführung ein großer Unterschied, ob bei einer Durchflußmessung eine Meßblende, ein induktiver Durchflußmesser oder ein Schwebekörperdurchflußmesser eingesetzt wird. Dagegen ist die Darstellung der Gerätetechnik zur Meßwertverarbeitung nicht notwendig.

Benennung	nach DIN 19227 T2	anderer Ursprung
Widerstandsthermometer	T	
Thermoelement	T	
Glasthermometer	T	
Bimetallthermometer	T	
flüssigkeits- oder gasgefülltes Thermometer (Tensionsprinzip) oder Meßfühler	T	
Druckmeßgerät mit elastischem Meßglied (Metallmanometer)		
U-Rohr		
Meßblende	F	
Venturi-Rohr	F	
Meßdüse, Venturi-Düse	F	
Aufnehmer für induktiven Durchflußmesser	induktiv F	
Turbinen-Durchflußaufnehmer	F	
Schwebekörper-Durchflußmesser	F	
Durchflußzähler Mengenzähler	FQ	Z
Aufnehmer für Stand mit Schwimmer	L	
Aufnehmer für Stand mit Verdrängerkörper	L	
Perlrohr	Perl-me-thode L	
Aufnehmer für Stand mit Leitfähigkeitselektrode	L	
kapazitiver Aufnehmer für Stand	L	
Aufnehmer für Stand mittels radioaktiver Strahlung	L	
Kraftmeßdose mit Dehnungsmeßstreifen	W	W
Waage	W	
Tachogenerator	G S	G
Aufnehmer für Leitfähigkeit	Q	
Aufnehmer für pH-Wert	Q	
Aufnehmer für Abstand, Länge, Stellung mit Widerstandsgeber	G	
Licht-, Luft-, Induktiv-, Schallschranke	Π G	
Dichte-Meßfühler		D
Aufnehmer, elektroakustisch	L	

Abb. 3.6. Auswahl wichtiger gerätetechnischer Symbole für Aufnehmer (Meßfühler) und unmittelbar anzeigende Meßgeräte

Die Abbildungen 3.6, 3.7 und 3.8 zeigen eine Auswahl wichtiger Symbole für Aufnehmer (Meßfühler) und unmittelbar anzeigende Meßgeräte sowie für Stellglieder bzw. für Stellantriebe. Die Symbole für Stellgeräte ergeben sich im allgemeinen als Kombination von Stellgliedern und Stellantrieben.

Benennung	nach DIN	anderer Ursprung
Stellglied, allgemein	 DIN 19228	
Absperrorgan oder Stellglied allgemein in Rohrleitungen	 DIN 2429	
Ventil	 DIN 2429	
Hahn	 DIN 2429	
Schieber	 DIN 2429	
Drosselklappe	 DIN 2429	
Dreiwegeabsperrorgan oder Stellglied allgemein in Rohrleitungen		
Stellglied mit stetigem Stellverhalten in Rohrleitungen	 DIN 30600 T 585	
Stellantrieb, allgemein	 DIN 19228	
Membranstellantrieb	 DIN 2429	
Kolbenstellantrieb	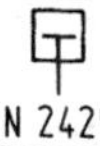 DIN 2429	
Motorstellantrieb	 DIN 30600 T 635	
Magnetstellantrieb	 DIN 40713	
Handstellantrieb	 DIN 2429	
Kupplung mit stetiger Verstellbarkeit	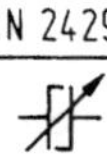 DIN 30600 T 655	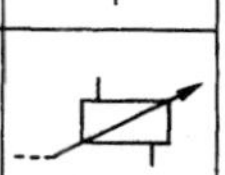

Abb. 3.7. Auswahl wichtiger Symbole für Stellglieder und Stellantriebe

Im Gegensatz zu den graphischen Symbolen zur Kennzeichnung der Funktion ist die Darstellung der Gerätetechnik nicht einheitlich, weil eine geschlossene Normung erst vor wenigen Jahren gelungen ist[12]. Es wurde versucht, durch Bildungsregeln ein umfassendes und zukunftssicheres System zur Gestaltung der Gerätesymbole zu schaffen. Grundformen sind Rechteck und Quadrat, die durch Bildelemente, Kennbuchstaben und Beschriftung ergänzt werden. Eine Ausnahme bilden wie schon gezeigt die Stellgeräte und eine vereinfachte Darstellung der Aufnehmer mit Hilfe des schon bei der Beschreibung der Kennzeichnung von MSR-Funktionen vorgestellten kleinen Kreises von 2 mm Durchmesser und eines Erstbuchstabens nach Tab. 3.2. Leider wurde durch das Rechteck die Darstellung der Aufnehmer auf Fließbildern recht platzaufwendig, so daß zur Zeit die anderen in Abb. 3.6 gezeigten und nicht geschlossen genormten Formen nicht verdrängt sind.

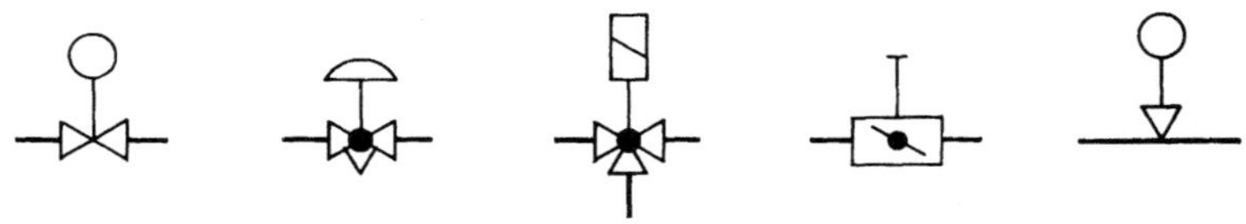

Abb. 3.8. Auswahl wichtiger Symbole für Stellgeräte

Zusammengefaßt zeigt Abb. 3.9 einen Verfahrensabschnitt aus einem RI-Fließbild mit den graphischen Symbolen der MSR-Technik in gerätetechnischer Art für Aufnehmer und Stellgeräte und in funktioneller Art für die Meßwertverarbeitung.

3.1.2. Graphische Symbole und Kennzeichen für MSR-Stellenpläne, Schaltpläne, Funktionspläne, Programmablaufpläne und Signalflußpläne

Im Gegensatz zu der Darstellung auf Fließbildern sollten die graphischen Symbole für MSR-Stellenpläne[2] und für Schaltpläne gerätetechnische Einzelheiten, wie Klemmenbezeichnungen, die Verrohrung bzw. Verkabelung, die Art der Verschaltung, die Wirkungsweise und örtliche Lage der MSR-Einrichtungen und Geräte wiedergeben, weil mit Hilfe dieser Pläne exakte Planung, Montage, Inbetriebnahme und schließlich die Instandsetzung der MSR-Einrichtungen durchgeführt wird. Es wurde schon im vorigen Abschnitt auf die in letzter Zeit erfolgte Normung und die Bildungsregeln für Symbole der Gerätetechnik[12] eingegangen und Zeichen für Aufnehmer und Stellgeräte gezeigt. Eine Auswahl gerätetechnischer Symbole für die Meßwertverarbeitung auf MSR-Stellenplänen ist in Abb. 3.10 dargestellt. Auch genormte Zeichen aus anderen Fachgebieten, auf die hier nur hingewiesen werden soll[13,14], können aufgrund der Bildungsregel im Inneren des Rechteckes verwendet werden. Die Abb. 3.11 zeigt einen kompletten MSR-Stellenplan.

Neben dem Meßstellenplan nehmen in der modernen MSR-Technik elektrotechnische Schaltungsunterlagen, im speziellen die Schaltpläne, einen immer größer werdenden Raum ein. Es kann hier nur auf die umfangreiche Normung hingewiesen werden[14].

[12] DIN 19227 T 2.

[13] DIN 2429, DIN 28004, DIN 24300, DIN 2481.

[14] Zusammenfassung im DIN-Taschenbuch 7, Schaltzeichen und Schaltpläne für die Elektrotechnik, und H. Hennecke: Fachzeichnen für Meß-, Steuerungs- und Regelungstechnik, Bd. 1 und 2, Verlag H. Stam GmbH Köln-Porz.

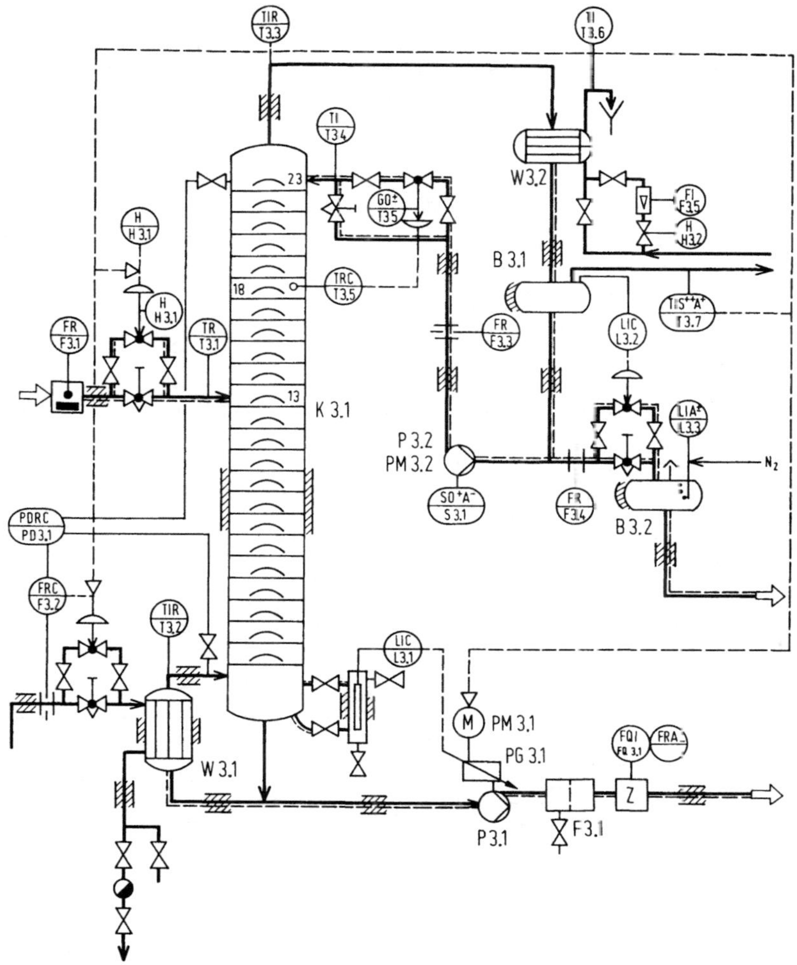

Abb. 3.9. Darstellung eines Verfahrensabschnittes aus einem RI-Fließbild mit gerätetechnischen Symbolen für Aufnehmer und Stellglieder und funktionellen Symbolen für die Meßwertverarbeitung

In den letzten Jahren hat sich die Steuerungstechnik[15] innerhalb der MSR-Technik besonders stark entwickelt. Die Gründe hierfür sind im wesentlichen im Fortschritt der Digitaltechnik zu sehen, deren Mittel und Verfahren sich ebenso gut zur Speicherung wie auch zur Verarbeitung umfangreicher Daten eignen; auch sind viele von Steuerungseinrichtungen zu verarbeitende und zu beeinflussende Prozeßgrößen digitaler oder binärer Art. Die problemorientierte Darstellung der Funktion einer Steuerung erfolgt durch Funktionspläne[16], wobei weitgehend von graphischen Symbolen aus der digitalen Informationsverarbeitung[17] Gebrauch gemacht wird. Komplexe digitale Steuerungen erfordern häufig zum Verständnis

---

[15] Begriffe s. DIN 19226 und DIN 19237.
[16] DIN 40719 T 6; Steuerungstechnik; Druckschrift der Firmen AEG-Telefunken, BBC und Siemens.
[17] DIN 40900 T 12.

Benennung	nach DIN 19227 T2	anderer Ursprung
Meßumformer Meßumsetzer Meßwandler		
Verstärker		DIN 40700 T10
Anzeigegerät allgemein	I	DIN 40716 T1
Analoganzeiger		DIN 40716 T1
Ziffernanzeiger	000	
Anzeiger mit Grenzsignalgeber für unteren und oberen Grenzwert	I	
Zähler, allgemein	000 Σ	
Registriergerät, allgemein	R	DIN 40716 T1
Analogschreiber		DIN 40716 T1
Regler, allgemein		IEC-Vorschlag
PID-Regler	PID	
Einsteller, allgemein		
Leitgerät für Regler	H	
Stellgliedeinsteller mit Hand-Regler-Schalter		
Geber für unteren und oberen Grenzwert		

Benennung	nach DIN 19227 T2	anderer Ursprung
Leuchtmelder, allgemein		⊗ DIN 40708
Hupe oder Horn, allgemein		DIN 40708
Sirene, allgemein		DIN 40708
Wahlschalter		
MSR-Leitung, allgemein pneumatische Leitung elektrische Leitung hydraulische Leitung Kapillare Signalwirkrichtung		
elektrisches Einheitssignal pneumatisches Einheitssignal	E A	
Analogsignal Digitalsignal Binärsignal	∩ ⌗ 	
Signalwirkung	+ −	
galvanische Batterie		DIN 40 712
Wechselrichter		
Gleichrichter		
Druckreduziergerät		

Abb. 3.10. Auswahl wichtiger gerätetechnischer Symbole für die Meßwertverarbeitung

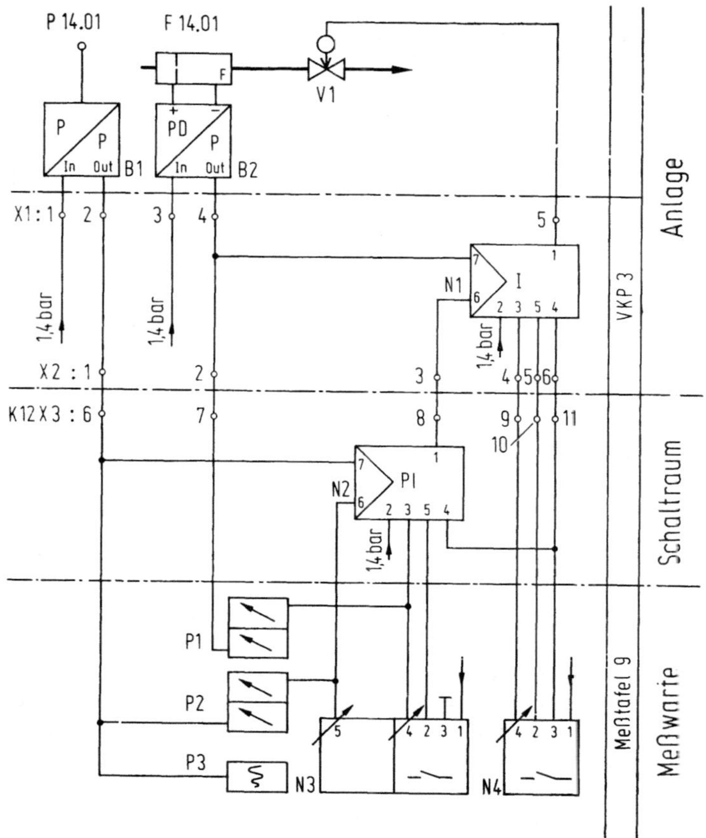

Abb. 3.11. MSR-Stellenplan

Benennung	graphisches Symbol
Signalblock, Übertragungsglied mit Gleichung	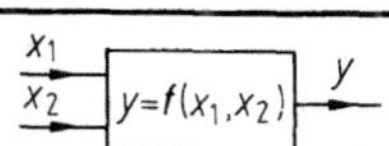 DIN 19226
Signalblock, Übertragungsglied mit Übergangsfunktion	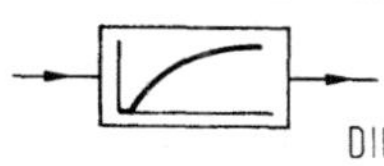 DIN 19226
Signalblock, Übertragungsglied mit genormten Zeichen	 DIN 40900 T 12
Additionsstelle	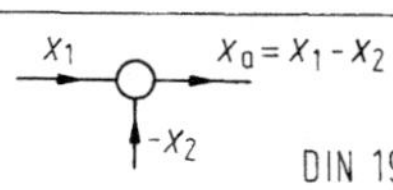 DIN 19226
Vorzeichenumkehr	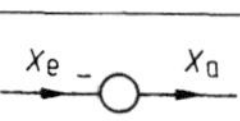 DIN 19226
Verzweigungsstelle	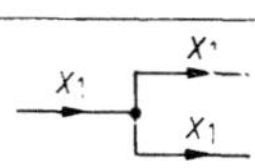 DIN 19226

Abb. 3.12. Graphische Symbole für Signalflußpläne

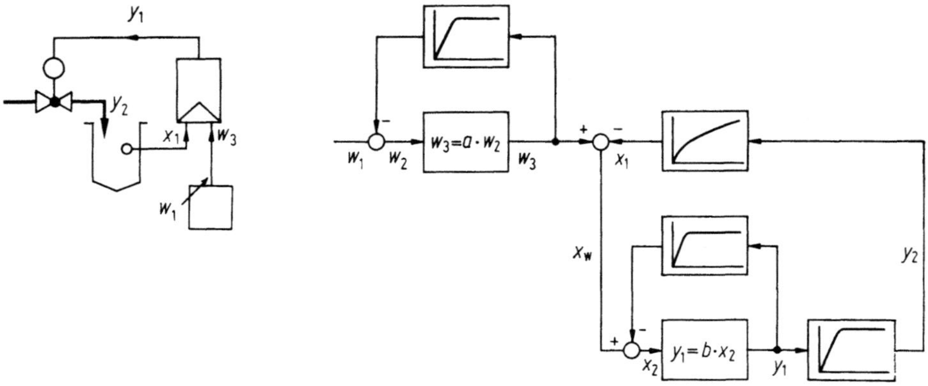

Abb. 3.13. Standregelung über den Zulauf. Darstellung mit gerätetechnischen graphischen Symbolen (links) und als Signalflußbild (rechts)

noch einen Programmablaufplan[16] mit besonderen Symbolen[18]. Eine ausführliche Darstellung findet sich im Band III, Abschnitt 8.1.4, S. 419ff.

Für spezielle Untersuchungen, besonders zur Ermittlung des dynamischen Verhaltens komplizierter Regelkreise oder in Lehrbüchern wird ein Signalflußplan[5,19], auch Strukturplan[6] oder Blockdarstellung[7] genannt, benutzt. Graphische Symbole hierfür werden nach verschiedenen Normblättern etwas uneinheitlich angewendet. Vor einiger Zeit legte eine Arbeitsgruppe innerhalb des VDE/VDI[20] bestimmte Regeln für die graphische Gestaltung fest, die sich jedoch nur teilweise eingebürgert haben. Abbildung 3.12 zeigt die wichtigsten Zeichen und die Abb. 3.13 ihre Anwendung bei einem einfachen Signalflußplan.

3.1.3. Ausblick auf internationale Normungsarbeiten auf dem Gebiet der graphischen Symbole

Die wachsende internationale Verflechtung der Großchemie hat in den letzten Jahren zu entsprechender Normungsaktivität bei der ISO geführt. Ziemlich einfach gestalteten sich diese Verhandlungen bei den graphischen Symbolen und Kennzeichen für Fließbilder, weil die grundlegende Buchstabenkombination für die funktionelle Darstellung der MSR-Einrichtungen auf einen Normvorschlag der ISA (Instrument Society of America) von 1949 zurückgeht, der sich weltweit durchgesetzt hat. Auf dieser Basis konnte ISO/TC 10/SC 3 die internationale Norm ISO 3511/1 Process measurement control functions and instrumentation — Symbolic representation — Part I, 1977 herausgeben, mit der DIN 19227 T 1 weitgehend übereinstimmt. Zu ISO 3511 sind folgende weitere Teile vorgesehen: Part II, Extension of basic requirements; Part III, Detailed symbols; Part IV, Basic symbols for computer and interface functions. Die Teile II bis IV liegen als Entwürfe vor und wurden im wesentlichen auch in den deutschen Normblättern DIN 19227 T 2, 3 und 4 mit berücksichtigt. Leider hat sich die endgültige Verabschiedung durch Übergang der Bearbeitung von ISO zur IEC und durch teilweise bedeutsame Änderungsvorschläge sehr verzögert. Es muß damit gerechnet

---

[18] DIN 66001.

[19] Hengstenberg, J.; Sturm, B.; Winkler, O.: Messen, Steuern und Regeln in der Chemischen Technik, 3. Aufl., Band III, Berlin, Heidelberg, New York: Springer-Verlag 1981, S. 24f.

[20] VDI/VDE-Richtlinie 2600 Blatt 5.

werden, daß nach Abschluß der Arbeiten in der IEC eine Angleichung von DIN 19227 notwendig wird. So zeichnet sich ab, daß z. B. das Symbol für Regler zu ändern ist (Abb. 3.10) oder daß als Symbol für die Darstellung von Prozeßrechnerfunktionen (Abb. 3.4 und 3.5) statt des geschlossenen Halbkreises ein Sechseck international bevorzugt wird.

3.2. Explosionsschutz

Von **W. Reerink**, Krefeld-Uerdingen

3.2.1. Einleitung

In Betriebsstätten der chemischen Industrie werden häufig brennbare Stoffe (Flüssigkeiten, Gase) gehandhabt, die mit Luft explosionsfähige Gemische bilden können. Da Explosionen aus naheliegenden Gründen wegen ihrer Folgen unerwünscht sind, wird man zu verhindern versuchen, daß sich explosionsfähige Gemische bilden. Zum mindesten ist anzustreben, daß sie nur selten und wenn, dann nur in kleinen, nicht gefährlichen Mengen entstehen. Maßnahmen in dieser Richtung bezeichnet man als primären Explosionsschutz.

Explosionen sind nicht immer gleich gefährlich für Mensch oder Material. In einem abgeschlossenen Raum (Apparat, Rohrleitung) sind die Gefahren u. U. größer als in freier Umgebung. Deshalb gehört zum primären Explosionsschutz auch die Auswahl geeigneter Aufstellungsorte und Anordnungen der verfahrenstechnischen Apparate, die brennbare Stoffe enthalten und eventuell freisetzen können. Außerdem müssen die Apparate so konstruiert sein, daß brennbare Stoffe möglichst überhaupt nicht austreten können.

Die Meß- und Regeltechnik kann den primären Explosionsschutz unterstützen. Einrichtungen, die eine Inertisierung des Inneren von Apparaten sicherstellen, Druck- und Temperaturbegrenzungen, Gaswarngeräte und Sicherheitsabschaltungen (Schnellschluß) werden in diesem Zusammenhang verwendet. Bei solchen Einrichtungen werden besondere Anforderungen an die Funktionssicherheit gestellt.

Explosionsgefahr besteht, wenn sich eine explosionsfähige Atmosphäre gebildet hat. Zu einer Explosion kommt es jedoch erst, wenn eine Zündung erfolgt. Als Zündquellen kommen neben heißen Oberflächen, elektrostatischen Entladungen oder Blitzschlag insbesondere elektrische Lichtbögen oder Funken in Frage. Der klassische Explosionsschutz behandelt daher ausschließlich die Problematik, wie man durch besondere Bauart und Errichtung elektrischer Betriebsmittel vermeiden kann, daß durch sie eine eventuell vorhandene explosionsfähige Atmosphäre gezündet wird. In diesem Beitrag wird insbesondere die Problematik des Zündschutzes behandelt.

Könnte der Meß- und Regeltechniker darauf verzichten, in explosionsgefährdeten Bereichen elektrische Betriebsmittel und elektrische Leitungen zu installieren, so wäre dies der einfachste Weg, Zündquellen zu vermeiden. Wenn Meß- und Regeleinrichtungen in solchen Bereichen benötigt werden, sollte man daher überlegen, ob die Aufgabe mit pneumatischen Geräten gelöst werden kann. Es muß allerdings beachtet werden, daß auch durch exotherme Reaktionen, elektrostatische Aufladungen usw. Zündquellen entstehen können. Falls auf elektrische Betriebsmittel nicht verzichtet werden kann, müssen die dafür geltenden Gesetze, Vorschriften und Richtlinien sorgfältig beachtet werden.

Für die Meß- und Regeltechnik gelten, soweit es sich um elektrische Einrichtungen handelt, die gleichen Vorschriften wie für die allgemeine Elektrotechnik. Allerdings liegen die Schwerpunkte anders. Es ist leicht einzusehen, daß man verschiedene Methoden des Explosionsschutzes anwenden wird, je nachdem ob man in einem explosionsgefährdeten Bereich einen Motor (elektrische Beheizung, Beleuchtung) oder ein Widerstandsthermometer (Magnetventil, Endschalter) errichten muß. Von den sieben Möglichkeiten, elektrische Betriebsmittel so zu bauen, daß sie keine Zündquelle für eine explosionsfähige Atmosphäre darstellen, sind zwei sogenannte Zündschutzarten für die Meß- und Regeltechnik besonders wichtig, nämlich die „Eigensicherheit“ und die „Erhöhte Sicherheit“.

3.2.2. Prinzipien und Klassifizierung der Zündschutzarten

Eine explosionsfähige Atmosphäre wird insbesondere durch elektrische Lichtbögen und Funken, aber auch durch heiße Oberflächen gezündet. Baut man also elektrische Betriebsmittel so, daß weder Bögen noch Funken noch heiße Oberflächen auftreten, so kann man diese in einem explosionsgefährdeten Bereich errichten und betreiben. Diese Zündschutzart wird „Erhöhte Sicherheit“ genannt (Kurzzeichen „e“).

Eine weitere Möglichkeit besteht darin, die in Lichtbögen und Funken umgesetzte Energie auf so kleine Werte zu begrenzen, daß man mit ihnen eine explosionsfähige Atmosphäre nicht zünden kann. Diese Zündschutzart heißt „Eigensicherheit“ (Kurzzeichen „i“ von intrinsic safety). Auch bei in dieser Zündschutzart ausgeführten Betriebsmitteln dürfen natürlich keine heißen Oberflächen auftreten.

Ein ganz anderes Prinzip besteht darin, die explosionsfähige Atmosphäre von den Zündquellen fernzuhalten. Man kann dies beispielsweise erreichen, wenn man die Zündquellen in einem mit Öl gefüllten Gehäuse unterbringt und so vor dem Zutritt der Atmosphäre schützt. Diese als „Ölkapselung“ bezeichnete Zündschutzart (Kurzzeichen „o“) war früher im Bereich der Leistungselektrik von Bedeutung, wird aber heute nur noch selten angewendet.

Verwendet man statt Öl Sand, so kann man zwar der Atmosphäre den Zutritt zu Zündquellen nicht vollständig verwehren, die zusammenhängenden Gasmengen in den Zwischenräumen einer Sandfüllung kann man jedoch so klein machen, daß eine Explosion (Kettenreaktion) nicht zustande kommen kann. Man nennt diese Zündschutzart „Sandkapselung“ (Kurzzeichen „q“ von quartz). Sie wird auch heute noch in einigen Fällen angewendet, zum Beispiel bei Zählrohren.

Nicht nur mit Flüssigkeiten und Feststoffen, sondern auch mit Gas läßt sich explosionsfähige Atmosphäre von Zündquellen fernhalten. Diese Technik bezeichnet man heute als „Überdruckkapselung“ (Kurzzeichen „p“ von pressure). Sie hieß früher „Fremdbelüftung“ mit dem Kurzzeichen „f“. Die zündfähigen Teile werden mit einem möglichst dichten Gehäuse umgeben, in welches ein sauberes Zündschutzgas (saubere Luft, inertes Gas) eingeblasen wird. Dadurch stellt sich im Inneren des Gehäuses ein Überdruck ein, durch den ein Eindringen von äußerer Atmosphäre verhindert wird. Diese prinzipiell so einleuchtende Zündschutztechnik hat leider einen Nachteil: Man muß ständig die Versorgung mit Zündschutzgas sicherstellen oder mindestens überwachen und im Störungsfall in der Regel die Stromversorgung abschalten.

Als vierte Variante des gleichen Schutzprinzips entstehen derzeit neue Bauvorschriften für elektrische Betriebsmittel in der Zündschutzart „Vergußkapselung“ (Kurzzeichen „m“ von moulding). Hier werden die zündfähigen Teile mit Gießharz oder auf andere Weise vergossen. Solche Betriebsmittel gibt es bereits auf dem Markt. Sie werden aber vorläufig noch unter der Zündschutzart „Sonderschutz" (Kurzzeichen „s") zusammen mit einer großen Zahl spezieller Entwicklungen geführt. Sie bilden jedoch schon heute eine eigene Klasse von Geräten.

Ganz anders wirkt das dritte und letzte Schutzprinzip. Der Name der Zündschutzart „Druckfeste Kapselung" (Kurzzeichen „d") läßt fälschlicherweise auf eine Verwandschaft zur Öl-, Sand-, Überdruck- oder Vergußkapselung schließen. In Wirklichkeit handelt es sich hier um eine völlig andere Technik. Hier werden die zündfähigen Teile eines Betriebsmittels in ein Gehäuse eingebaut, das nicht ganz dicht ist. Wenn explosionsfähige Atmosphäre von außen eindringt, wird sie innerhalb des Gehäuses gezündet. Die innere Explosion kann sich aber durch die besonders geformten Spalte nach außen nicht fortsetzen, und das Gehäuse ist so massiv konstruiert, daß es dem auftretenden Explosionsdruck standhält und nicht zu heiß wird. Hier wird also nicht die Explosion selbst verhindert, sondern deren gefährliche Auswirkung. Es ist klar, daß diese Zündschutzart nur bei nicht allzu großen Betriebsmitteln wirtschaftlich sein kann. Sie bietet dann allerdings nebenbei den Vorteil eines hervorragenden Schutzes gegen mechanische Beschädigung.

3.2.3. Explosionsgeschützte elektrische Anlagen

Meß- und Regeleinrichtungen, die in einem explosionsgefährdeten Bereich errichtet werden, müssen neben ihrer verfahrenstechnischen Aufgabe auch die Bedingungen des Explosionsschutzes erfüllen. Wie schon in der Einleitung erwähnt, kommen also zunächst nicht elektrische Geräte in Frage. Es gibt jedoch technische und manchmal auch finanzielle Gründe, sich trotzdem für elektrische Betriebsmittel zu entscheiden.

Vor der Auswahl von explosionsgeschützten elektrischen Betriebsmitteln muß eine verbindliche Beurteilung erarbeitet werden, wie groß die Wahrscheinlichkeit für das Auftreten von gefährlicher explosionsfähiger Atmosphäre an den verschiedenen Stellen der Anlage ist und aus welchen Stoffen diese Atmosphäre gebildet werden kann. Die Anlage ist in explosionsgefährdete und in nicht-explosionsgefährdete Bereiche zu teilen. Die explosionsgefährdeten Bereiche sind weiter zu unterteilen in Zonen mit abgestufter Wahrscheinlichkeit für das Auftreten von gefährlicher explosionsfähiger Atmosphäre.

3.2.3.1. Zoneneinteilung

Die explosionsgefährdeten Bereiche werden bei Gefährdung durch brennbare Gase, Dämpfe oder Nebel in die Zonen 0, 1 bzw. 2 und bei Gefährdung durch brennbare Stäube in die Zonen 10 bzw. 11 nach folgenden Definitionen unterteilt:

Zone 0 umfaßt Bereiche, in denen damit zu rechnen ist, daß gefährliche explosionsfähige Atmosphäre ständig oder langzeitig vorhanden ist.

Zone 1 umfaßt Bereiche, in denen damit zu rechnen ist, daß gefährliche explosionsfähige Atmosphäre gelegentlich auftritt.

Zone 2 umfaßt Bereiche, in denen damit zu rechnen ist, daß gefährliche explosionsfähige Atmosphäre nur selten und dann auch nur kurzzeitig auftritt.

Zone 10 umfaßt Bereiche, in denen gefährliche explosionsfähige Atmosphäre langzeitig oder häufig vorhanden ist.

Zone 11 umfaßt Bereiche, in denen damit zu rechnen ist, daß gelegentlich durch Aufwirbeln abgelagerten Staubes gefährliche explosionsfähige Atmosphäre kurzzeitig auftritt.

Beispiele und quantative Angaben zur räumlichen Ausdehnung der Zonen sind in der Beispielsammlung der Explosionsschutz-Richtlinien[1] der Berufsgenossenschaft Chemie zu finden. Diese sogenannte EX-RL ist in Deutschland die Grundlage für die Beurteilung von Explosionsgefahren.

Die Definitionen zeigen, daß man zwischen brennbaren Gasen, Dämpfen oder Nebeln einerseits und brennbaren Stäuben andererseits unterscheidet. Die Gefahren sind tatsächlich von unterschiedlicher Natur, und dem entsprechend unterscheiden sich auch die zu treffenden Explosionsschutzmaßnahmen und die Auswahl der Betriebsmittel. Eine Besonderheit stellt die Zone 10 insofern dar, als man hierfür heute noch keine uneingeschränkt anwendbaren Maßnahmen kennt, sondern von Fall zu Fall eine passende Lösung erarbeiten muß. Das gleiche gilt für eine Kombination von Explosionsgefahr und Staubexplosionsgefahr.

3.2.3.2. Geräteauswahl

Für die Geräteauswahl gelten bei Gefährdung durch brennbare Gase, Dämpfe oder Nebel nach der EX-RL folgende allgemeine Grundsätze:

In der Zone 2 sollen Betriebsmittel eingesetzt werden, die während des normalen störungsfreien Betriebs keine Zündquellen darstellen.
In der Zone 1 sollen Betriebsmittel eingesetzt werden, die auch bei Störungen, mit denen man während des Betriebs rechnen muß, keine Zündquellen darstellen.
In der Zone 0 dürfen nur Betriebsmittel eingesetzt werden, die auch bei selten im Betrieb auftretenden (unüblichen) Störungen keine Zündquellen darstellen.

Eine ähnliche allgemeine Aussage wird auch für die Gefährdung durch brennbare Stäube gemacht:

In Zone 11 dürfen die Betriebsmittel für aufgewirbelten Staub während des normalen störungsfreien Betriebs keine Zündquelle darstellen, und abgelagerter Staub darf auch bei seltenen (unüblichen) Störungen nicht gezündet werden.
In Zone 10 darf ein Betriebsmittel aufgewirbelten Staub auch bei selten auftretenden (unüblichen) Störungen nicht zünden können.

Aus diesen Grundsätzen kann man erkennen, daß der Aufwand, den man für die explosionsgeschützten elektrischen Betriebsmittel treiben muß, erheblich ansteigt, wenn diese in Bereichen eingesetzt werden müssen, wo die Wahrscheinlichkeit für das Auftreten von gefährlicher explosionsfähiger Atmosphäre groß ist. Es lohnt sich also, bei der Zonenfestlegung sehr sorgfältig vorzugehen und Pauschalbeurteilungen zu vermeiden.

Weitere Hinweise für die Geräteauswahl (auch für Kabel und Leitungen) gibt die VDE-Bestimmung 0165, die das Errichten elektrischer Anlagen in explosionsgefährdeten Bereichen behandelt[2]. Dort wird auch darauf hingewiesen, daß nicht nur die besprochene Zoneneinteilung, sondern auch die Eigenschaften der brennbaren Stoffe eine Rolle spielen.

3.2.3.3. Stoffeigenschaften

Man teilt die brennbaren Gase, Dämpfe und Nebel in sechs Temperaturklassen (s. Tab. 3.4) ein. Maßzahl für die Klasseneinteilung ist die Zündtemperatur, nämlich die nach DIN 51794[3] ermittelte niedrigste Temperatur einer erhitzten Wand,

---

[1] Richtlinien für die Vermeidung der Gefahren durch explosionsfähige Atmosphäre mit Beispielsammlung-Explosionsschutz-Richtlinien — (EX-RL) Berufsgenossenschaft der Chemischen Industrie, Richtlinie Nr. 11, Ausgabe 10 (1982).

[2] DIN 57165 VDE 0165/9.83 Errichten elektrischer Anlagen in explosionsgefährdeten Bereichen (VDE-Bestimmung), Beuth Verlag.

[3] DIN 51794 Bestimmung der Zündtemperaturen 7/61, Beuth Verlag.

an der sich das brennbare Gas (Dampf, Nebel) im Gemisch mit Luft gerade noch entzündet.

Aber auch elektrische Betriebsmittel werden in Temperaturklassen eingeteilt. In diesem Fall bedeutet z. B. T 2, daß das Betriebsmittel an seiner Oberfläche nicht heißer als 300 Grad Celsius wird. Selbstverständlich darf ein Betriebsmittel mit der Temperaturklasse T 2 nicht verwendet werden, wenn die Explosionsgefahr von einem Stoff mit der Temperaturklasse T 3 ausgeht.

Tabelle 3.4. Temperaturklassen für Stoffe und Betriebsmittel

Temperaturklasse	Stoff: Zündtemperatur ist höher als ... Betriebsmittel: Oberflächentemperatur ist niedriger als ...	Beispiel für Stoffe	
		Stoff	Explosionsgruppe
T 1	450 °C	Essigsäure	II A
T 2	300 °C	Aethylen	II B
T 3	200 °C	n-Hexan	II A
T 4	135 °C	Aethylaether	II B
T 5	100 °C		
T 6	85 °C	Schwefelkohlenstoff	II C

Außerdem werden die brennbaren Stoffe in Explosionsgruppen eingeteilt Maßgeblich ist die sogenannte Zünddurchschlagfähigkeit durch Spalte, die nach festgelegten Versuchsbedingungen bestimmt werden muß. Man unterscheidet die Explosionsgruppen I (Grubengas, nur für Bergbaubetrieb unter Tage), II A, II B und II C. Die Explosionsgruppe eines Stoffes ist für die Zündschutzarten „Druckfeste Kapselung“ und „Eigensicherheit“ von Bedeutung. Eine Reihe von Stoffen sind mit ihren Daten im Anhang B 1 der zitierten VDE-Bestimmung 0165 aufgeführt. Darüber hinaus findet man viele Angaben über Stoffdaten in dem Tabellenwerk von Nabert und Schön[4].

3.2.4. Gesetzliche Grundlagen

3.2.4.1. Die ElexV

Die Gewerbeordnung[5] nennt in ihrem Paragraphen 24 zehn Arten von überwachungsbedürftigen Anlagen, darunter auch elektrische Anlagen in besonders gefährdeten Räumen. Hierzu hat der Bundesminister für Arbeit und Sozialordnung eine Verordnung, die sogenannte ElexV[6], erlassen, die am 1. Juli 1980 in Kraft getreten ist und die bis dahin geltende Regelung ersetzt hat. Aus dem Inhalt dieser Verordnung sollen hier die für die Meß- und Regeltechnik wichtigsten Paragraphen erwähnt werden. Die vollständige Verordnung samt Anhang kann hier aber nicht wiedergegeben werden.

Im § 8 wird ausgesagt, daß in explosionsgefährdeten Räumen elektrische Betriebsmittel nur in Betrieb genommen werden dürfen, wenn für sie eine Baumusterprüfbescheinigung vorliegt. Der Hersteller muß die Betriebsmittel kennzeichnen und damit bestätigen, daß er eine Typenprüfung (Betriebsmittel ent-

[4] Nabert, K.; Schön, G.: Sicherheitstechnische Kennzahlen brennbarer Gase und Dämpfe, Deutscher Eichverlag, Braunschweig (1963).

[5] Bundesgesetzblatt 1978 I, Seite 97.

[6] Verordnung über elektrische Anlagen in explosionsgefährdeten Räumen (ElexV) vom 27. Februar 1980, Bundesgesetzblatt I, Seite 214.

spricht der Baumusterprüfbescheinigung) und eine Stückprüfung (individuell für jedes einzelne Betriebsmittel) vorgenommen hat und daß alle sonstigen Verpflichtungen gegenüber der amtlichen Prüfstelle erfüllt sind.

Für den Einsatz in den Zonen 0 und 10 muß die Eignung eines Betriebsmittels in der Baumusterprüfbescheinigung ausdrücklich bescheinigt sein. Hier drückt sich die besondere Gefährdung in diesen Zonen aus. Dagegen wird für solche Betriebsmittel, die in den Zonen 2 oder 11 eingesetzt werden sollen, im § 11 eine Erleichterung gegeben: Für diese Betriebsmittel wird weder eine Baumusterprüfbescheinigung noch eine Ex-Kennzeichnung durch den Hersteller gefordert.

Ebenfalls ausgenommen sind gewisse Betriebsmittel in eigensicheren Stromkreisen, dann nämlich, wenn sie die Eigensicherheit des Stromkreises nicht beeinträchtigen können. Zu diesen Betriebsmitteln rechnet man beispielsweise Klemmen, Klemmenkästen, Schalter usw. Ausgenommen sind auch noch Kabel und Leitungen (abgesehen von Heizkabeln) und bestimmte Einrichtungen mit extrem niedrigen Spannungen, Strömen und Leistungen (weniger als 1,2 Volt, 0,1 Ampere und 25 Milliwatt).

Die ElexV regelt Fragen zur Instandsetzung oder Änderung von Betriebsmitteln (§ 9), Fragen der erstmaligen und der wiederkehrenden Prüfung (§ 12), der Instandhaltung (Anhang 3) und der Erprobung (Anhang 5). Weiterhin wird genau festgelegt, was im Zusammenhang mit dem Explosionsschutz unter einem Sachverständigen zu verstehen ist (§ 15). Entscheidend ist die behördliche Anerkennung. Neben dem behördlich anerkannten Sachverständigen — im folgenden kurz „Ex-Sachverständiger" genannt — ist für die Prüfung von installierten, geänderten oder instandgesetzten elektrischen Anlagen auch ein behördlich anerkannter Sachkundiger vorgesehen.

Von ganz besonderer Bedeutung ist der § 3 der ElexV: Hier wird zwingend die Beachtung der allgemein anerkannten Regeln der Technik verlangt, soweit nicht besondere Rechtsvorschriften bestehen.

3.2.4.2. Allgemein anerkannte Regeln der Technik

Nach der allgemeinen Verwaltungsvorschrift zur ElexV sind als allgemein anerkannte Regeln der Elektrotechnik diejenigen Normen anzusehen, die vom Bundesminister für Arbeit und Sozialordnung im Bundesarbeitsblatt bezeichnet werden[7]. Der Bundesminister für Arbeit und Sozialordnung benennt die einschlägigen VDE-Bestimmungen.

Aus diesen Vorschriften ist zu ersehen, daß die Deutsche Elektrotechnische Kommission (DKE) die VDE-Bestimmungen (und die als DIN-Normen gekennzeichneten VDE-Bestimmungen) erarbeitet und den sicherheitstechnischen Inhalt der Vorschriften maßgeblich bestimmt.

Die Deutsche Elektrotechnische Kommission im DIN und VDE ist die nationale Organisation für die Erarbeitung von Normen und Sicherheitsbestimmungen auf dem Gebiet der gesamten Elektrotechnik in der Bundesrepublik Deutschland einschließlich West-Berlin. Insbesondere sind zwei Komitees für den Explosionsschutz zuständig:

K 235: Hier entstehen die Errichtungsbestimmungen VDE 0165[2] und die den Explosionsschutz betreffenden Bestimmungen für den Betrieb von explosionsgeschützten elektrischen Anlagen VDE 0105, Teil 9[8].

---

[7] Jeiter, W.; Nöthlichs, M.: Explosionsschutz elektrischer Anlagen (Kommentar zur ElexV), Erich Schmidt Verlag, Berlin (1980) 6001, S. 9.

[8] VDE 0105 Betrieb von Starkstromanlagen.

K 241: Hier entstehen die Baubestimmungen für explosionsgeschützte elektrische Betriebsmittel VDE 0170/0171[9].

Die DKE vertritt daneben die deutschen Interessen in den internationalen Normungsorganisationen der Elektrotechnik.

3.2.4.3. Internationale Zusammenarbeit

Neben DIN-Normen, VDE-Bestimmungen, als VDE-Bestimmung gekennzeichneten DIN-Normen und als VDE-Richtlinie gekennzeichneten DIN-Normen werden vom DKE DIN-EN-Normen (Europäische Normen) und DIN-IEC-Normen (Weltweite Normen) herausgegeben. Die Abkürzung IEC steht für „Internationale Elektrotechnische Kommission". In der Europäischen Gemeinschaft ist CENELEC, das „Europäische Komitee für elektrotechnische Normung", maßgeblich. Das Technische Komitee TC 31 mit zahlreichen Unterkomitees und Arbeitskreisen bearbeitet bei CENELEC die Fragen des Explosionsschutzes.

CENELEC ist für die Bundesrepublik Deutschland im Mai 1978 besonders wichtig geworden. Seit diesem Zeitpunkt gelten nämlich in der Europäischen Gemeinschaft die Europäischen Normen DIN-EN 50014 bis 50020, die die Baubestimmungen für explosionsgeschützte elektrische Betriebsmittel enthalten und damit die nationale VDE-Bestimmung VDE 0170/0171 ersetzen. Bis Mai 1988 läuft noch die zehnjährige Übergangsfrist, in der die alten Bestimmungen parallel gültig bleiben (die Übergangsfrist wird möglicherweise verlängert). Dann sollte auf diesem Sektor der Elektrotechnik eine vollständige Harmonisierung in Europa erreicht sein, und es sollte dann im Warenverkehr der Mitgliedsländer keine durch unterschiedliche Vorschriften bedingten Handelshemmnisse mehr geben.

3.2.5. Errichtung von explosionsgeschützten elektrischen Anlagen

Bis hierher wurde von Gesetzen, Vorschriften und Richtlinien sowie von Schutzprinzipien gesprochen. Damit wurde die Basis aufgezeigt, auf der in der Praxis explosionsgeschützte elektrische Meß- und Regeleinrichtungen aufgebaut werden können. Es muß an dieser Stelle klar gestellt werden, daß neben den genannten Dokumenten selbstverständlich die allgemeinen Normen der Elektrotechnik gültig sind, insbesondere die VDE-Bestimmung 0100[10].

Wird einem Planer der Meß- und Regeltechnik die Aufgabe zuteil, eine Anlage zu projektieren, in der brennbare Stoffe gehandhabt werden, muß zunächst in Zusammenarbeit mit den anderen beteiligten Stellen klar vereinbart werden, mit welchen Stoffen in welchen Anlagenteilen auf welche Weise gearbeitet werden soll. In aller Regel werden die erforderlichen Angaben ohnehin im Konzessionierungs-Antrag gemacht werden und sich dann in technischen Auflagen wiederfinden. Das Ergebnis der gemeinsamen Vereinbarungen sollte eine verbindliche Festlegung von explosionsgefährdeten Bereichen (Zonen) und Maßnahmen des primären Explosionsschutzes sein.

Nun darf im Grunde jede elektrische Einrichtung geplant werden, die nach den Vorstellungen des Planers keine Zündquelle darstellt. Allerdings dürften diese Einrichtungen erst in Betrieb genommen werden, nachdem ein „Ex-Sachverständiger" festgestellt hat, daß sie den einschlägigen Verordnungen entsprechen. Dieser Weg ist nicht praktikabel. Er ist nur für Sonderfälle brauchbar. Jeder „Ex-Sachverständige" wäre sonst überfordert.

---

[9] VDE 0170/0171 Elektrische Betriebsmittel für explosionsgefährdete Bereiche, Teil 1 bis 7.

[10] VDE 0100 Bestimmungen für das Errichten von Starkstromanlagen mit Nennspannungen bis 1000 V.

Es gibt aber den Weg, ordnungsgemäß bescheinigte und gekennzeichnete elektrische Betriebsmittel auf dem Markt zu kaufen und so zu errichten, wie es die VDE-Bestimmung VDE 0165 vorschreibt. Nur in wenigen Fällen bleibt dann noch die Sachverständigenprüfung notwendig, insbesondere dann, wenn besonders komplizierte Zusammenschaltungen vorkommen oder wenn es in den Baumusterprüfbescheinigungen ausdrücklich gefordert wird. Elektrische Betriebsmittel, bei denen solche oder andere Bedingungen über die VDE-Bestimmung VDE 0165 hinaus gestellt werden, sind klar zu erkennen. Die Ex-Kennzeichnung solcher elektrischer Betriebsmittel endet dann mit einem ,,X“, das die Aufmerksamkeit des Planers wecken soll.

Es ist deshalb unbedingt zu empfehlen, schon vor der Bestellung von elektrischen Betriebsmitteln die Baumusterprüfbescheinigungen der ins Auge gefaßten Artikel zu beschaffen und durchzusehen. Für den Betrieb der Anlagen ist es im übrigen zweckmäßig, eine Dokumentation bereitzuhalten, zu der selbstverständlich auch die Baumusterprüfbescheinigungen der eingesetzten elektrischen Betriebsmittel gehören.

3.2.5.1. Kennzeichnung von Ex-Betriebsmitteln

Elektrische Betriebsmittel, die nach den europäischen Normen gebaut und von einer anerkannten Prüfstelle eines EG-Mitgliedstaates bescheinigt worden sind, werden mit einem besonderen Symbol zusätzlich zu den durch andere Normen geforderten Beschriftungen gekennzeichnet. Das Symbol ⟨εχ⟩ (es stellt die griechischen Buchstaben epsilon und chi in einem liegenden Sechseck dar) muß aber ergänzt werden. Im folgenden wird das Symbol weggelassen, und in den Beispielen wird nur von den Ergänzungen die Rede sein.

Beispiel 1: EEx e II T 1 oder EEx e II 350 °C oder EEx e II 350 °C (T 1)

Die Buchstabenfolge ,,EEx“ ist als Kennzeichen für ,,Explosionsschutz nach ,,Europäischen Normen“ festgelegt. Das ,,e“ gibt die Zündschutzart an, in diesem Beispiel ,,Erhöhte Sicherheit“. Es folgt ,,II“ (in anderen Fällen auch II A, II B oder II C), womit erneut auf die Einsetzbarkeit in explosionsgefährdeten Bereichen hingewiesen wird (,,I“ wird für Schlagwetterschutz verwendet). Bei Ex-Betriebsmitteln der Gruppe II muß die Temperaturklasse oder die höchste Oberflächentemperatur in Grad Celsius oder beides angegeben werden. Wenn die Kennzeichnung beides umfaßt, soll die Klasse am Schluß in Klammern stehen.

Beispiel 2: EEx ia II B T 5

In diesem Beispiel ist das Betriebsmittel in der Zündschutzart ,,Eigensicherheit“ ausgeführt, und zwar in der Kategorie ,,a“. Möglich wäre auch eine Ausführung in Kategorie ,,b“. Die Kategorien unterscheiden sich durch das Verhalten des Betriebsmittels im Fehlerfall. Elektrische Betriebsmittel der Kategorie ,,a“ dürfen weder im Normalbetrieb noch bei Auftreten eines einzelnen Fehlers noch bei Auftreten irgendeiner Kombination von zwei Fehlern in der Lage sein, eine Zündung zu verursachen. Bei Kategorie ,,b“ wird nur gefordert, daß das Betriebsmittel nicht in der Lage sein darf, im Normalbetrieb oder beim Auftreten eines Fehlers eine Zündung zu verursachen. Die Kategorien sollen die Auswahl für den Einsatz eigensicherer Betriebsmittel und eigensicherer Stromkreise in den verschiedenen Zonen explosionsgefährdeter Bereiche erleichtern. Sie sind aber keine hinreichende Bedingung. Für die Zone 0 braucht man immer eine besondere Bescheinigung.

Die anderen Zeichen in diesem Beispiel sind bereits erklärt. Bei eigensicheren Betriebsmitteln sind jedoch weitere Angaben erforderlich, die hinter der Ex-

Kennzeichnung gemacht werden sollen, wenn der Platz dafür ausreicht. Diese Angaben nennen die Grenzwerte für die Kapazität und Induktivität, die in den eigensicheren Stromkreis geschaltet werden dürfen sowie die höchste Spannung, die auftreten kann.

Das zweite Beispiel verdeutlicht unmittelbar, daß die Zündschutzart „Eigensicherheit" ihre Besonderheiten hat, die nicht leicht zu überschauen sind. Es kann hier nicht auf alle Details eingegangen werden. In diesen Abschnitt gehören aber noch einige Definitionen:

Man unterscheidet „eigensichere Betriebsmittel" und „zugehörige Betriebsmittel". Bei den „eigensicheren Betriebsmitteln" sind alle Stromkreise eigensicher. Diese Betriebsmittel dürfen im explosionsgefährdeten Bereich errichtet werden (Beispiel: 2-Leiter-Meßumformer).

„Zugehörige Betriebsmittel" enthalten auch nicht-eigensichere Stromkreise. In den Kennzeichnungen sind sie durch eckige Klammern erkennbar. So bedeuten eckige Klammern um das Zeichen EEx ia oder um EEx, daß das Betriebsmittel selbst nicht explosionsgeschützt ist und deshalb nicht im explosionsgefährdeten Bereich installiert werden darf. Allerdings hat das Betriebsmittel einen oder mehrere eigensichere Stromkreise, die in den explosionsgefährdeten Bereich hineinführen dürfen (Beispiel: Meßumformer-Speisegerät).

Auf jedem explosionsgeschützten Betriebsmittel muß der Name der Prüfstelle und ein Hinweis auf die Baumusterprüfbescheinigung angebracht sein. Das Kennzeichen der Prüfstelle, das Jahr der Erteilung der Bescheinigung und die laufende Nummer der Bescheinigung müssen in der genannten Reihenfolge aufgeführt sein.

Die anerkannten Prüfstellen von Mitgliedstaaten der europäischen Gemeinschaft verwenden folgende Prüfstellen-Kennzeichen:

Deutschland:	PTB; BVS
Großbritannien:	BASEEFA
Frankreich:	LCIE; CERCHAR
Italien:	CESI
Belgien:	INIEX
Dänemark	DEMKO
Niederlande:	KEMA (noch nicht endgültig)
Beispiele:	PTB Nr. Ex-78/2567
	BVS Nr. 78.027
	CESI n° 79.199
	CERCHAR n° 79.102 X

Das letzte Beispiel soll daran erinnern, daß die Prüfstelle mit dem Zusatz „X" auf besondere Bedingungen für den sicheren Einsatz des Betriebsmittels hinweist, die ausführlich in der Baumusterprüfbescheinigung niedergelegt sind.

3.2.5.2. Räumliche Anordnung von Ex-Betriebsmitteln

Das Kapitel „zugehörige Betriebsmittel" im vorigen Abschnitt hat bereits gezeigt, daß sogar explosionsgeschützte Betriebsmittel manchmal nicht in explosionsgefährdeten Bereichen eingesetzt werden dürfen. Man benötigt also in der Regel irgendwo in einer gefährdeten Anlage Räume ohne Explosionsgefahr, wie z. B. Meßwarte und Schaltraum. Solche Räume müssen möglichst frühzeitig durch besondere Maßnahmen (bauliche Ausführung, Abstand) geschaffen und ebenso wie die Zoneneinteilung verbindlich festgelegt werden. Nur so läßt sich eine sichere und zugleich kostengünstige Ausrüstung der Anlage erreichen.

„Meßkabinen“ und andere Anordnungen von Steuer- und Bediengeräten innerhalb von explosionsgefährdeten Bereichen sollte man nach Möglichkeit vermeiden oder von vornherein durch besondere bauliche Maßnahmen in der Anlage verteilte ungefährdete Räume schaffen. Es ist zu beachten, daß die üblichen klimatechnischen Methoden hier nicht ausreichend sind. Schleusen, Überwachung der Luftzufuhr und Abschaltung bei Lüftungsausfall sind unter Umständen erforderlich. Die Prüfung, Justierung und Reparatur von elektrischen Betriebsmitteln ist in einem ungefährdeten Raum problemlos. Im explosionsgefährdeten Bereich darf dagegen normalerweise nur im abgeschaltetem Zustand an den Betriebsmitteln gearbeitet werden. Eine Ausnahme bilden eigensichere Stromkreise und Betriebsmittel. In allen anderen Fällen müßte während der Arbeiten die Atmosphäre ständig überwacht werden. Die VDE-Bestimmung VDE 0105, insbesondere Teil 9, behandelt dieses Thema[8].

Im folgenden wird vorausgesetzt, daß Schaltraum und Meßwarte nicht explosionsgefährdete Räume sind. Trotzdem müssen auch in diesen Räumen bestimmte Explosionsschutzmaßnahmen getroffen werden und zwar:

- Die in die explosionsgefährdeten Bereiche hinausführenden eigensicheren Stromkreise und die eigensicheren Teile vom zugehörigen Betriebsmittel dürfen nicht mit anderen Stromkreisen in Verbindung kommen (Spannungsverschleppung!). Sie sind deshalb entsprechend zu installieren und zu kennzeichnen.
- Bei Betriebsmitteln in der Zündschutzart erhöhte Sicherheit (e) ist in der Regel eine Strombegrenzung (Einzelabsicherung) erforderlich. Diese erfolgt im allgemeinen im Schaltraum.
- Für Betriebsmittel in der Zündschutzart Überdruckkapselung (p) befinden sich die erforderlichen Einrichtungen zur Abschaltung und Spülungsüberwachung im Schaltraum. Sie bedürfen wegen ihrer Sicherheitsfunktion besonderer Beachtung.
- Besondere Bedingungen in den Bescheinigungen explosionsgeschützter Betriebsmittel führen gelegentlich zu besonderen Maßnahmen im Schaltraum- oder Meßwartenbereich.
- Die Anbindung des erforderlichen Potentialausgleichs zwischen allen der Berührung zugänglichen leitfähigen Teilen, die im Fehlerfalle Spannung führen können, erfolgt am besten im Schaltraum. Dort wird auch in geeigneter Form die Verbindung mit dem Schutzleitungssystem, der Betriebserde und der Blitzschutzeinrichtung hergestellt.

3.2.6. Beispiele

Die ganze Vielfalt beim Explosionsschutz von Meß- und Regeleinrichtungen ist in diesem Rahmen nicht vollständig darstellbar. Es sollen deshalb hier nur zwei Aufgaben aus diesem Bereich herausgegriffen und detailliert behandelt werden. Durch Alternativvorschläge zur Lösung der Aufgaben läßt sich eine Vielzahl von Einzelfragen daran beantworten.

Die pneumatischen Alternativen werden hier weggelassen, sollten aber in der Praxis immer zuerst auf ihre Verwendbarkeit hin geprüft werden, denn sie sind im Zusammenhang mit dem Explosionsschutz schlechthin ideal.

3.2.6.1. Stellungsrückmeldung Auf/Zu

Die Aufgabe lautet: Die Endlagenstellungen „Auf“ und „Zu“ einer Stellklappe in einer explosionsgefährdeten Anlage sollen in der Meßwarte mit zwei Glühlampen „Auf“ und „Zu“ angezeigt werden, Lampenprüfung ist erwünscht.

Parallel dazu soll die Klappenstellung auf einer Großanzeige (Glühlampe) im explosionsgefährdeten Bereich angezeigt werden, auch für diese Anzeige ist Lampenprüfung erwünscht, bedienbar vor Ort.

Die Anlage sei durch Aethylen (Temperaturklasse T 2) explosionsgefährdet und in einem geschlossenen Gebäude untergebracht. Das Innere des Gebäudes ist als Zone 1 eingestuft. Meßwarte und Schaltraum befinden sich in einem anderen — nicht gefährdeten — Gebäudeteil. Die Signalübertragung soll durch Sammelkabel erfolgen.

3.2.6.1.1. Lösungsvorschlag 1 (Abb. 3.14)

Es wird, soweit möglich, die Zündschutzart „Eigensicherheit" angewendet, da dadurch Vorteile bei Wartung und Instandhaltung gegeben sind.

Endlagenschalter: Es kommen in Frage entweder berührungslose induktive (kapazitive) Näherungsinitiatoren nach DIN 19234 (Namur Arbeitsblatt)[11] in Zündschutzart Eigensicherheit (EEx ib II B T 2) oder nicht bescheinigte Endlagenschalter mit Kontakten, die in einem eigensicheren Stromkreis betrieben werden.

Lampenprüftaster (örtlich): Nicht bescheinigter Taster, der wie alle eigensicheren nicht bescheinigten Betriebsmittel zum Schutz gegen indirektes Berühren in ein Gehäuse mit mindestens Schutzart IP 20 eingebaut sein muß.

Großanzeige: Ein eigensicheres Betriebsmittel steht wegen der Forderung nach Glühlampen nicht zur Verfügung. Es muß auf eine andere Zündschutzart ausgewichen werden, z. B. EEx es II T 2, wobei die Leuchten in Zündschutzart Sonderschutz und der Anschlußraum in Zündschutzart erhöhte Sicherheit ausgeführt sind.

Schaltverstärker: Bei Verwendung von Näherungsinitiatoren nach DIN 19234 dürfen die Initiatoren nur in einen eigensicheren Stromkreis eingeschaltet werden. Ein bescheinigter Schaltverstärker mit dem erforderlichen Kippverhalten ist als zugehöriges Betriebsmittel zwischenzuschalten. Ein Gerät mit der Kennzeichnung [EEx ib] II wäre geeignet. Es muß außerhalb des explosionsgefährdeten Bereichs, also z. B. im Schaltraum eingebaut werden. Am Schaltverstärker beginnt bzw. endet der eigensichere Stromkreis, d. h. auf der Versorgungs- und Kontaktseite werden im allgemeinen durch den Explosionsschutz keine besonderen Anforderungen mehr erhoben. Die Vorschriften für die Errichtung von elektrischen Anlagen (VDE 0100) müssen natürlich dennoch beachtet werden.

Geeignete Schaltverstärker gibt es entweder als anschlußfertige Einzelgeräte oder als Steckkarten. Bei der Verwendung von Steckkarten ist zu beachten, daß der mechanische Einbau und die elektrische Installation des Baugruppenträgers gemäß VDE 0165 ausgeführt wird, damit Spannungsverschleppungen von nicht eigensicheren zu eigensicheren Stromkreisen sicher verhindert werden.

Alternative: Insbesondere wenn die Signalverarbeitung in einer zentralen elektronischen Einrichtung erfolgen soll (z. B. in einer programmierbaren Steuerung), kann man zweckmäßig sogenannte Zenerbarrieren (allgemein Sicherheitsbarrieren) verwenden. In Zenerbarrieren wird der eigensichere Stromkreis durch jeweils doppelt ausgeführte Z-Dioden und Widerstände in bezug auf Spannung und Strombegrenzung erzeugt, sie benötigen deshalb keine Hilfsenergie. Diese bescheinigten Barrieren haben normalerweise kein Kippverhalten. Bei Verwendung von Näherungsinitiatoren nach DIN 19234 müssen deshalb die Eingänge der Signalverarbeitungseinrichtung geeignet ausgewählt werden.

---

[11] DIN 19234 Elektrische Wegfühler mit Schaltverstärker für eigensichere Gleichstrom-Zweileitersysteme, 10/73, Beuth Verlag.

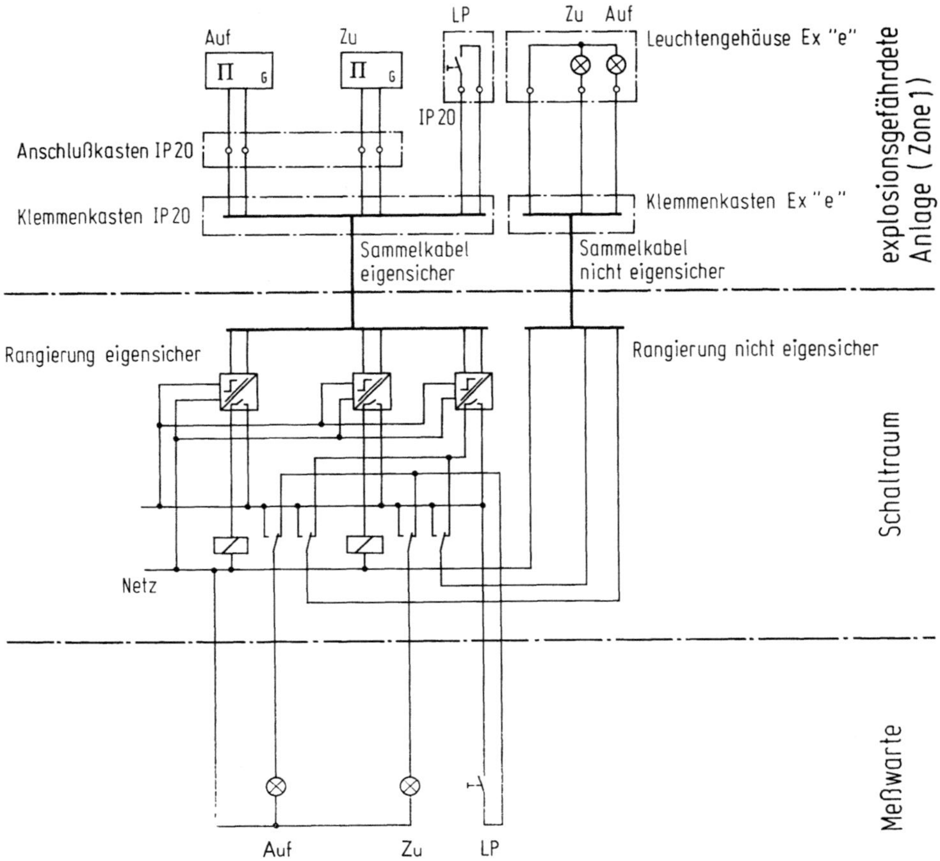

Abb. 3.14. Beispiel für die eigensichere Ex-Ausführung einer Stellungsrückmeldung Auf/Zu; LP = Lampenprüfung

3.2.6.1.2. Lösungsvorschlag 2 (Abb. 3.15)

Unter Verzicht auf gewisse Wartungs- und Instandhaltungsvorteile wird die gesamte Anlage „nicht eigensicher" installiert, um (z. B. wegen besonders langer Wege) eine möglichst geringe Leiterzahl zwischen Anlage und Schaltraum zu erreichen. Vorteilhaft ist dabei, daß nur noch eine Art Sammelleitung und eine Art Rangierverteiler benötigt wird.

Die Endlagenschalter (Näherungsinitiatoren) und der örtliche Lampenprüftaster müssen bescheinigte Betriebsmittel sein (erhöhte Sicherheit, Sonderschutz oder druckfeste Kapselung). Auch der Anschlußkasten, in dem eine Zusammenschaltung erfolgt, muß explosionsgeschützt sein. Hierfür besonders geeignet ist die Zündschutzart „erhöhte Sicherheit".

Neben der Minimierung der Leiterzahl ist bei dieser Lösung vorteilhaft, daß nur noch eine Art Kabel (nicht eigensicher) und entsprechend eine Art Rangierverteiler benötigt wird. Außerdem brauchen im Schaltraum überhaupt keine Maßnahmen für den Explosionsschutz getroffen zu werden.

Zu beachten ist, daß der Einbau des Lampenprüftasters und der örtlichen Stellungsanzeigelampen in den Anschlußkasten auch dann nicht zulässig ist, wenn diese Betriebsmittel explosionsgeschützt sind. Während in einem Anschluß-

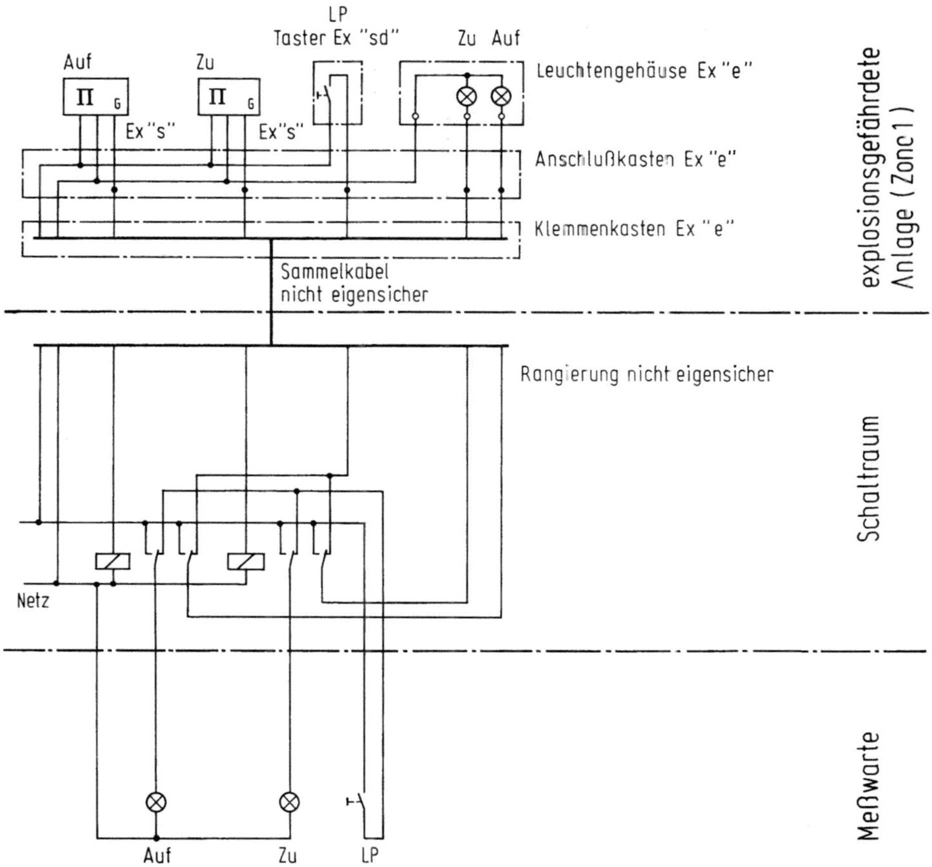

Abb. 3.15. Beispiel für die nichteigensichere Ex-Ausführung einer Stellungsrückmeldung Auf/Zu; LP = Lampenprüfung

kasten aufgrund einer Rahmenbescheinigung eine bestimmte Maximalzahl von Reihenklemmen (Ex e) und Kabeleinführungen erlaubt werden kann, ist das Aufbohren des Kastendeckels für das Einsetzen von Tastern und Leuchten eine derartige Veränderung des bescheinigten Betriebsmittels, daß eine erneute Prüfung durch einen Ex-Sachverständigen erforderlich wird. Die Zulieferindustrie stellt jedoch auch nach Kundenwünschen bestückte bescheinigte Anschlußkästen her.

Anmerkung: Im Schaltungsbeispiel (Abb. 3.15) sind keine Sicherungen eingezeichnet. Neben den allgemeinen Bestimmungen muß beachtet werden, daß für manche Betriebsmittel eine angepaßte Einzelabsicherung in den besonderen Bedingungen der Bescheinigung gefordert wird. Sicherungen müssen in einem nicht explosionsgefährdeten Raum (Schaltraum) untergebracht werden oder explosionsgeschützt ausgeführt sein.

3.2.6.2. Regelkreis mit Schnellschlußeinrichtung

Die Aufgabe lautet: Die Kesseltemperatur soll durch Dampfzufuhr auf einem vorgegebenen Wert gehalten werden. Bei Ansprechen eines Übertemperaturwächters soll die Dampfzufuhr abgesperrt werden (Schnellschluß). Der Kessel steht in einer Anlage, die als Zone 1 eingestuft ist.

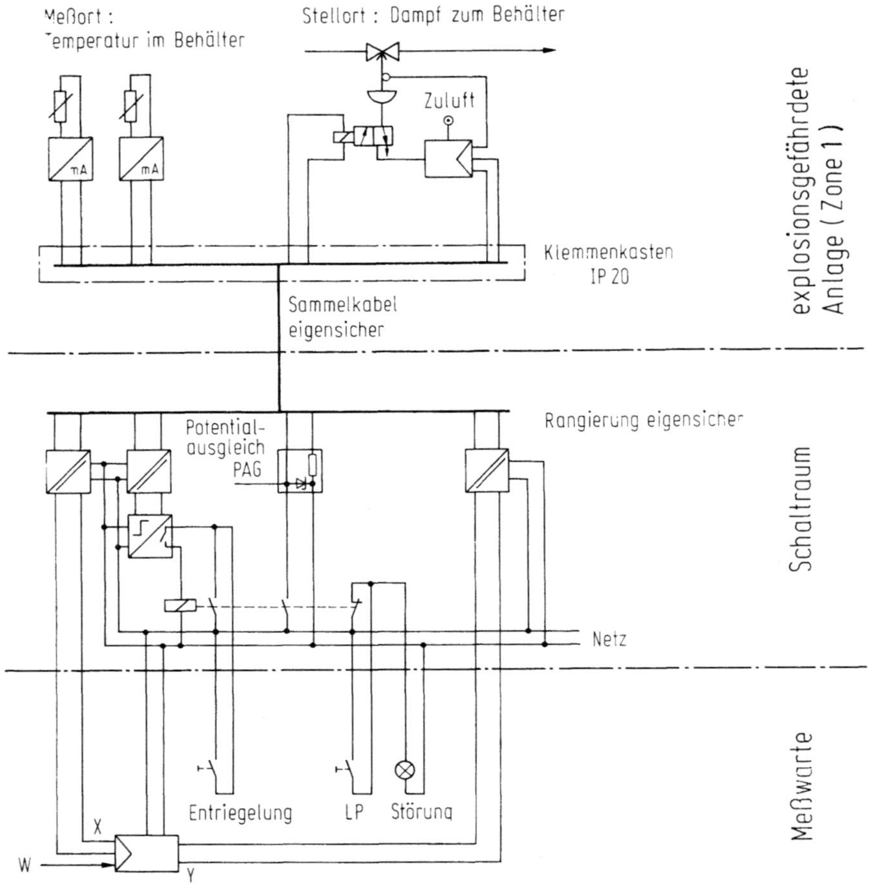

Abb. 3.16. Beispiel für die eigensichere Ex-Ausführung eines Regelkreises; LP = Lampenprüfüng, PAG = Potentialausgleich

3.2.6.2.1. Eigensichere Installation (Abb. 3.16)

Fühler: Mit zwei unabhängigen DIN-Widerstandsthermometern und mit zwei Meßumformern in 2-Leitertechnik lassen sich zwei Normsignale 4—20 mA erzeugen und über zwei eigensichere Stromkreise in den Schaltraum transportieren. Dabei müssen die Meßumformer explosionsgeschützt sein, z. B. EEx ib IIB T 5. Für die Widerstandsthermometer selbst besteht keine besondere Auflage.

Meßumformer-Speisegerät: Im Schaltraum enden bzw. beginnen die eigensicheren Stromkreise in bescheinigten Betriebsmitteln, z. B. [EEx ib] II T 5 X. Die eckige Klammer erinnert daran, daß das Betriebsmittel selbst nicht im explosionsgefährdeten Bereich installiert werden darf. Das X weist auf besondere Bedingungen in der Bescheinigung hin, z. B. daß auf der nicht eigensicheren Seite maximal eine Reihenspannung von 220 V vorkommen darf. Einschränkungen für das Verknüpfen der nicht eigensicheren Ausgangssignale bestehen nicht, vorausgesetzt daß eigensichere und nichteigensichere Anschlußleitungen gemäß VDE 0165 getrennt installiert sind.

Magnetventil: Es gibt Magnetventile, die in einem eigensicheren Stromkreis betrieben werden können, z. B. EEx ib II T 5. Wegen der geringen elektrischen

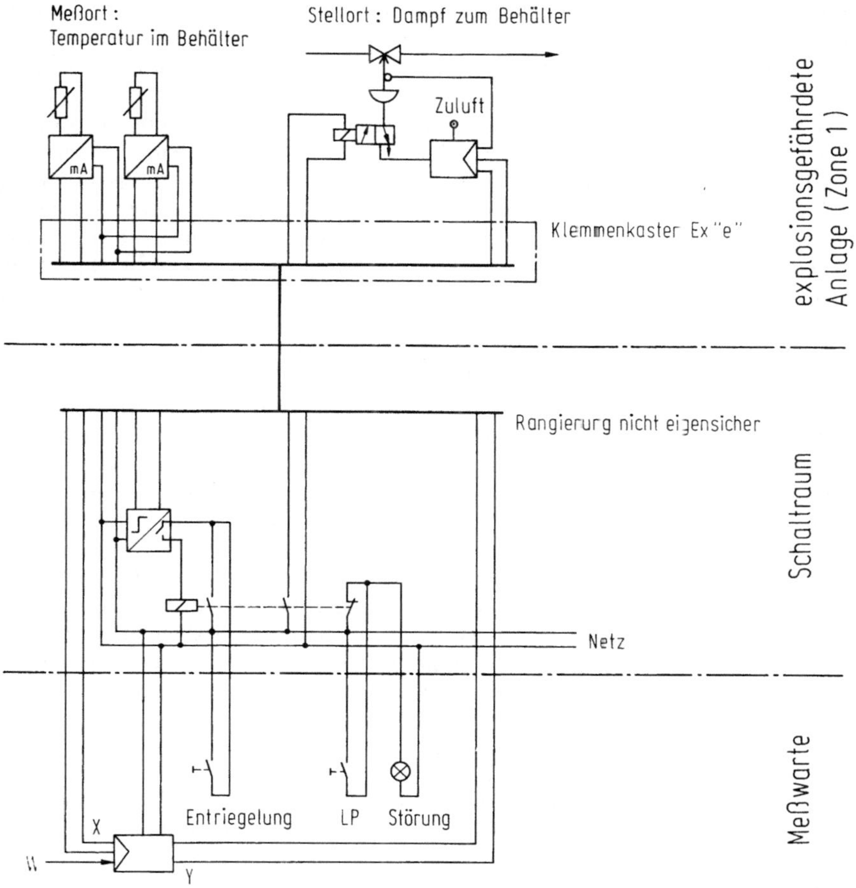

Abb. 3.17. Beispiel für die nicht eigensichere Ex-Ausführung eines Regelkreises; LP = Lampenprüfung

Leistung handelt es sich jedoch stets um pneumatisch vorgesteuerte Ventile, die nicht immer verwendbar sind.

Der Steuerstromkreis muß über eine Barriere eigensicher gemacht werden, im Beispiel eine sogenannte Zener-Barriere, für die ein Potentialausgleich (PAG) vorgeschrieben ist. Der Potentialausgleich muß zwischen allen Teilen der Anlage hergestellt werden und hat damit auch Auswirkungen auf die Erdung der Spannungsversorgung. Galvanisch trennende Barrieren können hier vorteilhaft sein.

Ventil-Stellungsregler: Wegen der pneumatischen Hilfsenergie eines elektropneumatischen Stellungsreglers läßt sich das Betriebsmittel sehr einfach in der Zündschutzart „Eigensicherheit" bauen. Es ist jedoch erforderlich, das Reglerausgangssignal über eine Barriere eigensicher zu machen. Hierfür eignen sich bescheinigte 1 : 1-Trennverstärker, die meistens auch eine galvanische Trennung des eigensicheren Ausgangs-Stromkreises vom Eingangssignal und von der Versorgungsspannung gewährleisten.

3.2.6.2.2. Andere Zündschutzarten (Abb. 3.17)

Die Abbildung zeigt im Vergleich zu der vorigen weniger Betriebsmittel. Die Trennglieder zwischen eigensicheren und nicht eigensicheren Stromkreisen im

Schaltraum können entfallen. Nicht dargestellt sind die in einigen Fällen vorgeschriebenen Einzelabsicherungen. Nicht erkennbar ist außerdem, daß an die Verbindungsleitungen im Bereich der Anlage höhere Ansprüche an die Widerstandsfähigkeit gestellt werden als im Fall der eigensicheren Installation.

Die Fühler sind auch in diesem Fall eigensicher. Der eigensichere Stromkreis geht jedoch nicht über die Meßumformer hinaus. Für die Meßumformer gelten also zwei Zündschutzarten zugleich, z. B. EEx is II T 5. Die Versorgungsspannung wird in diesem Beispiel im Bereich der Anlage verteilt, was insbesondere bei vielen nahe beieinander liegenden Meßumformern eine preiswerte Installation ermöglicht. Ein Arbeiten an den Geräten wäre jedoch nur erlaubt, wenn entweder die ganze Gerätegruppe spannungslos gemacht würde oder wenn sichergestellt ist, daß zu diesem Zeitpunkt keine Explosionsgefahr besteht (Erlaubnisschein).

Für den Klemmkasten gilt das gleiche. Er darf zwar ohne Einschränkung zu Inspektionszwecken geöffnet werden, aber nicht einmal mit bescheinigten Meß- und Prüfgeräten darf daran im eingeschalteten Zustand ohne Erlaubnisschein gearbeitet werden. Es ist auch nicht erlaubt, an dieser Stelle die angeschlossenen Betriebsmittel durch Abklemmen spannungslos zu machen, es sei denn es sind bescheinigte Trennklemmen eingebaut. Derartige Trennklemmen werden jedoch meistens nicht in die Klemmenkästen, sondern in Anschlußdosen installiert, die den Einzelgeräten zugeordnet sind.

Das Magnetventil stellt auch dann kein Problem dar, wenn größere Leistungen erforderlich sind. Mehrere hundert Watt lassen sich beherrschen. Wird die Zündschutzart „druckfeste Kapselung" verwendet, stehen außerordentlich robuste elektromagnetische Antriebe zur Verfügung. Für den Anschluß dieser Betriebsmittel gilt das gleiche wie für alle anderen nicht eigensicheren Stromkreise.

Der Ventil-Stellungsregler läßt sich zwar problemlos eigensicher betreiben. es ist jedoch zu beachten, daß der 1:1-Trennverstärker in einem anspruchsvollen Regelkreis stören kann. Deshalb sollte gerade hier sorgfältig geprüft werden. ob nicht eine andere Zündschutzart (Sonderschutz, Vergußkapselung) geeigneter ist.

Unabhängig davon, ob eigensicher oder nicht eigensicher installiert wird, muß bei der in diesem Beispiel beschriebenen Regeleinrichtung mit Schnellschluß beachtet werden, daß bei Ausfall der Hilfsenergie, also auch beim Ausfall einzelner Sicherungen, die geforderte Sicherheitsstellung eingenommen wird. Das ist bei Einzelabsicherung des zweiten Meßumformers trotz der durchgängigen Ruhestromtechnik nur gewährleistet, wenn alle möglichen Zustände der am Sicherheitskreis beteiligten Geräte sorgfältig durchdacht und die nötigen Konsequenzen gezogen werden.

3.2.7. Schlußbetrachtung

Die hier zusammengetragenen Aussagen beziehen sich nur auf einen kleinen Ausschnitt der allgemeinen Forderung nach Sicherheit, nämlich auf die Vermeidung von Zündquellen bei elektrischen Einrichtungen der Meß- und Regeltechnik, um dadurch Explosionen in Chemieanlagen zu verhindern. Selbst dieser Ausschnitt kann nicht erschöpfend dargestellt werden. Er soll vielmehr anregen, durch Sorgfalt und Einfaltsreichtum, durch Kenntnis und Beachtung von Vorschriften und anerkannten Regeln der Technik immer wieder zu versuchen, die Risiken zu verkleinern, die durch den Umgang mit explosionsfähigen Gemischen und elektrischen Betriebsmitteln entstehen.

Es muß darauf hingewiesen werden, daß beim Umgang mit brennbaren Stoffen außer Explosionsgefahren durch elektrische Betriebsmittel noch andere Risiken bestehen. Neben den hier zitierten Vorschriften zum Explosionsschutz sind deshalb zahlreiche andere Vorschriften zu beachten. In der Chemie sind besonders wichtig: Die Störfallverordnung, die Sicherheits-Richtlinie Gas, die Druckbehälter-Verordnung, die Abwasserverordnung, die VbF und eine Vielzahl von Unfallverhütungsvorschriften. Sie alle haben Auswirkungen auf die Auswahl, die Installation und den Betrieb von meß- und regeltechnischen Einrichtungen (s. Kap. 4).

Die elektrischen Installationen müssen funktionsfähig sein, besonders wenn sie der Sicherheitstechnik dienen. Sie sollen so gebaut, ausgewählt und zusammengeschaltet sein, daß sie keine zusätzliche Gefahr bewirken (z. B. Brandgefahr). Das gilt nicht nur für neu errichtete Anlagen, sondern auch für die gesamte vorgesehene Betriebsdauer. Nur durch sorgfältige und sachgerechte Instandhaltung ist dieses Ziel zu erreichen. Es ist deshalb von großer Bedeutung, daß von vorn herein nicht nur auf die billigste Ausstattung der Neuanlagen geachtet wird, sondern auch auf langzeitstabile und instandhaltungsfreundliche Instrumentierung. Vollständige und stets aktualisierte Dokumentation der meß- und regeltechnischen Einrichtungen und umfassende Ausbildung von Planungs- und Instandhaltungspersonal sind unerläßlich.

4. Anlagensicherung (Methoden, Geräte, Vorschriften)

Von G. Strohrmann, Marl

4.1. Einleitung

Unter Anlagensicherung ist im folgenden die Sicherung von Chemieanlagen gegen definierte Fehlzustände zu verstehen. Sie soll soweit behandelt werden, wie dabei Mittel der MSR-Technik Anwendung finden.

Das so abgegrenzte Gebiet der Anlagensicherung hat in den letzten Jahren stark an Bedeutung gewonnen, es macht einen nicht unwesentlichen Teil der MSR-Technik aus. Die Ursachen für diese Entwicklung sind:

- Die Abmessungen moderner Chemieanlagen mit hohem Energieinhalt und großen Stoffströmen. Dies bedingt große potentielle Gefährdungsbereiche und Einschränkungen bezüglich des Einsatzes konventioneller Sicherheitseinrichtungen (z. B. von Sicherheitsventilen).
- Extreme Betriebszustände, wie sehr hohe oder sehr tiefe Temperaturen, hohe Betriebsdrücke oder starke Beanspruchung durch Korrosionen. Auch sie schränken den Einsatz konventioneller Sicherungseinrichtungen ein.
- Hohe Energie- und Rohstoffkosten. Sie zwingen dazu, die zulässigen Betriebsbereiche optimal auszunutzen bei gleichzeitig sicherer Garantie gegen Überschreiten deren Grenzen.
- Weitgehende Rationalisierung. Sie erhöht stark den Umfang an Melde- und Abschalteinrichtungen.
- Hohes Sicherheitsbewußtsein unserer Gesellschaft und das Bedürfnis nach Schutz vor wirtschaftlichem Schaden.

Mit dem Gebiet der Anlagensicherung mit Mitteln der MSR-Technik beschäftigen sich u. a. Ausschüsse der VDI/VDE-GMR[1], der DKE[2] und der IEC[3]. Weil für die Lösung von Sicherheitsaufgaben hilfsenergiefreie Mittel oft nicht ausreichen, greifen in das Gebiet auch zunehmend Vorschriften und Verordnungen ein. Der Beitrag berücksichtigt nur Einrichtungen und Hilfsmittel der konventionellen MSR-Technik. Wegen systemtechnischer bzw. rechnerunterstützter Hilfsmittel wird auf Band IV, Kap. 10, verwiesen.

4.2. Aufgabenstellung

Anlagensicherung soll die Anlagen im Gutzustand halten, sie soll Fehlzustände verhindern. Eine Chemieanlage ist nach VDI/VDE 2180[4] im Gut*zustand*, wenn die Werte aller ihrer Betriebsgrößen (Druck, Durchfluß, Temperatur, Füllstand usw.)

---

[1] VDI/VDE-Gesellschaft Meß- und Regelungstechnik.
[2] Deutsche Elektrotechnische Kommission.
[3] International Electrotechnical Commission.
[4] VDI/VDE-Richtlinie 2180, Sicherung von Anlagen der Verfahrenstechnik.

in ihren Gut*bereichen* liegen. Der Gutbereich ist der für Werte einer Betriebsgröße vorgesehene Bereich. Er ist so bestimmt, daß die Anlage keinen über die vorgesehene Abnutzung hinausgehenden Schaden nimmt und Güte und Menge der Erzeugnisse den vorgesehenen Anforderungen entsprechen. Wenn ein Betriebswert außerhalb des Gutbereiches liegt, befindet er sich im Fehlbereich.

Bei den Fehlzuständen von Chemieanlagen unterscheidet VDI/VDE 2180[4] zwischen zulässigem und unzulässigem Fehlzustand. Der zulässige Fehlzustand ist gegeben, wenn zwar eine oder mehrere Betriebswerte außerhalb ihres Gutbereiches liegen, Anlage und Erzeugnisse jedoch noch keinen wesentlichen Schaden erleiden. Es ist gewissermaßen ein Zustand erhöhter Alarmbereitschaft mit der Forderung nach Handlung.

Unzulässige Fehlzustände sind gegeben, wenn

- Leib und Leben von Menschen gefährdet,
- die Umwelt geschädigt,
- Apparate, Maschinen und Rohrleitungen zerstört oder
- Produktionsergebnisse durch Abweichen von der Spezifikation gemindert

werden können.

Beispiele für unzulässige Fehlzustände und ihre Wirkungen sind: Zu hohe Drücke, die Apparate bersten lassen; zu hohe Temperaturen, die Reaktionen unzulässig beschleunigen; zu hohe Füllstände, die Behälter überlaufen lassen oder zu hohe Drehzahlen, die Maschinen zerstören. Auch Tiefwerte dieser Verfahrensgrößen können zu unzulässigen Fehlzuständen führen: So können bei zu tiefen Temperaturen Materialien verspröden oder durch Eisbildung Rohrleitungen auseinanderbrechen; zu niedrige Schmieröldrücke können Verdichter beschädigen, oder zu tiefe Gasbehälterstände können zum Einsaugen des Behälters führen.

Durchflüsse müssen überwacht werden, damit sich z. B. keine unzulässigen Mischungsverhältnisse ergeben. Wichtig ist auch die Flammenüberwachung. Sie soll verhindern, daß nach Erlöschen von Brennern Gasgemisch weiter einströmt und sich an heißen Ofenwänden explosionsartig entzündet. Große Bedeutung hat auch die Überwachung von Gas-, Dampf- und Staubgemischen in Apparaturen und in der Umgebungsluft auf hinreichenden Abstand von den Explosionsgrenzen.

Auch der Ausfall von Verdichtern und Pumpen kann unzulässige Fehlzustände zur Folge haben, wenn keine geeigneten Gegenmaßnahmen eingeleitet werden: Beim Ausfall von Kreisgasverdichtern, z. B. für Ethylenoxid, könnten sich explosible Gemische oder beim Ausfall von Kühlwasserpumpen gefährliche Temperaturerhöhungen einstellen. Schließlich sind noch für den Prozeßzustand ungeeignete Lagen von Stell- und Schalteinrichtungen zu unterbinden; z. B. das unzulässige Öffnen eines für eine Regenerationsphase erforderlichen Luftschiebers während der Reaktionsphase. Dadurch kann Luft plötzlich in heiße Kohlenwasserstoffe einströmen.

Die Anlagensicherung soll aber nicht nur Fehlzustände *vermeiden*, sondern auch deren *Auswirkungen einschränken*. Falls trotz bester Anlagensicherung doch Brände, Explosionen oder Ausbrüche gefährlicher Gase entstehen, so müssen mögliche Gefährdungen in Grenzen gehalten werden. Dabei hat die MSR-Technik eine wesentliche Funktion zu erfüllen: Das Prozeßleitsystem muß soweit funktionsfähig bleiben, daß die Mannschaft in der Lage ist, den Prozeß in einen sicheren Zustand zu bringen. Die Bedienungsmannschaft muß sich in der Prozeßleitwarte so sicher fühlen, daß sie noch mit Überlegung gezielte Maßnahmen treffen kann. Es sind dabei Behälter mit brennbarem Inhalt zu entleeren, andere Behälter zu entspannen, die Heizungssysteme zurück- und die Kühlsysteme hochzufahren, Produktzugänge abzustellen sowie Lösch- und Spüleinrichtungen in

Betrieb zu nehmen. Für alle diese Maßnahmen, die in vielen Fällen nur gezielt und zeitlich versetzt, aber nicht schlagartig durchgeführt werden dürfen, müssen dem Bedienungspersonal die erforderlichen Informationen vom Prozeß und die erforderlichen Eingriffsmöglichkeiten erhalten bleiben. Deshalb sind die Hilfsenergieversorgungen, die Kabel und Leitungen für die Meß- und Stellsignale, die Meßumformer und Stellglieder so zu schützen, daß sie äußeren Einwirkungen wenigstens so lange standhalten, wie dies zum Abstellen der Anlage erforderlich ist.

Die Maßnahmen gegen Fehlzustände werden zum größten Teil in Eigenverantwortung, zum Teil auch aufgrund behördlicher Auflagen getroffen (s. Abschnitt 4.6.).

4.3. Arbeitsweise von Sicherungseinrichtungen

Die technischen Mittel zur Anlagensicherung werden Sicherungseinrichtungen genannt. Sie messen die Betriebsgrößen und vergleichen ihre Werte mit vorgegebenen Grenzwerten. Vom Ergebnis des Vergleiches abhängig sind dann Sicherungsmaßnahmen einzuleiten.

Grundsätzlich ist es möglich, Fehlzustände zu melden oder bei Grenzwertüberschreitung automatisch auf den Prozeß einzuwirken:

Wie in Abschnitt 4.7.2.1. beschrieben wird, gibt es *Einzelmeldungen* mit fester Zuordnung des Zustandes des Melders zum Betriebszustand. Man unterscheidet außerdem *Neuwertmeldungen*, die aus einer Gruppe von Grenzsignalen alle diejenigen hervorheben, die sich seit der letzten Quittierung geändert haben, und *Erstwertmeldungen*, die aus einer Gruppe von Grenzsignalen dasjenige hervorheben, das sich zuerst geändert hat.

Im Fall kritischer unzulässiger Fehlzustände wird man versuchen, automatisch auf den Prozeß einzuwirken. Dies kann in Stufen geschehen: Zunächst begrenzend, d. h. die Stoff- und Energieströme sind so zu beeinflussen, daß der Prozeß an der Grenze des Gutbereiches oder im zulässigen Fehlbereich bleibt. In der nächsten Stufe wird die Anlage abgeschaltet und i. allg. von Versorgungs- und Entsorgungsleitungen sowie von vor- und nachgeschalteten Betrieben getrennt. Schließlich ist es möglich, die Anlage zu entspannen, zu inertisieren oder zusätzlich zu kühlen. Diese Eingriffsmaßnahmen wirken entweder sofort oder über eine Zeit- oder Folgesteuerung.

Um automatischen Eingriffen zuvorzukommen, werden meist Meldeeinrichtungen vorgesehen, die bei Grenzwerten ansprechen, die näher am Gutbereich liegen, sogenannte Voralarme. Sie sind besonders dann vorteilhaft, wenn die Betriebszustände sich so langsam ändern, daß der Bedienungsmannschaft zwischen Voralarm und automatischem Eingriff Zeit bleibt, den Prozeß in den Gutzustand zurückzuführen.

Es gibt aber auch unzulässige Fehlzustände, denen nicht durch automatische Maßnahmen begegnet werden kann. Bei Ausbruch giftiger Gase ist es z. B. nur durch Warnsignale möglich, Schädigungen der Bedienungsmannschaft zu vermeiden. Hier werden besonders auffällige, sich aus der Masse hervorhebende Sicht- und Hörmelder verwendet.

Die Elemente der Sicherungseinrichtungen zeigt Abb. 4.1. Sie sind — dem Signalfluß folgend —: Aufnehmer (z. B. Thermoelement, Meßblende), Meßumformer, Meßsignalkanal, Grenzsignalgeber, Grenzsignalkanal, Signalverarbeitung (Melde-, Quittier-, Registriereinrichtungen und logische Elemente zum

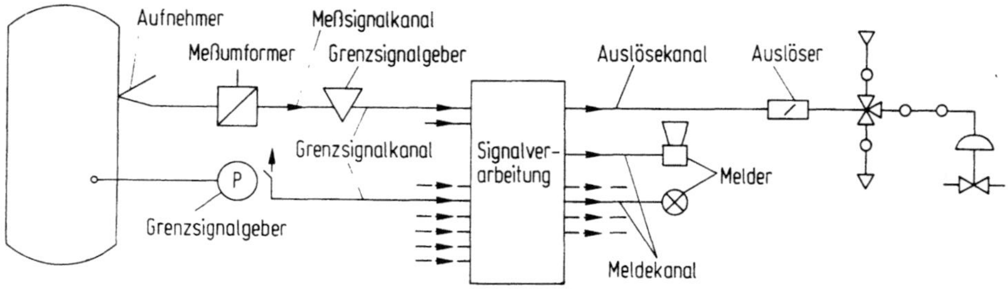

Abb. 4.1. Elemente der Sicherungseinrichtungen.

Einleiten von Eingriffen), Meldekanal, Melder (Sicht- und Hörmelder), Auslösekanal und Auslöser. Das Aufteilen in Signalkanäle ist vorteilhaft für die Beschreibung mehrkanaliger (redundanter) Systeme (s. Abschnitt 4.4.1.4.).

Sicherungseinrichtungen arbeiten vorwiegend mit binären Signalen. Wichtige Signale sind z. B. Grenzsignal, Meldesignal, Auslösesignal.

Von besonderer Bedeutung für Sicherungseinrichtungen ist ihr Verhalten bei Störungen in den Geräten und bei Ausfall der Hilfsenergie. Es ist zu unterscheiden zwischen

— *aktiven* (funktionsauslösenden oder selbstmeldenden) Fehlern und
— *passiven* (funktionshemmenden oder nichtselbstmeldenden) Fehlern.

Beim Auftreten aktiver Fehler gibt die Sicherungseinrichtung zwangsläufig ein Fehlsignal aus: Es wird eine Grenzwertüberschreitung gemeldet oder eine Abschaltung eingeleitet.

Passive Fehler melden sich nicht selbst. Sie können — soweit sie nicht durch Beobachtung erkennbar sind — nur durch automatische oder manuelle Prüfungen gefunden werden.

Mit geeigneten Schaltungen kann erreicht werden, daß automatisch erfaßbare passive Fehler wie aktive wirken, abhängig vom Anwendungsfall, auch mit entsprechenden Verzögerungen.

Bei nicht automatisch erfaßbaren passiven Fehlern hat — wie noch dargestellt wird — die Fehlererkennungszeit große Bedeutung für die Sicherheit der Anlage.

4.4. Zuverlässigkeit und Sicherheit

Sicherungseinrichtungen sollen zuverlässig arbeiten und sicher wirken. Diese Forderung wird von Geräten und Systemen erfüllt, die robust aufgebaut und so konzipiert sind, daß Gerätefehler die Anlage in einen sicheren Zustand führen. Gerätetechnische und organisatorische Maßnahmen müssen darüber hinaus bewirken, daß die durch verbleibende Fehler bedingte Unverfügbarkeit der Sicherungseinrichtung so gering bleibt, daß ein damit verbundenes Restrisiko tragbar ist.

4.4.1. Zuverlässigkeits- und Sicherheitskonzepte

Um das Sicherungssystem der geforderten Zuverlässigkeit und Sicherheit anzupassen, gibt es mehrere Konzepte. Sie werden vielfach gleichzeitig angewandt.

4.4.1.1. Zuverlässigkeit

Zuverlässigkeit bedeutet das Erfüllen der gewünschten Funktion für eine bestimmte Zeit unter festgelegten Bedingungen. Maßzahl für die Zuverlässigkeit ist der mittlere Ausfallabstand MTBF (Mean Time Between Failures). Als Maßzahl kann auch dessen Kehrwert, die Ausfallrate λ gewählt werden, die die Dimension Ausfälle pro Zeiteinheit hat. Im allgemeinen ist es wichtig anzugeben, auf welche Fehler sich die Zuverlässigkeitswerte beziehen; hierbei ist zwischen den aktiven und passiven Fehlern zu unterscheiden. Näherungsweise wird bei quantitativen Betrachtungen meist eine Exponentialverteilung der Lebensdauern angenommen, woraus folgt, daß die Zuverlässigkeitswerte MTBF oder λ zeitlich konstant sind.

Die Forderung nach Zuverlässigkeit kann nur mit robusten und bewährten Geräten oder Gerätesystemen erfüllt werden. Baumusterprüfungen oder andere Gerätetests haben eine relativ geringe Aussagekraft, weil Sicherungseinrichtungen im allgemeinen nur sehr selten ansprechen müssen und ihre Verfügbarkeit sich daher nicht zeitraffend ermitteln läßt. Besonders bei neuen Geräten ist also nur schwer eine Aussage über ihre Zuverlässigkeit möglich. Der Anwender ist mehr oder weniger auf eine qualitative Beurteilung angewiesen, wobei er Erfahrungen mit ähnlichen Geräten oder Gerätekonzepten zur Beurteilung heranziehen kann. Statistische Erfahrungswerte lassen sich im allgemeinen erst nach mehrjährigem Einsatz ermitteln. Sie sind von den Umgebungsbedingungen am Einsatzort abhängig und lassen sich nicht ohne weiteres auf andere Anwendungsfälle und auf Gerätefortentwicklungen (die in mehrjährigen Intervallen zu erwarten sind) oder auf andere Geräte übertragen. Im voraus leichter quantifizierbar ist lediglich die Zuverlässigkeit elektronischer Bauelemente, da auf diesem Gebiet statistische Erfahrunswerte vorliegen.

Sicherungseinrichtungen müssen nach dem Prinzip des „worst-case-design“ dimensioniert, d. h. dem ungünstigsten Zusammentreffen aller vorgesehenen Belastungen gewachsen sein. Derartige Belastungen sind: extreme Temperaturen, hohe Luftfeuchte, mechanische Beschädigungen, Erschütterungen, Einwirkungen von Bränden oder Blitzeinschlag, starker Staubanfall und Überflutungen, aber auch Störeinwirkungen durch Überspannungen und durch elektromagnetische Felder.

Eine weitere Möglichkeit, die Zuverlässigkeit zu verbessern, bietet die Wahl einer geeigneten Struktur des Sicherungssystemes. Zugeschnitten auf die Anlagenorganisation werden zentrale oder dezentrale, hierarchische oder parallele Strukturen oder Teilstrukturen des Systems entworfen, um den Einfluß einer Störung lokal oder funktional zu beschränken.

Schließlich können noch Sperren gegen Fehlerfortpflanzung im Signalverarbeitungsweg vorgesehen werden. Hier sei die galvanische Trennung von Sicherungseinrichtungen untereinander genannt.

In die Zuverlässigkeitsbetrachtungen und -maßnahmen sind auch die Einrichtungen zur Versorgung mit Hilfsenergie einzubeziehen.

4.4.1.2. Fehlersicherheit

Fehlersicher oder „fail-safe“ wird das Ausfallverhalten eines Gerätes oder einer Gerätegruppe genannt, wenn sich beim Ausfall ein sicherer Zustand der Anlage einstellt. Das fehlersichere Verhalten kann sich immer nur auf einen oder mehrere *vorher festgelegte* Fehler beziehen. Abbildung 4.2 zeigt als Beispiel das Verhalten der Überdrucksicherung eines Reaktors. Als wahrscheinlicher Fehler wurde angenommen, daß sich die Leitung zwischen Reaktor und Druckschalter verstopft. Dieser Fehlermöglichkeit wird durch Stickstoffspülung der Meßleitung begegnet.

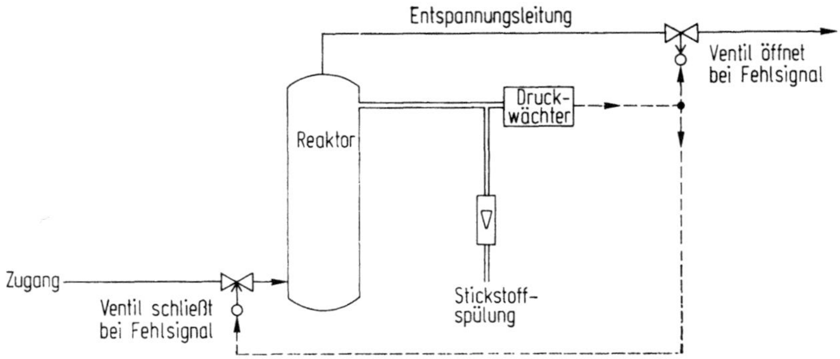

Abb. 4.2. Fail-safe-Verhalten der Überdrucksicherung eines Reaktors.
Die Anordnung ist „fail safe" gegen Verstopfung der Meßleitung und gegen Ausfall der Hilfsenergie.

Damit erhöht sich zunächst die Zuverlässigkeit der Einrichtung. Sollte der Anschlußstutzen für den Druckschalter dennoch verstopfen, so steigt durch den Spülstickstoff der Druck im Druckschalter, dieser gibt ein Fehlsignal aus, und der Reaktor entspannt sich. Die Sicherheit der Anlage wird durch das Verhalten nicht in Frage gestellt, die Verstopfung führt allerdings zur Unterbrechung der Produktion. Die im Bild gezeigte Anordnung ist nicht fehlersicher gegen alle Fehler: Ein Bruch der Meßleitung würde z. B. nicht bemerkt und die Einrichtung dann bei Druckanstieg die Abschaltung nicht einleiten. Dieser Zustand wird gelegentlich auch mit „fail danger" bezeichnet. Selbstverständlich läßt sie sich auch gegen Bruch der Leitung sichern, z. B. durch Überwachen auf Druckabfall und Abschalten, wenn ein Mindestdruck unterschritten wird.

Vom fehlersicheren Verhalten wird — besonders auf den Fehler des Hilfsenergieausfalles bezogen — weitgehend Gebrauch gemacht. So nehmen z. B. pneumatische Stellgeräte bei Ausfall der Druckluft durch Federwirkung einen definierten Ruhezustand ein: Abhängig von der Art des Antriebes können die Ventile dabei geschlossen oder voll geöffnet sein. Der Ruhezustand wird so gewählt, daß sich bei Hilfsenergieausfall in der Chemieanlage kein Fehlzustand ergibt. Hier ist zu bedenken, daß dies nur für Totalausfall der pneumatischen Hilfsenergie zutrifft. Die Auswirkungen von Druckabsenkungen oder von Ausfällen nur in bestimmten Teilbereichen lassen sich schwer vorhersehen, so daß man bei diesen Fehlern oft vorsorglich eine Abschaltung einleitet. Ähnliches gilt für Geräte, die mit elektrischer Hilfsenergie arbeiten.

Die marktgängigen Geräte werden nach Möglichkeit fehlersicher auch gegen andere Fehler ausgelegt, z. B. gegen Übergangswiderstände an Kontakten, gegen Leitungsunterbrechung oder Kurzschluß. Besonders binär arbeitende elektronische Sicherungssysteme lassen sich „sicher" gegen alle vorher genannten — vereinbarten — Fehler auslegen. Diese Geräte mit „vereinbarter Sicherheit"[5] nutzen dazu auch die im folgenden beschriebenen Prinzipien der Redundanz, Extremwertauswahl und Antivalenz aus.

So bestechend das Prinzip Fehlersicherheit an sich erscheint, so ist es doch für den Einsatz in Chemieanlagen nicht immer problemlos anwendbar. Manche Anlagen lassen sich nämlich nicht schlagartig ohne Gefahr abstellen, weiterhin

[5] Siehe VDI/VDE-Richtlinie 3541, Steuerungseinrichtungen mit vereinbarter gesicherter Funktion.

ist ein unnötiges Abstellen und das damit verbundene schwierige Wiederinbetriebnehmen oft gefährlicher als ein Weiterfahren und schließlich ist schwer zu überblicken, was geschieht, wenn nur eine von mehreren Sicherungseinrichtungen auf die Anlage wirkt, während alle anderen Einrichtungen ihren Zustand beibehalten.

4.4.1.3. Selbsthaltung

Der Sicherheit dient auch eine oft nicht klar genug erkannte Maßnahme, die Selbsthaltung von Auslösesignalen. Selbsthaltung bedeutet, daß das dem Fehlzustand der Anlage zugeordnete Auslösesignal solange erhalten bleibt, bis es von Hand über einen Schalter oder einen Schlüsselschalter zurückgesetzt wird. Oft ist dafür zusätzlich das Gutsignal eines anderen Grenzwertgebers Voraussetzung. Ein einleuchtendes Beispiel ist die Ölmangelsicherung eines Verdichters. Fällt der Verdichter durch Ölmangel aus, so ist es in den meisten Fällen nicht angebracht, ihn selbsttätig wieder anlaufen zu lassen, wenn die Hilfsölpumpe den Öldruck wieder in den Gutbereich gebracht hat. Aber auch bei weniger offenkundigen Sachlagen kann ein selbsttätiger Übergang in die Betriebsstellung, z. B. bei einer Regelstrecke, sehr schwerwiegende Folgen haben. Es ist also nicht nur zu überlegen, wie die Sicherungseinrichtung wirkt, wenn der Fehlzustand erreicht ist, sondern genauso sorgfältig darüber nachzudenken, wie der Übergang in den Gutzustand zu geschehen hat.

Beispiele für die Abhängigkeit des Rücksetzens von einem anderen Grenzwert finden sich bei den Stellsignalen für pneumatische Regelventile: Vor Inbetriebnahme der Anlage nach einer Notauslösung muß oft sichergestellt sein, daß wichtige Regelventile nicht gleich voll öffnen oder in Einzelfällen auch nicht gleich voll schließen, wenn das Auslösesignal zurückgesetzt wird. Druckschalter in den pneumatischen Leitungen können dafür sorgen, daß die Stellsignale auf für das Anfahren sichere Werte gebracht wurden, ehe das Rücksetzen wirksam wird.

4.4.1.4. Redundanz

Redundanz bedeutet die Verarbeitung einer Betriebsgröße durch mehrere parallel wirkende gleichartige Sicherungseinrichtungen. In der Variante *Diversität* unterscheiden sich die Einrichtungen durch ihren Aufbau und nach Möglichkeit auch durch den Übertragungsweg, in der Variante *Antivalenz* durch ihren Schaltzustand. Diversität und Antivalenz erhöhen die Zuverlässigkeit oder Sicherheit paralleler Anordnungen, weil bei diesen Prinzipien die Wahrscheinlichkeit, daß in jedem Kanal der gleiche Fehler auftritt, gering ist: Ein Kurzschluß oder eine Leitungsunterbrechung führen mindestens in einem Kanal einer antivalenten Gruppe zum fail-safe-Zustand, hohe Temperaturen oder große Luftfeuchtigkeit beeinflussen mit pneumatischer und elektrischer Hilfsenergie betriebene diversitäre Signalkanäle nicht in gleicher Weise.

Redundante Systeme können den Einfluß passiver und aktiver Fehler der Sicherungseinrichtungen auf die Chemieanlage mindern. Die Minderung ist quantifizierbar, für Zuverlässigkeitsaussagen des Gesamtsystemes müssen allerdings die Zuverlässigkeitsdaten der Einzelsysteme bekannt sein. Die quantitativen Zusammenhänge werden in 4.4.2. aufgezeigt.

Ob der Einfluß aktiver oder der Einfluß passiver oder gar der beider Fehlerarten durch die parallelen Anordnungen gemindert wird, hängt von der Bewertung ab. Hierbei ist festzulegen, wie zu entscheiden ist, wenn sich die Ausgangssignalzustände der parallelen Anordnungen unterscheiden. Am bekanntesten und gebräuchlichsten ist ein Mehrheitsentscheid, die m-von-n-Bewertung: Wenn mindestens m von n vorhandenen Einzelsystemen *Fehlsignale* ausgeben, gibt auch das Gesamtsystem *Fehlsignal* aus.[6] In Chemieanlagen werden meist nicht mehr als drei parallele Systeme vorgesehen (d. h. $n \leq 3$), und am gebräuchlichsten sind 1-von-2-, 2-von-2- und 2-von-3-Bewertungen. Auch die noch übrigbleibenden 1-von-3- und 3-von-3-Bewertungen sind anzutreffen, meist allerdings nicht für den gesamten Verarbeitungsweg.

Wichtig ist auch zu überlegen, an welcher Stelle des Verarbeitungsweges die Bewertung geschehen soll. Am naheliegendsten wäre es zunächst, die Bewertung bei den Auslösern vorzunehmen, was mit großem Aufwand verbunden sein kann (Abb. 4.3). Geschieht dagegen — was meist der Fall ist — die Bewertung an einer im Signalweg weiter vorn liegenden Stelle, so muß noch überlegt werden, wie der Rest des redundanten Signalweges zu bewerten ist. In Abb. 4.4 ist dargestellt, daß statt der 2-von-3-Bewertung auf der Meß- und Grenzsignalseite bei den Auslösern eine 1-von-2-Bewertung gewählt wurde. Eine konsequente 2-von-3-Bewertung ist es dann zwar nicht mehr, einem gewissen Gewinn an Sicherheit der Verfahrensanlage steht eine u. U. größere Einschränkung ihrer Verfügbarkeit gegenüber. Es kann nicht generell gesagt werden, ob eine Bewertung am Ende der redundanten Kanäle oder häufigere abschnittsweise angeordnete Bewertungen günstigere Ergebnisse bringen. Bei 1-von-n-Systemen z. B. wirken sich passive Fehler weniger aus, wenn abschnittsweise bewertet wird, während die Wirkung aktiver Fehler unverändert bleibt. Durch Einfügen der Verbindungsleitung in Abb. 4.4 ist die Abschaltung auch dann noch wirksam, wenn in der 2-von-3-Bewertung Nr. 1 und in dem Ventil Nr. 2 je ein passiver Fehler aufgetreten ist.

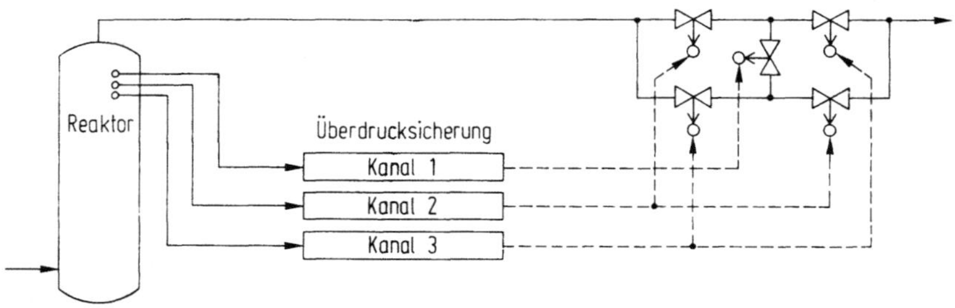

Abb. 4.3. Reaktorsicherung in 2-von-3-Bewertung.
Bei konsequenter Auslegung sind zur Erfüllung dieser Aufgabe mindestens fünf Stellgeräte erforderlich.

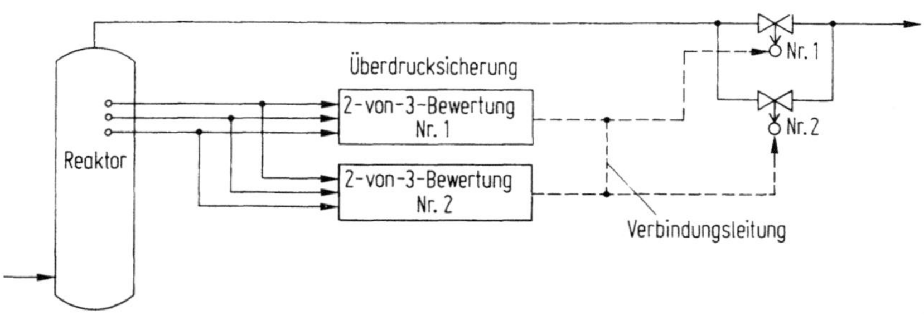

Abb. 4.4. Reaktorsicherung in 2-von-3-Bewertung der Grenzsignale und 1-von-2-Bewertung der Auslösesignale.
Durch die Verbindungsleitung werden zusätzliche passive Fehlerkombinationen toleriert.

[6] Oft geht man bei den Betrachtungen auch vom Gutsignal aus: Wenn mindestens m von n vorhandenen Einzelsystemen *Gutsignale* ausgeben, gibt auch das Gesamtsystem *Gutsignal* aus. Bei Übergang von einer zu der anderen Betrachtungsweise ist m durch $n - m + 1$ zu ersetzen. Aus einem 1-von-n-System wird z. B. ein n-von-n-System.

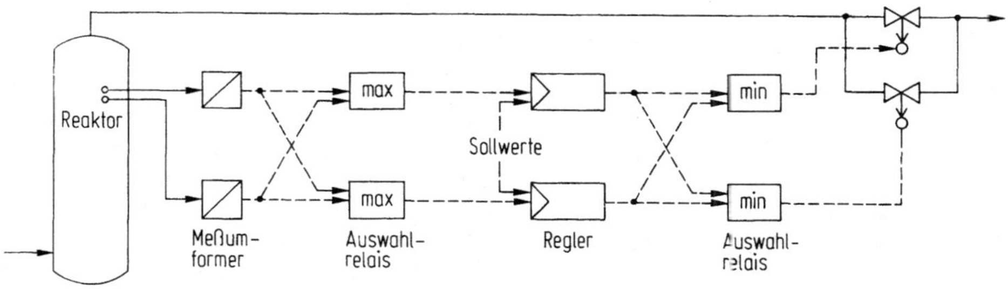

Abb. 4.5. Sicherheitsgerichtete Druckregelung in Extremauswahl.
Eine zweikanalige pneumatische Druckregelung ist über Auswahlrelais so verschaltet, daß jeweils das Signal den Vorrang hat, das den niedrigeren Reaktordruck zur Folge hat.

Eine andere Möglichkeit ist, die Auswahl nach dem physikalischen Wert des Signals zu treffen. Bei der Extremwertauswahl hat jeweils der für das Sicherungsziel günstigste Wert den Vorrang. Das kann, wie in Abb. 4.5 gezeigt, sowohl das Signal mit dem höchsten als auch das mit dem niedrigsten Wert sein. Im Beispiel ist eine zweikanalige Druckregelung dargestellt, die über Extremwertglieder so vermascht ist, daß jeweils das Signal mit dem für die Anlage sicheren Wert eingreift. Für den Reaktor ist eine unnötige Entspannung sicherer als ein unnötiges Absperren der Entspannungsleitungen, und Vorrang hat auf der Meßseite deshalb zunächst der größere Istwert. Da die Ventile bei Ausfall der Hilfsenergie öffnen, wird auf der Stellseite der niedrigere Stellwert ausgewählt.

4.4.1.5. Prüfung

Von den bisher beschriebenen Prinzipien dient die Zuverlässigkeit der Vermeidung von Fehlern von Sicherungseinrichtungen, die Sicherheit dagegen der Vermeidung gefährlicher Auswirkungen von aktiven Fehlern dieser Einrichtungen. Noch anders wirkt die Redundanz; sie kann gefährlichen Einfluß von Einzelfehlern verhindern oder verzögern.

Unwirksam sind diese Prinzipien im allgemeinen gegen passive Fehler. Auch Einrichtungen mit vereinbarter Sicherheit sind unwirksam, wenn als unwahrscheinlich angesehene passive Fehler auftreten, und passive Fehler machen auch redundante Systeme auf die Dauer wirkungslos.

Gegen passive Fehler hilft nur die Prüfung der Sicherungseinrichtung, d. h. der Gefahrenfall wird simuliert und dabei beobachtet, ob die Einrichtung die gewünschte Reaktion zeigt. Die Prüfungen können manuell oder selbsttätig geschehen. Sie können sowohl zyklisch als auch von Signalwerten abhängig oder sie können bei besonderen Anlagezuständen initiiert werden.

Bei der selbsttätigen Prüfung ist es oft problematisch, den gesamten Verarbeitungsweg vom Aufnehmer bis zum Auslöser relevant zu erfassen: Für die Funktion elektronischer, binär arbeitender Elemente lassen sich leichter Prüfeinrichtungen finden als für die Funktion eines Druckentnahmestutzens oder eines Stellventiles. Für die manuellen Prüfungen bedeutet dies, daß der Aufwand für die Prüfung mit deren Relevanz stark zunimmt. Auf manuelle Prüfungen wird in Abschnitt 4.8. eingegangen.

Ein geprüftes Gerät kann unmittelbar nach der Prüfung ausfallen, sie kann also einen Ausfall nicht verhindern. Daraus könnte geschlossen werden, daß Prüfungen die Sicherheit der Chemieanlagen nicht verbessern. Dies trifft aber nicht zu. Wie noch gezeigt wird, vermindern periodische Prüfungen mit — selbstverständlich — anschließender Mängelbehebung die für das Restrisiko maßgebliche Größe *Unverfügbarkeit* der Sicherungseinrichtung.

4.4.2. Einfluß der Geräteunzuverlässigkeit auf das *Restrisiko*

Sicherungseinrichtungen sollen verhindern, daß — im allgemeinen spontan auftretende — Grenzwertüberschreitungen der Betriebsgrößen die Chemieanlage in einen unzulässigen Fehlzustand bringen. Trotz aller Maßnahmen zur Erhöhung ihrer Zuverlässigkeit und Fehlersicherheit muß angenommen werden, daß Fehler übrigbleiben, die Einfluß auf die Sicherheit der Chemieanlage haben. Es bleibt ein Restrisiko, das — ausgedrückt als Wahrscheinlichkeit eines durch einen Fehler in der Sicherungseinrichtung bedingten unzulässigen Fehlzustandes — zwar nicht völlig beseitigt, aber auf einen hinreichend niedrigen Wert gebracht werden kann.

Sehr unterschiedlich — sowohl auf nationaler als auch auf internationaler Ebene — sind die Meinungen über den Wert *quantitativer* Aussagen über das Restrisiko, das beim Betrieb einer Chemieanlage bleibt. Beim Abschätzen des Restrisikos müssen mangels gesicherter statistischer Zahlenwerte derartig viele Annahmen gemacht werden, daß das Ergebnis mit einem sehr breiten, kaum abzuschätzenden Streubereich behaftet bleibt[7–13].

Für *relative* Aussagen, vor allem über die Wirksamkeit alternativer Lösungen von MSR-Sicherungsaufgaben können quantitative Betrachtungen durchaus von Wert sein. Sie erleichtern es, bei Vorliegen einigermaßen gesicherten statistischen Zahlenmaterials den Einfluß von Gerätezuverlässigkeit, Prüfhäufigkeit und Redundanz auf die Wahrscheinlichkeit des unzulässigen Fehlzustandes einer Chemieanlage abzuschätzen.

4.4.2.1. Wahrscheinlichkeit des unzulässigen Fehlzustandes

Ein wegen eines Gerätefehlers nicht verhinderter unzulässiger Fehlzustand einer Chemieanlage stellt sich ein, wenn Betriebsgrößen Werte im Fehlbereich einnehmen und gleichzeitig die Sicherungseinrichtung nicht verfügbar ist.

An Abb. 4.6 lassen sich die quantitativen Zusammenhänge plausibel machen. Die auf eine bestimmte Betriebsgröße bezogene Wahrscheinlichkeitsrate eines unzulässigen Fehlzustandes h ist zunächst abhängig von der Wahrscheinlichkeitsrate Λ der Grenzwertüberschreitung der Betriebsgröße — z. B. 0,01 mal pro Jahr — und zum anderen von der Wahrscheinlichkeit U_p, daß die dafür installierte Sicherungseinrichtung unverfügbar ist, z. B. 10^{-1}. Mit diesen Zahlen ist die auf diese Betriebsgröße bezogene Wahrscheinlichkeitsrate des unzulässigen Fehlzustandes der Anlage 10^{-3} pro Jahr, oder: dieser Zustand stellt sich alle 10^3 Jahre ein.

Allgemein[14] gilt für eine bestimmte Betriebsgröße bei einkanaliger Sicherung:

$$h = \Lambda \cdot U_p \tag{1}$$

[7] Starr, Ch.: Risk and risk acceptance by society. Techn. Mitt. Essen, 70 (1977), Nr. 6/7, 444—450.

[8] Kletz, T. A.: Hazard analysis — a quantitative approach to safety. I. Chem. E. Symposium Series No. 34 (1971) 75—81.

[9] Lingen, P.: Technische Sicherheit — ein Risikovergleich. Schadensprisma 6 (1977) 3—11.

[10] Gibson, S. B.: Reliability engineering applied to the safety of new projects. The Chemical Engineer, 105—106.

[11] Jaeger, Th. A.: Zur Sicherheitsproblematik technologischer Entwicklungen. QZ 19 (1974) 2—9.

[12] Pilz, V.: Risikovorhersage in der chemischen Technik. Dechema-Monogr. 88 (1980) 1818—1835, S. 227—251.

[13] Joschek, H.-I.; Helmstädter, G.; Dehler, I.; Langensiepen, H.-W.: Quantitative Risikoanalysen in der chemischen Industrie. Chem.-Ing.-Tech. 52 (1980) 123—132.

[14] Die im folgenden angegebenen Formeln sind Näherungsformeln. Sie gelten unter der Voraussetzung, daß die Produkte aus den Ausfallraten mit den Fehlererkennungszeiten bzw. Reparaturzeiten sehr viel kleiner als 1 sind ($\lambda T \ll 1$).

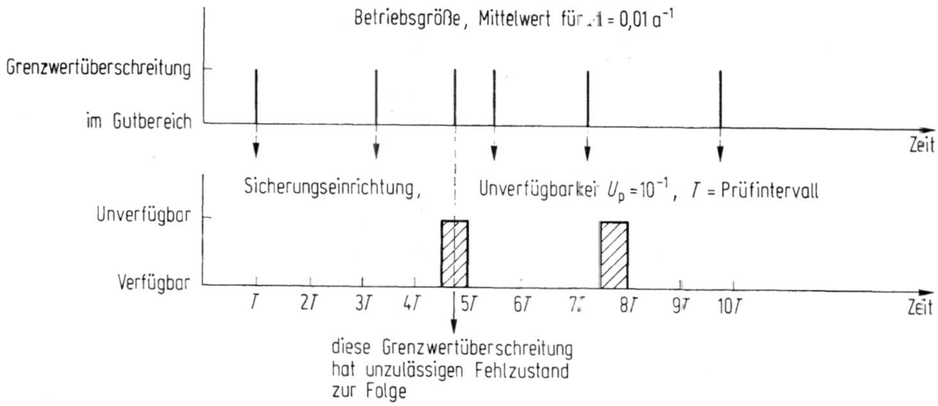

Abb. 4.6. Wahrscheinlichkeit eines Fehlzustandes.
Ein Fehlzustand kann sich einstellen, wenn die Betriebsgröße den Grenzwert in einem Zeitraum überschreitet, in dem die Sicherungseinrichtung unverfügbar ist.

Die Unverfügbarkeit U_p ist sowohl von der Gerätezuverlässigkeit als auch von der Fehlererkennungszeit abhängig. Bei mehreren Fehlerarten gilt für eine einkanalige Sicherungseinrichtung:

$$U_p = \sum_i \lambda_{pi} T_{pi} \tag{2}$$

- λ_{pi} sind die Ausfallraten der Sicherungseinrichtung infolge der passiven Fehlerart Nummer i und
- T_{pi} sind die mittleren Fehlererkennungszeiten für diese Fehlerart.

Aus Gl. (2) ist zu ersehen, daß hohe Ausfallraten nicht zu unbefriedigender Verfügbarkeit führen müssen, wenn nur die Fehlererkennungszeit hinreichend kurz ist.

Die Reparaturzeit kann hier unberücksichtigt bleiben, wenn man annimmt, daß unmittelbar nach Fehlererkennung die Sicherungseinrichtung wieder funktionsfähig gemacht oder die Sicherheit auf andere Weise, z. B. durch erhöhte Aufmerksamkeit gewährleistet wird. Auch aktive Fehler können bei den Betrachtungen der Sicherheit ausgeschlossen werden, weil unmittelbar nach deren Auftreten die Verfahrensanlage in einen sicheren Zustand überführt wird.

Bei Fehlern, die durch periodische Prüfung gefunden werden, ist die Fehlererkennungszeit gleich dem halben Prüfintervall T. Wenn bei der Prüfung k Fehlerarten und der Rest auf andere Weise erkannt werden, gilt:

$$U_p = \frac{1}{2} T \sum_{i=1}^{k} \lambda_{pi} + \sum_{i=k+1}^{n} T_{pi} \lambda_{pi} \tag{3}$$

4.4.2.2. Unverfügbarkeit redundanter Systeme

Die Unverfügbarkeit läßt sich durch geeignete redundante Systeme drastisch verringern. Abbildung 4.7 zeigt das Ausfallverhalten zweier redundanter Sicherungseinrichtungen. Es ist zu ersehen, daß bei nichtgleichzeitigen Ausfällen in den Einzelkanälen die Sicherungsfunktion erhalten bleibt, wenn die Kanäle in 1-von-2-Bewertung arbeiten, aber auch, daß mit seltenerer Prüfung und damit größerer Unverfügbarkeit der Einzelkanäle die Wahrscheinlichkeit wächst, daß das Gesamtsystem durch gleichzeitige Einzelausfälle funktionsuntüchtig wird.

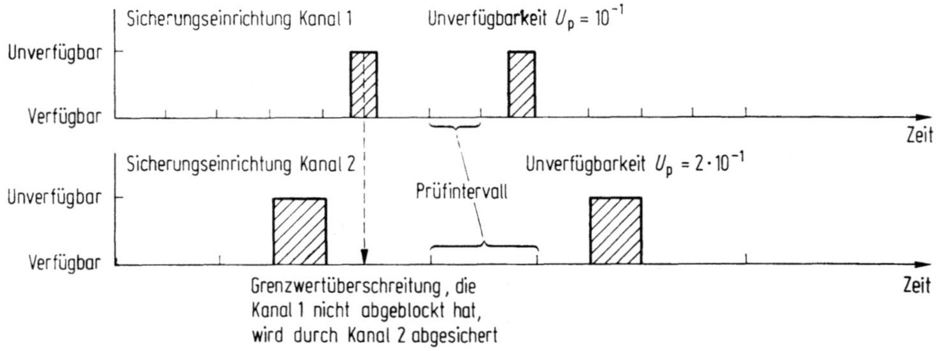

Abb. 4.7. Unverfügbarkeit redundanter Sicherungseinrichtungen.
Bei 1-von-2-Bewertung ist die Sicherungsfunktion erfüllt, solange ein Kanal verfügbar ist. Für beide Kanäle ist die Ausfallrate etwa gleich (2 Ausfälle im Betrachtungszeitraum). Durch selteneres Prüfen ergibt sich im Kanal 2 eine höhere Unverfügbarkeit.

Die Unverfügbarkeit mehrkanaliger Systeme ist allgemein eine Funktion, in die die Struktur des Systems, die Produkte aus Ausfallraten und Fehlererkennungszeiten und die Maßnahmen zur Prüfung eingehen.

Allgemeine Lösungen ergeben sich aus Zuverlässigkeitsanalysen, wie

— Ereignisalgebra,
— Fehlerbaumanalyse,
— Markov Ketten,
— Monte Carlo Simulation,
— Path and Cut Sets.

Für vereinfachte Annahmen sind Systemunverfügbarkeiten in Tabelle 4.1 angegeben. Genaue Einzelheiten und ausführliche Literaturangaben sind aus[15] zu entnehmen.

Tabelle 4.1. Unverfügbarkeiten U_p redundanter Systeme
λ_p = Ausfallrate der Sicherungseinrichtung infolge passiver Fehler,
T_p = Prüfperiode.
Die Formeln gelten unter der Voraussetzung $\lambda_p T_p \ll 1$.

Anzahl der Kanäle	Bewertung	Unverfügbarkeit U_p der Sicherungseinrichtung
1	1 — von — 1	$\frac{1}{2} \lambda_p T_p$
2	1 — von — 2	$\frac{1}{3} \lambda_p^2 T_p^2$
	2 — von — 2	$\lambda_p T_p$
3	1 — von — 3	$\frac{1}{4} \lambda_p^3 T_p^3$
	2 — von — 3	$\lambda_p^2 T_p^2$
	3 — von — 3	$\frac{3}{2} \lambda_p T_p$

[15] Schneeweiß, W.: Zuverlässigkeits-Systemtheorie, 1. Aufl. Köln—Bonn: Datakontext-Verlag GmbH 1980.

4.4.3. Einfluß der Geräteunzuverlässigkeit auf die Verfügbarkeit der Chemieanlage

Die Verfügbarkeit einer Chemieanlage wird eingeschränkt, wenn aktive (funktionsauslösende) Fehler die Anlage oder Anlagenteile unnötig abschalten.

In großen Verfahrensanlagen ist meist die Zeit, die nach der unnötigen Abstellung bis zur Wiederaufnahme der vollen Produktion vergeht, wesentlich größer als die Reparaturzeit der Sicherungseinrichtung. In diesen Fällen ist bei einkanaligen Sicherungseinrichtungen für den Anwender die Kenntnis des auf aktive Fehler bezogenen mittleren Ausfallabstandes ($MTBF_a$) wichtig.

Der mittlere Ausfallabstand $MTBF_a$ einer *einkanaligen* Sicherungseinrichtung läßt sich als Funktion der Ausfallraten darstellen:

$$MTBF_a = \frac{1}{\sum_k \lambda_{ak}}$$

λ_{ak} sind die Ausfallraten der Sicherungseinrichtung infolge der aktiven Fehlerart Nummer k.

Für Verfahrensanlagen, die sofort wieder in Betrieb gehen können, sind auch die mittleren Reparaturzeiten einkanaliger Sicherungseinrichtungen von Bedeutung. Dann bestimmt die Verfügbarkeit V_a der Sicherungseinrichtung die Verfügbarkeit der Chemieanlage.

Der mittlere Ausfallabstand $MTBF_a$ und die Verfügbarkeit V_a *mehrkanaliger* Systeme sind allgemein Funktionen, in die die Struktur des Systems, die Ausfallraten und die Reparaturzeiten eingehen. Abbildung 4.8 zeigt die Zusammenhänge für ein zweikanaliges System.

Für allgemeine Lösungen bieten sich Zuverlässigkeitsanalysen nach 4.4.2.2. an.

Die mittleren Ausfallabstände $MTBF_a$ ausgewählter Systeme unter vereinfachten Annahmen sind in Tab. 4.2 angegeben.

Tabelle 4.2. Mittlerer Ausfallabstand $MTBF_a$ redundanter Systeme
λ_a = Ausfallrate der Sicherungseinrichtung infolge aktiver Fehler,
T_a = Reparaturzeit.
Die Formeln gelten unter der Voraussetzung $\lambda_a T_a \ll 1$.

Anzahl der Kanäle	Bewertung	Mittlerer Ausfallabstand MTBFa der Sicherungseinrichtung
1	1 — von — 1	$\frac{1}{\lambda_a}$
2	1 — von — 2	$\frac{1}{2\lambda_a}$
	2 — von — 2	$\frac{1}{2\lambda_a^2 T_a}$
3	1 — von — 3	$\frac{1}{3\lambda_a}$
	2 — von — 3	$\frac{1}{6\lambda_a^2 T_a}$
	3 — von — 3	$\frac{1}{3\lambda_a^3 T_a^2}$

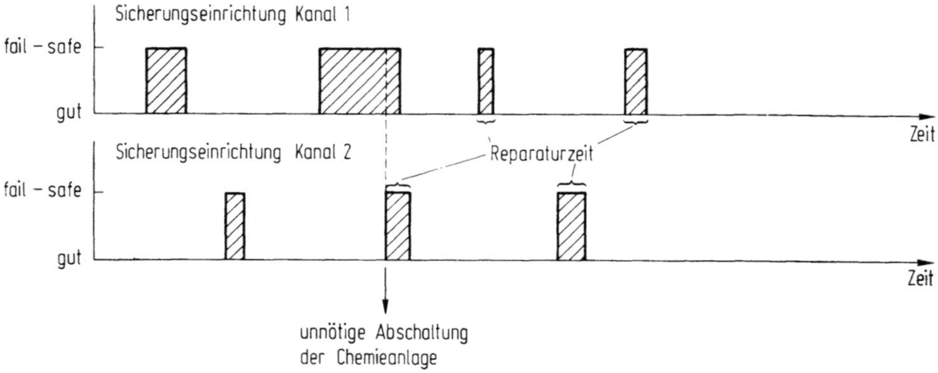

Abb. 4.8. Mittlerer Ausfallabstand eines 2-von-2-Systems.
Nur wenn beide Kanäle gleichzeitig den Zustand „fail safe" haben, kommt es zur unnötigen Abschaltung. Das ist um so seltener, je kürzer die Reparaturzeit ist.

4.4.4. Bewertung des Restrisikos

Mit den beschriebenen Methoden ist es, wenn geeignetes statistisches Zahlenmaterial verfügbar ist, möglich, die Wahrscheinlichkeit des Restrisikos abzuschätzen. Dieses ist dann noch zu bewerten.

4.4.4.1. Sicherung gegen wirtschaftliche Schäden

Weniger problembehaftet ist die Bewertung von Sicherungseinrichtungen, die wirtschaftliche Werte wie Maschinen oder Apparate, aber auch Produktionsergebnisse zu schützen haben. Der Aufwand für Investition und Wartung der Sicherungseinrichtung ist mit der Höhe des wahrscheinlichen Schadens zu vergleichen. Daraus läßt sich beurteilen, ob keine, ob einkanalige oder ob redundante Einrichtungen erforderlich sind. Hierbei sind auch die Kosten unnötiger Abschaltungen zu berücksichtigen.

Für die Bewertung ist es zweckmäßig, die auf einen Zeitraum bezogenen Kosten für den Betrieb mit Sicherungseinrichtungen verschiedener Redundanz und verschiedener Prüfperioden zu ermitteln. Sie setzen sich im wesentlichen zusammen aus:

a) den wahrscheinlichen, auf den Betrachtungszeitraum bezogenen Wiederinstandsetzungskosten bei unterbliebener Abschaltung als

$$\Lambda \cdot U_{\text{pmvn}} \cdot K_{\text{r}}$$

mit

K_{r} Wiederinstandsetzungskosten des zu schützenden Anlagenteiles,
U_{pmvn} Unverfügbarkeit der Sicherungseinrichtung in m-von-n-Bewertung und
Λ Rate der Grenzwertüberschreitungen;

b) den Kosten unnötiger Abschaltungen in betrachteten Zeitabschnitten als

$$\lambda_{\text{amvn}} \cdot K_{\text{a}}$$

mit

K_{a} Kosten einer unnötigen Abschaltung der Verfahrensanlage,
λ_{amvn} Ausfallrate der Sicherungseinrichtung in m-von-n-Bewertung;

c) den Kosten der Sicherungseinrichtung in dem zu betrachtenden Zeitabschnitt. Hierzu sind die Investitions- und Wartungskosten, insbesondere die Prüfkosten abzuschätzen.

Die Unverfügbarkeiten U_{pmvn} und die Ausfallraten λ_{amvn} der m-von-n-Systeme sind für m ≤ 2, n ≤ 3 in Tab. 4.3 zusammengefaßt.

Tabelle 4.3. Abhängigkeit der Unverfügbarkeit und der Ausfallrate von Redundanz und Bewertung bei Systemen mit maximal 3 Kanälen

	Redundanz und Bewertung				
	0	1 v 1	1 v 2	2 v 2	2 v 3
U_{pmvn}	1	$\frac{\lambda_p T_p}{2}$	$\frac{\lambda_p^2 T_p^2}{3}$	$\lambda_p T_p$	$\lambda_p^2 T_p^2$
λ_{amvn}	0	λ_a	$2\lambda_a$	$2\lambda_a^2 T_a$	$6\lambda_a^2 T_a$

Für den Betrieb ohne Sicherungseinrichtung — auch die Ermittlung dieser Kosten kann zweckmäßig sein — steht für Redundanz und Bewertung 0. Zu beachten ist, daß zur Berechnung von U_{pmvn} die Ausfallrate λ_p für passive Fehler und die Prüfperiode T_p, zur Berechnung von λ_{amvn} die Ausfallrate λ_a für aktive Fehler und die Reparaturzeiten T_a einzusetzen sind.

4.4.4.2. Sicherung gegen Gefährdung von Leib und Leben

Problematisch ist die Bewertung des Restrisikos, wenn die Sicherungseinrichtung die Gefährdung von Leib und Leben verhindern soll. Schwierig deshalb, weil materielle Aufwendungen gegen immaterielle Werte aufzuwiegen sind. Betrachtungen allgemeiner Art sind aus [11] zu entnehmen, Gedanken zur Bewertung des Restrisikos beim Betrieb von Chemieanlagen sind aus den Veröffentlichungen[7,8,9,10 und 12] zu ersehen.

4.4.4.3. Klassifizierung

Sicherungseinrichtungen werden sowohl zum Schutz von Leib und Leben als auch zum Schutz wirtschaftlicher Werte eingesetzt. Aus dieser Aufgabenteilung ergeben sich u. U. bei Planung, Aufbau und Betrieb verschiedene Abgrenzungen der Kompetenzen. Es kann deshalb für Auslegung und Wartung zweckmäßig sein, Sicherungseinrichtungen in Aufgabenbereiche zu klassifizieren. Meist wird zu den Einrichtungen zum Schutz von Leib und Leben und den zum Schutz wirtschaftlicher Werte eine dritte Klasse für Voralarme und weniger wichtige Sicherungseinrichtungen eingeführt, für die kein erhöhter Wartungsaufwand erforderlich ist. Empfehlungen für die Klassifizierung gibt[16].

4.5. Anpassen der Sicherungseinrichtung an die Chemieanlage

Beim Anpassen einer Sicherungseinrichtung an die Chemieanlage kann vor allem die Erfüllung der Zuverlässigkeitsforderungen problematisch sein. Während bei einfacheren Aufgaben die Entscheidung, ob redundant oder nicht, ausreichen kann, müssen bei komplexeren Aufgaben systematische Mittel angewandt werden,

[16] VDI/VDE-Richtlinie 2180, Sicherung von Anlagen der Verfahrenstechnik, Blatt 3, Klassifizierung von MSR-Einrichtungen.

die Sicherungseinrichtung an die Chemieanlage anzupassen und den Einfluß der auf die Einrichtung wirkenden Größen qualitativ oder quantitativ zu ermitteln. Solche Mittel sind die Störfallablaufanalyse[17] und die Fehlerbaumanalyse[18] oder eine Kombination von beiden. Sie unterscheiden sich durch die Betrachtungsrichtung. Während bei einer Störfallablaufanalyse die unerwünschten Ereignisse, die aus einer bestimmten Ursache resultieren, gesucht werden, gibt man bei der Fehlerbaumanalyse das unerwünschte Ereignis vor und sucht nach allen Ursachen, die zu diesem Ereignis führen.

Die Störfallablaufanalyse ist im allgemeinen die aufwendigere der beiden Methoden. Sie geht — auf die Anlagensicherung angewandt — von den Ursachen, Grenzwertüberschreitung der Verfahrensgrößen und mögliche Gerätefehler, aus und prüft (*in* Wirkungsrichtung) alle Kombinationen aller angenommenen Ursachen darauf, ob und bei welchen Kombinationen sich unzulässige Fehlzustände der Chemieanlage einstellen können. Bei dieser Methode kommt es also darauf an, alle Fehlerursachen zu finden. Bei richtiger Weiterbearbeitung entgeht kein unzulässiger Betriebszustand. Aus dem einfachen Beispiel der Abb. 4.9 ist zu ersehen, wie aufwendig die Methode leider bereits bei wenigen Eingangskomponenten wird.

Die häufiger angewandte Fehlerbaumanalyse geht von den unzulässigen Fehlzuständen der Anlage aus und fragt (*entgegen* der Wirkungsrichtung) welche Kombinationen von Grenzwertüberschreitungen und Gerätefehlern Ursache des angenommenen unzulässigen Fehlzustandes sein können. Hier kommt es also

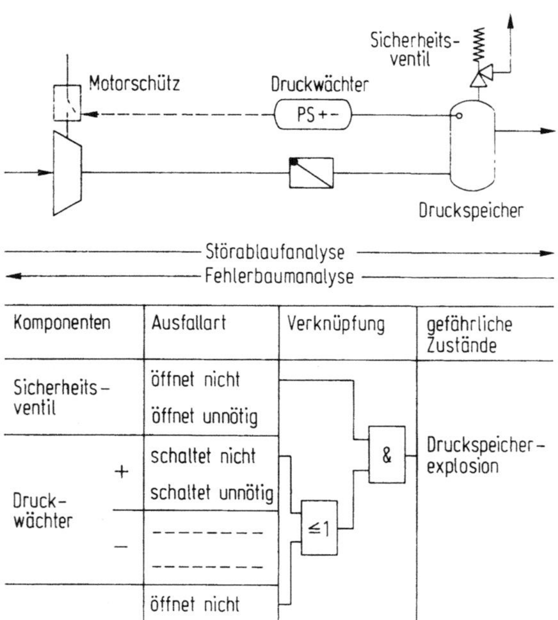

Abb. 4.9. Sicherheitsanalysen. Die *Störfallablaufanalyse* geht von den Ausfallarten der Komponenten und die *Fehlerbaumanalyse* von den gefährlichen Zuständen aus.

[17] DIN 25419, Teil 1, Störfallablaufanalyse, Störfallablaufdiagramm, Methode und Bildzeichen, Juni 1977.

[18] DIN 25424, Fehlerbaumanalyse, Methode und Bildzeichen, Juni 1977.

darauf an, alle in der Anlage möglichen unzulässigen Fehlzustände zu erkennen; ihre Ursachen ergeben dann die Analyse. Auch dieses Verfahren ist noch verhältnismäßig aufwendig, wie Abb. 4.9 zeigt.

Die systematische Betrachtungsweise hat den Vorteil, daß das Gewicht der verschiedenen Maßnahmen besser erkannt wird und daß folglich eine maßgeschneiderte Sicherungseinrichtung ohne zu großen technischen Aufwand und ohne vermeidbare Schwachstellen entworfen werden kann.

4.6. Richtlinien, Normen, Vorschriften

Bei der Bearbeitung von Sicherungsaufgaben ist eine große Zahl von Richtlinien, Normen und Vorschriften zu beachten. Diese gelten zwar meist für bestimmte Stoffe bzw. Geräte, wie Acetylen, Sauerstoff, brennbare Flüssigkeiten oder gasbeheizte Brenner, berühren aber auch die Sicherungseinrichtungen selbst. Oft müssen aus einem umfangreichen Vorschriftenwerk die für Sicherungseinrichtungen maßgebenden Bestimmungen herausgesucht werden.

Im folgenden wird auf einige wichtige Richtlinien, Normen und Vorschriften eingegangen und das jeweils zuständige Gremium erwähnt.

4.6.1. Richtlinien

Richtlinien liegen im Vorfeld der Normung. Sie beschreiben den Stand der Technik und sollen dem Ingenieur die Arbeit erleichtern. Ihre Anwendung ist im allgemeinen nicht bindend. Im Bereich 5 „Systemtechnik" der VDI/VDE-GMR[1] beschäftigten sich die Ausschüsse 5.2 „Steuerungstechnik" und 5.3 „Anlagensicherung" mit Sicherungsaufgaben. Die Arbeiten des Ausschusses „Steuerungstechnik" waren mehr geräteorientiert, die des Ausschusses „Anlagensicherung" mehr prozeßorientiert und aufeinander abgestimmt.

Der Ausschuß „Anlagensicherung" bearbeitete die Richtlinie 2180 „Sicherung von Anlagen der Verfahrenstechnik". Sie umfaßt folgende 5 Blätter:

Blatt 1 Einführung, Begriffe, Erklärungen.
Blatt 2 Berechnungsmethoden für Zuverlässigkeitskenngrößen von Sicherungseinrichtungen
Blatt 3 Klassifizierung von Meß-, Steuer- und Regeleinrichtungen.
Blatt 4 Ausführung und Prüfung von Sicherungseinrichtungen.
Blatt 5 Bauliche und installationstechnische Maßnahmen zur Funktionssicherung von Meß-, Steuer- und Regeleinrichtungen in Ausnahmezuständen.

Nach Neuordnung der Bereiche 4 und 5 der GMR beschäftigen sich die Ausschüsse 4.4 „Sicherheitstechnik der Automatisierungssysteme" und 5.1 „Einsatzprobleme von Automatisierungssystemen" mit Sicherungsaufgaben.

4.6.2. Normen

Es gibt auch Normen für die Lösung von Sicherungsaufgaben. Zum Teil fixieren sie den Stand der Technik, zum Teil haben sie auch einen bestimmenden Charakter. So wird in Vorschriften u. a. die Erfüllung von DIN-Normen gefordert. Zum Beispiel verlangt die TRD-412/Gasfeuerungen an Dampfkesseln (vor Mai 1982, Sicherheits-Richtlinie (SR) Gas), daß die Stellgeräte für das im Störungsfall erforderliche Absperren des Gasstromes nach DIN 3394, Blatt 1 und 2, geprüft werden müssen.

Normen werden auf nationaler Ebene vom DIN (Deutsches Institut für Normung) und von der DKE (Deutsche Elektrotechnische Kommission) herausgegeben; international durch ISO (International Standardisation Organisation) bzw. IEC (International Elektrotechnical Commission).

Mit dem Gebiet der Anlagensicherung befaßt sich auch der Fachbereich 9 „Messen, Steuern, Regeln", der DKE mit dem K 913 „Sicherheitsanforderungen an Geräte, Einrichtungen und Systeme für das Messen, Steuern und Regeln in technischen Prozessen, Labor- und Unterrichtstechnik usw." und dem K 936 „Steuerungstechnik".

Folgende Normen sind erwähnenswert:

DIN 3394, mit Hilfsenergie betriebene Selbststellglieder,
DIN 4754, Wärmeübertragungsanlagen mit anderen flüssigen Wärmeträgern als Wasser,
DIN 19235, Meldung von Betriebszuständen und
DIN 43605, Blatt 1, Sichtmelder und Druckknöpfe, Kennfarben.

4.6.3. Vorschriften

Bund und Länder haben Gesetze, Verordnungen und Vorschriften erlassen, die auch das Gebiet der Anlagensicherung betreffen. Außerdem befassen sich Unfallverhütungsvorschriften der Berufsgenossenschaft damit.

Hervorzuheben sind:

VbF, Verordnung für brennbare Flüssigkeiten,
TRAC, Technische Regeln für Acetylen und Carbidlager,
VGB 62, Unfallverhütungsvorschrift für Sauerstoff,
TRD, Technische Regeln für Dampfkessel und
12. Verordnung zur Durchführung des Bundes-Immissionsschutzgesetzes (Störfall-Verordnung) vom 27. Juni 1980.

4.7. Gerätetechnik

Bei der gerätetechnischen Lösung von Sicherungsaufgaben ist eine Gliederung sinnvoll, die dem Signalflußweg folgt. Man unterscheidet Grenzsignalgeber, Signalverarbeitung, Meldesysteme und Auslöser. Gerätetypen und Gerätesysteme werden anhand kommerzieller Lösungen beschrieben.

4.7.1. Grenzsignalgeber

Das wichtigste Glied im Signalflußweg einer Sicherungseinrichtung ist der Grenzsignalgeber. Er vergleicht den Wert einer Betriebsgröße mit einem in der Regel fest eingestellten Grenzwert, und sein binäres Ausgangssignal ändert sich, wenn die Betriebsgröße den Grenzwert über- oder unterschreitet.

Ob die Betriebsgröße „vor Ort" direkt auf den Grenzsignalgeber wirkt, wie z. B. beim Kontaktmanometer, oder ob das pneumatische oder elektrische Einheitssignal eines für andere Aufgaben erforderlichen Meßumformers als Eingangsgröße für den Grenzsignalgeber abgezweigt wird, hängt vom Einsatzfall, oft auch von der Sicherheitsphilosophie des Anwenders ab. Direkt wirkende Grenzsignalgeber haben den Vorteil der Diversität, über Hilfsenergie wirkende den Vorteil der besseren Beobachtbarkeit und damit kürzerer Fehlererkennungszeit: Ein Fehler im oder vor dem Flachprofilgrenzsignalgeber im Leitstand z. B. wird eher erkannt als ein Fehler eines an einer wenig begangenen Stelle der Anlage liegenden Kontaktmanometers oder gar eines Druckschalters ohne Anzeige.

Eine gewisse Vereinheitlichung hat sich bei den Abgriffsystemen durchgesetzt. Sie sind weitgehend rückwirkungsfrei und können alle Meßgrößen überwachen, wenn die Meßwerte in Zeigerausschläge umgeformt werden.

Fast rückwirkungsfrei mit elektrischer Hilfsenergie arbeitet das Abgriffsystem nach Abb. 4.10 und 4.11. Es wird als induktiver, als Hochfrequenz- oder als NAMUR-Abgriff bezeichnet. Seine Arbeitsweise — am Beispiel eines Flachprofilkontaktmanometers dargestellt — ist folgende: Im Gutzustand schwingt der auf dem Sollwertarm angeordnete Transistoroszillator. Es baut sich eine Hochfrequenzspannung auf, die — durch eine nachgeschaltete Transistorstufe verstärkt — ein Relais erregt. Erreicht die Betriebsgröße den Grenzwert, so taucht die am Zeiger befestigte Metallfahne in den Abtastkopf zwischen Kollektor- und Rück-

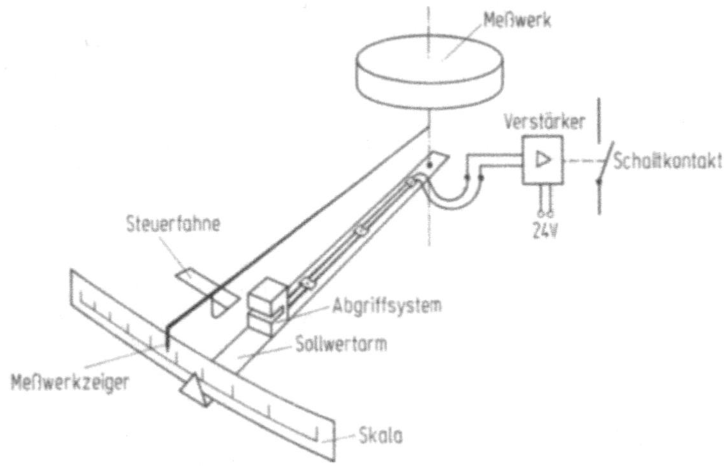

Abb. 4.10. NAMUR-Abgriff eines Flachprofilgerätes, Prinzipdarstellung.

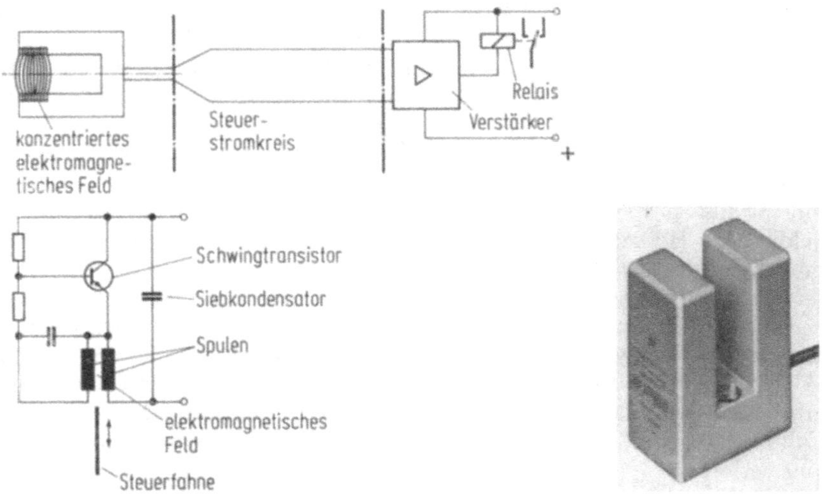

Abb. 4.11. NAMUR-Abgriff, Ausführungsform und Schaltung (Pepperl + Fuchs).

a

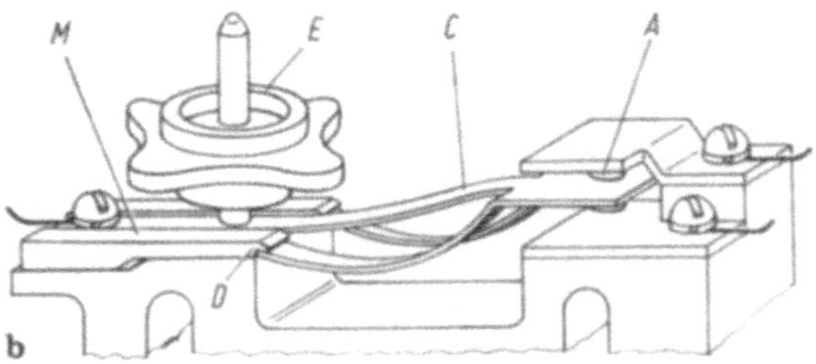

b

Abb. 4.12a. Stiftbetätigter Mikroschalter (Honeywell).
Der Schalter ist besonders für Einsatzfälle geeignet, bei denen nur ein geringer Betätigungsweg zur Verfügung steht.

Abb. 4.12b. Prinzip des Mikroschalters von Honeywell.
Die Mittelzunge (C) ist unter Zugspannung mit der Ankerplatte (M) verbunden, in deren Schneidenlager (D) sich die beiden seitlichen, unter Knickspannung stehenden Schenkel der Feder abstützen. Die dadurch erzeugte senkrechte Komponente preßt den Federkontakt gegen den stationären Öffnerkontakt. Wenn bei Betätigung des Stößels (E) sich die Mittelzunge (C) der Mitte der Schneidenlager nähert, wird die senkrecht aufwärts gerichtete Resultierende kleiner und kehrt sich nach dem Null-Durchgang in ihrer Wirkrichtung nach unten um, so daß der Federkontakt A schlagartig zum stationären Schließerkontakt bewegt und dort angepreßt wird. Bei Entlastung des Betätigungsstößels und Bewegung in entgegengesetzter Richtung verläuft der gleiche Vorgang umgekehrt.

kopplungsspule ein. Die Spulen werden entkoppelt, die Schwingungen des Transistoroszillators reißen ab, die Hochfrequenzspannung bricht zusammen und das Relais fällt ab. NAMUR-Abgriffe heißen sie deshalb, weil ihre elektrischen Eigenschaften auf NAMUR-Initiative in DIN 19234 festgelegt wurden; siehe auch [19].

Diese Abgriffe werden in Flach- und Rundprofilgeräte, in Wiegeköpfe, in die Zählwerke von Volumenzählern ein-, an Schwebekörpermesser angebaut. Sie wirken als Endschalter und sind baukastenartig im Handel, so daß sie vom Anwender überall dort eingesetzt werden können, wo eine Bewegung zu überwachen ist.

Elektrisch erfaßbare Größen, z. B. Temperaturmessungen mit Widerstandsthermometern können sowohl über Brückenschaltungen mit einem elektrischen Grenzwert als auch über Anzeiger, Abdeckfahne und Abgriffsystem mit einem mechanischen Grenzwert verglichen werden. Der Umweg über die Mechanik hat den Vorteil der besseren Beobachtbarkeit und oft auch den der leichteren und übersichtlicheren Verstellmöglichkeit der Grenzwerte.

Für mechanisch wirkende Meßgrößen sind auch Mikroschalter (Abb. 4.12) und Reed-Kontakte (Abb. 4.13) geeignet.

Bedeutung haben auch die pneumatischen Abgriffe (Abb. 4.14). Sie arbeiten mit Druckluft als Hilfsenergie: Eine Fahne am Meßwerkzeiger unterbricht bei Erreichen des Sollwertes den Luftstrom zwischen einer Speise- und einer Auffangdüse, der Eingangsdruck eines nachgeschalteten pneumatischen Verstärkers bricht zusammen, und die daraus resultierende Änderung des Luftdruckes am Verstärkerausgang betätigt pneumatische Geräte. Die Rückwirkung des pneumatischen Abgriffes auf das Meßwerk hängt u. a. vom Luftdruck ab und ist gering.

Es gibt außerdem kapazitive und fotoelektrische Abgriffsysteme. Dagegen haben Fallbügelabgriffe, Quecksilber-Ringrohre und mechanische Kontakte an Bedeutung verloren.

[19] Band III, Steuerungstechnik, Kap. 8.2.1.1. Signalglieder.

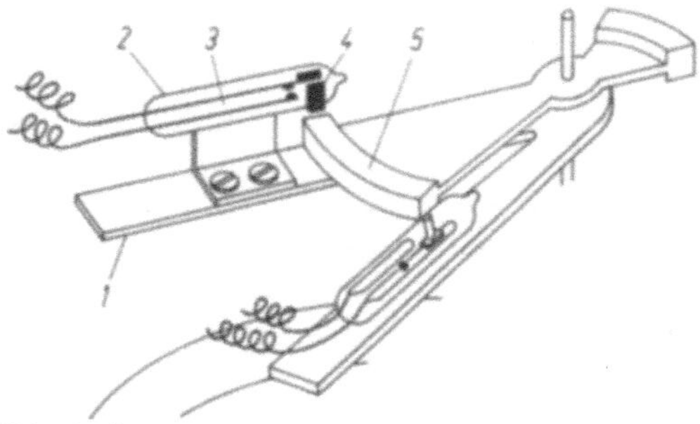

Abb. 4.13

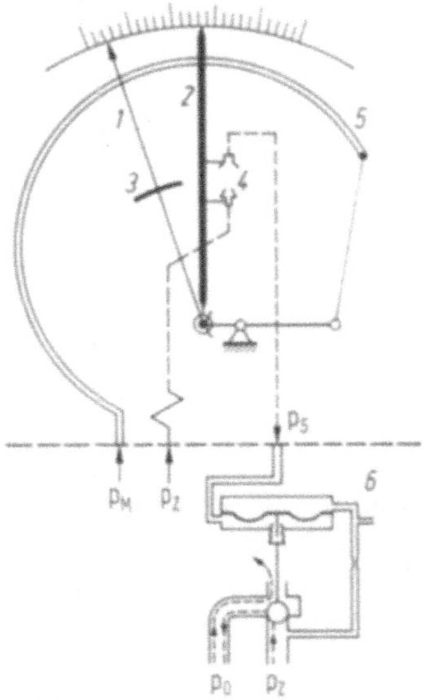

Abb. 4.14

Abb. 4.13. Reed-Kontakt-Abgriff.

Das Feld eines Flächenmagneten schließt die in einem Glasrohr eingeschmolzenen Kontakte, wenn der Grenzwert überschritten wird.

1 Sollwertarm; *2* Glasrohr mit Schutzgasfüllung; *3* Kontaktfedern; *4* Eisenkern; *5* Flächenmagnet.

Abb. 4.14. Pneumatischer Abgriff (Siemens)

1 Meßwerkzeiger; *2* Grenzwertzeiger; *3* Steuerfahne, *4* Düsensystem; *5* Rohrfeder; *6* Grenzwertschalter; P_M Druck des Meßsignales; P_Z Zuluftdruck; P_0 Druck des Grenzsignales.

4.7.1.1. Grenzsignalgeber für Druck[20]

Abb. 4.15 zeigt ein Chemie-Einheitsmanometer mit Induktivabgriffen nach DIN 19234. Der Ausschlagwinkel des Manometers von 270° verbietet eine starre Kupplung zwischen Zeigerachse und Steuerfahne. Die Steuerfahne ist deshalb — wie Abb. 4.16 zeigt — konzentrisch zur Zeigerachse beweglich und über eine Spiralfeder kraftschlüssig mit dem Zeiger verbunden.

Abb. 4.15. Chemie-Einheitsmanometer mit NAMUR-Abgriff (Wiegand).

Die Manometer können auch mit Flüssigkeitsfüllung geliefert werden, um störende Einflüsse wie Schwingungen oder Korrosionen fernzuhalten.

[20] Siehe auch Band I, Kap. 2.

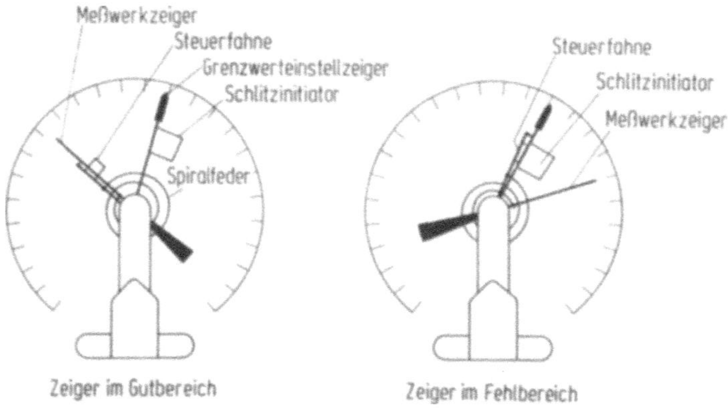

Abb. 4.16. Kontaktmanometer mit NAMUR-Abgriff, schematisch.
Wegen des Ausschlagwinkels von 270° ist nur eine kraftschlüssige Kopplung zwischen Zeigerachse und Steuerfahne möglich.

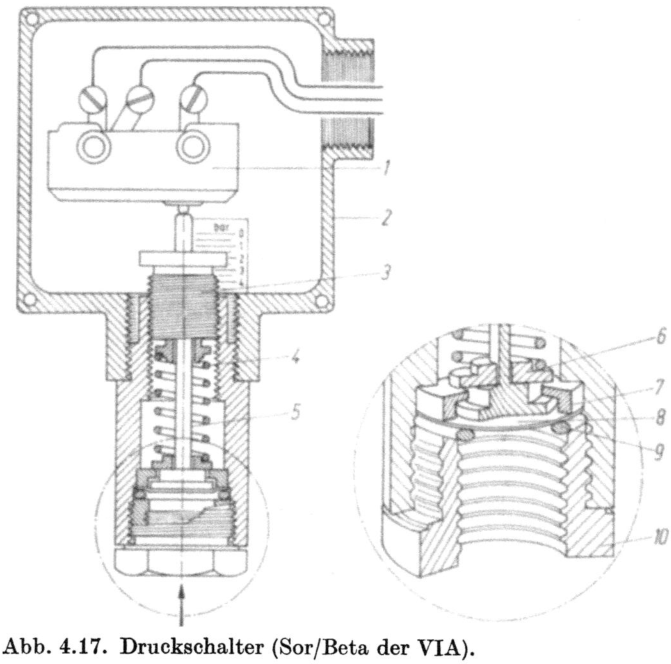

Abb. 4.17. Druckschalter (Sor/Beta der VIA).
1 Mikroschalter; *2* Gehäuse; *3* Einstellschraube; *4* Feder; *5* Kolbenstange; *6* Federteller; *7* Anschlagring; *8* Membran; *9* O-Ring; *10* Anschlußfitting.

Die zur Versorgung der Steuerköpfe erforderlichen Schaltverstärker speisen in Standardausführung die Steuerköpfe meist mit eigensicheren Signalen: Sie sind dann für den Einsatz der Manometer in Zone 1[21] geeignet. Sonderausführungen von Verstärker und Abgriff machen auch den Einsatz in Zone 0[21] möglich. Interessant sind sich selbst überwachende Schaltverstärker. Sie wirken „fail-safe" bei Fehlern des Initiators, der Steuerleitung und bei Fehlern im Verstärker selbst (z. B. Leitungsbruch, Leitungskurzschluß, Spannungsausfall, Bauelementeausfall). Für

[21] Siehe Kapitel 3.2, Explosionsschutz.

diese Eigenschaften der Bauteilfehlersicherheit kann eine TÜV-Bescheinigung beigestellt werden[19].

Einen Druckschalter, der für Über-, Unter- und Differenzdruckmessungen geeignet und für Meßbereichsendwerte von 6 mbar bis über 500 bar verfügbar ist, zeigt Abb. 4.17. Der Druck wirkt auf einen Kolben, der durch eine mit einem O-Ring abgedichtete Membran vom Produkt getrennt ist. Der Kolben verbleibt in Ruhelage und ändert seine Position erst, wenn der auf ihn wirkende Druck die Kraft der Grenzwerteinstellfeder überwunden hat. Über die Kolbenstange wird dann der Mikroschalter betätigt. Bei weiterem Druckanstieg legt sich der Kolben an. Der Weg des Kolbens und damit der Membran ist auf einige Zehntel Millimeter begrenzt und gibt damit dem Schalter hohe Stoß- und Vibrationsunempfindlichkeit sowie sehr hohe Überdruckfestigkeit. Die produktbenetzten Teile können aus den verschiedensten Metallen hergestellt werden; der abdichtende O-Ring besteht aus NEOPREN, BUNA-N, VITON oder TEFLON. Vorteilhaft ist, daß durch die besondere Art der Abdichtung nur wenige Teile bei großem Querschnitt mit dem Produkt in Verbindung kommen und daß — nach Herstellerangaben — die Meßunsicherheiten auf $\pm 0{,}25\%$ beschränkt bleiben.

Abb. 4.18. Druckschalter für pneumatische Einheitsignale (Metz).
Der obere Balg wirkt auf einen Mikroschalter, der untere auf einen NAMUR-Abgriff.

Einen ähnlich wirkenden Druckschalter für pneumatische Einheitssignale zeigt Abb. 4.18. Meßelement sind hier Metallbälge, denen von der Frontseite einstellbare Federkräfte entgegenwirken. Hebt der Betriebsdruck diese Federkraft auf, so wird ein Mikroschalter oder ein berührungsloser Induktivkontakt (ähnlich Abb. 4.10) betätigt. Diese Geräte werden bevorzugt im Leitstand angeordnet und sind deshalb steckbar für 19″-Systeme ausgelegt.

Zweckmäßig ist es, im System eine Prüfeinrichtung mit einem Leerplatz vorzusehen, in den einzustellende oder zu prüfende Druckschalter eingesteckt werden können.

Die schmale Bauweise von 35 mm erlaubt es, in einem 2000 mm hohen Schrank bis zu 130 Druckschalter unterzubringen.

4.7.1.2. Grenzsignalgeber für Füllstand (Niveauwächter)[22]

Die Auswahl von Grenzsignalgebern für Füllstand, auch Niveauschalter oder Niveauwächter genannt, richtet sich nach der Aufgabenstellung, den Umgebungsbedingungen und vor allem den Produkteigenschaften. Von den Umgebungs-

[22] Siehe auch Bd. I, Kap. 7.

bedingungen haben vor allem starke Erschütterungen sowie explosible oder korrosive Atmosphäre Einfluß auf die Auswahl. Von den Produkteigenschaften sind Dichte, Korrosivität, Druck, Temperatur, Zähigkeit, Verkrustungsanfälligkeit und Brennbarkeit von Belang. Besonders wird die Auswahl eingeschränkt, wenn das Innere des Behälters der Zone 0 zugeordnet und damit eine behördliche Bescheinigung über die Funktionsfähigkeit des Niveauwächters als Überfüllsicherung erforderlich wird.

Niveauschalter mit magnetischer Durchführung (Abb. 4.19) haben auf der Mediumseite und im Gehäuse je ein Hebelsystem mit Permanentmagneten gleicher Polarität. Der Schalthebel kann so dem Schwimmerhebel nur sprunghaft folgen, und geringe Niveaubewegungen oder -schwankungen sowie Erschütterungen der Anlage führen nicht zu unerwünschten Flattererscheinungen des Schaltelements. Als Schaltelement stehen Mikroschalter, Mikroschalter in Ex-Ausführung, Schlitzinitiatoren nach DIN 19234 und pneumatische Abgriffe zur Verfügung. Diese Niveauschalter können auch für Behälteraufbau (Topmontierung) geliefert werden.

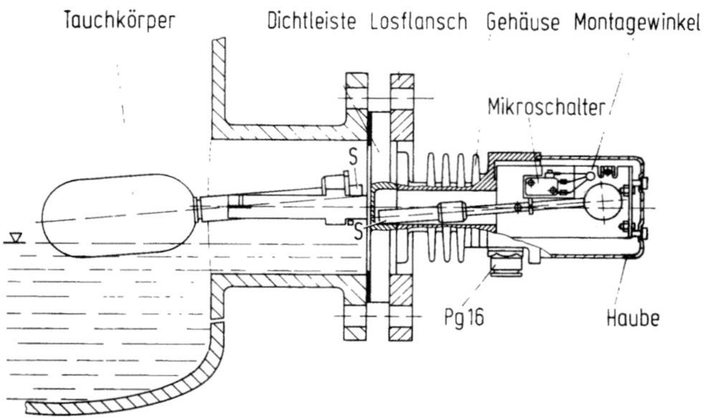

Abb. 4.19. Niveauschalter mit magnetischer Durchführung (Fisher).
Ein Permanentmagnet am rechten Ende des Verdrängerhebels wirkt durch die Abschlußplatte aus nichtmagnetischem Edelstahl auf die Schaltelemente.

Für erschütterungsgefährdete Einsatzfälle eignet sich eine Ausführung mit Bolzenlagerung, für schmutzabsetzende Produkte eine Torsionslagerung. Vorsicht ist geboten bei starken Verkrustungen der Behälterwand, die den Schalter mechanisch hemmen können. Die Geräte eignen sich für Prozeßtemperaturen von −30 bis 400 °C und Prozeßdrücke bis 400 bar, sie sind als Überfüllsicherung nach TRbF[23] zugelassen.

Die Niveauschalter mit Membranübertragung (Abb. 4.20) arbeiten nach dem bereits in Meßumformern für Druckdifferenz bewährten Prinzip. Die Membrane dient als Abschlußelement des Produktraumes und als Drehpunkt des Hebelsystems, das auf der Mediumseite einen Verdrängerkörper besitzt und im Gehäuse ein Schaltelement betätigt. Das Konstruktionsprinzip der Niveauschalter ermöglicht durch die starre Hebelverbindung und festliegende, systembedingte Schaltkräfte eine zuverlässige und sichere Funktionskontrolle im Betriebszustand, die mit einer Federwaage einfach durchgeführt werden kann. Auf der Mediumseite werden mit Ausnahme des Flansches grundsätzlich nichtrostende Stähle ver-

[23] TRbF, Technische Regeln für brennbare Flüssigkeiten

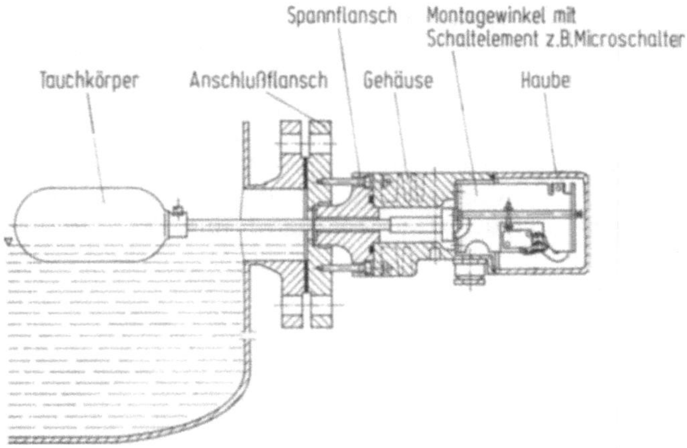

Abb. 4.20. Schnittbild eines Niveauschalters mit Membrandurchführung (Fisher).

wendet. Für besonders aggressive Medien wird eine Ausführung mit PTFE-Verdrängerkörper und nahtlosem, diffusionsdichtem PTFE-Vorbau für Flansch und Hebelsystem geliefert. Ferner sind Ausführungen möglich, bei denen alle mediumberührenden Teile aus anderen Materialien, wie z. B. Nickel, Titan, Hastelloy usw. bestehen. Als Schaltelement stehen Mikroschalter, Mikroschalter in Ex-Ausführung, Schlitzinitiatoren nach DIN 19234 und pneumatische Abgriffe zur Verfügung. Diese Niveauschalter können für Behälteran- und -aufbau geliefert werden. Die zulässigen Betriebsdrücke gehen bis 160 bar, die zulässigen Produkttemperaturen von −30 bis +400 °C. (Bei 160 bar 120 °C).

Vorteilhaft ist, daß auf der Produktseite keine bewegten Teile, keine Lagerungen und weitgehend glatte Flächen vorhanden sind. Bei starken Erschütterungen ist Vorsicht geboten.

Nach dem Kaltleiterprinzip arbeitet die Niveausteuerung in Abb. 4.21. Der stahlgekapselte Kaltleiter des Niveauwächters wird in ruhender Gasphase aufgeheizt. Dem dadurch bedingten hohen Widerstand entspricht ein Leersignal am nachgeschalteten Schaltverstärker. Sobald die Flüssigkeit den Fühler erreicht, bewirkt die verstärkte Wärmeabfuhr eine Abkühlung des aufgeheizten Fühlers und damit eine Widerstandsveränderung, die den Signalzustand am nachgeschalteten Verstärker ändert.

Der Niveaustandgeber ist für Umgebungstemperaturen von −25 °C bis +75 °C und Produkttemperaturen von −25 °C bis +50 °C einsetzbar.

Die zugehörigen Schaltverstärker arbeiten vollelektronisch und Störungen wirken „fail-safe".

Die Geräte sind für Zone 0, G 3, des Explosionsschutzes zugelassen und als Überfüllsicherung für drucklose Tanks geeignet. Sie arbeiten lageunabhängig.

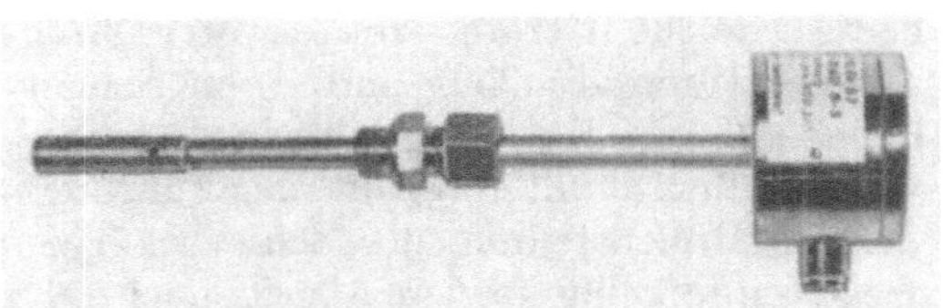

Abb. 4.21. Niveauschalter nach dem Kaltleiterprinzip (Fafnir).
Der Kaltleiter ist durch eine Hülse (links im Bild) vor Beschädigungen geschützt.

Zu erwähnen sind noch die Niveauwächter für Schüttgüter, die nach radioaktiven, kapazitiven und nach Ultraschallverfahren arbeiten oder die das Grenzsignal aus der mechanischen Hemmung schwingender Sonden oder rotierender Flügel durch das Schüttgut erzeugen (Abb. 4.22, 23, 24 und 25).

Soweit Füllstandmessungen auf Druckmessungen zurückgeführt werden können (Bodendruckmessung direkt oder durch Einperlung), können Druckwächter Sicherungsaufgaben für Füllstände einleiten. Schließlich kann ein Füllstand-Grenzsignal auch aus dem stetigen Ausgangssignal eines Meßumformers erzeugt werden.

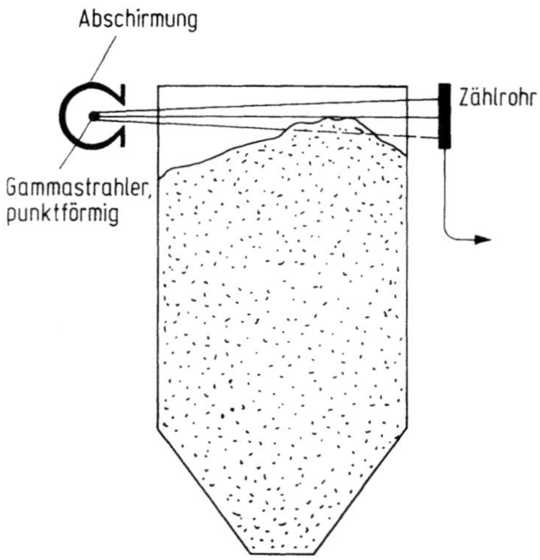

Abb. 4.22

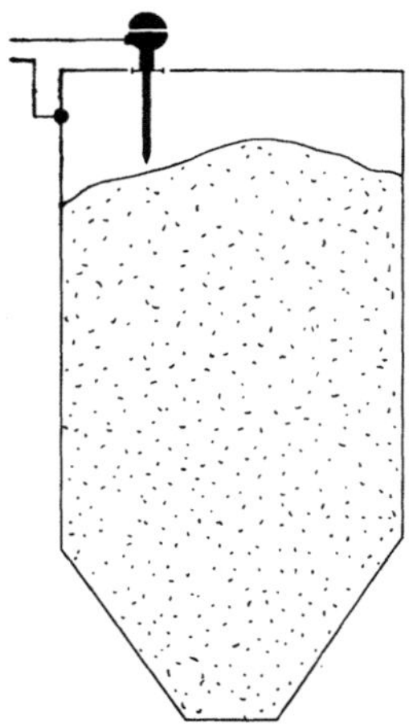

Abb. 4.23

Abb. 4.22. Füllstandsicherung mit einer Gammaschranke.
Die von einem zum Schutz der Umgebung abgeschirmten Gammastrahler kommende Strahlung formt ein Zählrohr in ein elektrisches Signal um. Dessen Wert fällt stark ab, wenn Füllgut in den Bereich der Schranke gelangt.

Abb. 4.23. Kapazitiver Niveauwächter.
Erreicht das Füllgut die isoliert eingeführte Elektrode, so ändert sich die Kapazität des aus Behälter, Elektrode und Füllgut als Dielektrikum bestehenden Kondensators. Daraus wird in einem nachgeschalteten Verstärker ein Grenzsignal erzeugt.

4.7.1.3. Grenzsignalgeber für Durchfluß (Strömungswächter)[24]

Grenzsignalgeber für Durchfluß, auch Strömungswächter genannt, werden sowohl für die Sicherung der Betriebsgröße Durchfluß als auch zum Sicherstellen von Hilfsfunktionen verwendet. Zum Beispiel ist zum Sicherstellen eines Mindestgasstromes durch ein Analysengerät ein Strömungswächter erforderlich.

Abbildung 4.26 zeigt einen Strömungswächter, der nach dem Prinzip des Schwebekörper-Durchflußmessers arbeitet. Solche Geräte gibt es für Durchflüsse von 10 l/h bis 350 m³/h, für Temperaturen bis 350° und — in Sonderkonstruktionen — auch für sehr hohe Drücke. Der im Meßkonus laufende Schwebekörper ist mit einer Führungsstange verschweißt. Im unteren Ende der Führungsstange ist ein Magnet eingekapselt, der die Höhenstellung des Schwebekörpers über einen Folgemagneten auf das Anzeigeteil mit induktivem Abgriff nach DIN 19234 überträgt.

[24] Siehe auch Bd. I, Kap. 3.

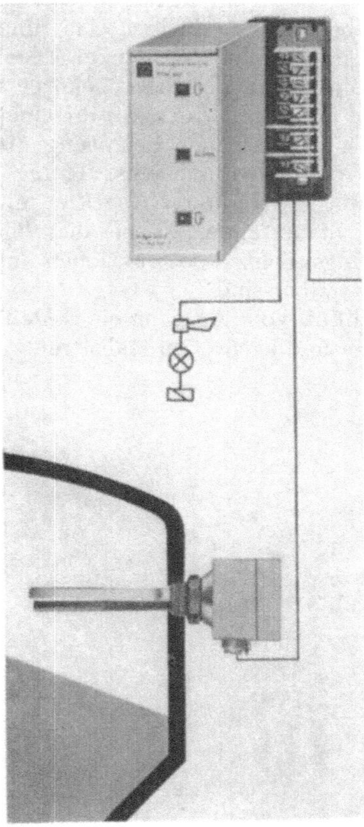

Abb. 4.24. Nivopilot (Endress und Hauser).
Die Schwingungen stimmgabelähnlicher Vibrationssonden werden durch flüssige oder körnige Füllgüter gedämpft. Aus diesem Effekt wird ein Grenzsignal erzeugt.

Abb. 4.25. Füllstandswächter mit Drehflügeln (Maihak).
Ein Drehflügel dient als Indikator für den Füllstand: Wenn Füllgut den Flügel erreicht, wird dessen Drehbewegung gehemmt, und das Gerät meldet Hochstand.

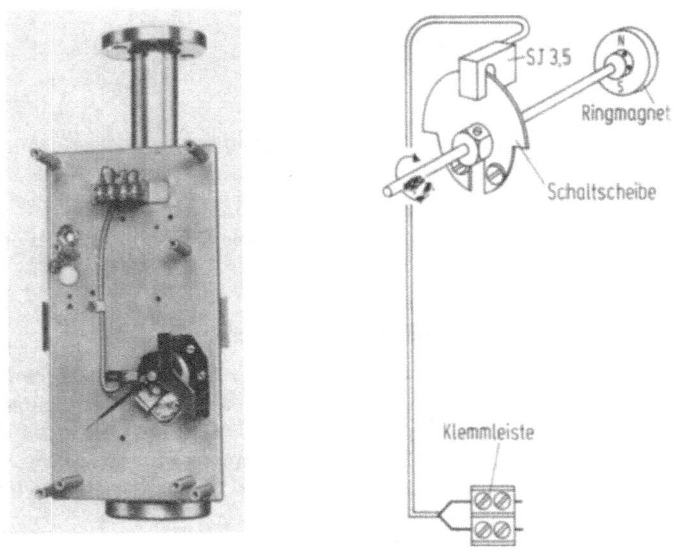

Abb. 4.26. Schwebekörper-Durchflußmesser mit NAMUR-Abgriff (Heinrichs).
Im linken Teilbild ist unter der aufgeschnittenen Abdeckhaube das magnetisch gekuppelte Anzeige- und Abgriffsystem zu sehen, im rechten Teilbild das Schaltprinzip.

Kleinströmungsmesser eignen sich für die Überwachung kleiner Gas- und Flüssigkeitsströme. Geräte mit Glaskonen können mit induktiven oder optischen Abgriffen ausgerüstet werden (Abb. 4.27). Der Durchgang des Schwebekörpers entkoppelt das Transistor-Oszillator-System oder unterbricht den Strahl einer Lichtschranke. Bei diesen Anordnungen muß die nachfolgende Schaltung die Richtung der Grenzwertüberschreitung erkennen können. Für Kleinströmungsmesser in Ganzmetallausführung (Abb. 4.28) gibt es Induktiv-Abgriffe mit starrer Kopplung zwischen Anzeigesystem und Steuerfahne. Neben den beschriebenen Geräten sind eine Fülle von Strömungswächterkonstruktionen auf dem Markt, die aber meist nur eingeschränkt verwendbar sind.

Oft wird auch das Grenzsignal für einen Durchfluß vom Ausgang eines Meßumformers abgeleitet. Dies ist u. U. genauer, billiger und leichter zu realisieren.

Abb. 4.27

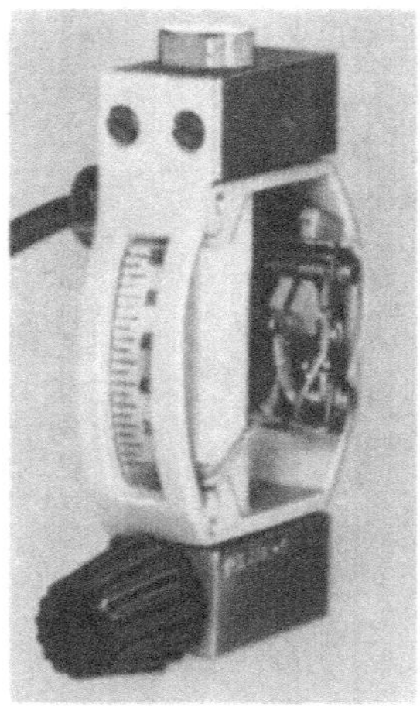

Abb. 4.28

Abb. 4.27. Kleinströmungsmesser mit NAMUR-Abgriff (Krohne).
Ferritischer Schwebekörper und Ringinitiator sind die wesentlichen Funktionselemente des Grenzsignalgebers.

Abb. 4.28. Kleinströmungsmesser in Ganzmetallausführung (Krohne).
Im Bild sind die mit dem Zeiger verbundene Abdeckfahne und der Schlitzinitiator zu erkennen.

4.7.1.4. Grenzsignalgeber für Temperatur und elektrische Größen[25]

Zur Temperaturüberwachung werden als Grenzwertgeber sowohl anzeigende Geräte mit induktivem Abgriff als auch rein elektronische Bausteine verwendet.

Die anzeigenden Geräte (Abb. 4.29) im Kleinformat 36×144 sind meist Strommesser mit eingebautem elektrischem Verstärker. Eine — oft steckbare — Eingangsschaltung erlaubt die Anpassung an Widerstandsthermometer oder Thermoelemente sowie die Einstellung des Meßbereichs.

Sie haben die früher üblichen Fallbügelregler mit z. T. hochempfindlichen Meßsystemen weitgehend verdrängt. Fehler im Abgriffsystem melden sich durch

[25] Siehe auch Band I, Kap. 1.

„fail-safe" arbeitende Verstärker (s. Abschnitt 4.7.1.1.) selbst. Solche Systeme genügen also hohen Sicherheits- und Zuverlässigkeitsforderungen.

Als Beispiel für moderne Geräte wird in Abb. 4.30 die Funktionsweise des elektronischen Grenzsignalgebers für elektrische Einheitssignale gezeigt. Die Eingangsschaltung kann elektrische Einheitssignale in Form von eingeprägten Strömen oder aufgeprägten Spannungen verarbeiten. Für Temperaturen sind zusätzlich noch aufwendigere Eingangsschaltungen zur Meßbereichsanpassung und Linearisierung erforderlich.

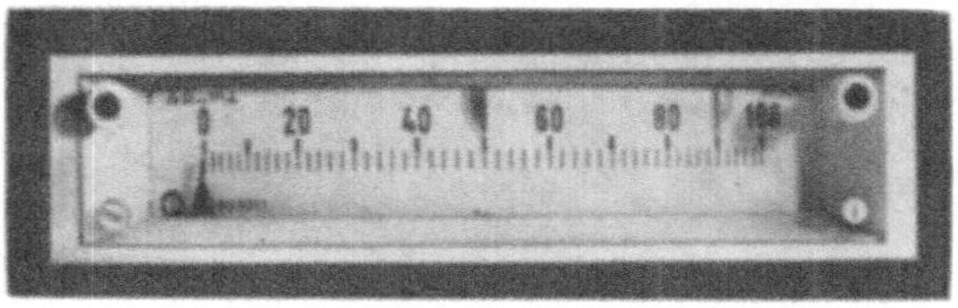

Abb. 4.29. Anzeigender Grenzsignalgeber (Metrawatt).

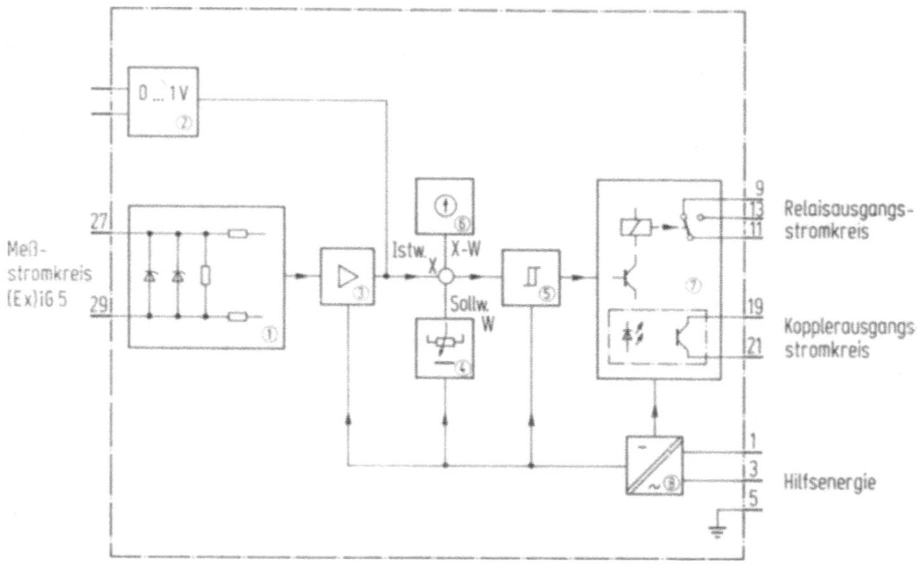

Abb. 4.30. Hauptfunktionsgruppen eines elektronischen Grenzsignalgebers (Digitable). *1* Eingangsbeschaltung; *2* Istwertabgriff; *3* Meßverstärker; *4* Sollwertsteller; *5* Meßkomparator; *6* Schaltpunktabstandzeiger; *7* Ausgangsschaltung; *8* Netzteil.

4.7.1.5. Grenzsignalgeber für Flammen (Flammenwächter)

Eine wichtige Aufgabe der Anlagensicherung ist die Brennerüberwachung: Fotoelektrisch wird sichergestellt, daß ein Gas-Luft- oder ein Heizöl-Luft-Gemisch brennt und damit eine Entzündung unverbrannten Gemisches an heißen Wänden, Ofeneinbauten oder glühenden Rußpartikeln ausgeschlossen ist. Die Geräte dürfen nicht auf die Strahlung heißer Ofenwände ansprechen. Dies ist auf zwei Arten, mit dem UV-Flammenwächter oder der Wechsellichtmethode, erreichbar (Abb. 4.31).

UV-Flammenwächter für Gasflammen haben als Abschluß zum Brennerraum und als Optik zum Abbilden der Strahlung auf den Flammendetektor eine UV-

Abb. 4.31. Flammenwächter (Fireye).
Eine kompakte, meßumformerähnliche Einheit nimmt die Komponenten auf, die „vor Ort“ montiert werden müssen. Die elektronische Versorgungseinheit ist in 19-Zoll-Technik ausgeführt.

durchlässige Quarzlinse. Als Flammendetektor dient eine Gasentladungsröhre, die durch die ionisierenden UV-Strahlen ihren Widerstand verändert. Sie wird mit Spannungen um 600 V betrieben und liegt in Reihe mit einem Brückengleichrichter, der ohne weitere Verstärkung ein Relais schaltet.

Die Geräte haben sowohl aktive als auch passive Fehler. Besonders die Alterung der Röhre und Nebenschlüsse durch Feuchtigkeitsfilme sind passive Fehler. Aus diesem Grunde wird vom Prinzip des Selbstprüfens Gebrauch gemacht: Mit einer Klappe wird der Strahlengang in periodischer Folge (etwa alle 2 Sekunden) kurzzeitig unterbrochen und geprüft, ob sich dabei das Abschaltsignal einstellt. Wenn nicht, wird alarmiert oder der Brenner abgeschaltet. Die infolge der Selbstprüfung fehlersicher gewordenen Geräte lassen sich in 2-von-2-Bewertung gegen unnötige Abschaltung sichern.

Für die Überwachung von Ölflammen mit nur geringer UV-Strahlung eignen sich Flammenwächter, die mit Fotozellen arbeiten. Um von der Strahlung der heißen Ofenwände kein Gutsignal vorgetäuscht zu bekommen, wird nur die durch das Flackern der Flammen bedingte Wechsellichtkomponente der Brennerstrahlung als Meßsignal verstärkt.

4.7.1.6. Grenzsignalgeber für Drehzahl (Drehzahlwächter)

Die Überwachung von Drehzahlen geschieht meist mit induktiven Abgriffen gemäß Abb. 4.11. In Abb. 4.32 wird gezeigt, wie die Zeit zwischen dem Eintreffen zweier Impulse elektronisch in eine Spannung umgeformt und diese mit einer einstellbaren Sollspannung verglichen wird. Um ein schnelles Reagieren zu erreichen, ist es wichtig, pro Umdrehung mittels einer Segmentscheibe möglichst viele Impulse zu erzeugen.

Die Geräte können mit eigensicherem Eingangskreis geliefert werden und Drehzahlen zwischen 6 und 6000 Umdrehungen pro Minute erfassen, wenn jeder Umdrehung ein Impuls entspricht. Das sind Laufzeiten bis zu 10 s zwischen zwei Impulsen. In Sonderausführung lassen sich noch Laufzeiten von 150 s überwachen, so daß in Verbindung mit Segmentscheiben auch extrem niedrige Drehzahlen meßbar sind.

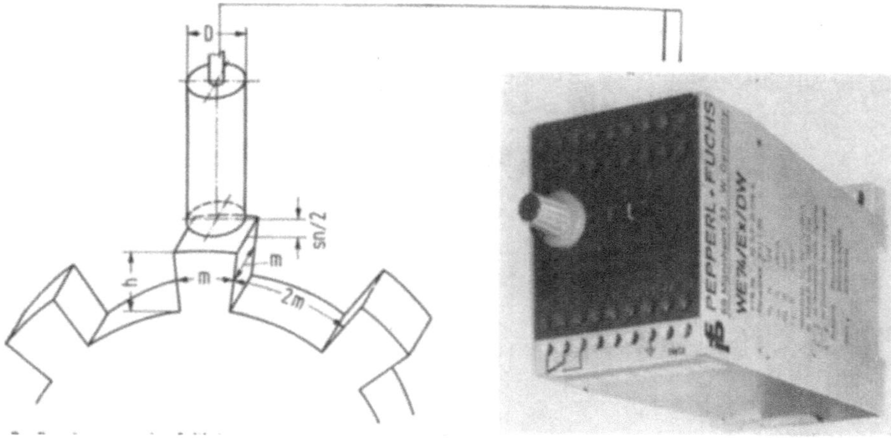

D Durchmesser des Initiators
m Zahnbreite
h Zahntiefe
sn Nennschaltabstand des Initiators

Kenndaten: m = D
h = 2sn

Abb. 4.32. Drehzahlwächter (Pepperl + Fuchs).

4.7.1.7. Grenzsignalgeber für mechanische Stellung (Stellungswächter, Endschalter)

Auch die Lage von Stell- und Schalteinrichtungen kann sicherheitstechnisch von Bedeutung sein. Sie wird mit Endschaltern überwacht. Die Endschalter können mechanisch über Hebel und Stößel, über Magnetfelder oder elektrische Felder oder auch pneumatisch betätigt werden.

Bei mechanischen Schaltern (Abb. 4.33) befinden sich die Kontakte in einem Schutzgehäuse, das Verschmutzung und Korrosionseinwirkungen verhütet und ggf. auch Explosionsschutzfunktionen übernimmt. Die mechanische Durchführung durch die Gehäusewand wird mit Kappen oder Wellrohren aus Gummi oder Kunststoff abgedichtet.

Auch als Endschalter hat sich das Prinzip des induktiven Abgriffes nach DIN 19234 bewährt. Die Beeinflussung des Schaltzustandes geschieht durch ein am beweglichen Teil des Meßobjektes befestigtes Metallteil. Neben dem Abgriff nach DIN 19234 sind auch induktive Abgriffe in Dreileiterschaltung in Schutzart erhöhte Sicherheit (Abb. 4.34) lieferbar. Bei diesen Geräten ändert sich das Ausgangssignal sprunghaft, so daß ein gesonderter Verstärker nicht erforderlich ist. Je nach Durchmesser des Näherungsschalters können Schaltabstände zwischen etwa 1 und 20 mm gewählt werden.

4.7.2. Signalverarbeitung

Die von den Grenzsignalgebern kommenden Signale können entweder zur Information der Bedienungsmannschaft oder zur selbsttätigen Einwirkung auf den Prozeß dienen. Für die Information ist die Bezeichnung „Meldung" üblich, unabhängig davon, ob sie als Dauer- oder intermittierendes Signal, ob sie optisch oder akustisch wirkt. Für das Einwirken sind die Begriffe noch nicht so klar definiert:

Meist spricht man von einer Notabschaltung oder von einem shut-down-System, obwohl auch Eingriffe möglich sind, die die Anlage nicht abschalten, sondern nur begrenzend einwirken.

Abb. 4.33. Mechanischer Endschalter (Stahl).

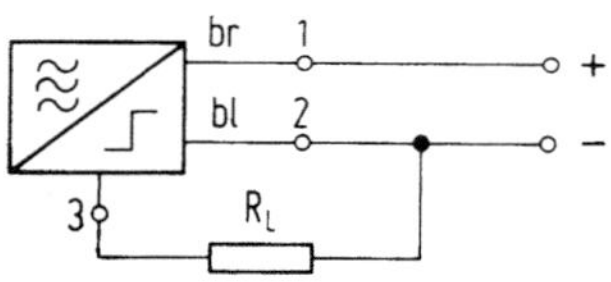

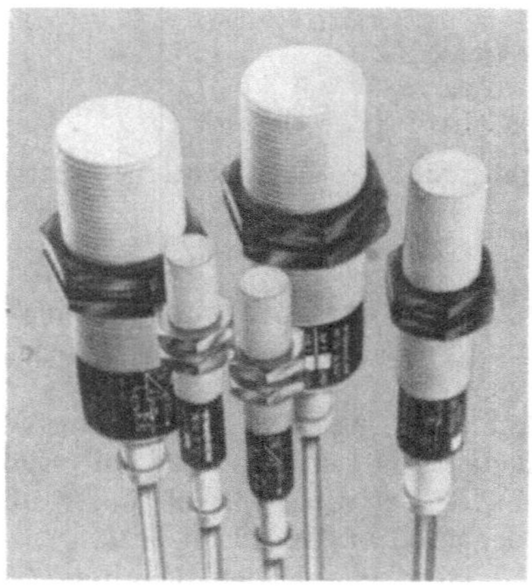

Abb. 4.34. Induktiver Abgriff in Dreileiterschaltung in Schutzart erhöhte Sicherheit(Turck).

4.7.2.1. Meldesysteme

In den Leitständen moderner Chemieanlagen muß die Bedienungsmannschaft oft viele Meldungen beachten. Diese Meldungen — u. U. von mehr als 1000 Signalkanälen kommend — laufen gerade in kritischen Prozeßzuständen in schneller Folge ein. Das Meldesystem muß deshalb neu hinzukommende Grenzwertüberschreitungen hervorheben, das zeitliche Aufeinanderfolgen von Meldungen festhalten oder den Verlauf von Signalzuständen registrieren.

4.7.2.1.1. Meldung mit Dauerlicht

Bei Änderungen des Grenzsignals vom Gut- zum Fehlsignal werden gleichzeitig Hör- und Sichtmeldungen ausgelöst. Der Anlagenfahrer bemerkt zuerst die einer größeren Zahl von Signalkanälen zugeordnete Hörmeldung, sodann die Sichtmeldung desjenigen Kanals, dessen Signalzustand sich geändert hat. Sowohl die Hörmeldung als auch die Sichtmeldung müssen quittiert werden. Dabei wird der Hörmelder abgeschaltet, während der Signalzustand des Sichtmelders den des Grenzsignalgebers wiedergibt. Das Festhalten des Meldezustandes des Sichtmelders ist erforderlich, um kurzzeitige Grenzwertüberschreitungen zu erkennen. Sicht- und Hörmelder können gemeinsam oder getrennt quittiert werden. Abbildung 4.35 zeigt den zeitlichen Verlauf der Meldesignalzustände bei Änderungen des Zustandes des Grenzsignals. Die Bedeutung der bildlichen Darstellung ist aus Tab. 4.4 zu ersehen.

Abb. 4.35. Funktionsdiagramm für Meldung mit Dauerlicht.

Tabelle 4.4. Signalzustände, bildliche Darstellung, Kurzzeichen und Frequenz von Sicht- und Hörmeldern (nach DIN 19235)

	Signalzustand des Melders	bildliche Darstellung	Kurzzeichen	Frequenz in Hz
Hörmelder	kein Ton		0	0
	langsame Tonfolge		f_1	0,5 ± 30%
	schnelle Tonfolge		f_2	2,0 ± 30%
	Dauerton		1	0
Sichtmelder	Dunkel	⊗	0	—
	langsames Blinken		f_1	0,5 ± 30%
	Blinken		f_2	2,0 ± 30%
	schnelles Blinken		f_3	8,0 ± 30%
	Dauerlicht	●	1	---

4.7.2.1.2. Neuwertmeldung

Die Meldung mit Dauerlicht ist nur geeignet, wenn wenige, d. h. nicht mehr als etwa 20 Signale zu überwachen sind. Der Überblick kann verloren gehen, wenn Fehlsignale längere Zeit anstehen, also neu einlaufende Meldungen angesichts einer größeren Zahl leuchtender Sichtmelder herauszufinden sind. Die Neuwertmeldung vermeidet diese Schwierigkeit. Sie hebt die Fehlsignale durch Blinklicht hervor, deren Zustand sich seit der letzten Quittierung geändert hat. Das Blinken bleibt bis zum Quittieren bestehen. Steht beim Quittieren das Fehlsignal weiter an, so geht das Blinken in Dauerlicht über, es erlischt bei Gutsignal des Grenzsignalgebers. Steht beim Quittieren wieder das Gutsignal an, so erlischt der Sichtmelder sofort. Graphisch sind die Zustände in Abb. 4.36 dargestellt.

Der Übergang von Fehl- zu Gutsignal wird meist nicht besonders hervorgehoben. Möglich ist eine Neuwertmeldung mit Doppelblinklicht, bei der dieser Übergang durch langsames Blinken und ggf. durch einen anderen Hörmelder gemeldet wird. Hierfür ist eine getrennte Quittierung vorzusehen.

Abb. 4.36. Funktionsdiagramm für Neuwertmeldung mit Einfachblinklicht.

Bei einer großen Zahl von Meldern ist u. U. die Zusammenfassung zu Untergruppen zweckmäßig. Die Blinkphasen aller Gruppen sollen dann nach DIN 19235 aus anthropotechnischen Gründen zum gleichen Zeitpunkt beginnen und die höheren Blinkfrequenzen geradzahlige Vielfache der niedrigsten Frequenz sein. Das Puls-Pausen-Verhältnis sollte 1 betragen.

4.7.2.1.3. Erstwertmeldung

Bei Sicherungseinrichtungen mit voneinander abhängigen oder untereinander verriegelten Funktionen muß oft nachträglich festgestellt werden, welches Fehlsignal die Ursache einer Abschaltung war. Das kann schwierig sein, wenn sich — als Folge der Abschaltung — gleichzeitig weitere Fehlsignale melden. Abhilfe schafft hier die Erstwertmeldung; sie hebt aus einer Gruppe zu meldender Fehlsignale dasjenige hervor, dessen Signalzustand sich zuerst geändert hat. Diesem, zuerst gemeldeten, Fehlsignal wird Blinken, allen nachfolgenden Dauerlicht zugeordnet. Auch hier spricht gleichzeitig ein Hörmelder an. Die Erstwertmeldung muß gesondert quittiert werden. Wenn diese Quittiertaste nur mit einem Schlüssel zu betätigen ist, bleibt für die Betriebsaufsicht die Möglichkeit erhalten, die Ursache der Abschaltung oder Störung zu erkennen. Das Funktionsdiagramm einer Erstwertmeldung zeigt Abb. 4.37.

Abb. 4.37. Funktionsdiagramm für Erstwertmeldung.

4.7.2.1.4. Signalregistrierung, Meldung mit Prozeßrechnern und dezentralen Prozeßleitsystemen, Störwertschreiber

Mit registrierenden Meldern kann der Wert, die Zeit und die Meßstelle der Grenzsignaländerung festgehalten werden. Für die Registrierung können Störwertschreiber eingesetzt werden. Dies sind Mehrfachschreiber oder -drucker für 6 bis 50 Registrierstellen, deren Papiervorschub sich durch einen Schaltimpuls um einen wesentlichen Betrag vergrößern läßt, z. B. von 20 mm/h auf 480 mm/h. Ist der zeitliche Verlauf einer Gruppe zusammengehöriger Signale aufzulösen, so kann das Erstsignal den schnellen Vorschub einleiten.

Mit speziellen Störwertschreibern läßt sich der Verlauf sicherheitsrelevanter Prozeßgrößen auch in einem Zeitraum *vor* dem Auftreten der Störung mit guter Auflösung erfassen. Diese nehmen den Verlauf der Prozeßgrößen auf und löschen nach einer bestimmten Zeit die Informationen wieder, solange Gutsignale anstehen. Beim Einlaufen von Fehlsignalen wird der Löschvorgang so unterbrochen, daß nicht nur der auf die Störung folgende Zeitabschnitt, sondern auch noch ein davorliegender bildlich sichtbar wird.

Besonders vorteilhaft für die Signalregistrierung lassen sich Prozeßrechner und dezentrale Prozeßleitsysteme einsetzen (s. auch Band IV, Kap. 3). Hier sind den Kombinationsmöglichkeiten kaum Grenzen gesetzt und der Aufbau sehr aussagekräftiger und leicht auswertbarer Störungsprotokolle ist möglich.

Mit Prozeßrechnern sind auch Datenreduzierungen möglich: In vielen Fällen ist eine einzelne Grenzwertüberschreitung für den Prozeß ohne schwerwiegenden Belang. Erst eine bestimmte Kombination dieser Grenzwertüberschreitungen bedeutet einen unzulässigen Fehlzustand. In [26] wird z. B. vorgeschlagen, vorher spezifizierte gefährliche Prozeßzustände mit dem tatsächlichen Prozeßzustand zu vergleichen und erst bei nicht zulässigen Abweichungen das Bedienungspersonal zur Aktion zu veranlassen. Die Schwierigkeit ist hier, alle gefährlichen Prozeßzustände, die sich aus den Werten einer Vielzahl von Meßgrößen ergeben, vorher herauszufinden. Wenn der Weg einer derartigen Datenreduktion gangbar wäre, so würde der Apparatefahrer von vielen unnötigen Alarmen entlastet sein.

4.7.2.1.5. Überwachung von Antrieben, Motormeldung

Meldungen zum Überwachen des Laufes von Antrieben, meist Motormeldungen genannt, unterscheiden sich oft von normalen Grenzwertmeldungen dadurch, daß in diese Meldungen zusätzliche Informationen hineingepackt werden müssen.

Im wesentlichen sind es Informationen, ob der Motor betriebsmäßig durch den „Aus"Drücker oder durch eine Störung abgeschaltet wurde und ob der stehende Motor gestört oder betriebsbereit ist.

4.7.2.1.6. Gerätetechnische Ausführung von Meldesystemen

Gerätetechnische Ausführungen von Meldesystemen werden in Band III, Kap. 8.2 u. 8.3, beschrieben.

4.7.2.2. Abschaltsysteme

Abschaltsysteme verhindern durch selbsttätigen Eingriff in den Prozeßablauf, daß sich in der Chemieanlage ein unzulässiger Fehlzustand einstellt.

Beim Entwerfen von Abschaltsystemen ist den Zuverlässigkeits- und Sicherheitsforderungen Rechnung zu tragen. Zuverlässigkeit wird hier erreicht durch Auswahl geeigneter Bauelemente, unterbrechungsfreie Spannungsversorgung und durch redundante Anordnungen. Sicherheit gewährleistet das Ruhestromprinzip verbunden mit dem fail-safe-Verhalten der Bauelemente. Wichtig ist auch ein übersichtlicher Aufbau mit möglichst direkter Wirkung. Zum Beispiel kann es richtig sein, den Strom zu den auslösenden Magnetventilen durch Aus-Taster direkt zu unterbrechen und nicht über Schütze, die von Hilfsstromkreisen angesteuert werden.

Abschaltsysteme sind meist für kontinuierlichen Betrieb bestimmt. Sie können daher u. U. die Inbetriebnahme blockieren. Wenn Anfahrüberbrückungen unumgänglich sind, so sollten diese möglichst zwangsweise durch die Anfahroperationen wieder selbsttätig rückgängig gemacht und zeitlich limitiert werden. Bei einer Überbrückung mit Schlüsselschaltern kann das Rücksetzen vergessen werden oder

---

[26] Owen, K.: Avoiding another Flixborough. The Times, 19. Nov. 1976, S. 23.

zu spät geschehen. Das ist besonders deshalb nachteilig, weil in der Anfahrphase der Prozeßsicherung besondere Bedeutung zukommt.

Abschaltsysteme müssen prüfbar sein. Da die Prüfung den Betriebsablauf möglichst wenig beeinträchtigen soll, empfiehlt sich die Überbrückung des Eingriffes durch Schlüsselschalter. Bei redundanten Systemen darf jeweils nur ein Kanal überbrückt werden, wie z. B. beim 1-von-2-System nach Abb. 4.38. Die Funktion des in der Abschaltkette liegenden Relais läßt sich dabei auch prüfen. Der Einsatz von Relais mit zwangsgeführten Kontakten gewährleistet, daß ein Verschweißen des Abschaltkontaktes bei der Prüfung bemerkt wird. Bei 2-von-3-Systemen kann eine Überbrückung entfallen.

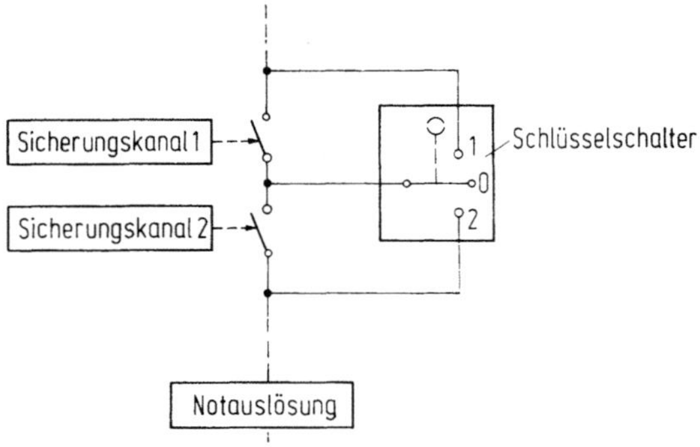

Abb. 4.38. Schaltung zum Prüfen einer Sicherungseinrichtung in 1-von-2-Bewertung.
In Schalterstellung 1 ist Kanal 1 zum Prüfen überbrückt, in Stellung 2 Kanal 2.

4.7.2.2.1. Gerätetechnische Ausführung von Abschaltsystemen

Gerätetechnische Ausführungen von Abschaltsystemen werden in Band III, Kap. 8.2 u. 8.3, beschrieben.

4.7.3. Melder und Auslöser

Lautsprecher, Hupe, Sirene und Klingel sind gebräuchliche Hörmelder, Signalleuchte und Signaltableau vorherrschende Sichtmelder. In den Leitständen liegen die Schallpegel so niedrig, daß meist den durch einen Gong angeregten Lautsprechanlagen der Vorzug gegeben wird, die sich in Lautstärke, Tonfolge und Tonhöhe variieren lassen. In Produktionsanlagen oder Maschinenhallen werden andere, deutlicher wahrnehmbare Hörmelder bevorzugt.

Signallampen können in Verfahrensfließbildern angeordnet werden, um die Meldung eines Fehlsignals zu lokalisieren und seine Bedeutung für das Verfahren erkennbar zu machen. Eine Zuordnung der Signalleuchten zu den Anzeigegeräten und Schreibern der gleichen Meßgröße weist auf den zeitlichen Verlauf und auf die Höhe der Grenzwertüberschreitung hin. Schließlich können Schilder an den Leuchten notwendige Information geben. Zur Beschilderung besser geeignet sind allerdings Signaltableaus (Abb. 4.39). Eine zweckmäßige Gruppierung — z. B. nach verfahrenstechnischen Maschinen und Apparaten — erleichtert die Übersicht Die Gruppierung kann für große, umfangreiche Anlagen noch durch Gruppenmeldungen unterstützt werden. Schließlich ist es möglich, durch besondere Sichtmelder, z. B. Lichtblitzanlagen, auf besondere Dringlichkeit zum Eingreifen hinzuweisen.

Auslöser sind Schütze oder Relais, die über Elektroantriebe oder Stellgeräte auf Stoffströme einwirken. In Chemieanlagen werden überwiegend Stellgeräte mit pneumatischem Antrieb für Sicherheitsfunktionen angewandt. Stellglieder sind dabei dicht schließende Einsitzventile, Kugelhähne oder dicht schließende Stellklappen. Magnetventile setzen das elektrische Auslösesignal in ein Druckluftsignal um. Meist wird die den Antrieb offenhaltende Druckluft entspannt, um das Stellgerät mit Federkraft zu schließen. Bei großen Stoffströmen und Schließkräften genügen u. U. die maximal verfügbaren Federkräfte nicht mehr, so daß Preßluftspeicher die Notschließfunktion übernehmen müssen. Um einen Produktstrom ganz sicher abzusperren, setzt man zwei Stellgeräte zum Absperren und eines zum Zwischenentspannen ein (Abb. 4.40). Diese Forderung bedeutet bei großen Nennweiten einen erheblichen Aufwand. Über Prüfvorschriften für Stellgeräte orientiert u. a. DIN 3394[27] und ein VdTÜV-Merkblatt[28].

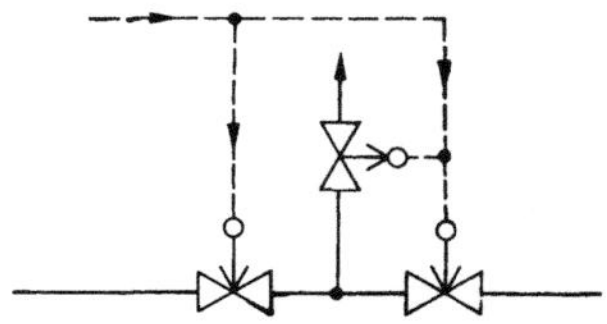

Abb. 4.40. Ventilanordnung zum sicheren Absperren.

Abb. 4.39. Signaltableaus (Strey). Die Sichtmelder werden in Normabmessungen hergestellt. Beschriftung stellt den Bezug zur zu sichernden Meßgröße dar.

Den Forderungen nach DIN 3394 genügt das Drehkegelventil mit Weichdichtung und angebautem Magnetventil nach Abb. 4.41. Abb. 4.42 zeigt ein Magnetventil der Schutzart „eigensicher“ mit pneumatischer Verstärkung; Abb. 4.43 ein Magnetventil der Schutzart „druckfeste Kapselung“. Bei der Auswahl der

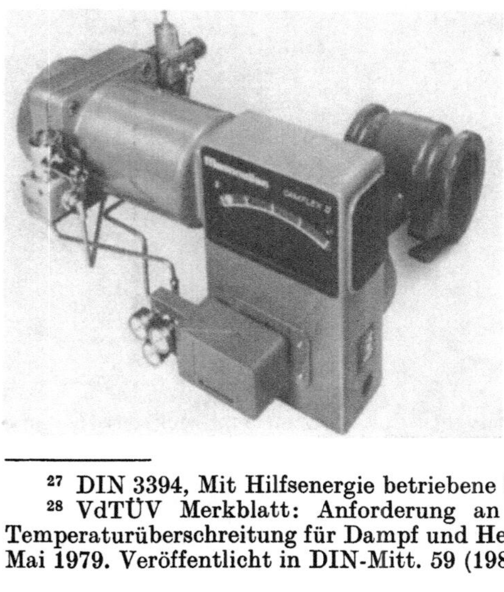

Abb. 4.41. Für Absperraufgaben nach DIN 3394 zugelassenes Stellgerät (Masoneilan).

[27] DIN 3394, Mit Hilfsenergie betriebene Selbststellglieder.

[28] VdTÜV Merkblatt: Anforderung an Stellglieder mit Sicherheitsfunktion gegen Temperaturüberschreitung für Dampf und Heißwasser in Dampfkesselanlagen, 2. Entwurf, Mai 1979. Veröffentlicht in DIN-Mitt. 59 (1980) Nr. 4, 250–255.

Magnetventile sollte sich der Anwender vergewissern, ob das Magnetventil genügend Reserve im Rückstellverhalten hat: Meist im Ruhestromprinzip arbeitend, ist das Magnetventil im Anlagengutzustand erregt und soll im Fehlzustand nach Entregung zurückschalten. Sichergestellt muß dann sein, daß trotz Erwärmung, Verschmutzung, Erschütterung und Restmagnetismus die Rückstellfedern stark genug sind, mit Sicherheit das Ventil umzuschalten.

Allgemein kommen Gleichstrommagnete zum Einsatz. Zur Strombegrenzung für ex-geschützte Magnete werden Sicherungen, zum Abbau von Selbstinduktionsspannungen beim Abschalten der Erregung Varistoren und für Beaufschlagung mit Wechselspannung Gleichrichter eingegossen.

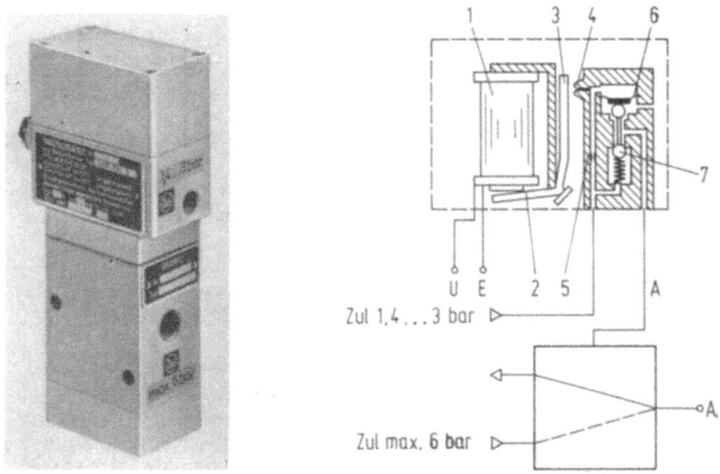

Abb. 4.42. Ausführungsform und Wirkungsprinzip eines Magnetventils in Schutzart: „eigensicher" (Samsomatik).

1 Relais, *2* Anker, *3* Prallplatte, *4* Düse, *5* Vordrossel, *6* Membrane, *7* Schaltstößel.

Abb. 4.43. Magnetventil in Schutzart: „druckfeste Kapselung" (Herion).

4.8. Prüfung von Sicherungseinrichtungen

Vor der erstmaligen Inbetriebnahme ist die Sicherungseinrichtung einem genauen Test zu unterziehen, der Fertigungs-, Planungs- und Montagefehler aufdecken soll. Bei größeren Systemen ist nach Prüfung der einzelnen Kanäle auch das Gesamtsystem durchzutesten. Es empfiehlt sich, die Prüfergebnisse *schriftlich festzuhalten*.

Ein Teil der sich im laufenden Betrieb einstellenden Fehler der Sicherungseinrichtungen wird sich trotz aller Zuverlässigkeits- und Sicherheitsvorsorge nur durch Prüfungen erkennen lassen. Insbesondere sind das die Teile, die an der Schnittstelle zum Prozeß liegen, die Aufnehmer und Auslöser. Es soll regelmäßig und nach einer Prüfordnung geprüft werden. Eine schriftliche Dokumentation (Tab. 4.5) ermöglicht den Nachweis ordnungsgemäßer Durchführung und eine statistische Auswertung der Ergebnisse. Wichtig ist, daß für die Prüfung die Grenzwertüberschreitung möglichst gut simuliert wird. Nach Möglichkeit sind die Prozeßgrößen selbst vorsichtig an den Grenzwert heranzufahren oder die Grenzwerte mit der Prozeßgröße in den Meßleitungen, Standrohren usw. zu simulieren (Abb. 4.44). Wenig Aussagekraft hat eine Grenzwertverstellung bei festgehaltenem Istwert.

Tabelle 4.5. Prüfblatt für Sicherungseinrichtungen nach VDI/VDE 2180, Blatt 4, Januar 1968

Prüfblatt für Sicherungseinrichtungen		Für die Wartung zuständige Dienststellen	Meß- und Regelbetrieb Gruppe Analysen
Fabrikationsbetrieb	10000		

Prüfvorschrift	Meßstelle	A 100, Sauerstoffgehalt im Ofengas, Reaktor Nord
	Gerät und Meßbereich	Sauerstoff-Analysator, Grenzsignalgeber mit Induktivabgriff, 0 bis 3% O_2
	Obere Grenzwerteinstellung	2 ± 0,5% O_2
	Untere Grenzwerteinstellung	—
	Signalverarbeitung	Notabschaltung der Gesamtanlage nach 30 s Fehlzustand Anfahren im Gutzustand erst nach Betätigung des Schlüsselschalters
	Art der Prüfung	Einstellen des Grenzwertes mit Eichgas
	Häufigkeit der Prüfung	Sauerstoff-Analysator täglich Notabschaltung einmal während jeder Abstellung
	Bemerkungen	Vor Prüfung Abschaltung mit Schlüsselschalter unwirksam machen

	Prüfbefund O_2-Gehalt	Prüfbefund Notabschaltung	Datum	Unterschrift	Prüfbefund O_2-Gehalt	Prüfbefund Notabschaltung	Datum	Unterschrift
Prüfergebnisse								

Die die Häufigkeit der Prüfung maßgebend beeinflussenden Faktoren sind in Abschnitt 4.4 dargestellt. Solange kein geeignetes Zahlenmaterial verfügbar ist, müssen die Prüffristen empirisch festgelegt werden, wobei die Kenntnis der Einflußfaktoren zur Objektivierung beitragen kann.

Zur Prüfung der Signallampen und Signalsätze sind spezielle Prüfschaltungen vorzusehen.

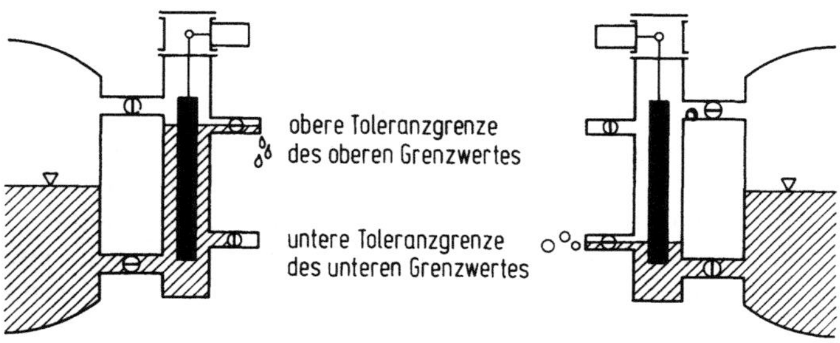

Abb. 4.44. Prüfung von Grenzsignalgebern für Füllstand.
Das Hochsignal muß sich eingestellt haben, wenn aus dem oberen Prüfstutzen Flüssigkeit, das Tiefsignal, wenn aus dem unteren Stutzen Gasblasen entweichen.

4.9. Dokumentation

Die Aufgabenstellung und die Lösung der Sicherungsaufgaben sind verbal und zeichnerisch so darzustellen, daß auch die anderen an der Projektbearbeitung beteiligten Arbeitsbereiche der Produktion und des Ingenieurwesens die Festlegungen verstehen und beurteilen können. Die Unterlagen müssen vor unumgänglichen Änderungen ganzheitlich berücksichtigt und danach revidiert werden. Bei der Fixierung der Aufgabenstellung sind anzugeben

- die verfahrenstechnische Abgrenzung des Projektes,
- eine Beschreibung der Sicherungsaufgabe und
- die angenommenen Störursachen (z. B. Energieausfall, Störungen an MSR-Geräten, Undichtheiten von Absperreinrichtungen).

Bei der Lösung ist auf die Störursachen Bezug zu nehmen. Für eine allgemeinverständliche zeichnerische Darstellung bieten sich Fließschemata an. Dabei ist nicht der stromlose, sondern der Fehlzustand darzustellen, denn der Zustand stromlos hat für die Betrachtung durch das Projektteam eine geringere Bedeutung.

Für die Bearbeitung komplexer Sicherungsaufgaben ist oft eine Vielzahl von Versuchen, Festlegungen, Annahmen, Abstimmungen mit Behörden und Austausch mit Erfahrungen Dritter Voraussetzung. Es kann dann zweckmäßig sein, in einer Rahmenbeschreibung des Sicherungssystemes alle zugehörigen Unterlagen zu zitieren, um auch später Zugriff zu allen der Lösung zugrunde liegenden Informationen zu haben.

5. Untersuchung von Geräten und Bauelementen (Typenprüfung)

Von **H. Germar**, Krefeld-Uerdingen

5.1. Einführung

Auch im Zeitalter der Mikroelektronik mit ihren bildschirmgestützten Prozeßleitsystemen behält das Einzelgerät, sei es als Meßwertgeber, als Meßumformer oder als Stelleinrichtung, seine Bedeutung als Informationsübermittler vom und zum Prozeß bei. Gerade nach den Fortschritten in der Informationsverarbeitung wird nunmehr der Nachholbedarf an Geräten, die auch in der rauhen und aggressiven Umgebung chemischer Produktionsanlagen zuverlässig und genau arbeiten, besonders deutlich bewußt, denn nur zuverlässig und genau erfaßte Meßwerte können sinnvoll weiterverarbeitet werden. Es ist daher für den Anwender nach wie vor wichtig, mit Hilfe der Typenprüfung aus den gemessenen gerätetechnischen Daten die am besten geeigneten Geräte erkennen zu können, um sie — ggfs. nach einer Piloterprobung unter praxisnahen Bedingungen — für den internen ,,Gerätestandard" oder für einen speziellen Anwendungsfall auszuwählen.

Die anwendereigene Typenprüfung hat für die analoge Gerätetechnik nicht mehr die frühere Bedeutung, denn die Zahl der Neuentwicklungen hat sich verringert, der Zwang zur Anwendung interner Geräte-Standards ist gewachsen, und die von den Herstellern angegebenen gerätetechnischen Daten entsprechen mehr den Wünschen der Anwender. Auch schalten mehr und mehr Hersteller neutrale Gutachtergremien zur Ermittlung ihrer gerätetechnischen Daten ein. Ein solches Gremium ist z. B. SIREP International Instrument Users' Association, eine Vereinigung von Meßgeräte-Herstellern und -Anwendern, die 1961 in Großbritannien gegründet wurde und 1983 über 30 Mitglieder aus Europa, Nordamerika und Japan umfaßte. Aufgabe von SIREP ist die Prüfung von Einzelgeräten einschließlich der Prozeßanalysentechnik und von Komponenten der Prozeßleitsysteme. Die Untersuchungsergebnisse werden in standardisierten Prüfberichten zusammengefaßt, die auch eine Stellungnahme des Herstellers zum Untersuchungsergebnis enthalten.

In Verbindung mit der Digitaltechnik, die auch in die Einzelgerätetechnik vordringt, stellt sich aber die Frage einer anwendereignen Typenprüfung erneut. Ihre Bedeutung dürfte jetzt wieder zunehmen, wenn nämlich sog. ,,intelligente Sensoren" die konventionellen analogen Sensoren nach und nach verdrängen werden und neue interne Standard-Geräte ausgewählt werden müssen. Die Methoden der Typenprüfung werden sich hierfür jedoch nicht ändern, denn es spielt keine Rolle, ob das Gerät einen Operations-Verstärker oder einen Mikroprozessor als informationswandelndes Element enthält: Nicht die Arbeitsweise des Gerätes, sondern seine Übertragungseigenschaften werden geprüft.

Wesentlich anders sieht eine ganzheitliche Untersuchung von Prozeßleitsystemen aus. Bei diesen komplexen Systemen geht es für den Anwender neben systemrelevanten Daten wie z. B. Datenübertragungsgeschwindigkeiten, Systemkapazitäten, Umweltverhalten, Reglerfunktionen, Rechenmodulen, die genügend zuverlässig vom Hersteller oder von einem Gutachter wie SIREP zu erfahren sind, hauptsächlich um Angaben, die sich meistens erst bei der Planung oder im praktischen Betrieb ergeben. Dies sind bei der Planung z. B. Entwurfs- und Dokumentationsfreundlichkeit, Qualität der Standard-Software, Leistungsfähigkeit bei erweitertem Aufgabenumfang wie Rezepturverarbeitung, Erweiterbarkeit, Änderungsfreundlichkeit, Koppelbarkeit von Systemkomponenten; oder im praktischen Betrieb z. B. Zeitantwortverhalten unter starker Belastung der Übertragungskanäle, Bedienerfreundlichkeit und Akzeptanz durch den Benutzer, Verfügbarkeit. Die planungsrelevanten Einflußgrößen werden nach derzeitiger Erfahrung am besten im Rahmen eines ausgeklügelten Pilotprojektes mit echtem oder — weniger aufwendig — mit simuliertem Prozeß zusammen mit dem Hersteller untersucht. Die praxisrelevanten Einflußgrößen können erst nach einer gewissen Betriebsdauer und oft nur durch Zahlung von Lehrgeld ermittelt werden.

Die Vergleiche von Prozeßleitsystemen werden zusätzlich durch unterschiedliche Systemstrukturen und unterschiedliche Eigenschaften der Systemkomponenten erschwert[1]. Es ergeht daher der dringende Wunsch an die Hersteller, sich im Interesse der Anwender um mehr Kompatibilität der Systeme und der Systemkomponenten, d. h. um mehr Normung schlechthin zu bemühen.

Die nachfolgend beschriebenen Methoden der Typenprüfung beschränken sich bewußt auf analoge oder digitale Einzelgeräte, die in kleinen Prüflabors untersucht werden können. Es ist Ziel einer anwendereignen Typenprüfung, die Angaben der Hersteller in den technischen Datenblättern zu überprüfen und zu vervollständigen, vor allem aber eine einheitliche Beschreibung der gerätetechnischen Daten zu erhalten, damit eindeutige Vergleiche möglich werden.

Voraussetzung für einheitliche, vergleichbare Daten sind eindeutige Begriffe. Um eine gemeinsame Sprache zu schaffen, wurden daher, beginnend im Jahre 1957, in verschiedenen Ausschüssen der VDI-Gesellschaft Meß- und Regelungstechnik Richtlinien[2] zur Beschreibung und Untersuchung von Meß- und Regelgeräten erarbeitet und herausgegeben. Die wichtigsten in diesen Richtlinien verwendeten Begriffe werden im folgenden erläutert und mit Beispielen aus der Praxis anschaulich gemacht. Die Beschreibung der Begriffe und Methoden bezieht sich zum Teil auf einen Differenzdruckmeßumformer. Sie gilt sinngemäß, eventuell mit leichten Abwandlungen, auch für andere analoge, aber auch digitale Geräte.

5.2. Begriffe, Größen, Einflüsse

5.2.1. Eigenschaften im Beharrungszustand

Die Eigenschaften im Beharrungszustand bestimmen vor allem die Abbildungsgüte eines Meßgerätes, d. h. den funktionellen Zusammenhang zwischen Eingangs- und Ausgangsgrößen. In den meisten Fällen benötigt man eine lineare Beziehung, und dies sowohl unter Nennbedingungen als auch unter begrenzten Abweichungen von den Nennbedingungen. In den VDI-Richtlinien werden folgende Nennbedingungen empfohlen:

Aufbau: Nennlage $\pm 2°$, erschütterungsfrei, während der Messung unverändert.

Umgebungstemperatur: 18 bis 28 °C, vorzugsweise 20 °C, zulässige Temperaturänderung während der Messung: 2 °C.

Statischer Druck: Umgebungsdruck.

---

[1] Siehe auch Band IV, Kap. 7.3.3, 363.

[2] Aufstellung aller Richtlinien siehe Abschnitt 5.4.

Hilfsenergie

— *Druckluft:* sauber und trocken, Nennwert (normal 1,4 bar) $\pm 0{,}02$ bar;
— *Wechselspannung:* Nennspannung $\pm 2\%$, Oberwelligkeit $< 5\%$, Nennfrequenz $\pm 0{,}5\%$;
— *Gleichspannung:* Nennspannung $\pm 2\%$, oberwellenfrei.

Bürde: Gerätespezifisch, unter Berücksichtigung der Herstellerangaben.

Bei Untersuchungen nach diesen Nennbedingungen muß bei allen Messungen der Beharrungszustand erreicht werden, d. h., nach Änderung einer Größe wird solange gewartet, bis der Ausgang (innerhalb einer Toleranzspanne) konstant bleibt.

5.2.1.1. Geräteeigenschaften bei konstanten Nennbedingungen

Bei konstanten Nennbedingungen sind Geräteeigenschaften wie Kennlinie, Hysterese und Umkehrspanne die wichtigsten Größen zur Kennzeichnung der Genauigkeit eines Gerätes. Die Kennlinie beschreibt den funktionalen Zusammenhang zwischen Eingangs- und Ausgangsgröße. Zur Aufnahme der Kennlinie wird die Eingangsgröße vom Meßanfang an steigend ohne Überschießen in kleinen Schritten (mindestens 10) oder stetig bis auf 100% der Meßspanne erhöht und dann umgekehrt nach gleichem Verfahren wieder auf den Meßanfang gesenkt. Bei stetiger Messung (Aufzeichnung mit einem x-y-Schreiber) ist die Änderungsgeschwindigkeit der Eingangsgröße so zu wählen, daß bei ihrem Anhalten keine weitere Änderung der Ausgangsgröße bemerkbar ist. Die Abweichungen von der Sollkennlinie ergeben eine Fehlerkurve. Die größte Abweichung wird als maximaler Fehler angegeben. Diese Fehlerangabe wird erst durch die zusätzliche Aussage, ob Festpunkt- oder Toleranzbandeinstellung gewählt wurde, eindeutig. Bei Festpunkteinstellung stimmen Anfangs- und Endwert der Meßspanne überein. Dies ist die für den praktischen Einsatz übliche Eichung. Bei Toleranzbandeinstellung wird das Gerät so justiert, daß der Betrag des relativen Fehlers seinen kleinsten Wert hat. Er ist im allgemeinen nur halb so groß wie bei Festpunkteinstellung, daher wird er von Herstellern manchmal bevorzugt. Die Abweichung, die sich bei der zyklischen Messung über die volle Meßspanne zwischen aufwärts und abwärts ergibt, wird als Hysterese angegeben, und zwar entweder als Fehlerkurve über der Eingangsgröße oder — was meistens der Fall ist — als maximaler Wert (Hysteresefehler). Die Kennlinie wird im allgemeinen mindestens zweimal aufgenommen, und zwar jeweils mit kleinster und größter einstellbarer Meßspanne. Dies gilt übrigens auch für die meisten folgenden Messungen.

Während die Hysterese, wie bereits angegeben, die Abweichung der Ausgangsgröße zwischen Aufwärts- und Abwärtsgang bei einem vollen Meßzyklus angibt, bezeichnet man die Differenz der Eingangsgröße, die benötigt wird, um die Richtung der Ausgangsgröße gerade zu verändern, als Umkehrspanne. Sie wird entweder bei 10%, 50% und 90% oder nur bei 50% der Ausgangsspanne gemessen. Der Eingangswert wird langsam erhöht, bis der Ausgang sich gerade ändert: Zum Beispiel bei $E = E_1$. Dann wird der Eingang langsam erniedrigt, bis bei $E = E_2$ der Ausgang sich wieder ändert. $(E_1 - E_2)$ in Prozent der Eingangsspanne ist die Umkehrspanne (dead band).

Zu den Untersuchungen bei Nennbedingungen gehören der Langzeiteinfluß und die Welligkeit der Ausgangsgröße. Bei ersterem werden die Geräte einen Monat lang unter konstanten Bedingungen betrieben, Ausgangsänderungen werden als Langzeitdrift bezeichnet. Bei elektrischen Geräten wird überprüft, ob dem Ausgangssignal Wechselgrößen überlagert sind. Wenn ja, werden doppelte Amplitude und Frequenz angegeben.

5.2.1.2. Geräteeigenschaften bei veränderlichen Nennbedingungen

Da die meisten MSR-Geräte weder unter Nennbedingungen noch überhaupt unter konstanten Bedingungen betrieben werden können, muß untersucht werden, wie sich Umwelteinflüsse, schwankende Hilfsenergie oder eine Belastung des Ausgangs auf die Meßgenauigkeit auswirken. Hierzu wird das Eingangssignal auf einen festen Wert eingestellt (vorzugsweise auf den Anfang der Meßspanne oder, wenn der Einfluß auf die Meßspanne ebenfalls geprüft werden soll, auf Anfang und Ende der Meßspanne) und konstant gehalten, während die Einflußparameter einzeln nacheinander verändert werden; die Abweichungen der Ausgangsgröße vom Ausgangswert werden gemessen.

Temperatureinfluß

Ausgehend von der Nenntemperatur (i. allg. 20 °C) wird die Umgebungstemperatur in mehreren Schritten auf die maximal zulässige Temperatur erhöht und dann auf die minimal zulässige Temperatur abgesenkt und wieder auf den Nennwert zurückgeführt. (Üblich ist ein Temperaturbereich zwischen −25 °C und +55 °C). Es ist wieder jeweils der Beharrungszustand abzuwarten. Die größte Änderung des Ausgangswertes für 10 °C Temperaturänderung wird als Temperaturfehler angegeben, manchmal getrennt für Temperaturen über und unter der Nenntemperatur, da die Fehler oft unterschiedlich sind. Kehrt der Ausgangswert nicht auf seinen ursprünglichen Wert zurück, wird die bleibende Abweichung angegeben.

Hilfsenergieeinfluß

Bei 10%, 50% und 90% der Meßspanne (bei nur einer Messung nach Richtlinienempfehlung in der Nähe des Meßendes) wird die Hilfsenergie im zulässigen Bereich verändert und der Einfluß auf das Ausgangssignal als Hilfsenergieeinfluß angegeben, bei pneumatischen Geräten die größte Änderung pro 0,1 bar Zuluftdruckänderung, bei elektrischen vorzugsweise für eine Änderung der Nennspannung von +10% und −15%. Bei Wechselspannungsversorgung wird eventuell auch der Einfluß einer Frequenzänderung überprüft und die Abweichung pro 1 Hz als Fehler angegeben. Schließlich wird die Hilfsenergie für etwa 1 Minute abgeschaltet und die Abweichung des Ausgangswertes nach Wiedereinschalten gemessen.

Druckeinfluß

Gemeint ist nicht der Einfluß des atmosphärischen Druckes, sondern der Druck des zu messenden Prozeßmediums. Diese Untersuchungen betreffen also nur Druck- und Differenzdrucktransmitter. Beim Einfluß des statischen Druckes wird der Druck in beiden Meßkammern eines Differenzdruckmeßumformers gleichzeitig in mindestens vier Stufen bis zum Nenndruck gesteigert und wieder gesenkt. Die größte dabei auftretende Änderung des Ausgangswertes bezogen auf die Änderung des statischen Druckes wird angegeben. Geht der Ausgangswert nicht auf seinen ursprünglich eingestellten Wert zurück, wird die bleibende Abweichung ebenfalls angegeben.

Überlast- und Wechsellasteinfluß

Beim Überlasteinfluß wird der Prüfling 20 min lang mit dem zulässigen Überdruck (Herstellerangabe) belastet. 5 min nach Entlastung wird die bleibende Abweichung gemessen und als Einfluß der Überlast angegeben.

Beim Wechsellasteinfluß wird der Eingang periodisch zwischen 20% und 80%

der Meßspanne umgeschaltet und zwar mit einer Frequenz, der die Ausgangsgröße ohne nennenswerten Amplitudenabfall folgen kann ($\leq 20\%$). Nach ca. 10000 Wechseln wird die Abweichung der Ausgangsgröße gemessen.

Bürdeneinfluß

Bei Meßgeräten mit pneumatischem Ausgang wird bei fest eingestelltem Ausgang von 0,6 bar dem Gerät Luft entnommen und zugeführt. Der Ausgangsdruck (zwischen 0,2 und 0,1 bar) als Funktion dieses Luftdurchflusses wird als Bürdencharakteristik dargestellt. Der Luftdurchfluß, bei dem der Ausgangsdruck sich um $\pm 3\%$ ändert, wird als Bürde angegeben (m^3/h oder l/min umgerechnet auf den Normzustand). Eine eventuelle Unstetigkeit in der Kurve wird als Umsteuerfehler bezeichnet (Größe und Prozent der Ausgangsspanne bei dem gemessenen Durchflußwert Q_N).

Bei Meßgeräten mit elektrischem Ausgang wird bei kleiner Meßspanne die Ausgangsgröße auf ihren Endwert eingestellt und der Lastwiderstand vom kleinsten auf den größten zulässigen Wert erhöht. Eine auftretende Änderung des Ausgangswertes wird in % der Ausgangsspanne als Bürdeneinfluß angegeben.

Bei einer ausführlichen Musterprüfung werden je nach Bedarf noch Fremdspannungseinfluß, Störspannungseinfluß und Fremdfeldeinfluß überprüft. Nützlich für einen qualitativen Test ist der Versuch, neben dem Meßgerät ein leistungsstarkes Sprechfunkgerät zu betreiben, da dies im Betrieb eine häufiger auftretende Störquelle sein könnte.

Schüttel- und Stoßeinfluß

Mechanische Beeinflussungen werden durch Schwingungsversuche auf dem Rütteltisch und durch Fallversuche ermittelt. Dabei ergeben sich zwangsläufig auch Aussagen zur mechanischen Stabilität der Geräte.

5.2.2. Dynamische Eigenschaften

5.2.2.1. Übergangsfunktion oder Sprungantwort

Durch Aufnahme der Sprungantwort erhält man am einfachsten und schnellsten zumindest eine qualitative Aussage über das dynamische Verhalten eines Gerätes[3] (Die theoretisch mögliche quantitative Berechnung der Übertragungsfunktion aus der gemessenen Übergangsfunktion scheitert an zu hohen Anforderungen an die Güte der Prüf- und Registriergeräte.).

Zur Aufnahme der Sprungantwort wird der Eingang sprungartig zwischen 10% und 90% sowie zwischen 15% und 25% und schließlich zwischen 85% und 95% einer Spanne hin- und hergeschaltet. Dabei werden Ein- und Ausgangssignal auf einem sehr schnellen Schreiber registriert. Es ergeben sich Kurven ähnlich Abb. 5.1. Daraus werden folgende Werte ermittelt:

- Überschwingweite x_m (in % der Ausgangsspanne),
- Zeit T_1 bis zum ersten Erreichen des Beharrungswertes,
- Zeit τ bis der Ausgangswert innerhalb einer Spanne von $\pm 1\%$ seines Beharrungswertes bleibt,
- Verzugszeit T_u,
- Ausgleichzeit T_g.

---

[3] Quantitativ wird die Dynamik von W. Peinke in Band III, Kap. 1, behandelt.

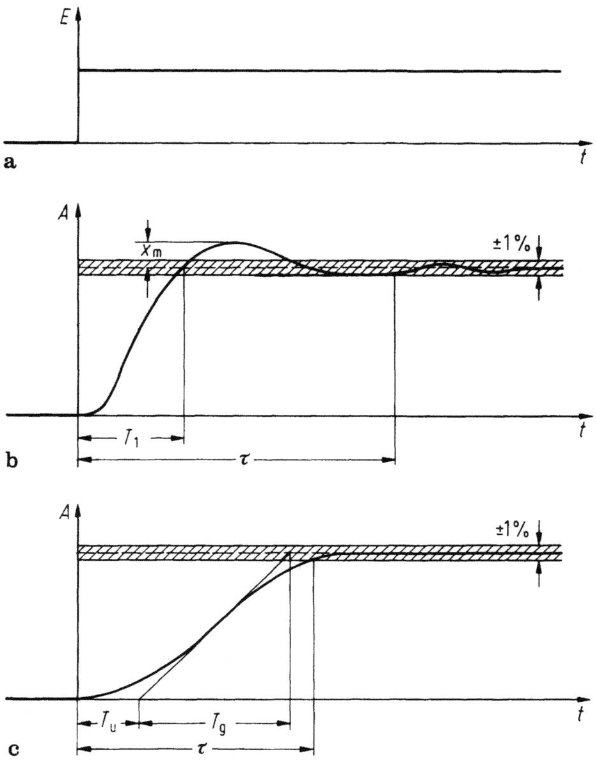

Abb. 5.1. Sprungantwort eines Meßumformers (Quelle: VDI/VDE 2183)
a Eingangssprung
b Sprungantwort mit schwingender Einstellung
c Sprungantwort mit aperiodischer Einstellung
E Eingangsgröße; *A* Ausgangsgröße; *t* Zeit; x_m Überschwingweite; T_1 Zeit bis zum erstmaligen Erreichen des Beharrungswertes; τ Zeit bis zum Erreichen der 1%-Grenze; T_u Verzugszeit; T_g Ausgleichszeit

5.2.2.2. Frequenzgang

Quantitative Daten über das dynamische Verhalten eines Gerätes liefert der Frequenzgang. Zu seiner Messung wird das Eingangssignal auf einen festen Wert eingestellt, normal auf 50% seiner Spanne. Diesem statischen Signal wird ein sinusförmiges überlagert, wobei die Amplitude so groß zu wählen ist, daß eine quantitative Auswertung des Ausgangssignals nach Amplitude und Phase möglich ist, die Abbildung des Eingangs aber mit Sicherheit noch linear ist. Diese Bedingung ist meist erfüllt, wenn das Signal zwischen 5 und 10% der Spanne liegt. Die Frequenz dieses Signals wird von etwa 0,01 Hz an (quasistatisches Verhalten) soweit gesteigert, bis das Verhältnis von Ausgangs- zu Eingangsamplitude auf weniger als die Hälfte seines Anfangswertes abgefallen ist. Ein- und Ausgang werden gleichzeitig registriert, und aus diesen Diagrammen werden Amplituden und Phasen bestimmt. Der Betrag des Amplitudenverhältnisses $|A/E|$ wird im logarithmischen Maßstab über einer logarithmischen Frequenzskala aufgetragen und die Phasenverschiebung zwischen Ausgangs- und Eingangssignal linear über der gleichen Frequenzachse (Bode Diagramm) (Abb. 5.2). Die Frequenz, bei der das Amplitudenverhältnis auf den Wert 1/2 abgefallen ist, wird als Grenzfrequenz bezeichnet (genauer 3 dB-Grenzfrequenz, da manche Autoren den 6 dB-Wert wählen). Bei Systemen höherer Ordnung zeigt die Amplitudenkurve bei der Resonanzfrequenz ein Maximum.

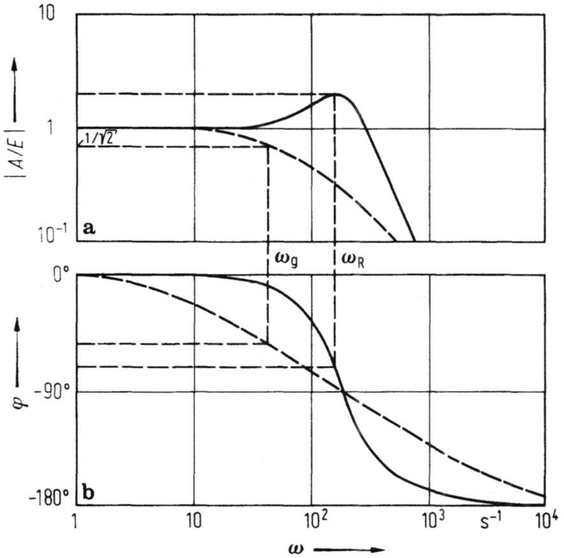

Abb. 5.2. Frequenzkennlinien eines Meßumformers (Quelle: VDI/VDE 2183)
a Amplitudengang, monoton abfallend (gestrichelte Kurve)
Amplitudengang, mit Überhöhung (ausgezogene Kurve)
b Zugehörige Phasengänge
E Eingangsgröße in Prozent der Meßspanne; *A* Ausgangsgröße in Prozent der Meßspanne; $|A/E|$ Betrag des Amplitudenverhältnisses; φ Phasenwinkel; ω Kreisfrequenz (Sinusgenerator); ω_g Grenzfrequenz; ω_R Resonanzfrequenz

5.3. Objekte der Untersuchungen

Über die Vielzahl der zu prüfenden Geräte eines Meß-, Steuer- oder Regelkreises erhält man einen besseren Überblick, wenn man sie teilweise zu Gruppen zusammenfaßt, wobei die Geräte einer Gruppe nicht nur vergleichbare Aufgaben erfüllen sollen, sondern oft auch konstruktiv ähnlich aufgebaut sind.

5.3. Meßumformer

Eine wichtige Gerätegruppe bilden die Meßumformer, und zwar nicht nur wegen ihrer Häufigkeit, sondern auch wegen ihrer Aufgaben, denn sie formen die physikalischen Prozeßgrößen in ein einheitliches elektrisches oder pneumatisches Signal um und bestimmen damit die Genauigkeit des gesamten Kreises. Bei den meisten Meßumformern ist der eigentliche Meßwertaufnehmer oder Fühler integriert, wie u. a. bei den Meßumformern für Druck, Differenzdruck, Stand und Wichte. Schwerpunkt der Untersuchung sind bei diesen Geräten die statische Genauigkeit und das dynamische Verhalten. Dabei muß die Genauigkeit auch bei Abweichungen von den Nennbedingungen — vor allem bei Temperaturänderungen — erhalten bleiben, wenn es sich um Feldgeräte handelt. Bei Umformern für Einheitssignale — sie formen jeweils die genormten Signale 0,2 bis 1,0 bar und 4 bis 20 mA (0 bis 20 mA) ineinander um — erwartet man höhere Genauigkeit bei konstanten Umweltbedingungen, da sie im allgemeinen nur im Schaltraum und Leitwartenbereich eingesetzt werden. Eine Sonderstellung nehmen Meßumformer für Analysenwerte ein; bei diesen spielen Probenahme, Meßstoff-Transport und -Aufbereitung vor allem für die dynamischen Eigenschaften eine so entscheidende Rolle, daß es sinnvoll ist, das System als ganzes zu untersuchen. Dies geschieht im allgemeinen in den Speziallabors für Analysenmeßtechnik.

Ein in der chemischen Industrie besonders häufig eingesetzter Meßumformer ist der pneumatische Differenzdruckmeßumformer. Im folgenden werden deshalb einige Messungen an solchen Geräten im einzelnen beschrieben.

5.3.1.1. Statische Untersuchungen

Einen Meßaufbau zur kontinuierlichen Aufnahme der Übertragungskennlinie zeigt Abb. 5.3. Über einen Integrator und einen elektropneumatischen Wandler wird das Eingangssignal erzeugt. Die Integrationszeiten liegen bei ca. 10 min. Über zwei sehr genaue Druck-Widerstands-Umformer auf Dehnungsmeßstreifenbasis (Fehler $< 0{,}1\%$) werden Eingangs- und Ausgangsgröße auf einen x-y-Schreiber gegeben. Eine Darstellung der Kennlinie erübrigt sich, denn Abweichungen von der Geraden liegen bei guten Meßumformern unter $\pm 0{,}2\%$ und sind nur bei gedehntem Achsenmaßstab (DIN A 3) nachweisbar. Ähnliches gilt für die Hysterese.

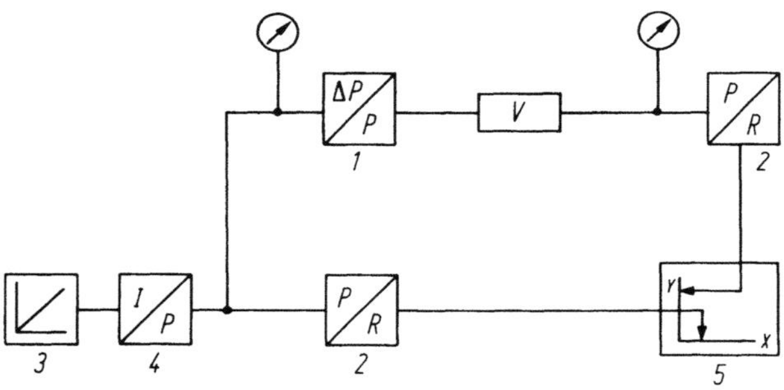

Abb. 5.3. Meßschaltung zur Aufnahme der Kennlinie.
1 Prüfling; *2* Präzisionsmeßumformer für Druck; *3* Integrator; *4* I/P-Umformer; *5* x-y-Schreiber; *V* Volumen

In etwas abgewandelter Form wird der Hilfsenergieeinfluß überprüft (Abb. 5.4). Der Integrator steuert nun über einen I/P-Wandler den Feindruckgeber für die Hilfsenergie des Meßumformers. Der Ausgang des Meßumformers wird zunächst beim Nennwert der Hilfsenergie von 1,4 bar jeweils auf 10%, 50% und 90% seiner Spanne eingestellt (oder bei nur einer Messung auf einen Wert $\geq 90\%$), dann wird der Hilfsenergiedruck zwischen 1,0 und 2,0 bar (oder bis zu dem vom Hersteller angegebenen oberen Wert) variiert. Abbildung 5.5 zeigt ein Beispiel, bei dem die Abweichungen unter 0,1% pro 0,1 bar Zuluftdruckänderung liegen.

Die Meßschaltung nach Abb. 5.6 liefert die Durchflußkennlinie (oder Bürdencharakteristik). Ein Meßergebnis zeigt Abb. 5.7. Als Bürde für $\pm 3\%$ Ausgangsdruckänderung ergeben sich ca. $-1{,}1$ und $+1{,}5$ m³/h. Da das am Ausgang eines Meßumformers angeschlossene Volumen etwa 0,5 l beträgt, kann man aus der Bürdencharakteristik bereits erkennen, daß der hier geprüfte Meßumformer gute dynamische Eigenschaften hat.

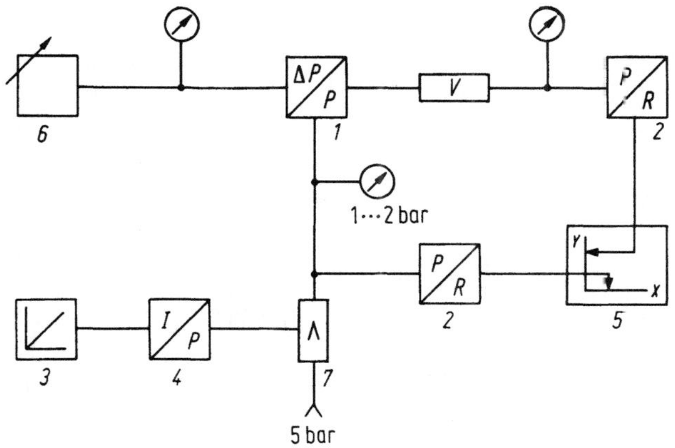

Abb. 5.4. Meßschaltung zur Überprüfung des Hilfsenergieeinflusses.
1 bis *5* wie Abb. 5.3, *6* Feindruckgeber zur Nullpunkteinstellung, *7* pneumatisch steuerbare Reduzierstation

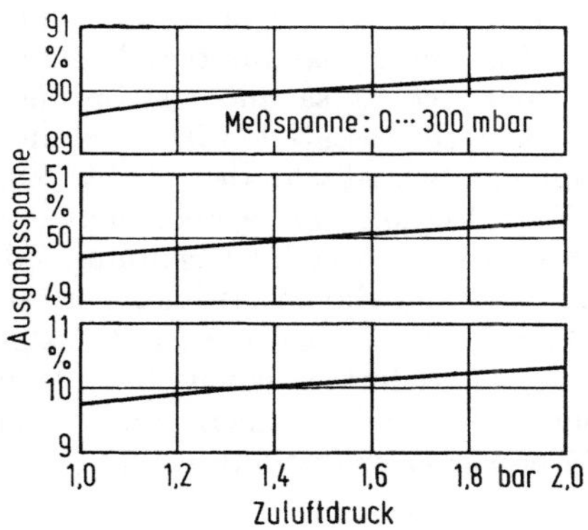

Abb. 5.5. Zuluftdruckabhängigkeit eines Differenzdruckmeßumformers

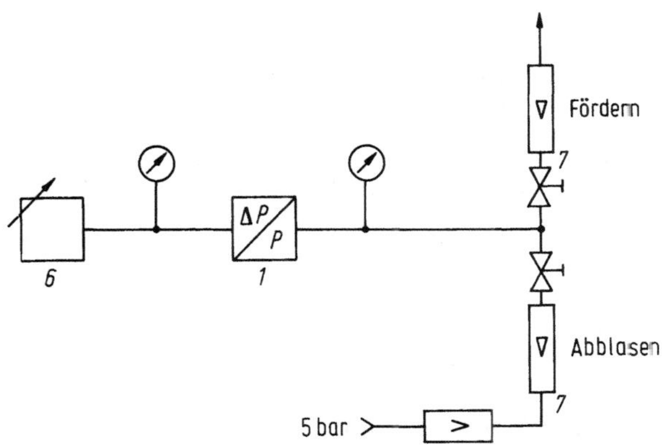

Abb. 5.6. Meßschaltung zur Aufnahme der Durchflußkennlinie.
1 und *6* wie Abb. 5.4; *7* Schwebekörperdurchflußmesser

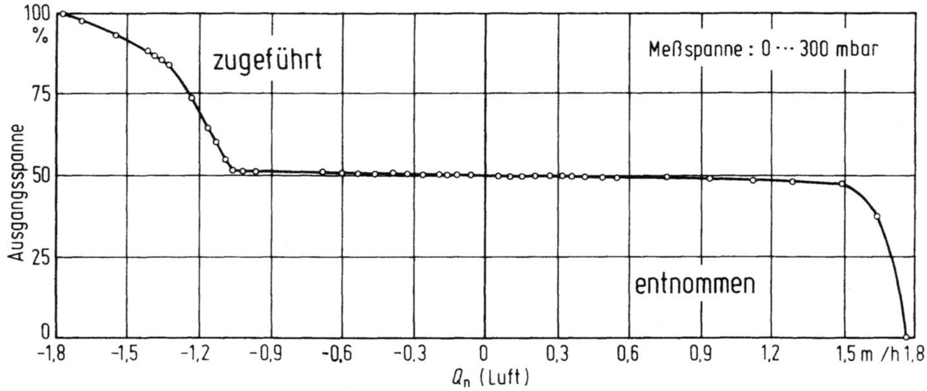

Abb. 5.7. Durchflußkennlinie eines Differenzdruckmeßumformers

5.3.1.2. Dynamische Untersuchungen

Die Geräteanordnung zur Aufnahme der Sprungantwort ist in Abb. 5.8 dargestellt. Die Volumina von jeweils zwei Litern zwischen Feindruckgebern und Dreiwegeventil dienen als Puffer, so daß das Eingangssignal für den Meßumformer unabhängig von der Luftleistung der Druckgeber tatsächlich ein Sprungsignal darstellt, was auch durch Kontrollmessungen bestätigt wird. Bei der Registrierung der Sprungantworten mit einem Schnellschreiber (Abb. 5.9, Abb. 5.10) ist der Eingangssprung unter der Zeitachse mit der zweiten Spur des Zweikanalschreibers angedeutet, um den Start zu markieren. Abbildung 5.9 zeigt, daß dieser Meßumformer sehr schnell ist. Um Dauerschwingungen zu vermeiden, mußte der Ausgang durch ein Dämpfungsvolumen ($\geq$ 1 l) belastet werden. Das ist nicht unbedingt als Nachteil dieses Umformers anzusehen, denn ähnliche Sprungantworten erhält man, wenn man das Volumen durch 5 m pneumatisches Signalkabel mit 4 mm Innendurchmesser ersetzt (Abb. 5.10).

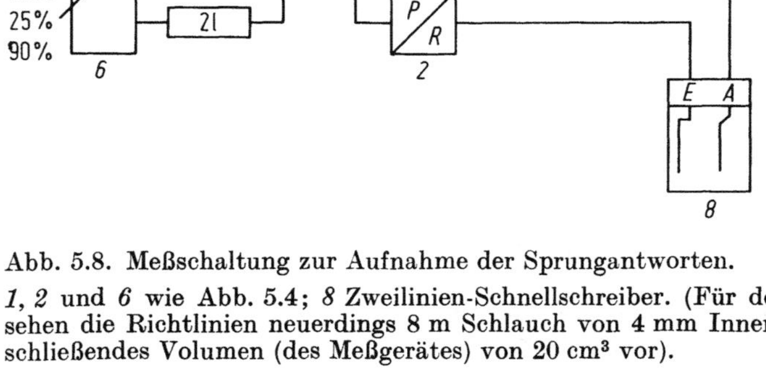

Abb. 5.8. Meßschaltung zur Aufnahme der Sprungantworten.

1, *2* und *6* wie Abb. 5.4; *8* Zweilinien-Schnellschreiber. (Für den Ausgang des Prüflings sehen die Richtlinien neuerdings 8 m Schlauch von 4 mm Innendurchmesser und ein anschließendes Volumen (des Meßgerätes) von 20 cm³ vor).

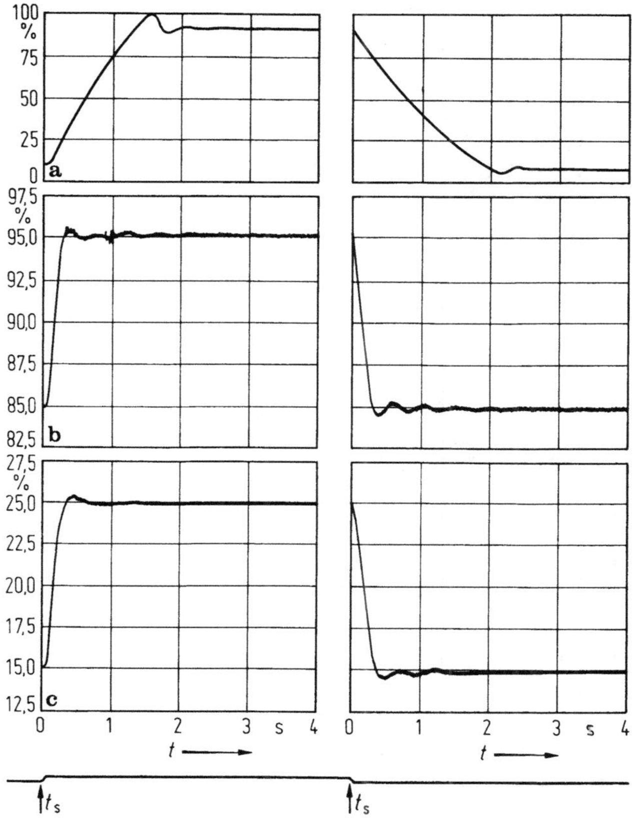

Abb. 5.9. Sprungantwort eines Differenzdruckmeßumformers.
Meßspanne 300 mbar, angeschlossenes Volumen: 1 l, t_s Zeitmarkierung für Eingangssprung,
a Sprung von 10% auf 90% und zurück
b Sprung von 85% auf 95% und zurück
c Sprung von 15% auf 25% und zurück

Den Einfluß angeschlossener Volumina erkennt man natürlich auch aus der Frequenzgangmessung. Einen einfachen Versuchsaufbau zeigt Abb. 5.11. An einer Additionsstelle wird dem konstanten Eingangssignal, vorzugsweise 0,6 bar, ein sinusförmiges Signal überlagert, Ein- und Ausgang werden auf einem Zweikanalschreiber registriert. Die Bestimmung der Dämpfung und Phasenverschiebung erfolgt aus den Diagrammen. Für pneumatische Geräte ist dieses Verfahren sicher ausreichend, wenn auch langwierig, aber die Möglichkeit, die neuen Methoden der digitalen Meß- und Rechentechnik voll einzusetzen und z. B. Bode-Diagramme automatisch auszudrucken, ist in vielen Prüfungslabors der Anwender nicht immer gegeben. Die Abbildungen 5.12 und 5.13 zeigen den Amplituden- und Phasengang für ein angeschlossenes Volumen von 0,1 und 1 l. Bei Erhöhung des Volumens sinkt die Grenzfrequenz von 12 auf 3 Hz[4].

---

[4] Der Verfasser dankt Herrn D. I. D. Biehler, Leverkusen, für die Überlassung dieser Meßergebnisse sowie für hilfreiche Diskussionen.

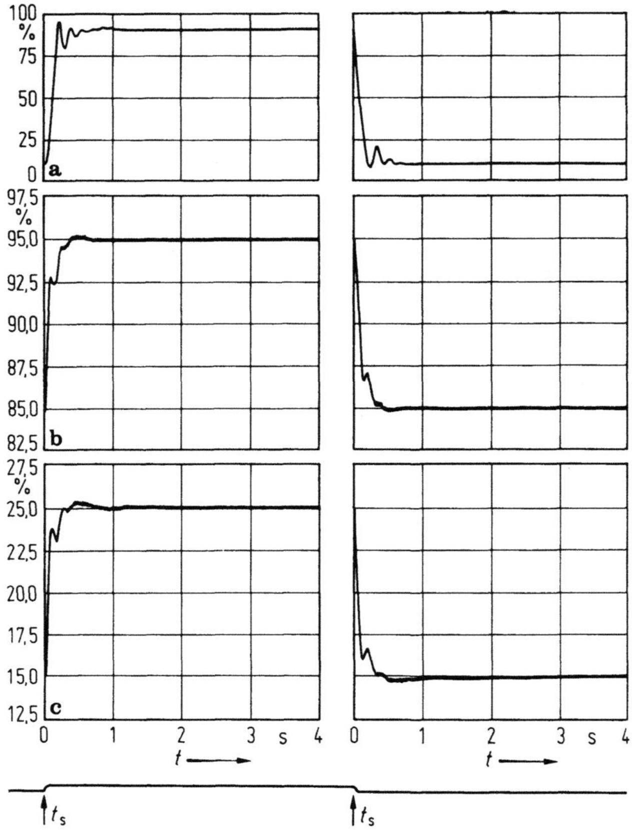

Abb. 5.10. Wie Abb. 5.9, Ausgangsvolumen ersetzt durch 5 m Schlauch, ∅ 6 × 1 mm

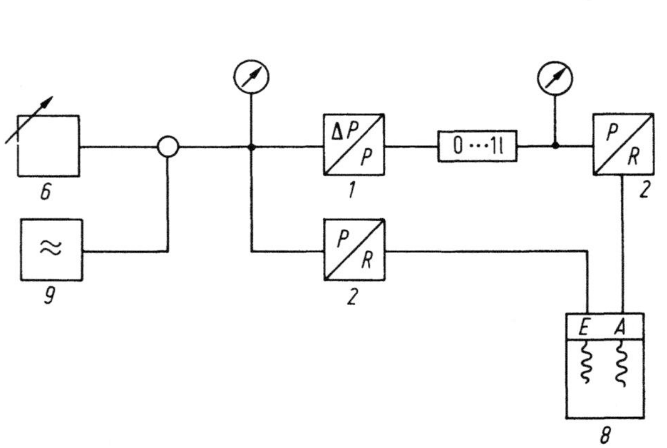

Abb. 5.11. Meßschaltung für Frequenzgangmessung.
1, *2*, *6* und *8* wie Abb. 5.8; *9* Sinusgenerator

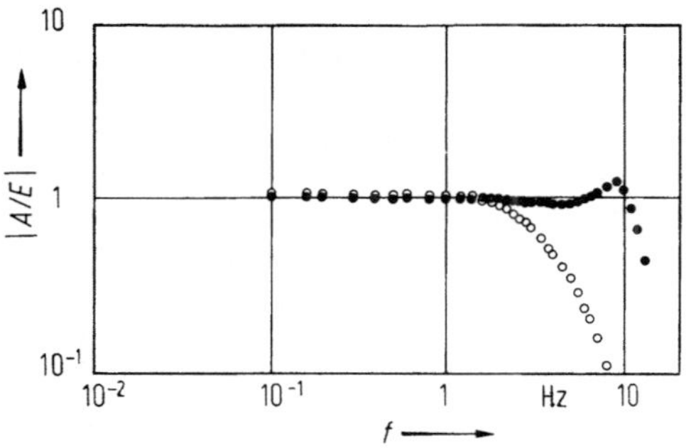

Abb. 5.12. Amplitudengang eines Differenzdruckmeßumformers.
●●● Ausgangsvolumen 0,1 l; ○○○ Ausgangsvolumen 1,0 l

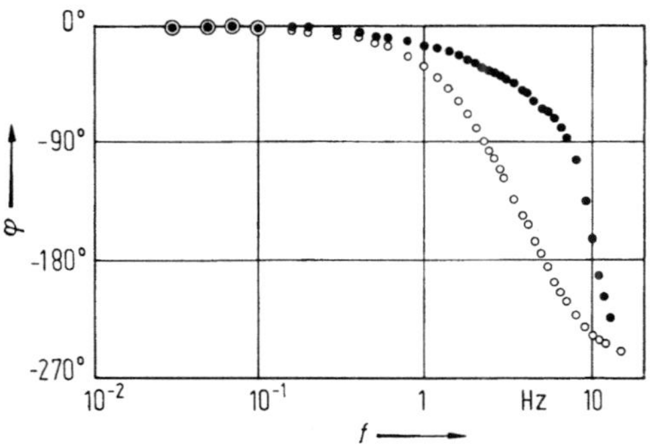

Abb. 5.13. Phasengang eines Differenzdruckmeßumformers.
●●● Ausgangsvolumen 0,1 l; ○○○ Ausgangsvolumen 1,0 l

5.3.2. Regler

Diese Gerätegruppe umfaßt hauptsächlich die pneumatischen und elektrischen Einheitsregler, wobei nicht nur die Normsignale für Ein- und Ausgang, sondern vielfach auch die Bauformen einheitlich sind, da die Kompaktregler mit integriertem Anzeige- und Leitgeräteteil im Format $72 \times 144\ \text{mm}^2$ in Neuanlagen überwiegen.

Viele Untersuchungen ähneln denen am Meßumformer und können sinngemäß übertragen werden.

Wichtige zusätzliche Messungen betreffen den Führungs- und Stelleinfluß sowie die Reglerkennwerte und deren Übereinstimmung mit den Einstellskalen. Ein Teil dieser Messungen wird zweckmäßigerweise im geschlossenen Regelkreis durchgeführt, denn bei Reglern mit I-Anteil lassen sich nur so Beharrungszustände erreichen. Abbildung 5.14 zeigt eine einfache Meßschaltung. Zur Ermittlung des Führungseinflusses wird nach einem Grundabgleich mit Einstellung des Reglerarbeitspunktes ($X = W = Y = 0{,}6$ bar) die Stellgröße durch Verändern des Feindruckgebers N konstant auf 0,6 bar gehalten, während die Führungsgröße W zwischen 0,2 und 1,0 bar variiert wird. Die größte Regelabweichung wird, bezogen auf den Bereich der Regelgröße, als Führungsfehler angegeben. Der Stelleinfluß wird in ähnlicher Weise ermittelt, nur wird jetzt die Führungsgröße konstant gehalten, und die Stellgröße durchläuft den

Stellbereich. Die größte relative Regelabweichung ergibt den Stellfehler. Mit der gleichen Meßschaltung läßt sich der jeweilige Einfluß der Reglerkennwerte auf den Arbeitspunkt überprüfen. Nach dem Abgleich wird ein Regelparameter über seinen Bereich verändert und die eventuell auftretende Regelabweichung $(x - w)$ gemessen. Sie wird als Arbeitspunktverschiebung infolge Änderung des jeweiligen Kennwertes in Prozenten des Regelbereiches angegeben. Die Kennwerte selber werden aus den Übergangsfunktionen oder auch aus den Anstiegsantworten ermittelt und zwar für verschiedene Werte des Einstellbereichs, um die Skalengenauigkeit überprüfen zu können. Gerade bei den Zeiten T_n und T_v sind Abweichungen von den eingestellten Werten größer als 30% auch heute noch keine Seltenheit, so daß dieses Verfahren im allgemeinen ausreicht. Genauere Werte kann man aus dem Bode-Diagramm erhalten, wenn die Frequenzgangaufnahmen für verschiedene Einstellungen der Regelparameter wiederholt werden.

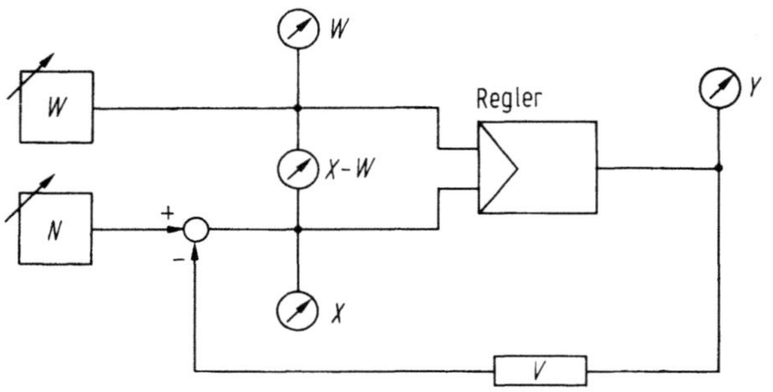

Abb. 5.14. Grundschaltung für Messungen an Reglern mit I-Anteil

Der Meßaufbau kann ähnlich Abb. 5.14 erfolgen, wobei der Nullpunkteinsteller durch einen Sinusgenerator ersetzt wird und Ein- und Ausgang registriert werden. Die Frequenzgangmessung hat noch den Vorteil, daß zusätzliche gerätetechnisch bedingte Verzögerungen des Reglers erkannt werden.

Untersuchungen an Reglern, die keine Einheitsregler sind, können ähnlich durchgeführt werden, verlangen zum Teil aber auch aufwendigere Meßschaltungen. Die Bedeutung dieser Regler nimmt allerdings immer mehr ab mit Ausnahme der Zwei- oder Mehrpunktregler, für die aber mit VDI/VDE 2189 eine besondere Richtlinie erarbeitet wurde (s. Abschnitt 5.4). Da bei Reglern ohne Hilfsenergie viele Einflußgrößen entfallen, sind die Untersuchungen einfacher, erfordern aber im allgemeinen eine Versuchsregelstrecke, die den natürlichen Betriebsbedingungen weitgehend entspricht. Ihr Aufbau ist im Labor meist nur für Luft und Wasser oder auch Dampf für begrenzte Nennweiten möglich. Eine Prüfstation für Volumenzähler oder Stellventile, wie sie in einem folgenden Abschnitt beschrieben wird, ist hierfür geeignet. Mit ihr können auch größere Regler untersucht werden (z. B. Kühlwasserbegrenzer).

5.3.3. Ausgeber und andere Bauelemente

Bei den Anzeigegeräten und Schreibern werden Linearität (oder bei nichtlinearen Skalen die Skalenfehler) und Hysterese sowie Ansprechempfindlichkeit und Reproduzierbarkeit untersucht. Bei Kompensationsmeßwerken kommen wie bei Meßumformern die Einflüsse der Hilfsenergie hinzu. Schreiber sollten einen Dauertest durchlaufen, damit der Gleichlauf (zeitsynchron) und die Sicherheit des Papiertransports sowie die Haltbarkeit der Faserfedern oder Druckköpfe überprüft werden können.

Ein Dauertest ist auch die wesentliche Prüfung bei anderen Bauelementen wie z. B. Relais, Magnetventilen und pneumatischen Kolbenantrieben. Bei letzteren ist interessant, ob nach ca. 100000 Schaltspielen die Dichtheit nachgelassen hat. Analoge Rechenglieder werden dagegen wie Meßumformer untersucht.

5.3.4. Stellventile

Das letzte Glied der Gerätekette in einem Regelkreis ist meist ein Stellventil und zwar in der chemischen Industrie eines mit pneumatischem Antrieb. Im Labor wird die Stelldruck-Hubkennlinie gemessen, woraus sich noch die durch Stoffbuchsreibung hervorgerufene Hysterese ergibt, und es werden Sprungantworten aufgenommen, wobei eine Sprungantwort über den gesamten Bereich die Stellzeit des Ventils liefert, während kleine Änderungen des Stellsignals das dynamische Verhalten bei betriebsüblichen Stellsignaländerungen simulieren. Diese dynamischen Untersuchungen sind allerdings nur sinnvoll, wenn sie unter denselben Installationsbedingungen durchgeführt werden, vor allem mit einem eventuell vorgesehenen Stellungsregler, unter denen sie in der Regelstrecke betrieben werden sollen.

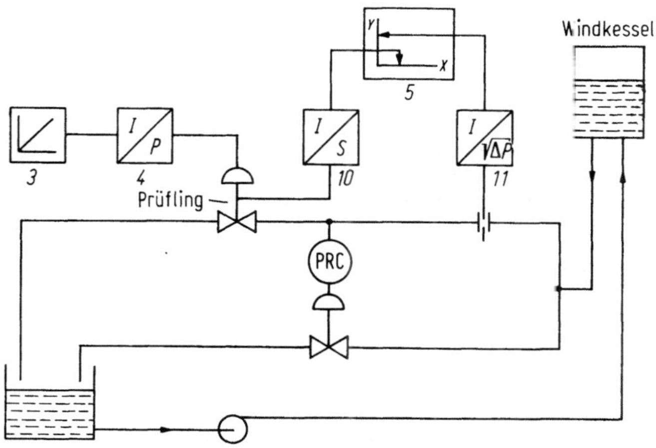

Abb. 5.15. Prüfstrecke für Stellventile.
3, 4, 5 wie Abb. 5.4; *10* elektrischer Wegaufnehmer; *11* Differenzdruckmeßumformer mit Radizierung

Die für die Praxis interessanteste Ventilkennlinie, der Zusammenhang zwischen Stelldruck (meist proportional zum Hub) und Durchfluß, kann nur auf einem Prüfstand aufgenommen werden. Ein Beispiel für einen solchen Prüfstand zeigt Abb. 5.15. Der Druckregelkreis hält den Druck vor dem Prüfling auf 1 bar konstant, so daß über die radizierende Blendenmessung direkt der K_v-Wert ausgegeben wird, z. B. auf die y-Achse eines Koordinatenschreibers. Die x-Achse wird entweder wie im Bild über einen Wegaufnehmer am Ventil mit dem Hub oder auch mit dem Stelldruck beaufschlagt, so daß die Kennlinie automatisch registriert wird, wenn über einen Integrator der Stellbereich durchfahren wird. Zusätzliche Prüfungen betreffen die Dichtheit nach außen und den Leckdurchfluß. Letzterer ist besonders wichtig bei Sicherheitsabsperrorganen.

5.4. Übersicht über Normen und Richtlinien

In den vergangenen Jahren wurden von VDI/VDE Ausschüssen einige Richtlinien zum Thema Beschreibung und Untersuchung von Meßgeräten erarbeitet, die in Tabelle 5.1 zusammengestellt sind:

Tabelle 5.1. VDI/VDE-Richtlinien zur Beschreibung und Untersuchung von Meß- und Regelgeräten

VDI/VDE-Nr.	Titel	Datum
2173	Strömungstechnische Kenngrößen von Stellventilen und deren Bestimmung	9. 62
2177	Beschreibung und Untersuchung von Stellungsreglern mit pneumatischem Ausgang	7. 70
2179	Beschreibung und Untersuchung pneumatischer Einheitsregelgeräte	6. 64
2181	Beschreibung und Untersuchung stetiger elektrischer Regelgeräte	8. 67
2182	Meßumformer für Flüssigkeitsstand mit Verdrängerkörper, Beschreibung und Untersuchung	7. 78
2183	Meßumformer für Differenzdruck, Beschreibung und Untersuchung	9. 73
2184	Meßumformer für Druck, Beschreibung und Untersuchung	1. 76
2189, Blatt 1	Beschreibung und Untersuchung von Zwei- und Mehrpunktreglern	1. 70
2190,	Beschreibung und Untersuchung stetiger Regelgeräte	
Blatt 1	Grundlagen	12. 76
Blatt 2	Pneumatische Regler	12. 76
Blatt 3	Elektrische Regler	12. 76
2191	Meßumformer für Temperatur, Beschreibung und Untersuchung	9. 79
2192	Meßumformer für Größen der Starkstromtechnik, Beschreibung und Untersuchung	9. 72
3520	Pneumatische Meßumformer für Einheits-Gleichstrombereiche, Beschreibung und Untersuchung	9. 72

Die internationale Normung hat 1968 dieses Gebiet aufgegriffen und behandelt es im Technical Commitee Nr. 65 der IEC (International Electrotechnical Commission). Bisher wurde als IEC Standard die Publikation 546 „Methods of evaluating the performance of controllers with analog signals for use in industrial-process control" veröffentlicht.

Dieses Papier liegt auch als DIN-IEC 546 in deutscher Sprache vor und führt den Titel „Methoden zur Beurteilung des Verhaltens von Reglern mit analogen Signalen für die Anwendung in der industriellen Verfahrensregelung". Weitere IEC-Standards über die Beurteilung von Meßumformern, Prozeßschreibern, Stellungsreglern und Zweipunktreglern sind weitgehend erarbeitet worden und durchlaufen z. Z. die Instanzen der internationalen Normung. Der Standard für Meßumformer liegt als Normentwurf bereits in deutscher Sprache vor, obwohl der IEC Standard noch nicht verabschiedet ist. Sein Titel lautet: „Methoden der Gerätebeurteilung von Meßumformern für industrielle Prozeßregelsysteme".

Sachverzeichnis

GPSR Compliance

The European Union's (EU) General Product Safety Regulation (GPSR) is a set of rules that requires consumer products to be safe and our obligations to ensure this.

If you have any concerns about our products, you can contact us on ProductSafety@springernature.com

In case Publisher is established outside the EU, the EU authorized representative is:

Springer Nature Customer Service Center GmbH
Europaplatz 3
69115 Heidelberg, Germany

Batch number: 10683525

Printed by Printforce, the Netherlands